普通高等教育系列教材

单片机原理、应用与Proteus仿真

第2版

关　硕　主　编

潘凤红　兰建军　副主编

伦向敏　参　编

机　械　工　业　出　版　社

本书以 Intel 8051 单片机为例，介绍了单片机的硬件结构和工作原理（定时/计数器、中断系统、串行通信）、指令系统以及单片机和外围器件的硬件扩展和接口程序设计。随着 EDA 技术和 C 语言在单片机系统设计中的广泛应用，为了增强本书的应用性和实用性，还特别介绍了 Keil C51 程序设计方法和基于 Proteus 软件的单片机虚拟仿真技术，并给出了大量的应用实例。本书内容精练、实例丰富，所有的应用实例都配有详细的硬件电路原理图和软件源程序。

本书可作为各类工科院校自动化、计算机、机电一体化等专业的单片机课程教材，也可作为从事电子技术、计算机应用与开发的工程技术人员学习和参考用书。

本书配有电子教案和源程序，需要的教师可登录 www. cmpedu. com 免费注册，审核通过后下载，或联系编辑索取（微信：15910938545，电话：010－88379739）。

图书在版编目（CIP）数据

单片机原理、应用与 Proteus 仿真/关硕主编．—2 版．—北京：机械工业出版社，2016.8（2023.1 重印）
普通高等教育系列教材
ISBN 978－7－111－54848－5

Ⅰ．①单…　Ⅱ．①关…　Ⅲ．①单片微型计算机－系统仿真－应用软件－高等学校－教材　Ⅳ．①TP368.1

中国版本图书馆 CIP 数据核字（2016）第 218266 号

机械工业出版社（北京市百万庄大街 22 号　邮政编码 100037）
策划编辑：和庆娣　　责任编辑：和庆娣
责任校对：张艳霞　　责任印制：郜　敏
北京富资园科技发展有限公司印刷

2023 年 1 月第 2 版·第 8 次印刷
184mm×260mm·19.25 印张·468 千字
标准书号：ISBN 978－7－111－54848－5
定价：59.00 元

电话服务
客服电话：010－88361066
　　　　　010－88379833
　　　　　010－68326294

网络服务
机　工　官　网：www. cmpbook. com
机　工　官　博：weibo. com/cmp1952
金　　书　　网：www. golden－book. com
机工教育服务网：www. cmpedu. com

前　言

单片机作为微型计算机的一个重要发展分支，被广泛应用于各种工业过程的自动检测和控制。单片机的发展速度非常迅速，在短短几十年中，已经发展到上百系列近千个机种。MCS－51系列单片机作为单片机的典型代表，以其功能强大，结构简单等优点，在单片机市场中占有很大的份额。本书以简单的单片机来说明复杂的单片机系统设计，以Intel 8051单片机为例，从单片机实际应用的角度来说明单片机的原理及应用。

全书共分为11章。第1章介绍单片机基础知识，包括单片机发展概述，单片机内部结构和功能引脚，并行口工作原理和单片机开发与调试等基本知识。第2章介绍单片机指令系统和汇编语言，包括寻址方式，指令介绍，指令执行过程和汇编语言程序结构等。第3章介绍Keil C51程序设计，包括单片机C语言程序设计概述，C51程序设计基础，以及单片机资源C51访问。第4章介绍Proteus虚拟仿真技术，包括Proteus中的原理图设计、电子设计与仿真以及单片机系统的设计与仿真。第5章介绍中断系统，包括中断的处理和中断程序设计，Proteus中的外部中断设计与仿真。第6章介绍定时/计数器，包括定时/计数器的基本工作原理，定时/计数器的工作方式及其设置，最后在Proteus中进行了实例设计与仿真。第7章介绍串行通信技术，包括串行通信的基本概念，串行口的结构、控制和工作方式，并给出了双机通信应用实例。第8章介绍单片机的存储器扩展，包括存储器扩展和I/O端口的基本应用与扩展。第9章介绍单片机系统接口扩展及应用，包括人机接口的键盘和显示接口扩展，以及模拟量输入/输出接口扩展。第10章介绍单片机串行扩展和功率接口技术，主要包括单总线、SPI总线接口技术以及常用的功率接口技术等，给出了具体的应用实例。第11章介绍在Proteus中进行综合应用实例的设计和仿真。

为了适应不同层次读者的需求，本书第1～7章介绍单片机内部基本组成，设置了“知识与拓展”小节，方便读者了解相关基础知识，并进行简单的拓展学习。第5～7章中介绍的单片机内部主要功能部件的应用实例，分别给出了汇编语言和C语言源程序，可满足不同的教学需求。同时为了兼顾篇幅和实际应用需求，第8～11章的应用实例只给出了C语言源程序。本书中给出的所有源程序都在Proteus和实际硬件电路中仿真和运行通过，读者可以直接参考和借鉴。

本书部分图中的元器件符号为Proteus自带符号，表示方法可能与国家标准有所不同。读者可自行查阅相关资料。

本书第1章、第4章、第8章由潘风红编写，第2章、第3章和第11章由伦向敏编写，第5章、第6章和第7章由关硕编写，第9章、第10章由兰建军编写，全书由兰建军统稿。

本书在编写过程中，参考了兄弟院校部分教材的内容，得到了相关院校老师的支持和帮助，在此谨向有关单位和个人表示衷心的感谢！

由于编者水平有限，加之时间仓促，书中难免存在不妥和疏漏之处，敬请广大读者提出批评和指正。

编　者

目录

第1章　单片机技术基础

随着大规模集成技术的不断发展，微型计算机主要朝着两个方向发展：一是向高速度、高性能的微机方向发展；另一个方向是朝着稳定可靠、小而廉价的单片机方向发展。单片机以其体积小、抗干扰能力强、可靠性高、灵活性好、价格低廉等优点，被广泛应用于工业过程的自动检测和控制、智能仪器、家用电器等各个领域。

Intel公司的8051单片机是MCS－51系列单片机的典型代表，除了具有一般单片机的优点外，以其独特的布尔控制功能深受用户青睐，本书主要以Intel 8051单片机为例来介绍单片机的基本原理和应用。

1.1　单片机概述

单片机是微型计算机发展的一个重要分支，其主要目的是面向各种场合的嵌入式应用。自1971年Intel公司推出第一款单片机以来，单片机就以其独特的优势在各种场合得到广泛的应用，经过近50年的发展，目前已经具有上百系列近千个机种。

1.1.1　单片机定义

所谓的单片机就是在一个半导体芯片上集成了中央处理器（Central Processing Unit，CPU）、存储器、输入/输出（Input/Output，I/O）接口、时钟振荡电路、定时/计数器和中断系统等计算机的主要功能部件，所以单个芯片就相当于一台微型计算机，因此称之为单片微型计算机（Single Chip Microcomputer，SCM），简称单片机。

目前，许多新型的单片机内部还集成有模拟－数字及数字－模拟转换器，高速输入/输出接口，浮点运算等特殊功能部件，由于其硬件结构和指令功能都是按工业控制要求设计的，特别适用于各种测量控制和数据处理的场合。为了突出单片机的控制特性，通常也把单片机称为微控制器（Micro Controller Unit，MCU）；由于其嵌入式应用的特点，也习惯把其称之为嵌入式微控制器（Embedded Micro Controller Unit，EMCU）。

1.1.2　单片机特点和应用

单片机把微型计算机的主要部件集成在一个芯片中，和传统的微机型计算机相比，主要具备如下特点。

1. 性价比高

现有的单片机种类很多，在满足相应的控制功能前提下，有很多单片机可供选择。目前国内市场上有些单片机只需要几元人民币，配上少量的外围器件就可以构建一套功能比较完整的自动控制装置。

2. 集成度高

单片机把各大功能部件都集成在一个芯片上，而且体积小，适合构建小体积装置的嵌入式应用系统，降低了设计成本。同时严密的外部封装降低了各大部件受干扰的几率，大大提高了单片机的可靠性和抗干扰能力。

3. 控制能力强

单片机均配有丰富的指令系统，可根据实际情况实现各种复杂的控制要求，特别近年来随着单片机技术的不断发展，单片机的控制能力也在不断增强。

4. 低功耗

随着单片机嵌入式应用的不断普及，单片机在手持设备中的应用也日益广泛。因为采用电池供电，所以要求单片机的功耗和供电电压朝着更低的方向发展，目前部分单片机的供电电压已经降到0.9V以下，休眠模式下的电流消耗低于50 nA，大大降低了电能的消耗，延长了电池的寿命或充电周期。

由于单片机具有上述的诸多特点，使其在家用电器、自动测控系统、智能仪器、机器人等领域得到了广泛的应用。单片机应用的几个主要领域如下。

1. 工业自动化领域

单片机因I/O口多、指令丰富、逻辑操作能力强等优点，在工业自动化行业，无论是检测还是控制方面都发挥了重要的作用。其既可进行单机控制，又可作多级控制的前端处理机，应用领域相当广泛。

2. 智能仪器仪表领域

智能仪器仪表领域是国内目前应用单片机最多、最活跃的领域。在各类仪器仪表中（包括温度、湿度、流量、流速、电压、频率、功率、厚度、角度和长度测定等），引入单片机，使仪器仪表数字化、智能化、微型化，功能得到大大提高。

3. 消费类电子产品领域

消费类电子产品领域主要以家电方向应用最为普遍，因为家电产品智能化是必然的趋势，以单片机为核心的电子秤、便携式心率监护仪、电视机、洗衣机、电冰箱、电磁炉、微波炉、空调、家用防盗报警器等产品层出不穷。

4. 通信领域

现有许多的单片机都具有相应的通信接口（如串行通信接口、CAN总线接口和以太网接口等），为单片机在计算机网络与通信设备中的应用创造了很好的条件，如通信过程的调制解调器、程控交换技术、电话自动分路器等方面。

1.1.3 单片机技术的发展

自20世纪70年代单片机诞生以来，以8位单片机作为起点，单片机的发展大致经历了以下几个阶段。

1. 第一阶段（1976—1978年）

该阶段是低性能8位单片机的发展阶段，以Intel公司的MCS-48系列单片机为典型代表，这一阶段的单片机主要以8位单片机为主。

2. 第二阶段（1978—1982年）

该阶段是高性能8位单片机的发展阶段，以Intel公司的MCS-51系列单片机为典型代表，在48系列单片机基础上，完善了外部总线，改善了内部结构，以满足不同的应用需求。

3. 第三阶段（1982—1990 年）

该阶段是16位单片机的发展阶段，以Intel公司的MCS－96系列单片机为典型代表，其在51系列单片机基础上，内部集成了模拟－数字（A-D）转换器和高速输入/高速输出（HIS/HSO）接口。

4. 第四阶段（1990 年—现在）

该阶段是单片机全面发展阶段，可谓百花齐放。无论是8位单片机还是16位单片机都得到了长足的发展。随着单片机在各个领域应用的不断深入，16位单片机已经发展到32位单片机，特别是近年来已经出现了多核的单片机。

无法预知今后的单片机会发展成何种具体形式，但从现有单片机技术的发展情况来看，目前的基本发展趋势是朝着CMOS化、低功耗化、低电压化、大容量化、高性能化、各种外围功能的内装化等方向发展。

1.1.4 MCS－51单片机系列

MCS－51系列单片机是Intel公司在1980年推出的高性能8位单片机，在目前单片机市场中，8位单片机仍占有重要的地位。MCS－51系列单片机及其兼容机以其良好的性能价格比，仍是目前单片机开发和应用的主流机型之一。表1-1所示为MCS－51系列单片机的分类表，按资源的配置情况划分，可分为51和52子系列，其中51子系列是基本型，而52子系列属于增强型。

表1-1 MCS－51系列单片机的分类表

子系列	片内ROM形式			片内ROM容量/KB	片内RAM容量/B	寻址范围/KB	I/O特性			中断源
	无	ROM	EPROM				计数器	并口	串口	
51子系列	8031	8051	8751	4	128	2×64	2×16	4×8	1	5
	80C31	80C51	87C51	4	128	2×64	2×16	4×8	1	5
52子系列	8032	8052	8752	8	256	2×64	3×16	4×8	1	6
	80C32	80C52	87C52	8	256	2×64	3×16	4×8	1	6

80C51单片机系列是在MCS－51系列的基础上发展起来的，早期的80C51只是MCS－51系列众多芯片中的一类，但是随着芯片的发展，80C51已经形成独立的系列，并且成为当前8位单片机的典型代表。80C51与MCS－51相比，主要具有以下几个方面的特点。

在制造工艺方面，MCS－51系列芯片采用HMOS工艺，而80C51芯片则采用CHMOS工艺，CHMOS工艺是COMS和HMOS的结合。

在功耗方面，80C51芯片具有COMS低功耗的特点，MCS－51芯片的功耗为630 mW，而80C51的功耗只有120 mW，较低的功耗对单片机在便携式或户外作业的仪器仪表设备上应用十分有利。

在功能增强方面，80C51芯片增加了待机和掉电保护两种工作方式，以保证单片机在待机和掉电情况下能以最低的电流消耗来维持单片机工作。

除此之外，80C51系列芯片内部集成的程序存储器类型也有所改变，除了基本的ROM型和EPROM型外，还有E^2PROM型，并且片内程序存储器的容量也越来越大。同时内部集成的程序存储器还具有保密机制，防止应用程序泄密或被复制。

1.1.5 单片机选型

进行单片机系统设计和开发时，需要根据设计要求和功能，进行单片机选型。目前市场上可供选择的单片机种类繁多，各种型号的单片机都有各自的特点和应用环境，在选用时要多加比较，合理选择，以获得最佳的性价比。在单片机选型上，首要的一点就是满足功能要求，即在明确设计对象和设计任务的基础上，根据任务的具体情况和复杂程度来选择单片机。具体可以从以下几个方面进行考虑。

1. 存储器方面

单片机的存储器根据用途主要可以分为程序存储器和数据存储器两种。常见的程序存储器有掩模式 ROM、OTPROM、EPROM 和 Flash ROM 等几种类型。不同类型的程序存储器的擦写方式和时间不同，在试验或样机的研发阶段，需要经常地写入和擦除程序，推荐使用 Flash ROM 的单片机，因为 Flash ROM 采用电写入和电擦除形式，擦除和写入时间短，可有效提高调试和开发速度。在数据存储器方面，因其掉电后数据丢失的特点，因此可选择内部带有 E^2PROM 的单片机，用于存储掉电后需要保护的关键数据（如系统的各种参数）。

2. 串行接口方面

目前许多单片机外围功能器件通常采用 UART（Universal Asynchronous Receiver/Transmitter）、I^2C（Inter－Integrated Circuit）、CAN（Controller Area Network）、SPI（Serial Peripheral Interface）、USB（Universal Serial Bus）等串行接口方式。为了使单片机非常方便地和这些器件进行连接，节省接口协议程序的开发。因此在进行单片机选型时，还需要结合外围器件的接口方式，来选择内部集成有相应串行接口的单片机，以简化程序设计，缩短开发周期。

3. 模拟量输入/输出功能方面

单片机系统中通常需要实现模拟量的输入和输出，如果采用外部扩展相应的模拟－数字（A－D）和数字－模拟（D－A）转换接口方式，会使得系统的体积增加，同时提高了设计成本。因此可以选用内部集成有采样/保持电路、A－D 接口和 D－A 接口单片机，这样既可方便用户构建精密的数据采集系统，又可以降低系统成本。此外，不少单片机内部还集成有 PWM（Pulse－Width Modulation）接口，可方便地应用于变频调速等场合。

4. 工作电压和功耗方面

为了使单片机适应各种工作应用场合，现在的单片机的工作电压可选择的范围非常宽，常用的工作电压范围为 4.5～5.5 V，低电压范围为 2.4～3.6 V，部分单片机的工作电压甚至低至 0.9 V。如 Silicon Lab 公司推出的 8051F9xx 低电压低功耗系单片机，其工作电压范围为 0.9～3.6 V。

单片机选型时，还需要根据电源供应的具体情况来选择单片机，重点考虑单片机的工作电压和功耗的参数，如单片机在正常工作模式下的电流消耗。尤其是单片机采用电池供电方式时，要选用电流消耗小的单片机产品。同时还需要考虑单片机是否具有待机模式，当单片机进入空闲状态时，切入待机模式，从而进一步降低单片机的功率消耗，这些都是单片机选型时应当考虑的问题。

5. 抗干扰性能、保密性方面

如果单片机系统需要长期工作在工业现场，在选用单片机的时候，要选择抗干扰性能好的，特别是用在干扰比较大的工业环境中时更应如此，以保证单片机能够长期可靠地工作。同时还需要考虑单片机的保密性能，这样可保证知识产权不容易被侵犯。

6. 其他方面

在考虑上述几个方面的基础上，还有诸如中断源的数量和优先级、工作温度范围、工作电源电压低检测功能等因素需要考虑。

1.2 单片机内部结构

图 1-1 所示为 8051 单片机的内部结构框图，包含了 CPU、存储器、定时/计数器、I/O 接口、中断系统、时钟振荡电路等计算机的基本功能部件，各功能部件通过总线相连，集成于同一个芯片中。

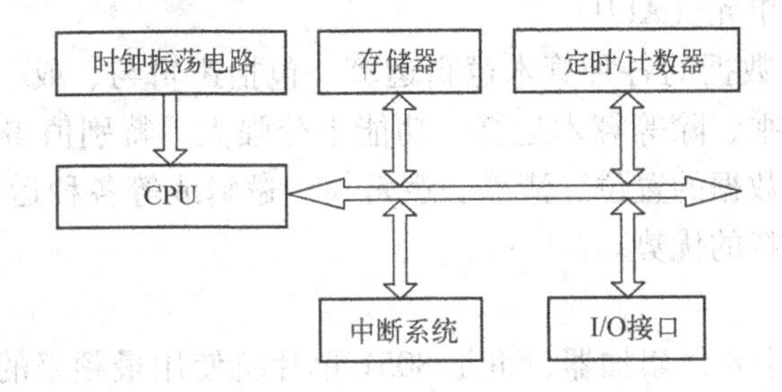

图 1-1 8051 单片机内部结构框图

1. 中央处理器（CPU）

8051 单片机中设置有一个 8 位字长的 CPU，和其他计算机 CPU 一样，内部包含运算器和控制器。同时为了面向控制功能，其内部还增加了布尔处理器，使得 8051 CPU 同时具有字节数据和位数据处理两个功能。

2. 存储器

8051 单片机内部集成有 4 KB 的程序存储器和 256B 的数据存储器（实际可用的只有低 128B）。对于简单的应用，内部集成的存储器容量完全可以满足应用要求，如果片内的存储器容量不够，可以扩展外部数据存储器和程序存储器。

3. 定时/计数器

8051 单片机内部具有两个 16 位的定时/计数器，均为加法计数器。可分别配置成定时器或者计数器用。用作定时器用时可实现内部精确的定时；用作计数器式可完成外部事件的脉冲计数，并且具有 4 种工作方式可供选择。

4. I/O 接口

8051 单片机配置有 4 个独立的 8 位并行 I/O 接口，分别为 P0 口、P1 口、P2 口和 P3 口，主要用于并行数据的输入和输出。其中 P3 口的 P3.0 和 P3.1 还可配置成一个全双工的串行接口，用于和其他单片机或者设备构成相应的通信系统。

5. 中断系统

8051 单片机内部集成功能强大的中断系统，系统支持 5 个中断源和 2 级中断优先级，配置和使用灵活。

6. 时钟振荡电路

内部集成有一个用于构成振荡器的高增益反相放大器，外部只需连接一个石英晶体振荡器和两个电容就能为系统提供准确可靠的时钟信号。

1.2.1 CPU

8051 单片机的 CPU 主要包含运算器和控制器，用于实现数据的运算和产生各种控制信号，是单片机的核心部分。

1. 运算器

运算器主要由算术逻辑运算单元（Arithmetic Logical Unit，ALU）、累加器（A）、位处理器和程序状态字（Program Status Word，PSW）等部分构成，用于实现各种算术和逻辑运算。

（1）算术逻辑运算单元（ALU）

ALU 主要完成字节数据的各种算术逻辑运算，包括逻辑与、或、异或、求补和清零等逻辑运算以及加、减、乘、除等算术运算，功能十分强大。特别值得一提的是，8051 的布尔处理功能还可实现位数据的置位、清零、逻辑与、逻辑或等各种运算，使得 8051 单片机在各种控制中显示出独特的优势。

（2）累加器（A）

累加器（A）是一个 8 位累加器，也是 8051 单片机使用最频繁的一个寄存器，几乎所有的算术运算和绝大多数的逻辑运算都是在累加器 A 中完成的，因此也给 8051 单片机带来一个“瓶颈”现象。

（3）程序状态字（PSW）

程序状态字（PSW）是一个 8 位的寄存器，其主要有两个作用，一是通过该寄存器反映当前 CPU 的运行状态，二是通过该寄存器控制 CPU 的运行。PSW 寄存器数据格式如下所示，并具体描述 PSW 中各位的主要含义。

位顺序	D7	D6	D5	D4	D3	D2	D1	D0
位名称	Cy	Ac	F0	RS1	RS0	OV	–	P

1）Cy（PSW.7）称为进位标志位，在程序设计中通常用 C 来表示，当 CPU 在执行算术和逻辑运算时，如果有进位或者借位，该位可被硬件自动置“1”，否则被清“0”。

2）Ac（PSW.6）称为辅助进位标志位，在运算过程中如果低 4 位有向高 4 位进位或者借位时，该位同样可被硬件自动置“1”，否则被清“0”。

3）F0（PSW.5）称为用户标志位，是专门留给用户使用的一个标志位，可通过程序置“1”或者清“0”，用于存放相应判断的标志位。

4）RS1（PSW.4）、RS0（PSW.3）是工作寄存器区选择控制位 1 和位 0。8051 单片机为 R0 ~ R7 共 8 个通用寄存器提供了 4 组存储区域，具体存放于哪个地址区域，由 RS1 和 RS0 这两位的组合情况来选择。详细的工作寄存器地址区域分配表如表 1-2 所示。

表 1-2　工作寄存器地址区域分配表

RS1	RS0	工作寄存器区域和地址范围	RS1	RS0	工作寄存器区域和地址范围
0	0	0 区（内部地址范围：00H～07H）	1	0	2 区（内部地址范围：10H～17H）
0	1	1 区（内部地址范围：08H～0FH）	1	1	3 区（内部地址范围：18H～1FH）

5）OV（PSW.2）是溢出标志位，当执行算术运算时，内部硬件会根据运算结果是否溢出自动对该位置“1”或者清“0”。

6）-（PSW.1）为系统保留位，暂时不能使用。

7）P（PSW.0）是奇偶标志位，用于指示累加器 A 中“1”的个数是奇数还是偶数。当 P=1 时，A 中“1”的个数为奇数；P=0，则表明 A 中“1”的个数为偶数。

📖 上述的 Cy、Ac、OV、P 标志位的变化受各种运算情况影响，情况较为复杂，本书将在第 2 章中结合具体的指令进行详细的说明。

2. 控制器

控制器是单片机的控制部件，主要负责指令的读取、译码和执行。控制器能根据指令的执行情况产生相应的控制信号，协调单片机内各部件工作。其内部主要包含程序计数器（Program Counter，PC）、指令寄存器（Instruction Register，IR）、指令译码器（Instruction Decoder，ID）和各种时序控制电路。

（1）程序计数器（PC）

程序计数器（PC）是一个独立的 16 位寄存器，用于存放下一条要执行的指令在程序存储器中的存储地址，单片机复位成功后，该寄存器被自动设置成 0000H，保证单片机从程序存储器的起始位置读取指令。

同时 PC 还具有计数器的功能，单片机每取出一条指令，PC 寄存器的数值会自动加 1，保证了单片机能自动地从程序存储器中按照地址从小到大的顺序连续读取指令。当单片机碰到转移、子程序调用和返回（含中断服务子程序）指令等情况时，单片机会根据实际情况自动地将 PC 值修改成目标程序的地址，从而实现了程序的转向。

📖 需要强调的一点是，不能采用通过指令直接对 PC 寄存器赋值来修改 PC 值的方法进行程序的转向。

（2）指令寄存器、指令译码器和时序控制电路

单片机执行程序的过程就是取指令、执行指令的过程。单片机取完指令后，首先将指令送入指令寄存器，之后将指令送至指令译码器，由指令译码器完成指令的译码。时序控制电路会根据译码结果自动产生相应的控制信号，控制单片机的各个组成部件按照一定顺序协调工作。

1.2.2　存储器结构

和传统的个人计算机（Personal Computer，PC）不同，8051 单片机存储器结构采用的是哈佛（Harvard）结构。该结构，程序存储器和数据存储器在物理结构上是两个单独的部件，

因此都有各自独立的地址空间，8051 单片机采用不同的指令对两个存储空间进行访问。以下对 8051 单片机的程序、数据存储空间进行详细的介绍。

1. 程序存储空间

对于 8051 而言，其内部集成有 4 KB 的程序存储器（地址范围为 0000H ~ 0FFFH），主要用于存放实现单片机系统各种功能的应用程序和相关常数。如果设计的单片机应用程序较小的话（小于 4 KB），只用片内的程序存储器就可满足存储要求，不需要进行外部扩展。

如果开发的应用程序较大，片内的程序存储器容量不够时，就需要进行外部扩展（最多可扩展到 64 KB）。因此程序存储器的存储空间可以采用全片内和全片外的方式，也可以采用片内和片外相结合的方式。全片外方式就是不用片内的程序存储器，完全把应用程序存储于片外扩展的程序存储器中。片内和片外相结合的方式通常是先利用内部的存储器，容量不够时外部再扩展相应容量的存储器。这样，8051 单片机的程序存储空间就包含两部分，一是片内程序存储器空间，二是外部扩展的程序存储器空间。图 1–2 所示为 8051 程序存储器地址结构图。

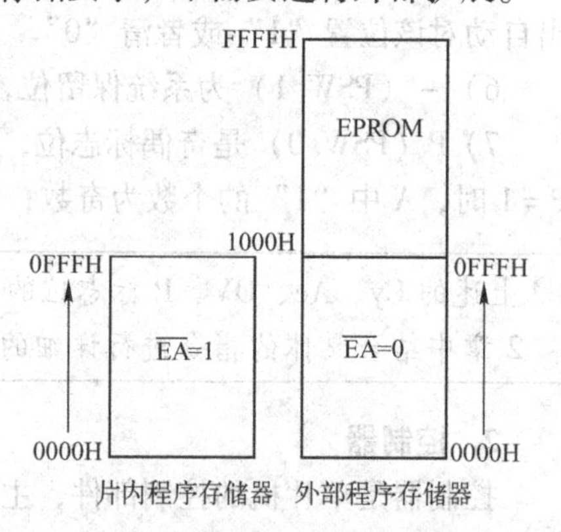

图 1–2　8051 程序存储器地址结构图

另外，8051 单片机在程序存储器的使用上有一个规定，就是 8051 单片机程序存储器开始的一段区域不能随便使用，该区域的地址范围为 0000H ~ 002AH（不同型号的 MCS – 51 系列单片机，地址区域范围也有所不同）。这些区域被预留为存放 5 个中断源的中断服务子程序，每个中断源占用 8 B，当单片机对应中断源的中断请求得到 8051 响应后，8051 会自动转向该中断源对应的地址区域执行程序。表 1–3 所示为 8051 中断源地址空间分配表。

表 1–3　8051 中断源地址空间分配表

中断源	分配的地址空间	中断源	分配的地址空间
外部 0 中断	0003H ~ 000AH	定时器 1 中断	001BH ~ 0022H
定时器 0 中断	000BH ~ 0012H	串行口中断	0023H ~ 002AH
外部 1 中断	0013H ~ 001AH		

根据前面的介绍，当单片机成功复位后，PC 被初始化成 0000H，单片机开始从 0000H 单元处取指令，每取完一条指令，PC 会自动加 1。如果 PC 不断地自动加 1，这样即使 8051 没有响应中断，同样也会把所有的中断服务子程序都执行一遍，这不是我们所希望的。所以就需要在程序开始处设置一条转移指令，转到主程序的起始地址。如果中断源对应的服务子程序较大，超过系统分配的地址范围，将影响到其他中断子程序，因此在每个中断源的入口地址处也需要设置相应的转移指令，将程序跳向对应的中断服务子程序的起始地址，具体的实现方法将在中断系统章节中详细介绍。

2. 数据存储空间

8051 单片机的数据存储空间和程序存储空间类似，也可由片内和片外两部分构成。片内集成有 256 B（实际可用的为 128 B）的数据存储器，主要用于存放各种临时数据。用户可根据所需存储数据量大小的实际情况决定是否需要外部扩展，外部最多可扩展 64 KB。

图 1-3所示为8051 数据存储器地址结构图。需要说明的是，由于8051 单片机访问内部 RAM 和外部 RAM 的指令不同，这样实际的数据存储区域空间容量要比程序存储空间多128B。

8051 单片机内部256B 的数据存储器，被分成两大区域，其中高 128B 区域被映射为特殊功能寄存器（Special Function Register，SFR）区，这些特殊功能寄存器有专门的用途，因此，特殊功能寄存器区不能用于数据的存储，所以 8051 单片机实际可用的数据存储区域只有低 128B 的区域。在低 128 B 区域又被分成工作寄存器组区、位寻址区和用户 RAM 区 3 个区域，这样 8051 单片机的内部 RAM 相当于被分成了 4 个区域。图 1-4 所示为 8051 内部数据存储器结构图。

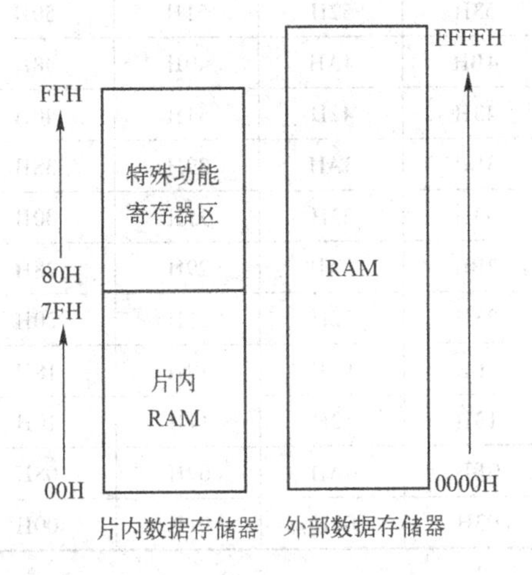

图 1-3　8051 数据存储器地址结构图

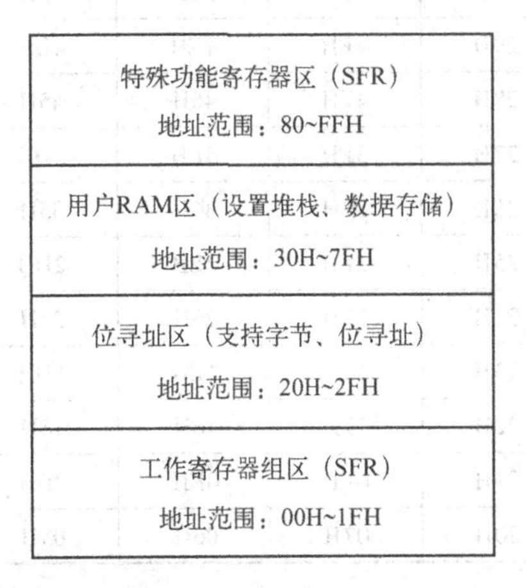

图 1-4　8051 内部数据存储器结构图

（1）工作寄存器组区

8051 单片机设置有 R0 ~ R7 共 8 个通用寄存器，为了给程序设计者提供方便，给每组寄存器提供了 4 个存储区域，具体选择数据存放在哪个区域，可以通过 PSW 寄存器中的 RS1 和 RS0 位来设置。工作寄存器地址区域分配表如表 1-4 所示。如 RS1 和 RS0 被设置成“10”后，那么 R0 ~ R7 这 8 个寄存器存储区域被安排在 2 区，即 R0 对应的地址为 10H，R1 的地址为 11H，依次类推，R7 的地址为 17H。

表 1-4　工作寄存器地址区域分配表

区域	R0	R1	R2	R3	R4	R5	R6	R7	区域	R0	R1	R2	R3	R4	R5	R6	R7
0	00H	01H	02H	03H	04H	05H	06H	07H	2	10H	11H	12H	13H	14H	15H	16H	17H
1	08H	09H	0AH	0BH	0CH	0DH	0EH	0FH	3	18H	19H	1AH	1BH	1CH	1DH	1EH	1FH

（2）位寻址区

位寻址区位于内部 RAM 地址为 20H ~ 2FH 的区域中，共 16 B，每字节包含有 8 个二进制位，因此总共有 128 位，每 1 位都有独立的位地址，用于实现位寻址，详细的位寻址区字节地址和位地址关系表如表 1-5 所示。对于这 128 二进制位的访问，既可以采用字节寻址，也可以采用位寻址。

表 1-5 位寻址区字节地址和位地址关系表

字节地址	位地址							
	D7	D6	D5	D4	D3	D2	D1	D0
2FH	7FH	7EH	7DH	7CH	7BH	7AH	79H	78H
2EH	77H	76H	75H	74H	73H	72H	71H	70H
2DH	6FH	6EH	6DH	6CH	6BH	6AH	69H	68H
2CH	67H	66H	65H	64H	63H	62H	61H	60H
2BH	5FH	5EH	5DH	5CH	5BH	5AH	59H	58H
2AH	57H	56H	55H	54H	53H	52H	51H	50H
29H	4FH	4EH	4DH	4CH	4BH	4AH	49H	48H
28H	47H	46H	45H	44H	43H	42H	41H	40H
27H	3FH	3EH	3DH	3CH	3BH	3AH	39H	38H
26H	37H	36H	35H	34H	33H	32H	31H	30H
25H	2FH	2EH	2DH	2CH	2BH	2AH	29H	28H
24H	27H	26H	25H	24H	23H	22H	21H	20H
23H	1FH	1EH	1DH	1CH	1BH	1AH	19H	18H
22H	17H	16H	15H	14H	13H	12H	11H	10H
21H	0FH	0EH	0DH	0CH	0BH	0AH	09H	08H
20H	07H	06H	05H	04H	03H	02H	01H	00H

（3）用户 RAM 区

用户 RAM 区共有 80 个单元，地址范围为 30H～7FH。该区域主要用来存放中间计算结果等临时数据，还可以用来设置堆栈，对该区域只能采用字节寻址的方式进行访问。

（4）特殊功能寄存器区

在 8051 单片机内部 RAM 高 128 B 区域零散地安排了 21 个特殊功能寄存器（SFR），这 21 个 SFR 主要用于控制和管理单片机内部主要组成部件，如定时/计数器工作方式设置、启动和停止控制等。不同的 SFR 有不同的控制和管理功能，主要涉及定时/计数器、中断系统、串行通信接口等。表 1-6 给出了特殊功能寄存器地址映像表。本节只对部分特殊功能寄存器进行介绍，其他寄存器将在相应的章节中给予详细介绍。

表 1-6 特殊功能寄存器地址映像表

符　号	名　称	地　址
* ACC	累加器	E0H
* B	B 寄存器	F0H
* PSW	程序状态字	D0H
SP	堆栈指针	81H
DPTR	数据指针（DPH，DPL）	83H，82H
* P0	P0 口锁存寄存器	80H
* P1	P1 口锁存寄存器	90H

（续）

符　号	名　称	地　址
*P2	P2 口锁存寄存器	A0H
*P3	P3 口锁存寄存器	B0H
*IP	中断优先级控制寄存器	B8H
*IE	中断允许控制寄存器	A8H
TMOD	定时/计数器工作方式、状态寄存器	89H
*TCON	定时/计数器控制寄存器	88H
TH0	定时/计数器 0（高字节）	8CH
TL0	定时/计数器 0（低字节）	8AH
TH1	定时/计数器 1（高字节）	8DH
TL1	定时/计数器 1（低字节）	8BH
*SCON	串行口控制寄存器	98H
SBUF	串行数据缓冲寄存器	99H
PCON	电源控制寄存器	97H

📖 特殊功能寄存器前带*的表示该特殊功能寄存器支持位寻址，共 11 个。

1）寄存器 B 是专门为乘法和除法设计的寄存器，是一个 8 位寄存器。进行乘法运算时，在运算前 B 寄存器用于存放乘数，运算结束后用于存放乘积的高 8 位；进行除法运算时，运算前存放除数，运算结束后存放余数。不进行乘除法运算时，该寄存器也可作为他用。

2）堆栈指针 SP 是一个 8 位寄存器，用来存放堆栈栈顶的地址，即 SP 永远指向栈顶。所谓的堆栈就是内存中一段连续（地址连续）的存储区域，存储区域的大小称为堆栈的深度。堆栈主要是为子程序调用和中断操作等设置的，用于存放断点地址等重要信息。当单片机调用子程序或者响应中断时，为了保证子程序执行完（包括中断服务子程序）后，还能返回到主程序继续执行程序，就需要把主程序中被中断执行的程序的地址（断点地址）保存起来，这就是所谓的“断点保护”。另外，当单片机执行子程序后有可能修改了某些寄存器或者存储单元中的内容，为了保证返回主程序后这些寄存器和存储单元的内容仍保持为调用子程序之前的状态，所以也需要把这些寄存器单元的内容进行保护，即所谓的“现场保护”。

堆栈的操作主要有两种方式，一是入栈（也称为压栈）操作，二是出栈（也称为弹栈）操作。遵循“先进后出”（或者“后进先出”）的操作原则。这就如同堆盘子，要想把堆在下面的盘子取出来，必须等到上面的盘子都拿走后才能取出。

8051 单片机的堆栈可以设置在低 128 B 的内部 RAM 中，即地址范围为 00H ~ 7FH 的内部 RAM 区域中。8051 单片机复位后，SP 被初始化成 07H，此时，堆栈的底部（栈底）和顶部（栈顶）重合。堆栈的增长方向为由低地址向高地址变化，即当有入栈操作时，堆栈指针 SP 自动加 1，指向下一个单元，之后存入数据；进行弹栈操作时，先取出 SP 指向地址单元中的数据，之后 SP 自动减 1。

3）数据指针 DPTR 是一个 16 位的特殊功能寄存器，当单片机访问程序存储器、外部 RAM 和 I/O 端口时，用于提供 16 位的地址，是 8051 单片机中唯一可以通过指令赋值的 16

位寄存器。既可以进行 16 位的形式操作，又可以展开成两个独立的 8 位寄存器使用，高 8 位为 DPH，低 8 位为 DPL。

1.2.3 I/O 接口

8051 单片机有 4 个 8 位的并行 I/O 端口，分别为 P0 口、P1 口、P2 口和 P3 口，共 32 根 I/O 口线，8051 单片机和外部设备的数据交换都是通过这些 I/O 端口来实现的。对于这些 I/O 端口的操作，既可以采用字节寻址的方式操作，又可以采用位寻址的方式操作，多种寻址方式的支持，为 8051 单片机的灵活控制提供了方便。

1.3 8051 引脚及其功能

单片机数据的输入和输出都是通过相关的引脚来实现的，要掌握单片机的应用，首先应当熟悉单片机各引脚的功能。8051 单片机具有 40 只引脚，通常采用双列直插式封装形式，图 1-5 所示为 8051 单片机引脚图。为了方便描述和记忆，40 只引脚按照其功能可分成电源与时钟引脚、控制引脚和 I/O 接口引脚等。

引脚	8051		引脚
1	P1.0	VCC	40
2	P1.1	P0.0	39
3	P1.2	P0.1	38
4	P1.3	P0.2	37
5	P1.4	P0.3	36
6	P1.5	P0.4	35
7	P1.6	P0.5	34
8	P1.7	P0.6	33
9	RST/VPD	P0.7	32
10	RXD P3.0	$\overline{EA}$/VPP	31
11	TXD P3.1	ALE/$\overline{PROG}$	30
12	$\overline{INT0}$ P3.2	$\overline{PSEN}$	29
13	$\overline{INT1}$ P3.3	P2.7	28
14	T0 P3.4	P2.6	27
15	T1 P3.5	P2.5	26
16	$\overline{WR}$ P3.6	P2.4	25
17	$\overline{RD}$ P3.7	P2.3	24
18	XTAL2	P2.2	23
19	XTAL1	P2.1	22
20	VSS	P2.0	21

图 1-5 8051 单片机引脚图

1.3.1 电源与时钟引脚

电源和时钟引脚是单片机中最基本的引脚，电源引脚的功能主要是为单片机提供工作电源，时钟引脚是为单片机工作提供可靠的时钟信号。

1. 电源引脚

- VCC：40 引脚，该引脚接 +5 V 电源。

- VSS：20 引脚，该引脚接电源地。

2. 时钟引脚

- XTAL1：19 引脚，当单片机时钟采用内部振荡方式时，该引脚接石英晶体振荡器的一端，为内部振荡器的输入端。如果采用外部时钟信号时，该引脚接地。
- XTAL2：18 引脚，该引脚接石英晶体振荡器的另一端，为内部振荡器的输出端。如果采用外部时钟信号时，该引脚接外部输入的时钟信号。

1.3.2 控制引脚

8051 单片机的控制引脚主要用于提供各种控制信号，较多的控制引脚都具有复用功能，以下分别介绍。

1. RST/VPD（9 引脚）

该引脚具有复用功能，RST 是单片机的复位引脚，高电平有效，当该引脚上加上两个机器周期宽度的高电平后，可保证 8051 成功复位。单片机必须进行复位后才能正常工作，复位成功后，该引脚的电压不能超过 0.5 V。VPD 为 8051 单片机的备用电源引脚，当单片机主电源 VCC 低至正常工作电压条件后，将 +5 V 电源输入 VPD 引脚，保证 8051 单片机内部 RAM 中的数据不丢失。

2. $\overline{\text{PSEN}}$（29 引脚）

该引脚为外部程序存储器选通信号输出引脚，当 8051 单片机要访问外部程序存储器时，该引脚会自动输出负跳变的脉冲信号，用于外部程序存储器的选通控制。

3. ALE/$\overline{\text{PROG}}$（30 引脚）

该引脚也是复用引脚。ALE 引脚会输出频率为外部晶振频率 6 分频的脉冲信号，即一个机器周期时间内出现两个脉冲。该引脚主要用于输出地址锁存允许信号，用于控制外部地址锁存器锁存地址/数据复用总线上的地址数据。同时还有第二功能，当对单片机进行编程（烧结）操作时，通过$\overline{\text{PROG}}$引脚输入编程脉冲。

4. $\overline{\text{EA}}$/VPP（31 引脚）

该引脚用作$\overline{\text{EA}}$时，用于控制单片机选择内部还是外部的程序存储器，$\overline{\text{EA}}$ = 0 即该引脚接低电平时，8051 单片机访问外部的程序存储器；当$\overline{\text{EA}}$ = 1 时，单片机先访问内部的程序存储器，当 PC 值超过内部存储器 4 KB 的地址范围（0000H ~ 0FFFH）时，将自动从外部程序存储器取指令。VPP 为该引脚的第二功能，当对内部程序存储器编程时，用于提供编程电压，和从$\overline{\text{PROG}}$引脚输入的编程脉冲配合，完成内部程序存储器的固化编程功能。

1.3.3 I/O 接口引脚

1. P0.0 ~ P0.7（39 ~ 32 引脚）

这 8 个引脚构成了 8 位双向三态的 P0 口，用于构建 8051 单片机的 8 位数据总线和低 8 位的地址总线，两种总线分时复用，可驱动 8 个 LS 型 TTL 负载。

2. P1.0 ~ P1.7（1 ~ 8 引脚）

这 8 个引脚构成了 8 位准双向的 P1 口，可驱动 4 个 LS 型 TTL 负载。

3. P2.0 ~ P2.7（21 ~ 28 引脚）

这 8 个引脚构成了 8 位准双向的 P2 口，用于构建 8051 单片机的高 8 位地址总线，可驱动 4 个 LS 型 TTL 负载。

4. P3.0 ~ P3.7（10 ~ 17 引脚）

这 8 个引脚构成了 8 位准双向的 P3 口，还可以构建第二复用功能，用于扩展 8051 单片机的功能，可驱动 4 个 LS 型 TTL 负载。

1.4 并行口内部结构和工作原理

8051 单片机的 4 个并行 I/O 接口分别称为 P0 口、P1 口、P2 口和 P3 口，每个并行口都有 8 根 I/O 接口线，总共 32 根线。4 个并行口的内部结构有所不同，因此各端口的功能也不尽相同。4 个并行 I/O 接口都可用作普通 I/O 口使用，除此之外，通常还利用 P0 口来构建 8 位数据总线低 8 位的地址总线，因此 P0 口就是一个地址/数据复用总线接口；利用 P2 口来构建高 8 位地址总线；P3 口可以作第二功能用，用以实现外部中断、串行通信等功能；而 P1 口只能作为普通 I/O 口来使用。

1.4.1 P0 口

P0 口字节地址为 80H，包含 P0.0 ~ P0.7 这 8 个引脚，位地址分别为 80H ~ 87H。8 根口线内部都包含数据输出锁存器、输入缓冲器、多路转接开关、MOS 管和控制电路。各引脚内部结构和功能完全一样，但是电路却相互独立，图 1-6 所示为 P0 口的位结构框图，P0 口具有普通 I/O 口和地址/数据复用总线两种工作方式。

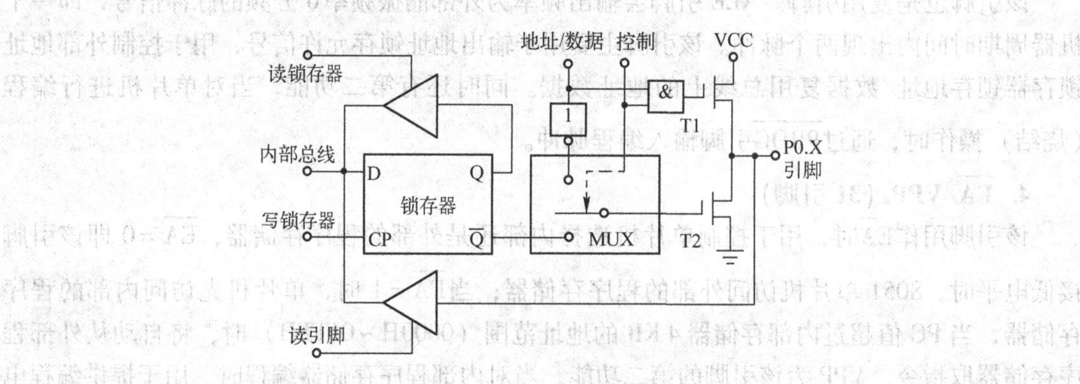

图 1-6 P0 口的位结构框图

1. 地址/数据复用总线方式

通常情况下 P0 口工作在地址/数据复用总线方式的情形较多，工作在该方式下，P0 口是一个双向、三态的 8 位并行 I/O 接口。用作地址/数据复用总线方式时，控制信号输出高电平（逻辑“1”），多路转接开关拨向地址/数据总线端，T1 和 T2 这两个场效应管构成推挽式输出，即 T1 和 T2 只有一个导通。当地址/数据总线端口输出“1”时，由于控制信号也输出“1”，因此 T1 导通；而输出数据经非门取反后为“0”，T2 截止，内部 VCC 电压作用于 P0. X 引脚上，输出逻辑“1”。当地址/数据总线端输出“0”时，T1 截止，T2 导通，

P0. X 引脚输出逻辑“0”。

另外，因为 P0 口内部由两个场效应管和一个三态门构成，当 T1、T2 和三态门都处于截止状态时，P0. X 就处于高阻状态，因此 P0 口作为地址/数据复用总线时，还是一个三态接口。

2. 普通 I/O 口方式

当 P0 口工作在普通 I/O 口方式时，控制信号输出逻辑“0”，场效应管 T1 截止，多路开关拨向锁存器的 $\overline{Q}$ 端。如果内部总线输出逻辑“0”，锁存器 $\overline{Q}$ 端输出逻辑“1”，T2 导通，P0. X 引脚输出“0”；如果内部总线输出逻辑“1”，锁存器 $\overline{Q}$ 端输出逻辑“0”，T2 截止，为了保证 P0. X 引脚也能输出逻辑“1”，需要外接一个上拉电阻，把 P0. X 引脚上拉至高电平，从而实现逻辑“1”的输出。P0 口外接上拉电阻后，就不具有高阻状态了，因此，P0 口作为普通 I/O 口时，不是三态接口。

以上只分析了 P0 口用作输出口使用的情况，如果 P0 口作为输入口使用时，外部输入的信号在读引脚控制下，经三态门进入内部总线，完成数据的输入。需要强调的一点是，当 P0. X 引脚输入高电平时，如果 T2 导通，那么高电平也会被拉至低电平，从而无法实现逻辑“1”的输入。因此作为输入口用时，需要关断 T2，具体的方法就是内部总线先写入“1”，锁存器 $\overline{Q}$ 端输出逻辑“0”关断 T2。

1.4.2 P1 口

P1 口字节地址为 90H，包含 P1.0 ~ P1.7 这 8 个引脚，位地址分别为 90H ~ 97H。P1 口内部结构和 P0 有所不同，图 1-7 所示为 P1 口的位结构框图。由于 P1 口只能作为普通 I/O 口使用，因此不需要多路转接开关。另外内部集成有上拉电阻，这样 P1 口作为输出口使用时，外部无须再接上拉电阻。由于内部有上拉电阻，这样 P1 口就不是一个三态接口，因此把其称为准双向口。

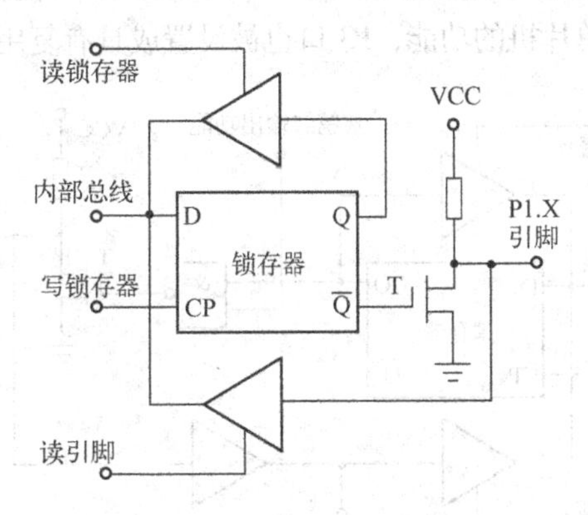

图 1-7　P1 口的位结构框图

1.4.3 P2 口

P2 口字节地址为 A0H，包含 P2.0 ~ P2.7 这 8 个引脚，位地址分别为 A0H ~ A7H。P2 口可作为普通 I/O 口使用，也可作为高 8 位地址总线接口使用，因此与 P0 口内部结构类似，

图 1-8 所示为 P2 口的位结构框图。

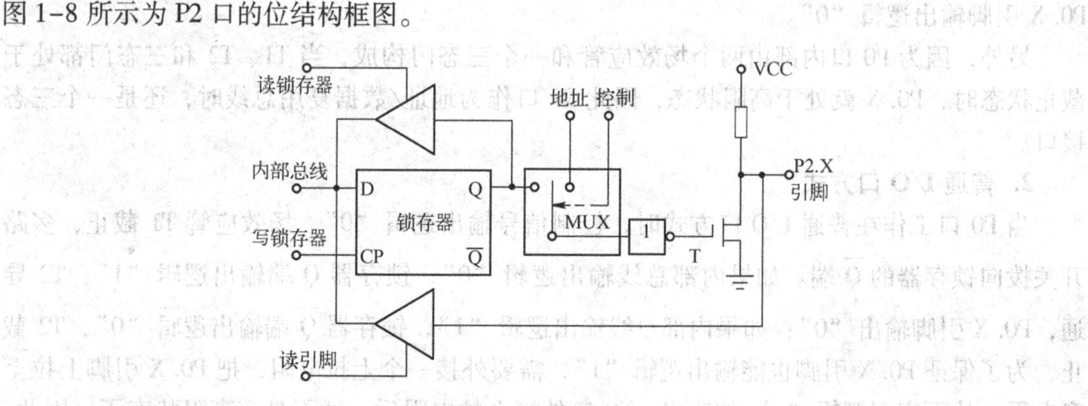

图 1-8　P2 口的位结构框图

1. 普通 I/O 口方式

P2 口作为普通 I/O 口使用时，多路转接开关拨向锁存器的 Q 端。由于场效应管前面有个非门，和 P1 口接锁存器的 $\overline{Q}$ 端效果一样，其工作原理和 P1 口类似，读者可自行分析，在此不再赘述。

2. 地址总线工作方式

作为高 8 位地址总线使用时，开关拨向地址端。由于其只作为地址总线使用，无须提供数据总线，因此其不需要设置为三态接口。另外由于其内部也集成有上拉电阻，因此 P2 口也是一个准双向口。

1.4.4　P3 口

P3 口字节地址为 B0H，包含 P3.0 ~ P3.7 这 8 个引脚，位地址分别为 B0H ~ B7H。P3 口可作为普通 I/O 口使用，也可作为第二功能使用，图 1-9 所示为 P3 口的位结构框图。由于 8051 单片机引脚数目较少，为了增加单片机的功能，P3 口也被设置成具有复用功能的 I/O 接口。

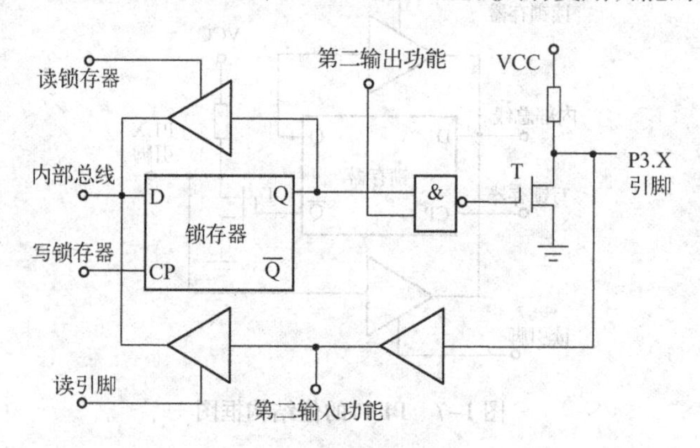

图 1-9　P3 口的位结构框图

1. 普通 I/O 口方式

I/O 口进行数据输出时，第二输出功能控制端应保持高电平状态，即第二输出功能控制端输出逻辑“1”。如果内部总线输出“1”，与非门输出“0”，则场效应管 T 截止，P3. X

引脚被上拉电阻拉至高电平，从而实现逻辑“1”的输出；如果内部总线输出“0”，与非门输出“1”，则场效应管T导通，P3.X引脚被拉低，输出逻辑“0”。

要进行数据输入时，第二输出功能控制端和锁存器输出端均应输出高电平，与非门关断，使场效应管T处于截止状态，数据在读引脚信号的控制下，进入内部总线。这一点和其他I/O口作为输入时情况类似。

2. 第二功能方式

数据输出时，内部锁存器应被置为高电平。当第二输出功能控制端输出逻辑“0”时，与非门打开，场效应管T导通，P3.X引脚被拉低，这样实现了逻辑“0”的输出；当第二输出功能控制端输出逻辑“1”时，与非门关断，T截止，P3.X被上拉电阻上拉成高电平，从而实现逻辑“1”的输出。

数据输入时，第二输出功能控制端和锁存器输出端均应输出高电平，与非门关断，使场效应管T处于截止状态，数据经第二输入功能处输入单片机。表1-7给出了P3口第二功能定义，可根据实际的需要对其进行选择。

表1-7 P3口第二功能定义

I/O口线	第二功能作用	I/O口线	第二功能作用
P3.0（10引脚）	RXD（串行输入口）	P3.4（14引脚）	T0（定时器0外部计数输入）
P3.1（11引脚）	TXD（串行输出口）	P3.5（15引脚）	T1（定时器1外部计数输入）
P3.2（12引脚）	$\overline{INT0}$（外部中断0）	P3.6（16引脚）	$\overline{WR}$（写选通信号）
P3.3（13引脚）	$\overline{INT1}$（外部中断1）	P3.7（17引脚）	$\overline{RD}$（读选通信号）

1.4.5 并行端口负载能力

8051单片机4个并行I/O端口中，P0口内部采用两个场效应管推挽输出，因此驱动能力最强，可驱动8个LSTTL负载。P1~P3口内部采用上拉电阻上拉，驱动能力较P0口弱，可驱动4个LSTTL负载。

查阅8051单片机数据手册可知，当P0口某位输出低电平时（最大0.45 V），可以提供3.2 mA的灌电流，低电平提高，灌电流可相应增加。当P0口某位输出高电平时，可以提供400 μA的拉电流。

对于P1~P3口，某位输出低电平时（最大0.45 V），可以提供1.6 mA的灌电流；某位输出高电平时，可以提供80 μA的拉电流。

因此在使用单片机I/O端口时，如果用于驱动类似于发光二极管这样的小功率设备，通常采用灌电流形式，能获得较大的驱动能力。即使采用灌电流的形式，其灌电流仍然有限制，因此无论是拉电流还是灌电流的形式，电流过大都会导致8051单片机的I/O端口损坏。如果要驱动功率较大的设备，不能采用I/O端口直接驱动，通常需要配置功率接口电路，本书在第10章有较为详细的介绍。

1.5 时钟电路与时序

单片机本身就是一个复杂的同步时序电路，为了保证同步方式的实现，电路应在时钟信号的控制下逐条执行程序。时钟信号频率高，单片机工作速度也快，反之速度就慢；时钟信号的稳定性，直接影响到单片机运行的稳定性。

1.5.1 时钟电路

8051 单片机的时钟信号可以通过两种方式产生，一是采用内部时钟方式，二是采用外部时钟方式。时钟信号的频率大小可根据实际的应用需求进行选择，时钟信号频率高，单片机工作速度快，但是单片机的功耗也随之提高。如果在一些对单片机工作速度要求不高的场合，可以把单片机时钟信号的频率降低，以降低单片机的功耗。

1. 内部时钟方式

8051 单片机内部有一个用于构成内部振荡器的高增益反相放大器，引脚 XTAL1 和 XTAL2 分别为该放大器的输入和输出端。在放大器的输入和输出端接上石英晶体振荡器（或者陶瓷谐振器）及谐振电容，就构成了振荡电路，图 1-10 所示为 8051 内部时钟方式电路图。8051 外部使用的晶振频率通常在 1.2 ~ 12 MHz 范围，晶振频率过高或者过低都不能保证 8051 可靠正常地工作。两个电容的大小通常在 30 pF 左右，过大和过小都将影响到振荡器的稳定性。为了方便后续机器周期的计算，同时兼顾单片机的工作速度，实际应用中通常选用晶振频率为 6 MHz 或者 12 MHz 的石英晶体振荡器；在考虑串行通信波特率设定时，晶振频率有时候也选择为 11.0592 MHz。

由于采用内部时钟方式，外部只需要简单地连接晶体振荡器和电容等少量器件，就可满足单片机时钟信号的要求，因此内部时钟方式是单片机系统采用的主要方式。

2. 外部时钟方式

在外部时钟工作方式下，单片机的时钟信号由外部提供，可将外部的时钟源直接接到 8051 的 XTAL2 引脚上，同时把 XTAL1 引脚接地，图 1-11 所示为 8051 外部时钟方式电路图。多片 8051 单片机同时工作的情况下，需要一个基准的时钟信号来协调各个单片机同步工作，采用该工作方式时，通过一个外部时钟为多个单片机同时提供时钟信号。

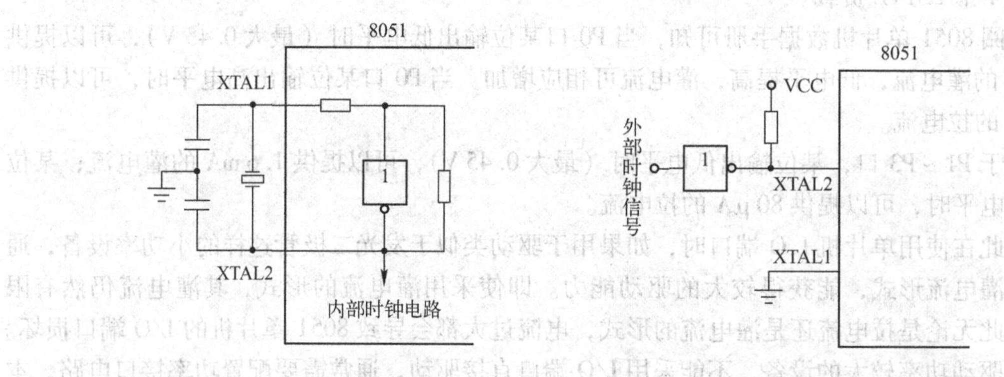

图 1-10 8051 内部时钟方式电路图　　图 1-11 8051 外部时钟方式电路图

1.5.2 周期与指令时序

8051 单片机是在时钟信号的控制下，按照一定的节拍工作的，单片机读取指令、执行指令都是在 CPU 控制器的控制下严格按照时序进行的。为了衡量和计算各种控制信号的时间，通常采用时钟周期、状态周期、机器周期和指令周期等几个周期来描述。

1. 时钟周期（T_{osc}）

时钟周期也称为振荡周期，是单片机最基本的时间单位，时钟周期的大小取决于单片机外接晶振频率，若单片机外接晶振频率为 f_{osc}，则单片机的时钟周期 $T_{osc}=1/f_{osc}$，一个时钟周期也称为 1 个拍节，用 P 表示。

2. 状态周期

一个状态周期包含有两个时钟周期，通常把一个状态周期用 S 表示。

3. 机器周期（T_{cy}）

CPU 完成一个基本操作所需要的时间称为一个机器周期，一个机器周期包含有 6 个状态周期或 12 个时钟周期。因此，一个机器周期中的 12 个时钟周期可以采用 S1P1，S1P2，S2P1，S2P2，…，S6P2 来描述，如图 1-12 所示为 8051 单片机各周期关系图。

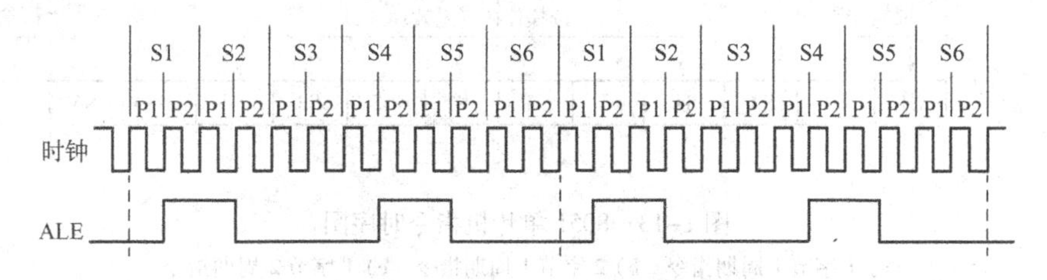

图 1-12　8051 单片机各周期关系图

按照前面的分析，如果 8051 单片机外接晶振频率为 6 MHz，那么其时钟周期 $T_{osc}=1/(6\times10^6\ \text{Hz})=166.7\ \text{ns}$，则机器周期 $T_{cy}=12\times T_{osc}=2\ \mu\text{s}$。如果 8051 单片机外接晶振频率为 12 MHz，则机器周期 T_{cy} 为 1 μs。

4. 指令周期

指令周期是执行完一条指令所需的时间，通常都是机器周期的整数倍。简单的单字节指令执行时间只需要一个机器周期，较为复杂的指令需要两个甚至多个机器周期，如乘、除法指令需要 4 个机器周期。

📖 需要注意的一点是，同一条指令在不同的执行条件下占用的指令周期不相同，如条件转移指令。

---

5. 指令时序

8051 单片机执行程序的过程就是读取指令和执行指令的过程，指令的执行也都是严格按照时序进行的，不同的指令占用的机器周期数不同，因此指令的时序也不相同。图 1-13 所示为 8051 单片机指令时序图。

每个机器周期中，地址锁存允许信号 ALE 两次有效，分别出现在 S1P2 和 S4P2 时刻，高电平持续时间为两个时钟周期。当操作码送至指令寄存器后，单周期指令从 S1P2 时刻开始执行，如果是双字节指令，还需要在 S4P2 时刻再读取第二字节；若是单字节指令，在 S4P2 时刻也会再读取一次，只是读入的字节无效，并且 PC 值不会自动加 1。对于两个机器周期指令，在第一个机器周期的 S1P2 开始执行指令，在本机器周期的 S4P2 和下一个机器周期的 S1P2 和 S4P2 期间都会读取操作码，读入的字节也是无效的。

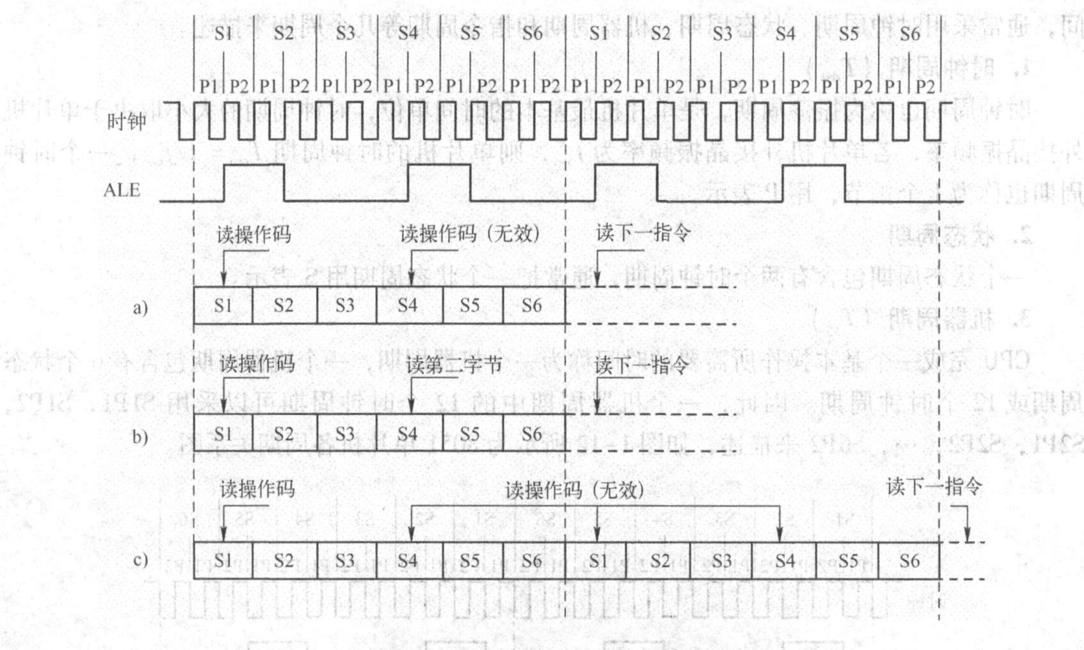

图 1-13 8051 单片机指令时序图

a）1 字节 1 周期指令 b）2 字节 1 周期指令 c）1 字节 2 周期指令

1.6 单片机工作方式

单片机的工作方式是单片机系统设计的基础，根据单片机的工作情况可以把单片机的工作方式分成复位方式、程序运行方式、掉电保护方式和低功耗方式 4 种。在进行单片机系统设计时需要充分考虑实际应用中可能出现的情况，可靠地完成上述几种工作方式的切换。

1.6.1 单片机复位方式

单片机在上电开机或者程序运行失控（“程序飞车”）的状态下都需要进行复位操作，使 CPU 和其他功能部件恢复到一个确定的工作状态，这个状态称为复位状态。复位状态下单片机各 I/O 口和对应特殊功能寄存器的值都恢复成默认的值。表 1-8 所示为 8051 主要特殊功能寄存器复位值。

表 1-8 8051 主要特殊功能寄存器复位值

寄存器名	复位值	寄存器名	复位值
PC	0000H	TMOD	00H
ACC	00H	TCON	00H
B	00H	SBUF	随机
PSW	00H	SP	07H
DPTR	0000H	P0 ~ P3	FFH

要使单片机进入复位状态，只需要在单片机的 RST 引脚上施加两个机器周期以上的高

电平，就可保证8051单片机成功复位。为保证单片机可靠复位，通常需要给单片机设计一个复位电路。根据不同的复位要求，可将复位电路设计成上电自动复位和手动复位两种方式。图1-14所示为8051复位电路，上电自复位电路保证单片机上电后能够自动进行复位操作，无须手动进行，当外接晶振频率为6 MHz时，C1取22 μF，R1取10 kΩ。手动复位电路可以保证单片机“程序飞车”后，通过手动的方式进行复位，通常8051单片机的复位电路是把上述两种方式合并在一起，同时具有手动、自动复位功能。

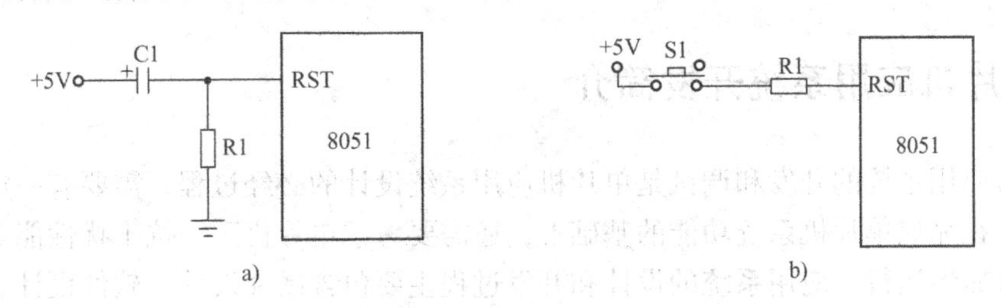

图1-14　8051复位电路
a）自动复位电路　b）手动复位电路

1.6.2　程序运行方式

程序运行方式是单片机最基本的工作方式，当单片机复位成功后，PC被自动地设置为0000H，单片机开始从程序存储器0000H处开始取指令、执行指令。每取完1字节指令PC自动加1，碰到跳转、子程序调用时，自动修改PC值，转向新地址处的指令程序。程序的执行顺序取决于单片机程序设计者设计的应用程序情况。单片机在正常运行程序时都工作在此方式下。

📖 单片机的程序运行方式主要包括连续执行和单步运行两种方式，单片机实际执行程序的过程通常都是连续方式，单步运行方式在程序调试时采用。

1.6.3　掉电保护方式

掉电保护方式是一种能降低单片机功耗的工作方式，当单片机主电源断电时，为了保证单片机内部RAM中的数据不丢失，可以将供电电源切换成备用电源，通常备用电源都采用电池供电的方式。当监测到单片机主电源电压降低时，可将单片机切入掉电保护方式以减少单片机的电能消耗。通过程序将电源控制寄存器PCON的PD标志位置“1”就可使单片机进入掉电保护方式，从而使单片机内部振荡器和其他功能部件停止工作，降低功耗，保证备用电源只用于维持内部RAM中的数据不丢失。当VCC引脚的主电源恢复供电后，通过复位方式退出掉电保护方式。

1.6.4　低功耗方式

低功耗工作方式和掉电保护方式类似，也是一种消耗电能较低的工作方式。与掉电保护方式的区别是，掉电保护方式是由于失去主电源被迫进入的，而低功耗方式是为了减少能量消耗，完全由程序设定主动进入的。通常单片机在工作时，不是总处于测量和控制状态，当单片机完成相应任务进入空闲状态时，就可以通过程序控制单片机进入低功耗工作方式下，以降低单片机的电能消耗，尤其是电池供电的手持单片机系统通常都设置有低功耗工作方式，以延长电池的使用时间。

进入低功耗的方式和掉电保护方式类似，只需要把电源控制寄存器 PCON 的 IDL 位置“1”即可。在该工作方式下，中断功能仍然有效。因此可以在中断服务子程序中程序清除 IDL 标志位，即可退出低功耗方式，当然也可以通过复位方式来退出。

1.7 单片机应用系统开发简介

单片机应用系统的开发和调试是单片机应用系统设计的必经过程，需要有一定的硬件和软件基础。在完成单片机系统功能的基础上，还需要考虑单片机系统抗干扰性能等，以保证系统稳定可靠地运行。应用系统的设计和开发过程主要包含硬件设计、软件设计、调试和仿真、脱机运行等环节。本节主要介绍单片机应用系统的开发、设计的步骤和方法，以及开发和调试过程所需要用到的开发工具。

1.7.1 单片机应用系统设计步骤

单片机应用系统是指以单片机为核心，辅以相应的外围硬件电路和软件，用以实现一定功能的系统。单片机应用系统设计需要非常广泛的基础知识和专业知识，系统设计包含硬件设计和软件设计两大部分。在系统设计过程中，需要综合考虑多种因素，在设计过程中逐步修改和完善方案，最终实现设计任务和系统功能。不同的应用系统因设计任务不同，其设计步骤也不尽相同但是通用的步骤通常包含以下几个方面。

1）根据任务需求进行总体方案设计，根据用户提出的功能要求，设计出满足应用条件的软硬件方案。方案的选择应当建立在一定的可行性调研基础上，经过必要的理论分析和计算，在综合考虑可靠性、可维护性、成本和经济效益等要求后，如果方案确实可行，就可以根据设计要求编写设计任务书，从而完成总体方案设计。

2）根据总体方案中的硬件方案进行硬件部分设计，分别进行元器件选型、功能设计和硬件调试，包括方案修改，最终形成可行的器件选型清单和完整的电路原理图样，开始制作电路实验板或者设计印制电路板。

3）在进行硬件设计的过程中，可以同时进行软件设计，如程序使用的基本算法、数据结构等，形成相应的软件流程图，并进行相应的程序设计和功能调试。设计时，通常采用模块化设计方法，这样便于分工合作。

4）在完成软硬件设计之后，就可以进行软件和硬件综合调试，通常称为系统仿真调试，在这一阶段通常需要有配套的单片机开发系统，如仿真器和配套的软件开发平台，在相应的开发平台上对硬件系统和软件系统进行联机调试，直至完成所有功能。

5）如果联机调试可以实现设计所要求的功能，就可以让单片机脱离计算机和开发平台，把程序烧入单片机或者程序存储器进行脱机调试。脱机调试成功之后，就可以根据电路原理图进行制板，开发样机。

6）完成上述设计步骤后，需要对相关的文档进行整理，形成完整的开发资料，为日后单片机应用系统的使用、维修等提供依据，也就是相关文档的编制。

1.7.2 单片机开发工具简介

随着单片机技术的快速发展，现有的单片机开发工具和配套的软件平台的种类和样式也很多，需要注意的是，不同系列和种类的单片机的开发工具有所不同，以下主要介绍针对8051单片机的开发工具。单片机应用系统开发过程中除了必备的硬件基础外，软件平台也是必不可少的，利用相应的软件实现汇编（编译）、链接等功能，把编写好的源程序转换成单片机能识别和执行的机器码（目标代码）。同时好的软件还支持各种调试方法和手段，如单步调试、断点调试等，以及观察各寄存器、存储单元内容等功能，有助于提高开发效率，缩短开发周期。

1. 硬件开发平台

对于单片机应用系统的开发，硬件开发平台是必不可少的。硬件开发平台的主要作用就是模拟和仿真单片机功能，所以也可称模拟和仿真单片机功能的硬件平台为仿真器。传统的单片机的开发通常采用仿真器的开发模式，图1-15所示为仿真器开发模式示意图。

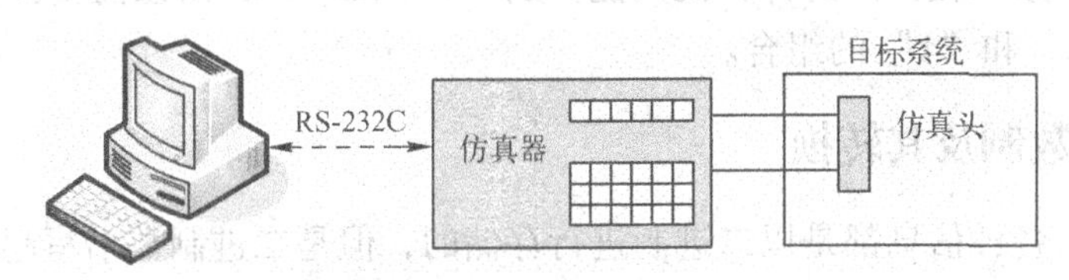

图1-15　仿真器开发模式示意图

这种模式也称为独立型仿真器开发模式，通常需要一台PC、仿真器（含配套仿真头）和用户自己设计的目标系统（单片机应用系统硬件板）。在PC中进行程序开发，编译通过后，通过类似RS-232的接口总线把生成的目标代码传给仿真器，由仿真器模拟单片机的功能进行联机调试。这种模式需要一个专门的仿真器，如南京伟福公司生产的E51、E2000和V8等系列的仿真器，就可用于8051单片机的仿真。除了独立型仿真器开发模式，还有一种叫作非独立型仿真器开发模式，只应用在早期的单片机应用系统开发和一些高校单片机实验系统中。

独立型仿真器开发模式需要专用的仿真器和仿真头，不同的仿真器（加仿真头）价格从几百到几千元不等，价格相对较高，这就增加了单片机应用系统开发的成本。因此，近年来许多单片机生产商为了降低开发费用，在单片机内部都集成有联合测试工作组（Joint Test Action Group，JTAG）接口或者支持在系统可编程（In-System Programming，ISP）功能，从而出现诸如ISP和JTAG的新的开发模式，现有的单片机应用系统开发基本都采用这种模式。

2. 软件开发平台

用于8051单片机程序开发的软件平台很多，如与前面介绍的伟福仿真器配套的WAVE3.2和V8系列集成开发环境等，还有被单片机开发人员所广泛采用的Keil C51集成开发环境。不管何种开发环境，现有的开发平台共同的特点是都集成有源程序编辑、汇编（编译）、联机调试、程序下载等功能。对于Keil C51集成开发环境，在后续章节中有详细介绍。对于其他开发平台，由于篇幅有限，在此不做详细介绍，如有需要可自行阅读相关文献资料。

值得一提的是，随着电子设计自动化（Electronic Design Automation，EDA）技术的发展，目前已经有集单片机硬件和软件仿真功能于一体的 Proteus 虚拟仿真软件，这为单片机应用系统的开发提供了更大的便捷，因此，该软件一经推出就受到广大单片机设计和开发人员的青睐，本书在第 4 章将对该软件进行详细的介绍。

🕮 需要说明的一点是，尽管软件能同时模拟单片机和周边器件，实现单片机和周边器件的协同仿真，但毕竟还只是虚拟仿真，和真实的硬件运行有一定的差别。

1.8 知识与拓展

虽然计算机可以处理文字、图形、图像和语音等各种信息，但是这些信息在输入计算机之前如果没有进行特殊处理的话，计算机是无法识别的，可以把这种特殊的处理称为数字化编码，也称为信息数字化。因为计算机只能识别“0”和“1”，所以需要按照一定规则将这些信息处理成“0”和“1”的组合。

1.8.1 计算机数制及其转换

尽管计算机中各种信息都是以二进制进行存储的，但是二进制数书写起来太长，并且不容易阅读和记忆。另外，各种信息的描述在不同场合需要按照不同的形式进行表示，因此通常采用二进制、十进制和十六进制等形式对数据信息进行表示或描述。

1. 二进制

二进制是目前计算技术中使用最为广泛一种数制，其利用“0”和“1”两个码来表示数据。它的基数为 2，进位规则是“逢二进一”，借位规则是“借一当二”。为了区分于其他数制，通常在二进制数后跟上字母“B”（Binary）来表示该数为二进制，如 10010011B。

2. 十进制

十进制是人类日常生活中使用最多的进制，其利用数字“0 ~ 9”来表示数的大小，基数为 10，进位规则为“逢十进一”，借位规则为“借一当十”。一般在数字后面加上字母“D”（Decimal）表示数据为十进制数，如 98D。由于人们习惯都以十进制为进位规则，所以通常也可以省略后面的字母“D”。

3. 十六进制

当某个数较大时，如果用二进制来书写，那么数据将显得非常冗长，不便于阅读和记忆。加之 4 位二进制数可以完整地表示出一个十六进制数，因此为了书写方便等原因，通常计算机中的二进制数据都采用十六进制的形式来表示。利用字符“0 ~ 9，A ~ F”来表示，并且在十六进制数据后面跟上字母“H”（Hexadecimal）来表示该数为十六进制，如 6AH。

4. 进制间的转换

（1）二进制和十六进制间的转换

二进制整数转换成十六进制时，基本方法是从二进制数的最低位（右边）开始，每 4 位为 1 组，不足 4 位在高位（左边）补 0，凑成 4 位，每组用 1 位十六进制表示。

如：10010011B → 1001 0011B → 93H

再如：100111110B → 1 0011　1110B → 0001　0011　1110 B → 13EH

如果要将十六进制整数转换成二进制，方法类似，每 1 位十六进制数转换成 4 位二进制。

如：8DH → 1000 1101B

（2）二进制、十六进制转换成十进制

各种进制整数转换成十进制可按照权展开的方法实现，如果是二进制转换成十进制，其底数为 2，如果是十六进制转换成十进制，底数则为 16。

如：

$$10010011B = 1*2^7+0*2^6+0*2^5+1*2^4+0*2^3+0*2^2+1*2^1+1*2^0 = 128+14+2+1 = 145$$

再如：

$$1358H = 1*16^3+3*16^2+5*16^1+8*16^0 = 4096+768+80+8 = 4592$$

（3）十进制转换成二进制、十六进制

要将十进制整数转换成二进制等其他进制，采用除法取余数的方法，直至商为 0 后，转换结束，将所得的余数依次排列后即可得到其他进制。需要注意的是，先得出的余数为低位，后得出的余数为高位。如果将十进制转换成二进制，那么就是采用除 2 取余数的方法，如果转换成十六进制，则是除 16 取余数。如果要把十进制数 98 分别转换成二进制和十六进制，转换过程分别如图 1-16 和图 1-17 所示。

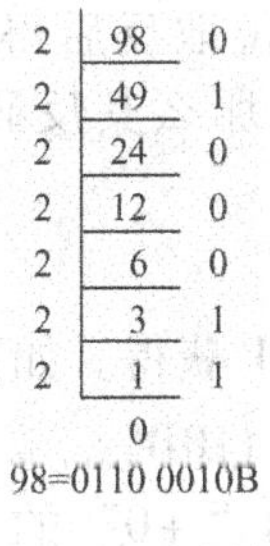

除数	被除数	余数
2	98	0
2	49	1
2	24	0
2	12	0
2	6	0
2	3	1
2	1	1
	0	

98=0110 0010B

图 1-16　十进制 98 转换成二进制

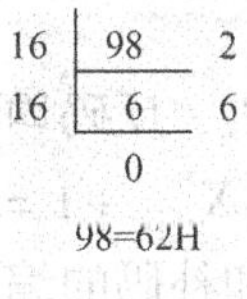

除数	被除数	余数
16	98	2
16	6	6
	0	

98=62H

图 1-17　十进制 98 转换成十六进制

1.8.2　有符号数的表示方法

现实生活中的十进制数常有正负之分，为了使计算机能表示出正负数，通常将数的符号位和数值部分一起编码来表示有符号数。计算机中数的符号位也用二进制位来表示，通常选用最高位来表示符号位，“0”代表“+”，“1”代表“-”，剩余的数位用于表示数的绝对值大小。这种符号被数值化了的数称为机器数，而用机器数表示的原二进制数就称为真值。常见的有符号数的编码方式有原码、反码和补码，其中补码是最为常用的。

1. 原码

如果最高位用“0”表示正数，“1”表示负数，剩余低位表示数的绝对值大小，用该方法表示出的数就称为原码。如果真值 X = -50，将其转换成原码的过程为：

$$X = -50 = -011\ 0010B = 1011\ 0010B = B2H\text{(8 位数形式)}$$
$$X = -50 = -000\ 0000\ 0011\ 0010B = 1000\ 0000\ 0011\ 0010B = 8032H\text{(16 位数形式)}$$

因此可将 X 的原码可表示为：

$$[X]_{原} = 1011\ 0010B\text{(8 位)或者}[X]_{原} = 1000\ 0000\ 0011\ 0010B\text{(16 位数形式)}$$

同理，若有真值 Y = 80，那么将其转换成原码的过程为：

$$Y = 80 = +101\ 0000B = 0101\ 0000B = 50H\text{(8 位数形式)}$$
$$Y = 80 = +000\ 0000\ 0101\ 0000B = 0000\ 0000\ 0101\ 0000B = 0050H\text{(16 位数形式)}$$

因此 Y 的原码可表示为：

$$[Y]_{原} = 0101\ 0000B\text{(8 位)或者}[Y]_{原} = 0000\ 0000\ 0101\ 0000B\text{(16 位数形式)}$$

8 位原码可表示数的范围是 FFH ~ 7FH(−127 ~ +127)，16 位原码可表示的数的范围为 FFFFH ~ 7FFFH(−32767 ~ +32767)。

按照人们的习惯，无论是“+0”还是“−0”，其都是“0”，但是如果将“+0”和“−0”用原码表示的话，二者相差很大（分别为 0000 0000B 和 1000 0000B），也就是说 0 用原码来表示的话，数不是唯一的。加之 2 个异号数相加或者 2 个同号数相减都要进行减法运算，为了把减法运算转换成加法运算，从而简化计算机结构，通常将有符号数的运算通过补码实现，为了获取补码，首先需要获得真值的反码。

2. 反码

正数的反码和原码相同。负数的反码可将其原码的各位逐位取反后得到（符号位除外）。如 X = −50，其原码$[X]_{原}$ = 1011 0010B(8 位数形式)，那么其反码$[X]_{反}$ = 1100 1101B(8 位数形式)，16 位的形式读者可自行推导。

3. 补码

正数的补码和原码、反码均相同。负数的补码可将其反码加 1 获得。如：$[X]_{反}$ = 1100 1101B，那么$[X]_{补} = [X]_{反} + 1$ = 1100 1101B + 0000 0001B = 1100 1110B。

根据原码、反码和补码的编码原理，可以分别计算“−0”和“+0”的 3 种码。

$$[+0]_{原} = [+0]_{反} = [+0]_{补} = 0000\ 0000B$$
$$[-0]_{原} = 1000\ 0000B, [-0]_{反} = 1111\ 1111B, [-0]_{补} = 0000\ 0000B$$

这样无论是“−0”还是“+0”，其补码是相同的，均为 0000 0000B。

4. 补码的运算

根据补码的特性，可以将补码的运算推导为：$[X \pm Y]_{补} = [X]_{补} \pm [Y]_{补}$。如 X = 50，Y = 60，那么可以分别进行计算：

$$[X]_{补} = [X]_{反} = [X]_{原} = 0011\ 0010B, [Y]_{补} = [Y]_{反} = [Y]_{原} = 0011\ 1100B$$
$$[X+Y]_{补} = [50+60]_{补} = [110]_{补} = 0110\ 1110B$$
$$[X]_{补} + [Y]_{补} = [50]_{补} + [60]_{补} = 0011\ 0010B + 0011\ 1100B = 0110\ 1110B$$

同理：

$$[X-Y]_{补}=[50-60]_{补}=[-10]_{补}=1111\ 0110B$$

$$[X]_{补}-[Y]_{补}=[50]_{补}-[60]_{补}=0011\ 0010B-0011\ 1100B=1111\ 0110B$$

1.8.3 BCD码与ASCII码

计算机中的数据都是采用二进制形式进行存储的，实际应用中计算机经常需要处理数字、字符等各种信息，为了方便这些信息的处理，通常将这些信息用二进制数据组合成不同的编码，我们可以统称为二进制编码。

1. BCD码

由于人们日常生活中使用的主要进制为十进制，而计算机采用的是二进制。为了使计算机中的数据能够适应人们的习惯，设计了用二进制编码表示的十进制数，简称BCD码（Binary Coded Decimal），也称为8421码，这样4位二进制数就能表示出1位十进制数。计算机存储空间的基本大小为1字节（1个存储单元），可以存储8个二进制位，即一个存储单元最多可以存放2个BCD码。如果一个存储单元只存储1个BCD码，则称为非压缩BCD码，也称为非组合BCD码；如果一个存储单元存放2个BCD码，则称为压缩BCD码，也称为组合BCD码。十进制数和BCD码转换关系表如表1-9所示。

表1-9　十进制数和BCD码转换关系表

十进制数	非组合BCD码	组合BCD码	十进制数	非组合BCD码	组合BCD码
0	00000000	00000000	10	00000001 00000000	00010000
1	00000001	00000001	11	00000001 00000001	00010001
2	00000010	00000010	12	00000001 00000010	00010010
3	00000011	00000011	13	00000001 00000011	00010011
4	00000100	00000100	14	00000001 00000100	00010100
5	00000101	00000101	15	00000001 00000101	00010101
6	00000110	00000110	16	00000001 00000110	00010110
7	00000111	00000111	17	00000001 00000111	00010111
8	00001000	00001000	18	00000001 00001000	00011000
9	00001001	00001001	19	00000001 00001001	00011001

2. ASCII码

美国标准信息交换码（American Standard Code for Information Interchange，ASCII）由美国国家标准组织制定，用于计算机在相互通信时用作共同遵守的西文字符编码标准，现已被国际标准化组织（International Organization for Standardization，ISO）定为国际标准。ASCII码适用于所有拉丁文字字母，是基于拉丁字母的一套计算机编码系统，主要用于显示现代英语和其他西欧语言。

标准ASCII码也叫基础ASCII码，使用7位二进制数来表示所有的大写、小写字母，数字0~9、标点符号，以及在美式英语中使用的特殊控制字符，各种字符对应的ASCII码可通过“附录 A　常用字符与 ASCII 码对照表”进行获取。

为了验证通信过程中字符传输是否出现错误，奇偶校验法是最简单的校验法。奇偶检验包括奇校验和偶校验两种，奇校验要求传输的代码字节中“1”的个数必须为奇数，否则认为传输过程出现错误；同理，偶校验要求传输的代码字节中“1”的个数必须为偶数。因此，在标准 ASCII 中，其最高位（D7）可用作奇偶校验位。当采用奇校验方式时，如果传输的数据代码中“1”的个数为偶数，可在最高位（D7）中填入“1”，以保证“1”的个数为奇数；如果传输的数据代码中“1”的个数已经是奇数时，则在最高位 D7 中填入“0”。同理，采用偶校验方式时，也是在最高位（D7）中填入“1”或者“0”，以保证数据代码中“1”的个数为偶数。

【例 1-1】假设通信校验方式为偶校验，请分别给出字符“A”“h”和“9”的偶校验码和奇校验码。

根据附录 A 给出的字符 ASCII 表，可以分别查出上述 3 个字符的 ASCII 码，并将其以二进制的形式给出，从而方便统计其中“1”的个数，为了更直观地说明，3 个字符的校验码对应表如表 1-10 所示。

表 1-10　字符 ASCII 码及其校验码对应表

字　符	ASCII 码（十六进制）	“1”个数的奇偶情况	奇校验码（十六进制）	偶校验码（十六进制）
A	D7 100 0001（41H）	偶数个“1”	1 100 0001（C1H）	0 100 0001（41H）
h	D7 110 1000（68H）	奇数个“1”	0 110 1000（68H）	1 110 1000（E8H）
9	D7 011 1001（39H）	偶数个“1”	1 011 1001（B9H）	0 011 1001（39H）

1.9　思考题

1. 填空题

（1）单片机是单片微型计算机的简称，通常也可以称为（　　）和（　　）。

（2）单片机内部通常都集成有（　　）、（　　）和（　　）的主要部件，3 种部件通过内部（　　）连接在一起。

（3）8051 单片机共有 4 个并行 I/O 接口，通常 P0 和 P2 口用于构建系统的（　　），P3 口除了用作普通 I/O 口外，还具有（　　）。

（4）8051 单片机 $\overline{PSEN}$ 引脚功能为（　　），RST 引脚功能为（　　）。$\overline{EA}=0$ 时，表示 8051 单片机访问（　　）部 ROM。

（5）8051 单片机有（　　）个中断源，其对应的中断入口地址分为（　　）。

（6）8051 单片机使用 P2、P0 口传送（　　）信号，且使用 P0 口传送（　　）信号，这里采用的是（　）技术。

（7）8051 单片机复位后，其程序计数器 PC 的内容为（　　）H，P0 ~ P3 口的内容均为（　　）H，程序状态字 PSW 内容为（　　）H，堆栈指针 SP 的内容为（　　）H。

（8）8051 单片机内部 RAM 20H ~ 2FH 区域为位寻址区，已知某位的位地址是 47H，那么它是字节地址（　）的第（　）位。

（9）当程序状态字 PSW 为（10010001）时，当前工作寄存器组是第（　　）组，对应的工作寄存器 R1、R7 的地址分为（ ）H、（ ）H。

（10）8051 单片机的堆栈区只可设置在（ ）部 RAM 中，堆栈指针 SP 是（ ）位寄存器。

（11）如果 8051 单片机的时钟频率为 6 MHz，则其机器周期为（ ）μs。

（12）8051 单片机采用内部振荡方式时，通过（ ）和（ ）引脚连接外部晶振，（ ）引脚输入 2 个机器周期以上的高电平，才能保证 8051 单片机成功复位。

（13）如果 X = −86，那么其原码、反码和补码分别为（ ）H、（ ）H、（ ）H。

（14）已知字符 X = −3，那么 $-[X]_{补}$ =（ ）H。

（15）已知字符“A”的 ASCII 码为 41H，那么其奇校验码和偶校验码分别为（ ）H 和（ ）H。

2. 选择题

（1）下面对于 8051 堆栈描述错误的有（ ）。

A. 操作时遵循“先进后出”的原则　B. 堆栈指针永远指向栈顶

C. 从低地址向高地址的方向增长　D. 每次存取必须是一个字

（2）CPU 中程序计数器 PC 中存放的是（ ）。

A. 指令　B. 指令地址　C. 操作数　D. 操作数地址

（3）MCS − 51 单片机的数据总线是（ ）。

A. 8 位双向　B. 16 位双向

C. 8 位双向并且三态　D. 8 位单向并且三态

（4）下列哪些不是单片机的基本组成（ ）。

A. 存储器　B. 中断系统　C. 振荡电路　D. 显示接口

（5）8051 单片机成功复位后，下列寄存器初始值描述不正确的是（ ）。

A. PC = 0000H　B. P1 = FFH　C. SP = 30H　D. PSW = 00H

（6）MCS − 51 单片机 PSW 中的 RS1 = 1，RS0 = 0 时，工作寄存器 R2 的地址为（ ）。

A. 02H　B. 12H　C. 20H　D. 22H

（7）MCS − 51 单片机的最小时序定时单位是（ ）。

A. 状态　B. 拍节　C. 机器周期　D. 指令周期

（8）8051 单片机的位寻址区位于内部 RAM 的（ ）单元。

A. 00H ~ 7FH　B. 20H ~ 7FH　C. 00H ~ 1FH　D. 20H ~ 2FH

（9）8051 单片机片内 ROM 容量为（ ）。

A. 4 KB　B. 8 KB　C. 128B　D. 256B

（10）在家用电器中使用单片机应属于单片机的（ ）。

A. 辅助设计应用　B. 测量控制应用　C. 数值计算应用　D. 数据处理应用

3. 判断题

（1）把二进制数 10001000B 看成有符号数和无符号数其表示的真值是不一样的。（ ）

（2）正数的原码、反码和补码 3 种码相同。（ ）

（3）负数的原码、反码和补码 3 种码相同。（ ）

（4）原码、反码和补码 3 种码是针对有符号数而言的。（ ）

（5）ASCII 码利用 8 位二进制表示字符，因此可以表示出 256 种不同的字符。（ ）

(6) 8031 与 8051 的区别在于内部是否有程序存储器。 ( )

(7) 8051 单片机内部 RAM 20H－2FH 区域既可以位寻址又可以字节寻址。 ( )

(8) 8051 单片机地址能被 8 整除的特殊功能寄存器可位寻址。 ( )

(9) 8051 单片机的 4 个 I/O 口都可以配置作为地址/数据总线使用。 ( )

(10) 8051 单片机中最小的时间单位是机器周期，最大的时间单位是振荡周期。

( )

4. 简答题

(1) 8051 单片机内部都集成了哪些主要功能部件？这些功能部件都有什么作用？

(2) 8051 单片机内部 RAM 可以划分成几个区域？各自特点和功能是什么？

(3) 何谓 PC？它属于特殊功能寄存器吗？其主要作用是什么？

(4) 何谓堆栈和堆栈指针？8051 单片机如何设置堆栈？

(5) 程序状态字 PSW 的作用是什么？包含哪些标志位？各标志位的作用是什么？

(6) 8051 单片机内部有哪些区域支持位寻址？

(7) 8051 单片机内部 RAM 和 ROM 容量各为多少？外部最大能扩展多大存储空间？

(8) 8051 单片机的 4 个 I/O 端口在结构上有什么特点？各自的作用是什么？

(9) 8051 单片机如何复位？主要有几种复位方法？

(10) 单片机都有哪些工作方式？这些工作方式分别应用于哪些场合？不同的工作方式之间是如何切换的？

第2章　指令系统和汇编语言

在了解单片机硬件结构的基础知识后，为了实现单片机的各种控制功能，还需要了解和掌握单片机软件编程方面的内容。因此，本章主要介绍单片机的指令系统和汇编语言程序设计，具体包括汇编语言的寻址方式、指令介绍以及指令执行过程等内容，为汇编语言程序设计打好基础。

2.1　概述

指令是CPU控制计算机进行某种操作的命令，指令系统则是全部指令的集合。根据指令形式不同，指令分以下两种。

- 机器指令，又称机器码，由二进制代码0和1表示，能够被计算机直接识别和执行。
- 助记符指令，由助记符表示的机器指令。由于机器指令不便被人们识别、记忆、理解和使用，因此给每条机器指令赋予助记符号来表示，这就形成了助记符指令，它和机器指令一一对应，编写的程序效率高，占用存储空间小，运行速度快，可以编写出最优化的程序。

用助记符书写的指令系统称为汇编语言，用汇编语言编写的程序称为源程序，用机器语言编写的程序称为目标程序。汇编语言编写的源程序不能被计算机直接识别并执行，必须经过一个中间环节把它翻译成机器语言编写的目标程序，计算机才能识别并执行，这个中间过程称为汇编。

2.1.1　指令格式

[标号:]　操作码助记符　[目的操作数,]　[源操作数]　[；注释]

如：STAR：MOV A,#01H；(A) ←01H

- 标号：给该条语句起个名字，以便在其他语句中寻找该条语句，它代表该条语句所在的地址，由1~6个字符数字串组成，第一个必须是字母。不一定每句都有标号，标号不产生目标代码。汇编语言中已经有确切定义的符号不能作为标号，如指令助记符、伪指令、寄存器名等。同一标号在一个程序中只能定义一次，标号后面必须跟冒号。
- 操作码助记符：规定指令进行何种操作，是指令中不能空缺的部分，一般采用具有相关含义的英语单词或缩写表示。
- 操作数：说明被操作的数的源及目的，有目的操作数和源操作数之分。它可以是数的本身或其存储的位置。
- 注释：为便于阅读理解程序，对语句所进行的解释说明，不产生目标代码。用分号开始表示注释。

2.1.2 指令描述符号说明

指令系统中有关符号说明如下。

- Rn：当前寄存器组的8个通用寄存器R0～R7，n=0～7。
- Ri：可用作间接寻址的寄存器，只能是R0和R1寄存器，即i=0、1。
- direct：8位直接地址，在指令中表示直接寻址方式，寻址范围256个单元。其值包括0～127（内部RAM低128单元地址）和128～255（SFR的单元地址或符号）。
- #data8/16：8位/16位立即数。
- Addr11/16：11位/16位目的地址。
- rel：转移指令中的偏移量，为8位的带符号补码数，范围－128～＋127。
- DPTR：16位数据指针。
- bit：位地址。
- A：累加器ACC的缩写。
- B：寄存器B。
- C或Cy：进位标志位，也称为位累加器。
- @：间接寻址寄存器前缀。
- /：加在位操作数前面，表示对该位状态取反。
- (X)：X单元中的内容。
- ((X))：以X中的内容为地址的存储单元中的内容。
- ←：数据传送方向。
- $：当前指令起始地址。

2.2 寻址方式

寻址方式是在指令中寻找操作数或其所在地址的方法。寻址方式越丰富，灵活性就越大，能实现的功能也越强。MCS－51单片机共有7种寻址方式，在学习中需要注意指令的寻址方式的特点和寻址范围。

2.2.1 寄存器寻址

寄存器寻址是指操作数存放在寄存器中，通过给出寄存器名的形式来访问操作数的寻址方式。

寻址范围：

- 通用寄存器，共有4组32个通用寄存器，但只对当前工作寄存器区的8个工作寄存器寻址，指令中的寄存器名称只能是R0～R7。

```
MOV A,R0            ;将工作寄存器R0中的内容传送到A中
```

- 部分特殊功能寄存器，例如累加器A、寄存器B以及数据指针DPTR等。

```
MOV 30H,A           ;将A中的内容传送到片内RAM 30H单元中
```

2.2.2 直接寻址

直接寻址是直接给出操作数在存储器中存放地址的寻址方式。可用符号“direct”表示指令中的直接地址。

寻址范围：

- 片内 RAM 低 128 单元，在指令中直接以单元地址形式给出。

```
MOV A,50H                ;将片内 RAM 50H 单元中的内容送入 A 中
```

- 特殊功能寄存器，除以单元地址形式给出外，还可以寄存器符号形式给出。

```
MOV A,P0                 ;将寄存器 P0 的内容送到累加器 A 中
```

2.2.3 立即寻址

立即寻址是直接在指令中给出操作数的寻址方式。这种操作数称为立即数，立即数有 8 位和 16 位两种。可以采用二进制、十进制和十六进制 3 种形式，立即数前面必须带“#”。十六进制数以 A ~ F 打头的数前面要加 0，以区别于标号。

寻址范围：程序存储器，因为立即数是放在程序存储器中的常数。

```
MOV A,#5AH               ;把 8 位立即数 5AH 送入 A 中
MOV DPTR,#1808H          ;把 16 位立即数 1808H 送入 DPTR 中
```

2.2.4 寄存器间接寻址

寄存器间接寻址是通过寄存器给出操作数在存储单元中的存储地址的寻址方式。该寻址方式下，操作数所在的地址存放在指定的寄存器中，而操作数本身则存放在该地址所对应的存储单元中。间接寻址寄存器前加“@”。能够用于寄存器间接寻址的寄存器有 R0、R1、DPTR 和 SP。

寻址范围：

- 片内 RAM 单元，只使用寄存器 R0、R1，指令为 MOV。

```
MOV A,@R0           ;将 R0 中的内容为地址的片内 RAM 存储单元中的内容送入 A 中
```

- 片外 RAM 单元，可使用寄存器 R0、R1、DPTR，指令为 MOVX。

```
MOVX A,@DPTR        ;将 DPTR 中的内容为地址的片外 RAM 存储单元中的内容送入 A 中
```

- 堆栈操作指令（PUSH 和 POP），是以堆栈指针（SP）作为间接寻址寄存器的间接寻址方式。

2.2.5 基址加变址寻址

基址加变址寻址是以 DPTR 或 PC 的内容作为基址，以累加器 A 的内容作为偏移量，将

两者相加得到的16位地址作为目的地址的寻址方式。可用于读取程序存储器中数据或者进行程序散转。本寻址方式指令仅有3条：

```
MOVC A,@A + PC
MOVC A,@A + DPTR
JMP @A + DPTR
```

2.2.6 相对寻址

相对寻址主要用于转移指令，一般在转移指令中直接给出要转向的目标地址，如：

```
SJMP LOOP
```

汇编完成后，上述指令编译成机器码为：

```
80H rel
```

其中：标号“LOOP”表示目标地址，汇编时，汇编器会自动根据“SJMP LOOP”指令和标号“LOOP”处的指令的地址自动计算和填入偏移量rel。

以下给出具体的程序来说明汇编时rel的计算过程，如：

```
指令地址    机器码              源程序
0004H      80H 4AH            SJMP LOOP
…                             …
0050H      74H 20H            LOOP:MOV A,#20H
```

当CPU执行到“SJMP LOOP”指令时，此时的PC值为：0004H + 02H = 0006H，而目标程序LOOP的地址为0050H，因此汇编时会自动计算出偏移量rel，计算方法为：

rel = 目标地址 - 当前PC值 = 0050H - 0006H = 004AH

因此指令汇编后，自动生成机器码“80H 4AH”，“4AH”就是自动计算出的偏移量rel。

机器码中的rel是一个带符号的8位二进制补码，其取值范围为 -128 ~ +127。由于rel为8位偏移量，因此目标地址和当前PC值的差值必须为 -128 ~ +127，否则将跳转出范围。负数表示往上跳，正数表示往下跳。

2.2.7 位寻址

位寻址是指令中直接给出位操作数的寻址方式，位寻址只能出现在位操作指令中，位地址可用通用符号“bit”表示。

寻址范围：

- 片内RAM的20H ~ 2FH为位寻址空间。

```
MOV C,2EH              ;将位地址2EH中的内容送入位累加器C中
```

- 地址能被8整除的特殊功能寄存器，共11个。

```
MOV C,P1.1              ;将位 P1.1 中的内容送入位累加器 C 中
```

2.3 指令分类介绍

MCS－51 单片机指令系统共有指令 111 条，可按不同方法进行分类：

- 按字节数分类：单字节指令（49 条）、双字节指令（46 条）和三字节指令（16 条）。
- 按指令的执行时间分类：单机器周期指令（64 条）、双机器周期指令（45 条）和四机器周期指令（2 条）。
- 按其功能分类：数据传送指令（29 条）、算术运算指令（24 条）、逻辑运算指令（24 条）、控制转移指令（17 条）和位操作指令（17 条）。

2.3.1 数据传送指令

数据传送指令的功能是进行数据传送。数据传送类指令一般不影响状态标志位。主要分如下几类指令。

1. 片内 RAM 传送指令

片内 RAM 的数据传送是在单片机内部进行，不需要通过外部总线交换数据，因此速度比较快，指令操作码为：MOV。

（1）以累加器 A 为目的操作数的指令

指令功能是把源操作数送入累计器 A 中。

```
MOV A,Rn                ;A←(Rn)
MOV A,direct            ;A←(直接地址)
MOV A,@Ri               ;A←((Ri))
MOV A,#data             ;A←立即数
```

【例 2-1】 已知(R1)＝40H，(30H)＝12H，(40H)＝34H，分别执行下列指令：

```
MOV A,R1                ;(A)=40H
MOV A,30H               ;(A)=12H
MOV A,@R1               ;(A)=34H
MOV A,#56H              ;(A)=56H
```

（2）以寄存器 Rn 为目的地址的指令

指令功能是把源操作数送入工作寄存器中。

```
MOV Rn,A                ;Rn←(A)
MOV Rn,direct           ;Rn←(直接地址)
MOV Rn,#data            ;Rn← 立即数
```

【例 2-2】 已知(A)＝40H，(30H)＝12H，(40H)＝34H，分别执行下列指令：

```
MOV R1,A                        ;(R1)=40H
MOV R1,30H                      ;(R1)=12H
MOV R1,#40H                     ;(R1)=40H
```

（3）以直接地址为目的地址的指令

指令功能是将源操作数送入直接地址所指的存储单元中。

```
MOV direct,A                    ;direct ←(A)
MOV direct,Rn                   ;direct ←(Rn)
MOV direct1,direct2             ;direct 1←(直接地址 2)
MOV direct,@Ri                  ;direct ←((Ri))
MOV direct,#data                ;direct ← 立即数
```

【例 2-3】 已知(R1) = 40H，(30H) = 12H，(40H) = 34H，(A) = 78H，分别执行下列指令：

```
MOV 50H,A                       ;(50H)=78H
MOV 50H,R1                      ;(50H)=40H
MOV 50H,30H                     ;(50H)=12H
MOV 50H,@R1                     ;(50H)=34H
MOV 50H,#56H                    ;(50H)=56H
```

（4）以寄存器间接地址为目的地址的指令

指令功能是把源操作数送入 R0、R1 间接寻址的片内 RAM 单元中。

```
MOV @Ri,A                       ;(Ri)←(A)
MOV @Ri,direct                  ;(Ri)←(direct)
MOV @Ri,#data                   ;(Ri)← 立即数
```

【例 2-4】 已知(R0)=40H，(30H)=12H，(A)=78H，分别执行下列指令：

```
MOV @R0,A                       ;(40H)=78H
MOV @R0,30H                     ;(40H)=12H
MOV @R0,#56H                    ;(40H)=56H
```

（5）以 DPTR 为目的地址的 16 位数据传送指令

指令功能是把一个 16 位立即数送入 DPTR 寄存器。其中，高 8 位送入 DPH，低 8 位送入 DPL。

```
MOV DPTR,#data16                ;DPTR←16 位立即数
```

下列两种赋值语句功能一样：

```
MOV DPTR,#1234H                 ;(DPTR)=1234H
```

或

```
MOV DPH,#12H                    ;(DPH) =12H
MOV DPL,#34H                    ;(DPL) =34H
```

【例 2-5】 设(30H) =40H，(40H) =10H，(P1) =0CAH，分析下列指令：

```
MOV   R0,#30H
MOV   A,@R0
MOV   R1,A
MOV   B,@R1
MOV   @R1,P1
MOV   P2,P1
```

指令执行结果：(A) =40H，(B) =10H，(40H) =0CAH，(P2) =0CAH。

2. 片外 RAM 传送指令

片外 RAM 传送指令实际是片外 RAM 与累计器 A 之间的传送指令。片外 RAM 单元只能采用寄存器间接寻址的方式来访问，R0、R1、DPTR 可作间接寻址的寄存器，指令操作码为：MOVX。

(1) 以 DPTR 间接寻址的指令

片外 RAM 单元的地址存于 DPTR 中，下列两条指令，第一条指令是读片外 RAM 单元中的内容到 A 中；第二条指令是把 A 中内容写入片外 RAM 单元中。

```
MOVX A,@DPTR                    ;A←((DPTR))
MOVX @DPTR,A                    ;(DPTR)←(A)
```

【例 2-6】 将外部 RAM 1000H 单元中的内容送入外部 RAM 2000H 单元，已知(1000H) =12H，(2000H) =34H。

```
MOV DPTR,#1000H                 ;DPTR← #1000H
MOVX A,@DPTR                    ;A ← ((DPTR))
MOV DPTR,#2000H                 ;DPTR← #2000H
MOVX @DPTR,A                    ;(DPTR)←(A)
```

指令执行结果：(1000H) =12H，(2000H) =12H。

(2) 以 R0 或 R1 间接寻址的指令

片外 RAM 单元的低 8 位地址存于 Ri 中。下列两条指令，第一条指令是读片外 RAM 单元中的内容到 A 中；第二条指令是把 A 中内容写入片外 RAM 单元中。

```
MOVX A,@Ri                      ;A ←((Ri))
MOVX @Ri,A                      ;(Ri)← (A)
```

📖 Ri (R0 或 R1) 是 8 位的地址指针，可寻址 256B (00H ~ FFH) 的外部 RAM。要想寻址 64KB 的范围，可使 P2 口输出外部 RAM 的高 8 位地址 (页地址，共 256 页 00H ~ FFH)，而使 Ri 提供低 8 位地址 (页内寻址，256B/页)。

【例 2-7】 将外部 RAM 2050H 单元的内容写入累加器 A 中。

```
MOV P2,#20H              ;P2← #20H,得到页地址
MOV R1,#50H              ;R1← #50H,得到页内地址
MOVX A,@R1               ;A←(2050H)
```

或

```
MOV DPTR,#2050H          ;DPTR← #2050H
MOVX A,@DPTR             ;A ← (2050H)
```

3. ROM数据传送指令

程序存储器中除了存放程序之外，还会放置一些常数，如表格数据等，这组指令用于在程序存储器中查寻表格常数，并将它送入累加器A，也称它为查表指令，数据传送是单向的。指令操作码为：MOVC。

```
MOVC A,@A+PC             ;PC ←(PC)+1,A ←((A)+(PC))
MOVC A,@A+DPTR           ;A ←((A)+(DPTR))
```

📖 第一条指令以当前指令的PC作为基址寄存器，A作为变址寄存器，可寻址范围是在当前指令下256B之内；第二条指令以DPTR作为基址寄存器，可寻址范围64 KB。基址寄存器内容与变址寄存器内容相加形成16位地址。在进行以上两条指令操作时，$\overline{PSEN}=0$。

【例2-8】 将ROM 1020H单元内容送入内部RAM 70H单元。

```
MOV A,#20H
MOV DPTR,#1000H
MOVC A,@A+DPTR
MOV 70H,A
```

4. 数据交换指令

数据交换包含全字节交换、半字节交换、高低4位互换3类指令。

（1）全字节交换指令

指令功能是将A的内容与源操作数相互交换。

```
XCH A,direct             ;(A) ⟷ (直接地址)
XCH A,Rn                 ;(A) ⟷ (Rn)
XCH A,@Ri                ;(A) ⟷ ((Ri))
```

（2）半字节交换指令

指令功能是将累加器A的低4位与Ri间接寻址单元内容的低4位相互交换，高4位不变。

```
XCHD A,@Ri               ;(A)3~0 ⟷ ((Ri))3~0
```

（3）高低4位互换指令

指令功能是将 A 中的高低 4 位互换。

```
SWAP A                    ;(A)7~4 ⟷ (A)3~0
```

【例 2-9】 已知(A)=20H，(R1)=30H，(20H)=12H，(30H)=54H，依次执行下列指令：

```
XCH A,R1                  ;(A)=30H,(R1)=20H
XCH A,30H                 ;(A)=54H,(30H)=30H
XCH A,@R1                 ;(A)=12H,(20H)=54H
XCHD A,@R1                ;(A)=14H,(20H)=52H
SWAP A                    ;(A)=41H
```

指令执行结果：(A)=41H，(R1)=20H，(20H)=52H，(30H)=30H。

5. 堆栈操作类指令

片内 RAM 区，可设置一个“先进后出”或“后进先出”的堆栈区，用于保护和恢复 CPU 的工作现场，也可实现内部 RAM 单元之间的数据传送和交换。堆栈操作时，堆栈指针 SP 始终指向栈顶位置。初始化时可对 SP 进行设定，一般为内部 RAM 的 30H～7FH 范围。

（1）进栈指令

先将堆栈指针 SP 的内容加 1（指针上移一个单元），然后将直接寻址单元的内容送到 SP 指针所指的堆栈单元中（栈顶）。

```
PUSH direct               ;SP←(SP)+1,(SP)←(direct)
```

【例 2-10】 设(SP)=30H，(DPTR)=0123H，分析指令执行结果。

```
PUSH DPL
PUSH DPH
```

指令执行结果：(31H)=23H，(32H)=01H，(SP)=32H。

（2）出栈指令

先将堆栈指针 SP 所指的单元（栈顶）内容弹出，并送入 direct 单元中，然后 SP 的内容减 1（指针下移一个单元）。

```
POP direct                ;direct←((SP)),SP←(SP)-1
```

【例 2-11】 设(SP)=32H，(31H)=23H，(32H)=01H，分析指令执行结果。

```
POP DPH
POP DPL
```

指令执行结果：(DPTR)=0123H，(SP)=30H。

2.3.2 算术运算指令

指令功能是进行数据的加、减、乘、除算术运算。算术运算指令一般会影响状态标志位，有如下几类指令。

1. 加法指令

（1）不带进位加法指令

将源操作数和累加器 A 中的操作数相加，其结果存放在 A 中，并影响各标志位 Cy、Ac、OV 和 P。

```
ADD A,Rn          ;A←(A)+(Rn)
ADD A,direct      ;A←(A)+(直接地址)
ADD A,@Ri         ;A←(A)+((Ri))
ADD A,#data       ;A←(A)+立即数
```

ADD 指令对 PSW 标志位的影响如下：

- 若位 D3 向 D4 进位，则 Ac=1，反之为 0。
- 若位 D7 进位，则 Cy=1，反之为 0。
- 位 D6、D7 进位情况会影响 OV 标志，OV=C6 ⊕ C7，其中 C6 为 D6 向 D7 的进位，C7 为 D7 向 D8 的进位，即 Cy。
- A 中 1 的个数影响 P。

【例 2-12】 设(A)=0C2H，(R0)=0BBH，执行指令：ADD A，R0，分析执行结果及对标志位的影响。ADD 指令操作过程如图 2-1 所示。

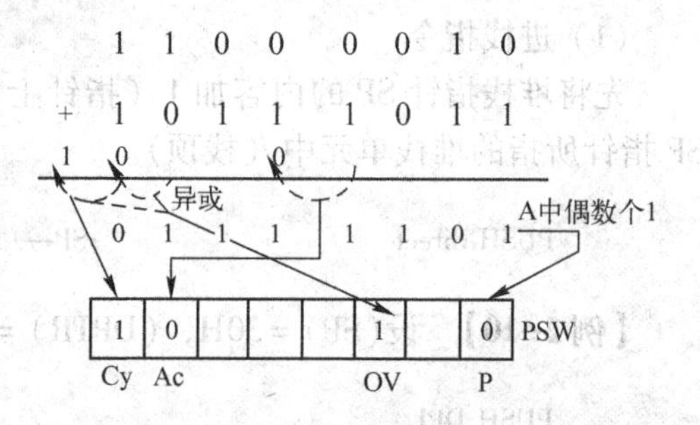

图 2-1　ADD 指令操作过程

指令执行结果：(A)=7DH，Cy=1，Ac=0，OV=1，P=0。

（2）带进位的加法指令

将累加器 A 的内容、指令中的源操作数和 Cy 三者相加，并把结果存放到 A 中。

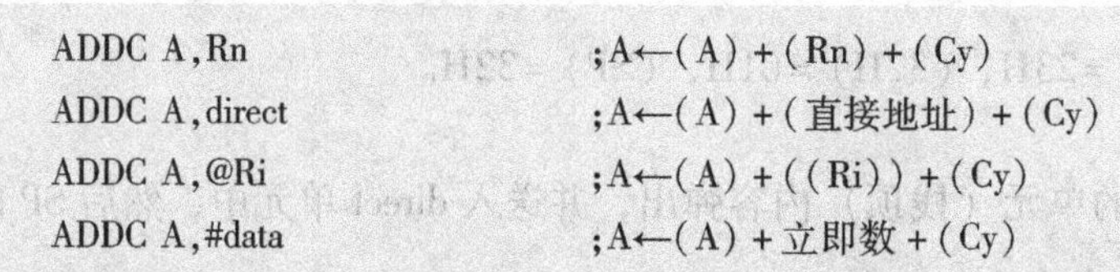

```
ADDC A,Rn         ;A←(A)+(Rn)+(Cy)
ADDC A,direct     ;A←(A)+(直接地址)+(Cy)
ADDC A,@Ri        ;A←(A)+((Ri))+(Cy)
ADDC A,#data      ;A←(A)+立即数+(Cy)
```

📖 ADDC 指令对 PSW 标志位的影响与 ADD 指令相同，这组指令常用于多字节加法运算。

（3）加 1 指令

将指定单元中的内容加 1 后，结果仍保存在原单元。

```
INC A             ;A←(A)+1
INC Rn            ;Rn←(Rn)+1
INC direct        ;direct←(direct)+1
INC @Ri           ;(Ri)←((Ri))+1
INC DPTR          ;DPTR←(DPTR)+1
```

📖 除 INC A 指令对奇偶标志位（P）有影响外，其余指令执行时均不会对 PSW 的任何标志位产生影响。

【例 2-13】 设有两个 16 位无符号数，被加数存放在内部 RAM 的 30H（低字节）和 31H（高字节）中，加数存放在 40H（低字节）和 41H（高字节）中。写出求两数之和，并把结果存放在 30H 和 31H 单元中的程序。

```
MOV     R0,#30H
MOV     R1,#40H
MOV     A,@R0
ADD     A,@R1
MOV     @R0,A
INC     R0
INC     R1
MOV     A,@R0
ADDC    A,@R1                    ;此时需要考虑低位向高位进位的问题,因此用 ADDC
MOV     @R0,A
```

2. 减法指令

(1) 带借位减法指令

从累加器 A 中减去源操作数及标志位 Cy，其结果再送累加器 A 中。

```
SUBB  A,Rn                ;A←(A) - (Rn) - (Cy)
SUBB  A,direct            ;A←(A) - (直接地址) - (Cy)
SUBB  A,@Ri               ;A←(A) - ((Ri)) - (Cy)
SUBB  A,#data             ;A←(A) - 立即数 - (Cy)
```

系统不提供不带借位的减法指令，若要进行不带借位的减法运算，只需运行该指令前将 Cy 位清“0”即可。SUBB 指令对 PSW 标志位的影响如下。

- 若位 D3 向 D4 借位，则 Ac = 1，反之为 0。
- 若位 D7 有借位，则 Cy = 1，反之为 0。
- A 中 1 的个数影响 P。
- 如果是有符号数相减，OV = 0，表示无溢出，A 中为正确结果；OV = 1，表示有溢出（超出 -128 ~ 127），运算结果错误。

【例 2-14】 设(A) = 6CH，(R2) = 40H，Cy = 0，执行指令：SUBB A，R2，分析执行结果及对标志位的影响，SUBB 指令操作过程如图 2-2 所示。

指令执行结果：(A) = 2CH，Cy = 0，Ac = 0，OV = 0，P = 1。

(2) 减 1 指令

将指定单元中的内容减 1 后，结果仍保存在原单元。

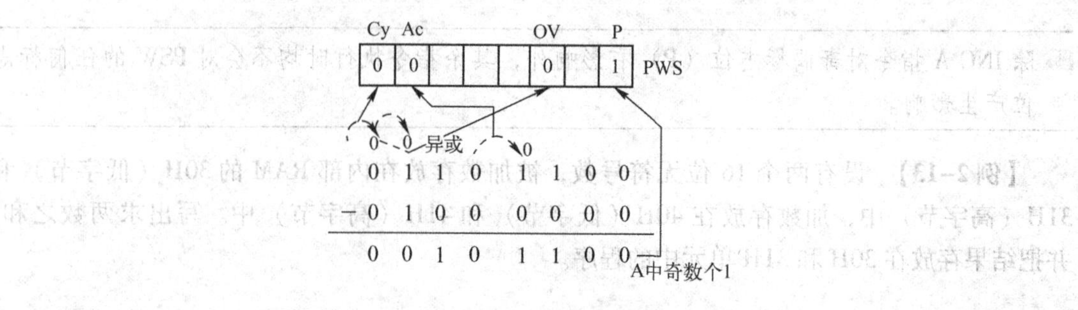

图 2-2　SUBB 指令操作过程

```
DEC  A          ;A←(A)-1
DEC  Rn         ;Rn←(Rn)-1
DEC  direct     ;直接地址←(直接地址)-1
DEC  @Ri        ;(Ri)←((Ri))-1
```

📖 除 DEC A 指令对奇偶标志位（P）有影响外，其余指令执行时均不会对 PSW 的任何标志位产生影响。没有对 DPTR 的减 1 操作指令。

【例 2-15】 设(A)=0FH，(R7)=19H，(30H)=00H，(R1)=40H，(40H)=0FFH，依次执行下列指令：

```
DEC  A
DEC  R7
DEC  30H
DEC  @R1
```

指令执行结果：(A)=0EH，(R7)=18H，(30H)=0FFH，(40H)=0FEH。

3. 乘法指令

将累加器 A 和寄存器 B 中两个 8 位无符号整数相乘，并把乘积的高 8 位存于寄存器 B 中，低 8 位存于累加器 A 中。

```
MUL AB          ;B、A←(A)×(B)
```

MUL 指令对 PSW 的标志位影响如下：

- Cy 位总是被清 0，即 Cy=0。
- 影响 P，不影响 Ac。
- OV 标志位则反映乘积的位数，若 OV=1，则表示乘积为 16 位数；若 OV=0，则表示乘积为 8 位数。

【例 2-16】 设（A）=64H（100），（B）=3CH（60），执行指令：

```
MUL AB
```

指令执行结果：(A)×(B)=1770H，(A)=70H，(B)=17H，Cy=0，OV=1，P=1。

4. 除法指令

将累加器A和寄存器B中的两个8位无符号整数相除，所得商存于A中，余数存于B中。

```
DIV AB                    ;A商,B余←(A)/(B)
```

DIV指令对PSW标志位的影响如下：

- Cy位总是被清0，即Cy=0。
- 影响P，不影响Ac。
- OV标志位的状态反映寄存器B中的除数情况，若除数(B)为0，则OV=1，表示本次运算无意义；否则，OV=0。

【例2-17】 设(A)=0F0H(240)，(B)=20H(32)，执行指令：

```
DIV AB
```

指令执行结果：(A)=07H(商)，(B)=10H(余数)，标志位OV=0，Cy=0，P=1。

5. 十进制调整指令

将累加器A中存放的按二进制数相加后的结果调整成BCD码相加的结果。

```
DA A                      ;对累加器A的内容进行调整
```

DA指令需要注意：

- 参与相加的二数均为组合BCD码，调整后得到正确的BCD码结果。
- 这条指令需紧跟在ADD或ADDC指令之后，将相加后存放在累加器A中的结果进行修正。修正的条件和方法：①若A的低4位大于9或(Ac)=1，则(A)+6H→(A)。②若A的高4位大于9或(Cy)=1，则(A)+60H→(A)。③若以上两条同时发生，或高4位虽等于9，但低4位修正后有进位，则(A)+66H→(A)。
- DA　A指令只能用于加法指令之后，对减法指令后的结果不能调整。

【例2-18】 求两个组合BCD码值相加结果，若(A)=75H，(R3)=69H，则执行指令：

```
ADD A,R3
```

指令执行结果：(A)=DEH，Cy=0。

可以看出ADD加法指令将两个组合BCD码值进行二进制相加，结果不再是合法的BCD码值，这时需要进行调整才能得到正确的值。

```
DA  A
```

DA指令进行加66H调整后正确结果为：(A)=44H，Cy=1。

2.3.3 逻辑操作指令

功能：进行数据的逻辑与、逻辑或、逻辑异或、清“0”、取反和移位运算。逻辑运算指令一般不会影响状态标志位，有如下几类指令。

1. 逻辑与指令

将目的操作数和源操作数的内容逐位进行逻辑与操作，结果送入目的操作数中。逻辑与运算的逻辑符号用“∧”表示。

```
ANL   A,Rn              ;A←(A)∧(Rn)
ANL   A,direct          ;A←(A)∧(直接地址)
ANL   A,@Ri             ;A←(A)∧((Ri))
ANL   A,#data           ;A←(A)∧立即数
ANL   direct,A          ;直接地址←(直接地址)∧(A)
ANL   direct,#data      ;直接地址←(直接地址)∧立即数
```

📖 逻辑与主要用于对目的操作数中的某些位进行屏蔽（清0），方法是将需要屏蔽的位与“0”相与，其余位与“1”相与即可不变。仅前4条指令将影响P标志位，逻辑“与”操作不影响其他标志位。

【例2-19】 设(A)=57H，(30H)=8BH，依次执行指令：

```
ANL A,#11110000B
ANL 30H,#0FH
```

指令执行结果：(A)=50H，(30H)=0BH。

2. 逻辑或指令

将目的操作数和源操作数的内容逐位进行逻辑或操作，结果送入目的地址中。逻辑或运算的逻辑符号用“∨”表示。

```
ORL   A,Rn              ;A←(A)∨(Rn)
ORL   A,direct          ;A←(A)∨(直接地址)
ORL   A,@Ri             ;A←(A)∨((Ri))
ORL   A,#data           ;A←(A)∨立即数
ORL   direct,A          ;直接地址←(直接地址)∨(A)
ORL   direct,#data      ;直接地址←(直接地址)∨立即数
```

📖 逻辑或指令主要用于对目的操作数中的某些位进行置位，方法是将需要置位的位与“1”相或，其余位与“0”相或即可不变。前4条指令将影响P标志位，逻辑或操作不影响其他标志位。该指令还可以用于两数的拼接。

【例2-20】 片外RAM中3000H、3001H的低4位分别送入3002H高4位和低4位（拼

字程序）：

```
MOV     DPTR,#3000H
MOVX    A,@DPTR
ANL     A,#0FH
SWAP    A
MOV     B,A
INC     DPTR
MOVX    A,@DPTR
ANL     A,#0FH
ORL     A,B
INC     DPTR
MOVX    @DPTR,A
```

3. 逻辑异或指令

将目的操作数和源操作数逐位进行逻辑异或操作，结果送入目的操作数中。逻辑异或运算的逻辑符号用“⊕”表示。

```
XRL  A,Rn                ;A←(A)⊕(Rn)
XRL  A,direct            ;A←(A)⊕(直接地址)
XRL  A,@Ri               ;A←(A)⊕((Ri))
XRL  A,#data             ;A←(A)⊕立即数
XRL  direct,A            ;直接地址←(直接地址)⊕(A)
XRL  direct,#data        ;直接地址←(直接地址)⊕立即数
```

📖 该指令主要用于对目的操作数中的某些位取反，其余位不变。方法是将需要取反的位与“1”异或，其余位与“0”异或即可。前4条指令将影响P标志位，逻辑异或操作不影响其他标志位。

【例2-21】 分析下列程序的执行结果。

```
MOV  A,#77H              ;(A)=77H
XRL  A,#0FFH             ;(A)=77H⊕0FFH=88H
ANL  A,#0FH              ;(A)=88H∧0FH=08H
MOV  P1,#64H             ;(P1)=64H
ANL  P1,#0F0H            ;(P1)=64H∧0F0H=60H
ORL  A,P1                ;(A)=08H∨60H=68H
```

指令执行结果：(A)=68H，(P1)=60H。

4. 累加器A的逻辑操作指令

(1) 累加器A清“0”

将累加器A的内容清“0”，不影响Cy、Ac、OV等标志，仅影响P标志。

```
CLR  A                    ;A←0
```

（2）累加器 A 取反

将累加器 A 的内容逐位逻辑求反，结果仍存放在 A 中，不影响任何标志。

```
CPL  A                    ;A←/(A)
```

（3）累加器 A 移位

4 种移位操作示意图如图 2-3 所示。

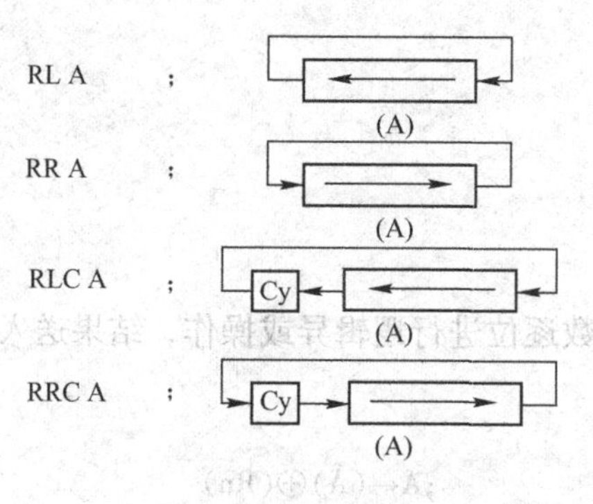

图 2-3　移位指令操作示意图

```
RL   A          ;循环左移是将累加器 A 的内容依次向左循环移动 1 位
RR   A          ;循环右移是将累加器 A 的内容依次向右循环移动 1 位
RLC  A          ;带进位循环左移是将累加器 A 的内容和 Cy 依次向左循环移动 1 位
RRC  A          ;带进位循环右移是将累加器 A 的内容和 Cy 依次向右循环移动 1 位
```

📖 利用 RLC 和 RRC 指令，在 Cy = 0 时，RLC 一次相当于乘以 2，RRC 一次相当于除以 2（取商）。利用 RL 和 RR 指令，在某些情况下，RL 相当于乘以 2，RR 相当于除以 2。除 RLC 和 RRC 影响 Cy 和 P 外，其他不影响标志。

【例 2-22】 设(A) = 11H，Cy = 1，依次执行指令：

```
RL   A          ;(A) = 22H,Cy = 1
RLC  A          ;(A) = 45H,Cy = 0
RR   A          ;(A) = A2H,Cy = 0
RRC  A          ;(A) = 51H,Cy = 0
```

指令执行结果：(A) = 51H，Cy = 0。

2.3.4　控制转移指令

1. 无条件转移指令

无条件转移指令是使程序无条件转移到指定的地址去执行，该类指令不影响标志位。可分为：长转移指令、绝对转移指令、相对转移指令和间接转移指令。

(1) 长转移指令

先使程序计数器 PC 值加 3（完成取指并指向下一条指令的地址），然后将指令提供的 16 位地址（addr16）送入 PC，程序随即无条件地转向目标地址（addr16）处执行。这是一条 3 字节指令。

```
LJMP    addr16        ;PC←(PC)+3,PC←addr16
```

📖 addr16 可表示的地址空间是：0000H ~ FFFFH，可实现在整个程序存储器中的 64 KB 范围内转移。

(2) 绝对转移指令

先使程序计数器 PC 值加 2（完成取指并指向下一条指令的地址），然后将指令提供的 addr11 作为转移目的地址的低 11 位，和 PC 当前值的高 5 位形成 16 位的目的地址，程序随即转移到该地址处执行。这是一条 2 字节指令。

```
AJMP    addr11        ;PC←(PC)+2,PC10~0←addr11
```

📖 addr11 可表示的地址空间是：000 0000 0000 ~ 111 1111 1111，可实现在程序存储器中的 2 KB 范围内转移。

【例 2-23】 判断下面指令能否正确执行。

指令地址	源程序
2056H	AJMP 2C70H

PC +2 = 2058H，高 5 位地址为 00100，而转移地址 2C70H 的高 5 位是 00101，两个地址不处在同一个 2 KB 区，故不能正确转移。

(3) 相对转移指令

先使程序计数器 PC 值加 2（完成取指并指向下一条指令的地址），然后把 PC 当前值与地址偏移量 rel 相加作为目标转移地址。即：

目标地址 = (PC) +2 + rel = (PC) 当前值 + rel

这是一条相对寻址方式的无条件转移指令，字节数为 2。

```
SJMP rel        ;PC←(PC)+2+rel
```

📖 rel 是一个带符号的 8 位二进制数的补码（ −128 ~ 127），所以 SJMP 指令的转移范围以 PC 当前值为起点，向上跳 128 字节，或向下跳 127 字节，共 256 字节范围内转移。

【例 2-24】 确定下面两条 SJMP 指令的转移目标地址各为多少。

指令地址	机器码	rel
1) 2300H	80H	25H
2) 2300H	80H	D7H

1）25H（0010 0101）为正数，程序将向下转移，所以：

目标地址 =（PC）+2 + rel =（PC）当前值 + rel = 2300H + 2 + 25H = 2327H

2）D7H（1101 0111）为负数（-29H）补，程序将向上转移，所以：

目标地址 =（PC）+2 + rel =（PC）当前值 + rel = 2300H + 2 +（-29H）= 22D9H

【例 2-25】 比较下面两条 SJMP 指令的区别。

```
1) SJMP   LOOP
2) SJMP   50H
```

第 1 条指令中，标号 LOOP 对应的地址就是指令转向的目标地址，即 LOOP 就是目标地址。“SJMP + 标号”格式指令可安排在 64KB ROM 的任意位置。但是要求该格式指令在存储器中存放的地址和标号的地址（目标地址）之间的间隔必须在 -128 ~ 127，指令才能跳转，否则汇编无法通过。

第 2 条指令中，直接地址 50H 也是目标地址，即程序将转向 50H 处执行指令。“SJMP + direct”格式指令和“SJMP + 标号”格式指令的区别在于，“SJMP + direct”格式指令不能在 64 K 的 ROM 区域中随意安排，其只能安排在地址较低的区域，并且要求直接地址“direct”的数值必须小于 FFH，即只能是 8 位直接地址。同样“SJMP + direct”格式的指令所处的地址和指令中给出的直接地址“direct”之间的间隔也必须在 -128 ~ 127。

【例 2-26】 分析下面指令的功能。

```
HERE:SJMP   HERE
```

设该指令汇编后的机器码为：80H FEH，因为 FEH(1111 1110)为负数(-2H)补，则：

目标地址 =（PC）+2 + rel = HERE + 2 +（-2）= HERE

指令的执行结果是转向本指令自己，程序在该处一直循环，也称为动态停机、死循环或者踏步指令。一般还可写成：

```
SJMP        $              ；$ 表示本条指令本身地址
```

（4）间接转移指令

将累加器 A 中 8 位无符号数与 DPTR 的 16 位内容相加，并作为目标地址送入 PC，实现无条件转移。间接转移指令采用变址寻址方式，DPTR 作为基址寄存器，由用户预先设定，A 的内容作为偏移量，根据 A 值的不同，就可转移到不同的地址，又称为散转。

```
JMP        @A + DPTR        ;PC←(PC) +1,PC←(A) +(DPTR)
```

2. 条件转移指令

条件转移指令要求对某一特定条件进行判断，当满足给定条件时，程序就转移到目标地址处执行；条件不满足时，则顺序执行下一条指令。条件转移指令一般用于实现分支结构的程序。

条件转移指令可分为：累加器 A 的判零转移指令、比较不等转移指令和减“1”不为“0”转移指令。

(1) 累加器A的判零转移指令

若累加器A的内容为"0"，则程序转向指定的目标地址处执行，否则程序顺序执行。

```
JZ        rel          ;(A)=0 则转移,PC←(PC)+2+rel
                       ;否则 PC←(PC)+2
```

若累加器A的内容不为"0"，则程序转向指定的目标地址处执行，否则程序顺序执行。

```
JNZ       rel          ;(A)≠0 则转移,PC←(PC)+2+rel
                       ;否则 PC←(PC)+2
```

📖 两条指令都不影响标志位。

【例2-27】 将片内RAM的40H单元开始的数据块传送到片外RAM的1000H开始的单元中，当遇到传送的数据为"0"时停止传送。

```
START:MOV   R0,#40H
      MOV   DPTR,#1000H
LOOP: MOV   A,@R0
      JZ    HERE
      MOVX  @DPTR,A
      INC   R0
      INC   DPTR
      SJMP  LOOP
HERE: SJMP  HERE
```

(2) 比较不等转移指令

将前两个操作数进行比较，若不相等，则程序转移到指定的目标地址处执行；若相等，则程序顺序执行。

```
CJNE  A,direct,rel     ;(A)≠(直接地址),则转移 PC←(PC)+3+rel
                       ;否则 PC←(PC)+3
CJNE  A,#data,rel      ;(A)≠立即数,则转移 PC←(PC)+3+rel
                       ;否则 PC←(PC)+3
CJNE  Rn,#data,rel     ;(Rn)≠立即数,则转移 PC←(PC)+3+rel,
                       ;否则 PC ←(PC)+3
CJNE  @Ri,#data,rel    ;((Ri))≠立即数,则转移 PC←(PC)+3+rel
                       ;否则 PC ←(PC)+3
```

📖 指令执行时，对两个操作数比较是采用相减运算的方法，比较结果只影响Cy标志，不影响操作数的值。还可进一步根据Cy的值确定两个操作数的大小，实现多分支转移功能。

(3) 减“1”不为“0”转移指令

将Rn的内容减“1”后进行判断，若不为“0”，则程序转移到目标地址处执行；若为“0”，则程序顺序执行。

```
DJNZ  Rn,rel          ;Rn←(Rn) -1
                      ;(Rn)≠0,则转移,PC←(PC) +2 +rel
                      ;(Rn) =0,则顺序执行,PC←(PC) +2
DJNZ  direct,rel      ;直接地址←(直接地址) -1
                      ;(直接地址)≠0,则转移,PC←(PC) +3 +rel
                      ;(直接地址) =0,则顺序执行,PC←(PC) +3
```

📖 两条指令都不影响标志位，该指令可以控制循环。

【例2-28】 将片内RAM的30H~34H单元置初值00H~04H。

```
        MOV   R0,#30H        ;设定地址指针
        MOV   R2,#05H        ;数据区长度设定
        MOV   A,#00H         ;装初值
LOOP:   MOV   @R0,A          ;送数
        INC   R0             ;修改地址指针
        INC   A              ;修改待传送的数据
        DJNZ  R2,LOOP        ;送完,转LOOP继续送,否则传送结束
HERE:   SJMP  HERE           ;踏步
```

📖 需要注意的是，条件转移指令在条件满足的情况下和不满足的情况下，除了程序的转向不同之外，指令执行时占用的时间也是不同的。

3. 调用子程序及返回指令

(1) 长调用指令

长调用指令是一条3字节指令。指令的功能是先将PC+3（完成取指操作并指向下一条指令的地址），再把该地址（又称断点地址）压入堆栈保护起来，然后把addr16送入PC，并转入该地址处执行子程序。

```
LCALL  addr16        ;PC ←(PC) +3
                     ;SP←(SP) +1,(SP)←(PC)L
                     ;SP←(SP) +1,(SP)←(PC)H
                     ;PC ← addr16
```

(2) 绝对调用指令

绝对调用指令是一条2字节指令。指令的功能是先将PC+2（完成取指操作并指向下一条指令的地址），再把该地址（又称断点地址）压入堆栈保护起来，然后把addr11送入PC的低11位，和PC当前值的高5位合并成16位的子程序入口地址，并转入该地址处执行

子程序。

```
ACALL   addr11                ;PC←(PC)+2
                              ;SP←(SP)+1,(SP)←(PC)L
                              ;SP←(SP)+1,(SP)←(PC)H
                              ;PC10~0 ← addr11
```

(3) 子程序返回指令

将保存在堆栈中的断点地址弹出送给 PC，使 CPU 结束子程序返回到断点地址处继续执行主程序。RET 指令应是子程序的最后一条指令。

```
RET                           ;PCH ←((SP)),SP←(SP)-1
                              ;PCL ←((SP)),SP←(SP)-1
```

(4) 中断返回指令

将保存在堆栈中的断点地址弹出送给 PC，使 CPU 结束中断服务程序返回到断点地址处继续执行主程序，RETI 指令应是中断服务程序的最后一条指令。

```
RETI                          ;PCH ←((SP)),SP ←(SP)-1
                              ;PCL ←((SP)),SP ←(SP)-1
```

由于子程序（包括中断子程序）的调用和返回，堆栈操作涉及 2 字节及以上，因此在入栈和出栈操作时，要注意堆栈中高地址的数据进入 16 位寄存器的高 8 位，低地址中的数据进入低 8 位，如执行 RET 或者 RETI 指令时，堆栈中高地址中的内容进入 PC 的高 8 位(PCH)，低地址中内容进入 PC 的低 8 位。

【例 2-29】 假设堆栈指针 SP=42H，并且(42H)=10H，(41H)=23H，执行 RETI 指令后 PC 值为多少?

根据前面的分析可知，执行 RETI 指令后，PC=1023H。

4. 空操作指令

空操作指令是一条 1 字节指令，该指令执行时 CPU 不进行任何操作，但需要消耗 1 个机器周期的时间，通常用于短暂的延时。

```
NOP             ;PC← (PC)+1
```

【例 2-30】 设计程序段，使 P1.0 引脚向外输出周期为 10 个机器周期的方波。

```
START:CPL   P1.0              ;1 个机器周期
      NOP                     ;1 个机器周期
      NOP                     ;1 个机器周期
      SJMP START              ;2 个机器周期
```

2.3.5 位操作指令

位操作指令可分为：位传送指令，位置“1”、位清“0”、取反指令，位逻辑运算指令和位条件转移指令。

1. 位传送指令

指令的功能是实现某个可位寻址的位（bit）与位累加器 Cy 之间的相互传送。

```
MOV C,bit            ;Cy←bit
MOV bit,C            ;bit←Cy
```

📖 两个 bit 之间不能直接进行传送，必须通过位累加器 Cy。

【例 2-31】 下列两条指令功能相同：

```
MOV   C,06H
```

或

```
MOV   C,20H.6
```

📖 这里 20H 是内部 RAM 的字节地址，20H.6 的位地址为 06H。

2. 位置“1”、清“0”、取反指令

指令的功能是把位累加器 Cy 和 bit 位的内容清“0”、置“1”和取反。

```
CLR   C              ;Cy ← 0
CLR   bit            ;bit←0
SETB  C              ;Cy←1
SETB  bit            ;bit←1
CPL   C              ;Cy←/Cy
CPL   bit            ;bit←/ bit
```

【例 2-32】 要设定工作寄存器 2 区为当前工作区，可用以下指令实现：

```
SETB      RS1
CLR       RS0
```

3. 位逻辑运算指令

指令的功能是将 bit 位的值或 bit 位取反（/bit）后的值与累加器 Cy 的值进行逻辑与操作和逻辑或操作，结果送位累加器 Cy 中，目的操作数必须为 Cy。

```
ANL   C,bit          ;Cy←Cy∧bit
ANL   C,/bit         ;Cy←Cy∧/bit
ORL   C,bit          ;Cy←Cy∨bit
ORL   C,/bit         ;Cy←Cy∨/bit
```

【例 2-33】 用编程的方法实现 P3.0 = (P1.3) ∧ (P1.4) ∨ (/P1.2) 的逻辑运算功能，程序如下：

```
    MOV   C,P1.3          ;将 P1.3 的值赋给 Cy
    ANL   C,P1.4          ;将 P1.4 的值与 Cy 的值进行位逻辑与操作
    ORL   C,/P1.2         ;将 P1.2 取反后的值与 Cy 的值进行位逻辑或操作
    MOV   P3.0,C          ;将 Cy 的值赋给 P3.0
```

4. 位条件转移指令

(1) 以 Cy 状态为条件的转移指令

```
    JC    rel             ;若 Cy = 1,则转移,PC←(PC) + 2 + rel
    JNC   rel             ;若 Cy = 0,则转移,PC←(PC) + 2 + rel
```

两条指令是对 Cy 进行判断，第一条是若 Cy = 1，则转移到目标地址处执行；否则程序顺序执行。第二条是若 Cy = 0，则转移到目标地址处执行；否则程序顺序执行。

【例 2-34】 比较片内 RAM 的 50H 和 51H 单元中两个 8 位无符号数的大小，把大数存入 60H 单元。若两数相等，则把标志位 70H 置“1”。

```
          MOV   A,50H
          CJNE  A,     51H,LOOP
          SETB  70H
          RET
LOOP:     JC    LOOP1
          MOV   60H,A
          RET
LOOP1:    MOV   60H,   51H
          RET
```

(2) 以位变量 bit 状态为条件的转移

```
    JB    bit,rel         ;若 bit = 1,则转移,PC←(PC) + 3 + rel
    JNB   bit,rel         ;若 bit = 0,则转移,PC←(PC) + 3 + rel
    JBC   bit,rel         ;若 bit = 1,则转移,同时 bit←0,PC←PC + 3 + rel
```

3 条指令是对 bit 位内容进行判断，功能分别如下：

第一条是若 bit 位内容为 1，则转移到目标地址处执行；否则程序顺序执行。

第二条是若 bit 位内容为 0，则转移到目标地址处执行；否则程序顺序执行。

第三条是若 bit 位内容为 1，则将 bit 位内容清“0”，并转移到目标地址处执行；否则程序顺序执行。

【例 2-35】 在片内 RAM 的 30H 单元中存有一个带符号数，试判断该数的正负性，若为正数，则将 6EH 位清“0”；若为负数，则将 6EH 位置“1”。

```
        MOV  A,30H            ;30H单元中的数送入A
        JB   ACC.7,LOOP       ;符号位为1,是负数,转移
        CLR  6EH              ;符号位为0,是正数,清标志位
        RET
LOOP:   SETB 6EH              ;标志位置"1"
        RET
```

2.4 指令执行过程

指令的执行过程一般包括取指令和执行指令两个基本阶段。当单片机开始运行时，程序存储器中第一条指令所在的地址中会送入PC，进入取指阶段。单片机从程序存储器中取出指令操作码，送入指令寄存器IR，然后经指令译码器译码ID，译码后由控制器产生一系列的控制信号，进入指令执行阶段，CPU执行本指令规定的具体操作。执行完指令后又转入下一条指令的取指阶段，周而复始地进行直至最后一条语句执行完结束。下面举一个简单实例说明指令执行过程：

```
MOV  A,#38H
ANL  A,#0FH
RL   A
```

CPU不能直接执行助记符指令，经汇编转换成机器码，表2-1所示为指令及其机器码对照表。

表2-1　指令及其机器码对照表

助记符指令	机 器 码	指令长度/B	执 行 时 间	操　　作
MOV　A，#38H	74H，38H	2	1个机器周期	立即数#38H送入A中
ANL　A，#0FH	54H，0FH	2	1个机器周期	取A的低4位，高4位清"0"
RL　A	23H	1	1个机器周期	将A中数循环左移一位

机器码以字节为单位存入程序存储器，共占5个存储单元，若从0100H单元开始存放，指令在ROM中的存放形式如图2-4所示。

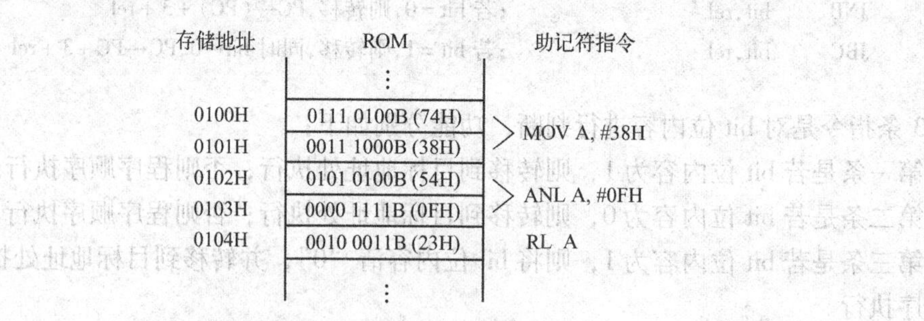

图2-4　指令在ROM中的存放形式

下面说明单片机执行指令的具体操作过程，PC 赋以第一条指令的地址 0100H，首先进入第一条指令的取指阶段，具体操作如下。

1）PC 的内容 0100H 送入地址寄存器 AR 中。

2）PC 的内容自动加 1，以指向下一个存储单元 0101H。

3）AR 中内容送地址总线，经地址译码器译码，选中程序存储器的 0100H 单元。

4）CPU 发出程序存储器读选通信号。

5）在读信号控制下，将选中的 0100H 单元内容 74H，即第一条指令的操作码，读出经数据总线送到数据寄存器 DR 中。

6）因取出的是操作码，故 DR 将其送到指令寄存器 IR 中，然后送入指令译码器 ID 中进行译码。

然后进入第一条指令的执行阶段。经译码后，CPU 已经识别取出的指令为数据传送操作，因此在指令执行阶段，还应把下一个存储单元中操作数取出送入 A 中，操作如下：

1）PC 的内容 0101H 送入地址寄存器 AR 中。

2）PC 的内容自动加 1，以指向下一个存储单元 0102H。

3）AR 中内容送地址总线，经译码器译码，选中程序存储器的 0101H 单元。

4）CPU 发出程序存储器读选通信号。

5）在读信号控制下，将选中的 0101H 单元内容 38H，即第一条指令的操作数，读出经数据总线送到数据寄存器 DR 中。

6）因取出的是操作数，且根据指令要求，DR 将其通过数据总线送到累加器 A 中。

至此，第一条指令执行完毕，接着单片机进入第二条指令的取指阶段。先取出操作码，在指令的执行阶段，取出操作数 0FH，与累加器 A 中的内容进行逻辑与操作，并把结果保存在 A 中。最后再取出第三条指令的操作码，并进行 A 的内容循环左移 1 位，最终全部操作完成。

2.5 常用伪指令

伪指令（Pseudo - Instruction）是汇编程序可以识别并对汇编过程进行控制的汇编指令。伪指令并不生成目标代码，仅仅在汇编过程中起作用，故又称为汇编命令或汇编程序控制命令。常用的伪指令有以下几种。

1. 设定起始地址 ORG（Origin）

```
ORG        地址表达式
```

一般放在汇编程序开始，用 ORG 伪指令规定程序段或数据段存储的起始地址。如：

```
ORG   0000H      ;表示该伪指令以下的程序从0000H开始存放
```

2. 汇编结束 END

```
END
```

该命令通知汇编程序结束汇编，在 END 之后所有的汇编语言指令均不进行汇编处理，即不可能翻译成机器代码。

【例 2-36】 给出一段源程序的指令码和在 ROM 中的存储地址，分析伪指令的功能。

```
存储地址        机器码              源程序
                                    ORG 2000H
2000H           78 30         MAIN：MOV   R0,#30H
2002H           E6                  MOV   A,@R0
2003H           00                  NOP
                                    END
                                    NOP
```

右侧为源程序，左侧为其机器码和存储地址。ORG 伪指令规定了程序从 2000H 单元开始存放，END 伪指令结束汇编，后面的语句不处理。

3. 赋值 EQU（Equate）

```
字符名称 EQU  赋值项
```

赋值语句用于给字符名称赋予一个特定值。该语句通常放在源程序的开头，赋值后，其值在整个程序中有效。同一个字符名称只能赋值一次，赋值项可以是常数、地址或标号，如：

```
TAB1      EQU      1000H
TAB2      EQU      2000H
```

汇编后 TAB1、TAB2 的值分别为 1000H、2000H。EQU 也可以用“＝”来表示，效果一样，如：

```
TAB1      =      1000H
TAB2      =      2000H
```

4. 定义字节 DB（Define Byte）

```
标号：    DB    字节数据表
```

该伪指令用于从指定地址开始，在程序存储器中定义字节数据表。字节数据表可以是一个或多个字节数据、字符串或表达式。将它们转换成数据或 ASCII 码按从左到右的顺序依次存放在标号指定的存储单元里。

5. 定义字 DW（Define Word）

DW 的基本含义与 DB 相同，不同的是 DW 定义 16 位数据，用于定义字的内容。一个 16 位数据要占用两个存储单元，其中高 8 位存入低地址单元，低 8 位存入高地址单元。

6. 预留存储区 DS（Define Storage）

```
标号：    DS    数字
```

由标号指定地址单元开始，定义一个存储区，以备源程序使用。存储区内预留的存储单元个数由 DS 后的数字决定，如：

```
        ORG    0200H
STA:    DW 1234H,0A55H
DAT:    DS 02H
STA1:   DB 01H,02H
```

进行上述定义后，存储区域地址 0200H 开始的存储单元中的内容如图 2-5 所示。预留的两个空单元一般来说是随机的，但是和编程器写入时设置有关。对于空单元来说，一般编程器都填入“FFH”。

地址	数据内容
0200H	12H
0201H	34H
0202H	0AH
0203H	55H
0204H	×
0205H	×
0206H	01H
0207H	02H

图 2-5　存储单元中的内容

7. 定义位地址 BIT

```
字符名    BIT    位地址
```

把位地址赋予字符名，经定义后，便可用该字符来替代位地址。其中，位地址可以是绝对的位地址或符号地址，如：

```
ST      BIT P2.0
Flag    BIT 07H
```

8. 定义字节地址 XDATA 和 DATA

```
字符名    XDATA(DATA)    字节地址
```

把字节地址赋予字符名，经定义后，便可用该字符来替代该字节地址。其中，XDATA 用于片外 RAM 存储单元地址的定义；DATA 用于片内 RAM 存储单元地址的定义。

2.6　汇编语言程序基本结构

任何一个复杂的程序都是由最基本、最简单的程序构成，这就需要掌握基本的程序结构的特点和编程要求，然后在实践中进行反复练习，进而达到设计复杂程序的要求。下面简要介绍一下汇编程序设计中常用到的几种基本结构。

1. 顺序结构

程序按编写的顺序依次执行每一条指令，无任何转移类指令出现，是最简单、最基本的程序结构。

【例 2-37】 将 R0 中数据的中间 4 位取反，其他位不变。

```
ORG     0100H
MOV     A,R0
XRL     A,#3CH
MOV     R0,A
END
```

2. 分支结构

在程序设计中，经常要根据设计需要设置转移指令，无条件或有条件地改变程序的执行顺序，选择程序流向，这就是分支程序。其中：

- 无条件分支程序：使用无条件转移指令，如 LJMP、AJMP、SJMP，程序流向是事先设计好的，与已执行程序的结果无关，使用时只需给出正确的转移目标地址或偏移量即可。
- 有条件分支程序：使用有条件转移指令，如 JZ/JNZ、CJNE、DJNZ、JC/JNC 等，要根据已经执行程序的结果决定程序的流向。使用条件转移指令形成分支前，一定安排可供条件转移指令进行判别的条件。例如，若采用 JC/JNC 指令，在执行此指令前必须使用影响 Cy 标志的指令，如 ADDC、SUBB、RRC 或 RLC 等指令。

【例 2-38】 根据下列方程编写程序，设 a 存于 A 中，b 存于 B 中，结果 Y 存于 R0 中。

$$Y=\begin{cases}a-b & (a\geqslant 0)\\ a+b & (a<0)\end{cases}$$

解：本题关键是判断 a 是正数还是负数，由 ACC.7 可知。

```
        ORG   0100H;
LOOP:   JB    ACC.7,LOOP1
        CLR   C
        SUBB  A,B
        SJMP  DONE
LOOP1:  ADD   A,B
DONE:   SJMP  $
        END
```

3. 循环结构

当程序中的某些指令需要反复执行多次时，可采用循环结构，这样会使程序缩短，节省存储单元，程序结构紧凑，可读性强。

循环可分为单循环和多重循环，多重循环也称为循环嵌套，每重循环都有一个循环计数器控制循环，在多重循环程序中允许外重循环嵌套内重循环，不允许循环互相交叉。循环结构有先判断后执行和先执行后判断两种基本结构：

- 先判断后执行：先判断是否满足循环条件，若满足，则执行一遍循环；否则退出循环。
- 先执行后判断：先执行一遍循环，再判断下一次循环是否满足执行条件，若满足，则再执行一遍循环；否则退出循环。

【例 2-39】 晶振为 12MHz，机器周期 $T_{cy}=1\mu s$，利用循环语句设计软件延时程序，计算延时时间。

```
        MOV   R0,#5H        ;1Tcy
LOOP:   DJNZ  R0,LOOP       ;1/2Tcy,该指令为循环体
        RET                 ;2Tcy
```

该延时程序是循环程序结构，循环体 DJNZ 指令执行 5 次，4 次是不为“0”，跳转至 LOOP，每次执行时间 $2T_{cy}$，共 $8T_{cy}$；1 次为“0”满足条件顺往下执行，所需时间为 $1T_{cy}$，所以循环体总的执行时间为 $9T_{cy}$。其他语句各被执行 1 次。则该程序段的执行时间为 $1T_{cy}+9T_{cy}+2T_{cy}=12T_{cy}=12\mu s$。

4. 子程序

子程序是指能完成某一任务的相对独立的程序段。适用于程序设计中不同地方要求执行同样的操作，且该操作不适合用循环程序来实现，此时可将这样的操作单独编成一个子程序。

主程序调用它时，安排一条调用指令 LCALL 或 ACALL，无条件地转移到子程序处执行，执行完后由 RET 指令返回到原断点处继续执行主程序。使用子程序可节省存储空间，使程序简短、清晰。子程序设计时需要注意以下几点。

- 给子程序赋一个名字，实际为入口地址代号。
- 保护现场和恢复现场，即若主程序已经使用了某些存储单元或寄存器，在子程序调用中，这些寄存器和存储单元又有其他用途，就应先把这些单元或寄存器中的内容压入堆栈保护（PUSH），调用完后再从堆栈中弹出恢复（POP）。保护和恢复现场不是必须的，应根据具体情况而定。
- 要能正确传递参数，即主程序要按子程序的要求设置好入口、出口参数，如地址单元或存储器，以便子程序能获得输入数据；子程序经过运算或处理后的结果也要存放到指定的地址单元或寄存器中，即出口参数，以便主程序能获得输出数据，确保子程序和主程序间数据的正确传递。
- 子程序中还可调用另外的子程序，称为子程序嵌套；子程序嵌套时，需要合理设置堆栈深度，否则将导致堆栈溢出，建议嵌套层数不宜过多。

【例 2-40】 编程实现 $c=a^2+b^2$，设 a、b、c 分别存于 R0、R1、R2 中，a、b 都是 0～9 的正整数。

解：用子程序来实现查平方表，结果在主程序中相加。

```
        ORG    0100H
START:  MOV    DPTR,#TAB
        MOV    A,R0
        ACALL  SQR              ;调子程序,a²
        MOV    R2,A             ;a²暂存 R2 中
        MOV    A,R1
        ACALL  SQR              ;调子程序,b²
        ADD    A,R2             ;A = a² + b²
        MOV    R2,A             ;R2 = a² + b²
        SJMP   $
```

子程序如下：

```
SQR:  MOVC  A,  @A + DPTR          ;查平方表
      RET
TAB:  DB 0,1,4,9,16,25,36,47,64,81
      END
```

2.7 知识与拓展

在了解单片机的硬件结构和汇编语言程序设计基础之后，就可以进行简单的单片机控制系统硬件和软件设计，本小节将通过简单的输入、输出控制实例来说明单片机在控制中的基本应用，从而进一步加深读者对单片机软件和硬件知识的认识。

2.7.1 单片机的简单控制应用

单片机内部集成的资源是非常有限的，为了丰富单片机应用系统的功能，经常需要连接各种外部设备，这些设备都是通过I/O端口和单片机相连的。对于简单的输入和输出，通常使用并行口来实现。其中最为简单的就是开关量的输入和输出，这也是单片机最基本的输入/输出控制功能。

1. 开关量输出

对于一些工作特性比较简单的外部设备，如发光二极管（Light - Emitting Diode，LED），其只需要进行亮、灭状态的控制，如果用单片机进行控制，只需要简单的开关量输出即可。因为单片机I/O口的拉电流能力较灌电流能力弱，所以利用单片机驱动LED通常采用灌电流形式。假设利用8051单片机的P1.7口控制一个LED，那么可以设计如图2-6所示的LED驱动电路图。

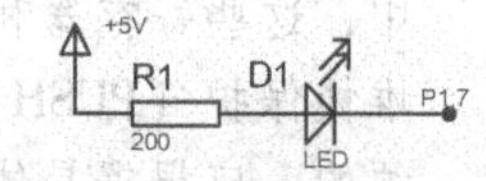

图2-6 LED驱动电路图

需要点亮LED时，让单片机P1.7引脚输出低电平，因此执行一条CLR P1.7指令即可；要熄灭LED，让P1.7引脚输出高电平，执行SETB P1.7指令即可；同理，不考虑LED之前的亮、灭状态，只需将其状态取反的话，执行CPL P1.7指令即可。

以上是驱动单个LED方法，如果8051单片机的P1.0～P1.7都按照图2-6的方式连接了8个LED，如果需要点亮所有LED，那么只需要让P1.0～P1.7都输出低电平即可，因此可以通过MOV P1，#00H指令实现；同理，如果需要熄灭所有LED，那么可执行MOV P1，#0FFH指令。控制方法既可以采用字节操作形式进行整体操作，也可以采用位操作形式进行单独控制。如果仍然采用位操作的形式对8个LED进行亮、灭操作，需要执行8次，因此位操作的形式显得麻烦。

但是字节操作也有其弱点，假如现在不知道P1.0～P1.7控制的这8个LED的亮、灭状态，现在只想让P1.4控制的LED熄灭，而不能改变其他LED的亮、灭状态，就不能简单地让P1口输出“0”或者“1”了。

可以这样分析，不管原来P1.4输出状态如何，现在要熄灭P1.4引脚控制的LED，就需要令P1.4输出高电平，而其他引脚的输出状态不能改变，因此执行ORL P1，#00010000B

即可。因为P1.4和逻辑“1”相或后，无论原来状态为“1”还是“0”，结果都为“1”，从而熄灭；而其他引脚和逻辑“0”相或，不改变原有状态，可以把“00010000B”这样具有特定作用的编码称为掩码。因为P1口支持位操作，所以直接执行SETB P1.4指令就可以单独控制其状态，而不影响其他I/O口状态，这就是位寻址的好处，也是8051单片机的一大特色。实际应用中是采用位操作还是字节操作，应当根据具体情况进行选择。

2. 开关量输入

如图2-7所示的独立按键电路是最为典型的开关量输入形式，当按键没有闭合时，P3.0引脚被上拉电阻拉至高电平；如果按键闭合，则P3.0引脚等同于接地，为低电平。因此可以通过P3.0引脚为高电平还是低电平来判断按键是否被按下。

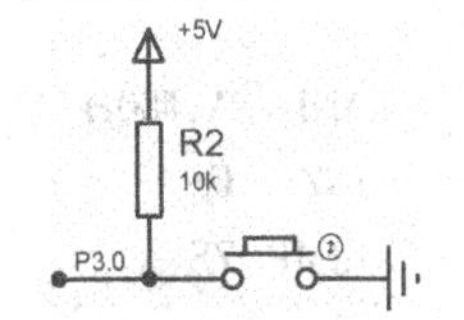

图2-7　独立式按键电路

为了判断按键是否被按下，可以通过JNB P3.0，KEY指令来直接判断，当P3.0为“0”时，认为按键被按下，跳至KEY处执行程序。否则顺序执行其他程序。也可以通过如下程序先读取P3.0的状态至进位标志位C中，之后通过判断其为“0”还是“1”来识别按键是否按下。

```
MOV   C,P3.0
JNC   KEY
```

同样，如果8051单片机P3.0～P3.7引脚均按照图2-7所示的形式连接8个按键，那么对于按键状态的识别可以通过如下程序来直接判断。

```
JNB P3.0,KEY1
JNB P3.1,KEY2
...
JNB P3.7,KEY8
```

当然也可以采用字节方式一次性读取按键状态，再根据读取的数据进行判断，具体的程序代码如下：

```
MOV   P1,#0FFH               ;准双向口,读数据前先输出“1”
NOP
MOV   A,P3                   ;读取P3口数据
JNB   ACC.0,KEY1             ;依次判断
JNB   ACC.1,KEY2
...
JNB   ACC.7,KEY8
```

以上只是通过LED和按键等简单的对象，来说明单片机进行简单的开关量输入、输出控制，读者可以通过上述简单的实例来了解单片机硬件和软件应用的方法，加深单片机学习印象，为后续知识的掌握奠定基础。

2.7.2 汇编语言实用子程序

为了方便读者在后续的单片机程序设计中掌握一些基本的程序设计方法，以下给出一些较为实用的汇编语言程序实例，以供读者参考学习。

【例 2-41】 编程判断 A 中数据正负性，若为负，则转 FS；否则转 ZS。

```
ANL   A,#80H                      ;窃取符号位
JNZ   FS
LJMP  ZS
```

【例 2-42】 编程统计内部 RAM 20H 单元数据中“1”的个数，将个数存放于 R0 中。

```
        MOV   A,20H
        MOV   R1,#08H             ;计数判断 8 次
        MOV   R0,#00H             ;1 的个数计数单元清 0
LOOP:   RLC   A
        JNC   ZERO
        INC   R0
ZERO:   DJNZ  R1,LOOP
STOP:   SJMP  STOP
```

【例 2-43】 编程将 A 中内容的低 2 位信息送入 P1 口的低 2 位，P1 口高 6 位状态维持不变。

```
ANL   A,#00000011B                ;取出 A 中低 2 位
ANL   P1,#11111100B               ;屏蔽 P1 口低 2 位
ORL   P1,A                        ;拼凑字节
```

【例 2-44】 编程实现将内部 RAM 50H 中的十六进制数转换成十进制数（非组合 BCD 码），分别存于 30H - 32H 单元中，其中 30H 中存放高位。

通常需要将计算机中的数据转换成人们习惯的十进制数进行输出，如获取的温度等数据需要通过显示器件进行显示。因此需要将十六进制数转换成十进制形式，其基本思路就是依次除以 100，得到的商为百位；余数除以 10，得到的商为十位；最后的余数为个位。

```
MOV   A,50H                       ;取出转换数
MOV   B,#100                      ;准备除数
DIV   AB;
MOV   30H,A                       ;获取百位
MOV   A,B                         ;余数作为下次被除数
MOV   B,#10                       ;准备除数
DIV   AB
MOV   31H,A                       ;获取十位
MOV   32H,B                       ;获取个位
```

【例 2-45】 编程实现将内部 RAM 50H 中的组合 BCD 码拆分为非组合 BCD 码，分别存于 30H - 31H 单元中，其中 30H 中存放高位。

```
MOV  A,50H            ;取出待处理数据
ANL  A,#0FH           ;屏蔽高4位,保留低4位
MOV  31H,A            ;存储低位
MOV  A,50H            ;重取数据
ANL  A,#0F0H          ;屏蔽低4位,保留高4位
SWAP A                ;高低4位互换
MOV  30H,A            ;存储高位
```

【例 2-46】 编程实现从内部 RAM 30H 单元开始的连续 40 个单元内容清零。

```
       MOV  R0,#30H          ;指向首地址
       MOV  R7,#40           ;计数器赋值
       MOV  A,#0             ;赋初值
LOOP:  MOV  @R0,A            ;清零
       INC  R0               ;指向向下一单元
       DJNZ R7,LOOP          ;40个单元是否完成
```

【例 2-47】 编程实现从内部 RAM 30H 开始的地址中连续存放的 20 个正数的累加和，假定累加和不超过 255，将结果存于 60H 中。

```
       MOV  R0,#30H          ;准备首地址
       MOV  R1,#20           ;计数器赋值
       MOV  A,#0             ;累加和清0
LOOP:  ADD  A,@R0            ;累加
       INC  R0               ;指针加1
       DJNZ R1,LOOP          ;20个是否累加完?
STOP:  MOV  60H,A            ;保存结果
```

【例 2-48】 编程将 20H 单元数据低 5 位装入 30H 单元低 5 位，21H 单元数据低 3 位装入 30H 单元高 3 位，实现数据拼凑功能。

```
MOV  30H,20H          ;取20H单元的数
ANL  30H,#00011111B   ;保留低5位
MOV  A,21H            ;取21H单元的数
SWAP A                ;低4位移入高4位
RL   A                ;原21H低3位移入高3位
ANL  A,#11100000B     ;保留高3位
ORL  30H,A            ;拼凑字节
```

【例 2-49】 编程将 30H 和 31H 单元中较小的数送入 32H 单元中。

```
        CLR   C
        MOV   R0,#30H              ;(R0)指向1数
        MOV   A,@R0                ;取1数送A
        INC   R0                   ;(R0)指向2数
        SUBB  A,@R0                ;1数减2数
        JNC   STORE                ;C=0,则1数≥2数 C=1则2数大
        DEC   R0                   ;修改(R0),使其指向较小数
STORE:  MOV   32H,@R0              ;存较小数
```

【例2-50】 将内部RAM中30H-3FH单元中非零单元的个数存入R3，并将非零数依次连续地存入从40H开始的单元中。

```
        MOV   R0,#30H              ;R0指向源数据单元
        MOV   R1,#40H              ;R1指向非零字节存储区首址
        MOV   R2,#10H              ;R2计数16个单元
        MOV   R3,#0                ;R3非零字节个数计数单元清零
SF:     MOV   A,@R0
        JZ    SFZ                  ;为零跳下
        MOV   @R1,A                ;为1,存储非零数据
        INC   R3                   ;非零字节个数计数
        INC   R1                   ;非零字节存储区指针加1
SFZ:    INC   R0                   ;源数据区指针加1
        DJNZ  R2,SF                ;次数判断
```

【例2-51】 编程实现如图2-8所示的逻辑控制图的控制程序。

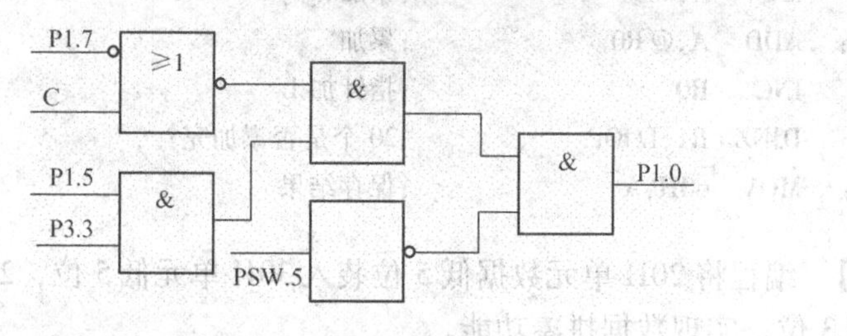

图2-8 逻辑控制图

```
ORL   C,/P1.7              ;执行或非运算
CPL   C                    ;取反
MOV   20H,C                ;保存运算结果
MOV   C,P1.5               ;准备运算数据
ANL   C,P3.3               ;执行与运算
ANL   C,20H                ;执行与运算
ANL   C,/PSW.5             ;执行与运算
MOV   P1.0,C               ;控制输出
```

2.8 思考题

1. 填空题

(1) 计算机能直接识别并且执行的语言是（　　），汇编语言是用（　　）表示的机器语言，汇编语言编写的源程序需要经过（　　）才能翻译成计算机能识别的语言。

(2) 汇编语言指令格式中（　　）是必不可少的，其用于表明操作的类型，指令中的（　　）的个数不一定，可以没有，也可以是1－3个。

(3)（　　）寻址方式是MCS－51系列单片机的一大特色，其可以对指定的特殊位进行操作。

(4) MCS－51系列单片机访问内部RAM的指令是（　　），访问外部RAM的指令是（　　），访问ROM的指令是（　　）。

(5) 指令和伪指令的最大区别是指令会生成（　　），用于定义字节常数的伪指令是（　　），预留存储器的伪指令为（　　），用于设定起始地址的伪指令为（　　）。

(6) MCS－51指令按照指令执行时间可将指令分成（　　）、（　　）和（　　）3类指令。

2. 选择题

(1) 下列对于汇编语言描述的正确是（　　）。

A. 代码效率高　　B. 方便移植　　C. 可读性强　　D. 可直接执行

(2) 下列指令中会影响标志位（奇偶标志位P除外）的是（　　）。

A. ADD　　B. INC　　C. DEC　　D. MOV

(3) 8051单片机执行MOVX @DPTR,A指令时，（　　）引脚产生低电平。

A. ALE　　B. /PSEN　　C. /WR　　D. /RD

(4) MCS－51的汇编结束伪指令是（　　）。

A. ALE　　B. /PSEN　　C. /WR　　D. /RD

(5) 下列指令格式合法的是（　　）。

A. MOVC A,@DPTR　B. MOV A,@R5　　C. MOV A,40H　　D. MOV C,#30H

(6) 对程序存储器的读操作，只能使用（　　）指令。

A. MOV　　B. PUSH　　C. MOVX　　D. MOVC

(7) 在R5初值为00H的情况下，DJNZ R5，$指令将循环执行（　　）次？

A. 0　　B. 1　　C. 255　　D. 256

(8) 若A中的内容为67H，那么，P标志位为（　　）。

A. 0　　B. 1　　C. 2　　D. 3

(9) 在中断服务程序中，至少应有一条（　　）。

A. 传送指令　　B. 转移指令　　C. 加法指法　　D. 中断返回指令

(10) 8051单片机执行MOVX A，@DPTR指令时，（　　）引脚产生低电平。

A. ORG　　B. END　　C. DB　　D. DS

3. 在指令右侧空白处给出指出下列指令中源操作数的寻址方式

指　　令　　　寻址方式　　　指　　令　　　寻址方式

MOVA, 20H　　　　　　　　　MOVA,R0
MOVA,#30H　　　　　　　　　MOVCA,@A + DPTR
MOVA,@R1　　　　　　　　　MOVC,30H
JMP@A + DPTR　　　　　　　SJMP45H

4. 程序分析题

(1) 指出下面程序段执行后的结果。

```
MOV     A,#54H
MOV     30H,#7CH
MOV     R0,#40H
SWAP    A
MOV     @R0,A
XCH     A,30H
XCHD    A,@R0
```

(A) = ______, (30H) = ______, (R0) = ______, (40H) = ______。

(2) 已知 (A) = 74H, (R0) = 9BH, Cy = 1, 写出执行指令后结果。

```
ADDC    A,R0
```

(A) = ______, (Cy) = ______, (Ac) = ______, (P) = ______。

(3) 分析下面程序段运行结果。

```
MOV     A,#88H          (A) = ______
XRL A,  #0FFH           (A) = ______
ANL A,  #0FH            (A) = ______
ORL     A,#20H          (A) = ______
```

(4) 已知片内 RAM(20H) = 11H, (Cy) = 1, 分析下列程序段运行结果。

```
MOV     R0,#20H
MOV     A,@R0
RR      A
RRC     A
RL      A
RLC     A
```

则: (A) = ______, (Cy) = ______。

5. 判断题 (判断下列指令的正误, 对的打 "√", 错的打 "×"。)

(1) MOV　C,40H　　　　(　　)
(2) MOVX　A,DPTR　　　(　　)
(3) MOV　A,@R2　　　　(　　)
(4) INC　DPTR　　　　(　　)
(5) MOV　R0,R2　　　　(　　)

(6) CJNE　A,R0,LOOP　(　)

(7) MOV　#30H,A　(　)

(8) JZ　#20H　(　)

(9) MOVC　A,@A+PC　(　)

(10) ANL20H,R0　(　)

6. 编程题

(1) 将内部 RAM 50H－60H 单元内容清零。

(2) 将内部 RAM 40H 单元中的十六进制数转换成十进制数，百位存于 52H 中，十位存于 51H 中，个位存于 50H 中。

(3) 将内部 RAM 50H 单元中的组合 BCD 码转换成非组合 BCD 码，分别存在 51H（低位）和 52H（高位）单元中。

(4) 将片外 RAM 1000H 单元中的数据传送到片内 RAM 30H 单元中。

(5) 将片外 ROM 3000H 单元中的数据传送到片外 RAM 1000H 单元。

(6) 将外部 RAM 2000H 单元中的高 2 位取反，低 4 位清零，其余位保持不变。

(7) 将内部 RAM 60H 单元中数据的中间 4 位取反，其余位保持不变。

第3章　单片机C51程序设计

51系列单片机的编程语言常用的是汇编语言和C51语言。汇编语言是单片机软件开发的基础，在前一章节已经进行了详细介绍。C51是目前广泛应用于51系列单片机编程的高级语言，具有C语言的开发效率高、可读性强、可移植好等诸多优点。本章主要介绍C51程序设计的基本概念、基本结构和基本方法，单片机内部硬件资源的C51访问以及C51和汇编语言混合编程的实现方法。

3.1　单片机C语言程序设计概述

51系列单片机的C语言程序设计一般都采用Keil C51（简称C51），本节将简单介绍C51的特点和常用的C51程序开发工具。

3.1.1　C51程序设计语言简介

早期51系列单片机程序开发常采用汇编语言，其主要特点如下。

- 代码执行效率高。
- 占用存储空间少。
- 可读性差，调试、维护困难。
- 可移植性差。

C51是在标准C语言的基础上发展起来的，专用于51系列单片机的程序设计，并根据51系列单片机硬件特点扩展了许多相关的编译特性。C51提供了包括C编译器、宏汇编、连接器、库管理和功能强大的仿真调试器等在内的完整开发方案，是目前流行的51系列单片机开发软件，其主要优点如下。

- 程序更具可读性。
- 编程及调试效率高。
- 程序由函数组成，有规范化结构，更易于移植。
- 提供的库函数包含许多标准子程序，可直接调用，缩短程序开发周期。
- 寄存器的分配、存储器的寻址以及数据类型等细节可由编译器来管理。

3.1.2　Keil C51开发环境简介

目前，常用的C51程序开发工具是Keil software公司提供的Keil μVision3集成开发环境，软件集编辑、编译、汇编、连接、仿真和调试等功能于一体，可覆盖整个程序开发过程。Keil μVision3集成开发环境可支持基于8051内核的各种51系列单片机，也得到各仿真器厂商的全面支持，Keil μVision3完全兼容以前的Keil μVision2，已经成为必备的单片机开发工具。本节主要介绍利用Keil μVision3进行软件开发的基本流程和方法。

1. 软件安装和启动

Keil μVision3 的安装可根据提示一步一步进行，安装完毕后，运行软件，即出现如图 3-1 所示的主界面。主界面主要包括菜单栏、工具栏、工程窗口、编辑窗口和输出窗口，第一次启动时，窗口显示为空白。

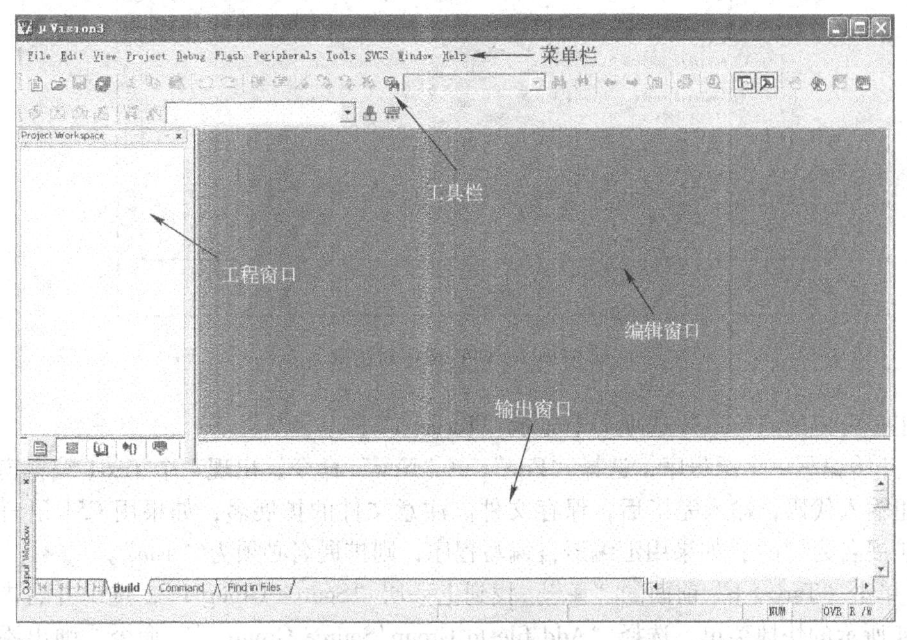

图 3-1 Keil μVision3 主界面

2. 新建工程

Keil μVision3 完全采用工程的概念，把应用程序设计当做一个工程，下面介绍如何建立一个新工程。

1）选择“Project”→“New Project”命令，在弹出的“Create New Project”（新建工程）对话框中选择工程保存的路径，输入工程名称，如图 3-2 所示。

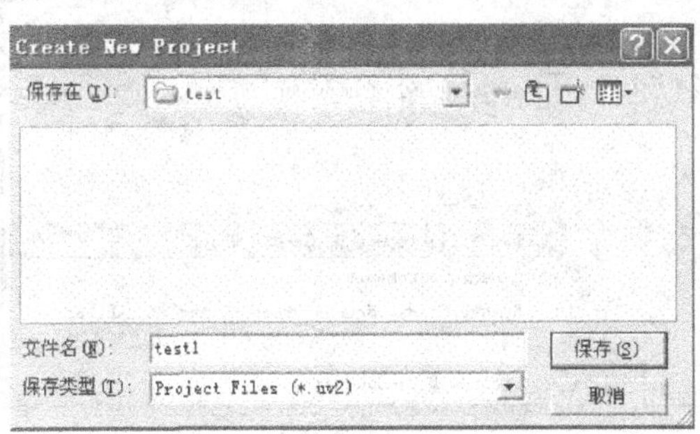

图 3-2 新建工程对话框

2）单击“保存”按钮后，弹出如图 3-3 所示的 CPU 选择对话框，进行 CPU 型号的选择。

Keil μVision3 支持几乎所有目前流行的芯片厂家的 51 内核单片机，用户可根据所使用的单片机型号来选择，先选中厂家，再单击厂家前面的“+”，展开后选择型号即可。

选择常用的 Atmel 公司的 AT89C51 单片机为例，然后单击“确定”按钮，回到主界面，

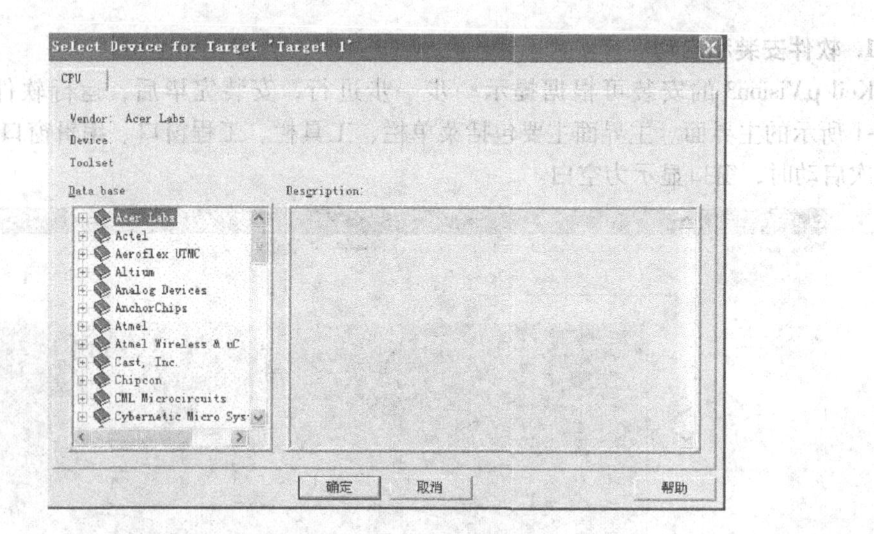

图 3-3　CPU 选择对话框

此时在工程窗口的“Files”选项卡中显示“Target 1”。

3）开始编写一个源程序，选择“File”→“New”命令，出现一个 Text1 编辑窗口，可以在这里输入代码，输入完毕后，保存文件。注意文件的扩展名，如果用 C51 语言编写程序，则扩展名为“c”；如果用汇编语言编写程序，则扩展名必须为“asm”。

4）单击“Target 1”前面的“+”，找到下一层“Source Group 1”，选中并右击，弹出如图 3-4 所示的快捷菜单。选择“Add file to Group 'Source Group 1'”命令，弹出添加源文件的对话框，可将要添加的源程序文件加到工程中，当然还可以继续添加其他需要的文件，如各种头文件等。

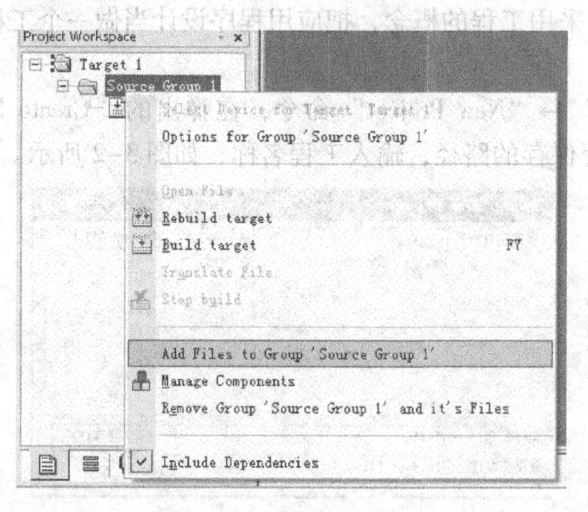

图 3-4　工程浮动菜单

3. 工程设置

建好工程后，还要对工程进行相应的设置以满足使用要求。单击左边工程窗口的“Target 1”，使其反白，然后选择“Project”→“Options for Target 'Target 1'”菜单，弹出如图 3-5 所示的 Target 设置对话框，对话框有 10 个选项卡，比较复杂，但大部分设置取默认值即可。

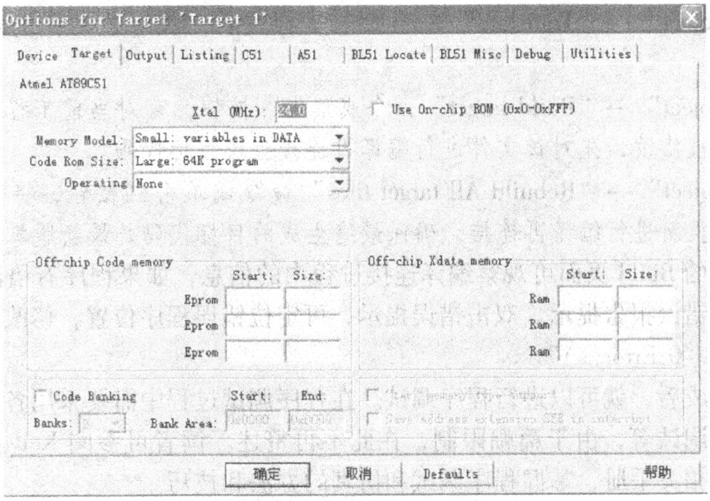

图 3-5　Target 设置对话框

"Target" 选项卡中，Xtal 表示晶振频率设置；Memory Model 为 RAM 存储模式设置；Code Rom Size 为 ROM 空间的设置；Operating 设置是否有操作系统；Off - chip Code memory 和 Off - chip Xdata memory 设置系统外部扩展的存储器地址范围。

"Output"（输出设置）选项卡用于输出设置，如图 3-6 所示，如果需要十六进制的目标代码文件，就需要选择 "Create Hex File" 复选框，其他选项使用默认值即可。

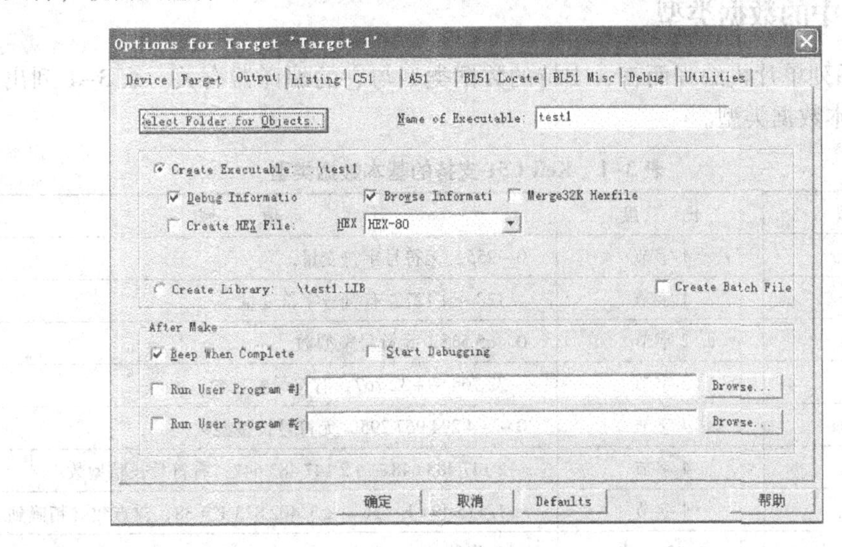

图 3-6　输出设置选项卡

4. 编译连接

工程选项设置好后，就可进行工程的编译、连接。工程的编译和连接有两种实现方法，一是通过如图 3-7 所示的编译连接工具栏，二是通过系统菜单。

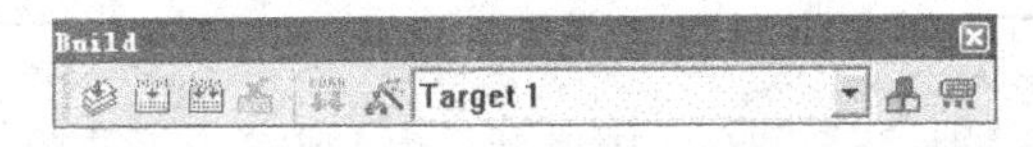

图 3-7　编译连接工具栏

● 选择“Project”→“Translate”命令或单击按钮，仅对该文件进行编译，不进行连接。

● 选择“Project”→“Build target”命令或单击按钮，可对当前工程进行连接，如果当前文件被修改，先对该文件进行编译再连接生成目标代码。

● 选择“Project”→“Rebuild All target files”命令或单击按钮，将会对当前工程中所有文件重新进行编译再连接，确保最终生成的目标代码是最新版本。

在输出窗口的Build页面可观察编译连接过程中的信息，如果程序有语法错误，则编译无法通过，会有错误报告提示。双击错误提示，可定位错误程序位置，修改后再进行编译连接直至最后出现“0 Error(s)”。

上述工作完成后，就可以进行程序调试。在程序调试过程中需要采用各种调试手段，如断点调试、单步调试等，由于篇幅限制，在此不再赘述。读者可参阅 Keil μVision3 开发环境的帮助内容和相关手册，掌握程序调试和仿真的方法和技巧。

3.2 C51程序设计基础

为了使读者掌握C51程序设计的基本方法，本节主要介绍C51语言程序设计的基础知识，包括数据类型、常量、变量、运算符和程序基本结构等，读者在学习本章节时要注意标准C语言和C51的区别。

3.2.1 C51中的数据类型

对于51系列单片机编程而言，支持的数据类型与它的编译器有关。表3-1列出了Keil C51支持的基本数据类型。

表3-1 Keil C51支持的基本数据类型

数据类型	长度	值域
unsigned char	1字节	0~255，无符号字符变量
signed char	1字节	-128~+127，有符号字符变量
unsignedint	2字节	0~65 535，无符号整型数
signedint	2字节	-32 768~+32 767，有符号整型数
unsigned long	4字节	0~+4 294 967 295，无符号长整型数
signed long	4字节	-2 147 483 648~+2 147 483 647，有符号长整型数
float	4字节	±1.175 494 E-38~±3.402 823 E+38，浮点数（精确到7位）
*	1~3字节	对象指针
bit	1位	0或1
sfr	1字节	0~255
sfr16	2字节	0~65 535
sbit	1位	0或1

1. 字符型（char）

char类型数据的长度是1字节，通常用于定义处理字符数据的变量或常量。主要分为无符号字符型和有符号字符型两类，各自特点如下。

- 无符号字符类型 unsigned char：用字节中所有的位来表示数值，所能表达的数值范围是0～255。常用于处理ASCII字符或8位的整型数据，是C51中常用的数据类型。
- 有符号字符类型 signed char：用字节中最高位表示数据的符号，“0”表示正数，“1”表示负数，负数用补码表示，所能表示的数值范围是－128～＋127，该类型为默认数据类型。

2. 整型（int）

int类型数据的长度是2字节，通常用于定义处理双字节的变量或常量，包括有符号型和无符号型两类，各自特点如下。

- 无符号整型 unsigned int：用2字节中所有的位来表示数值，所能表达的数值范围是0～65 535。
- 有符号整型 signed int：字节中最高位表示数据的符号，“0”表示正数，“1”表示负数，负数用补码表示，所能表示的数值范围是－32 768～＋32 767，该类型为默认数据类型。

3. 长整型（long）

long类型数据的长度是4字节，通常用于定义处理4字节的变量或常量。也分为有符号型和无符号型两类，各自特点如下。

- 无符号长整型 unsigned long：用4字节中所有的位来表示数值，所能表达的数值范围是0～4 294 967 295。
- 有符号长整型 signed long：字节中最高位表示数据的符号，“0”表示正数，“1”表示负数，负数用补码表示，所能表示的数值范围是－2 147 483 648～＋2 147 483 647，该类型为默认数据类型。

4. 浮点型（float）

float类型数据的长度是4字节，通常用于定义需要进行复杂的数学计算的变量或常量。与整型数据相比，浮点类型带有小数位，并且可以表示更大范围的数值。它用符号位表示数的符号，用阶码与尾数表示数的大小。

5. 指针型（*）

指针本身是一个变量，其内容为数据在存储器中的存储地址。C51中，指针长度一般为1～3字节。

6. 位类型（bit）

bit类型是C51的扩展类型，使用它可定义位变量，取值是1个二进制位，不是“1”就是“0”，类似其他程序设计语言中布尔类型变量的取值，如“True”和“False”。例如：

```
bit   ds =0;           //定义一个位变量 ds,并赋初值为0
```

7. 特殊功能寄存器（sfr）

sfr类型是C51的扩展类型，占用1个内存单元，值域为0～255。使用它能访问51单片机内部的所有特殊功能寄存器。例如：

```
sfr   P0 =0x80;          //定义 P0 为 P0 端口在片内的寄存器,端口地址为80H
P0 =0xff;                //令 P0 口的 8 个引脚都输出逻辑"1"
```

8. 16 位特殊功能寄存器（sfr16）

sfr16 类型是 C51 的扩展类型，占用 2 个内存单元，值域为 0 ~ 65 536。sfr16 和 sfr 一样，都是用于特殊功能寄存器的定义和声明，不一样的是，它用于描述 16 位的特殊功能寄存器。例如：

```
sfr16  DPTR = 0x82;          //定义 DPTR 为 16 位 SFR,低 8 位地址为 82H
DPTR = 0x1234;               //给 DPTR 赋值
```

9. 特殊功能位（sbit）

sbit 类型是 C51 的扩展类型，占用 1 个二进制位，值为“0”或“1”。使用 sbit 能声明可位寻址的特殊功能寄存器中的位，注意不要和 bit 功能混淆。如：

```
sbit  P0_0 = 0x80;          //定义 P0.0 的位地址为 80H
```

这里只介绍了 Keil C51 支持的最常用的基本数据类型，除此之外，还有数组结构以及枚举等扩展数据类型，由于篇幅限制，不再一一介绍。

3. 2. 2 C51 中的常量和变量

本节介绍 C51 中的常量和变量的定义和使用。常量是指在程序运行过程中值不能改变的量，而变量是指在程序运行过程中值可以不断变化的量。

1. 常量

常量的数据类型有整型、浮点型、字符型、字符串型和位型，说明如下。

- 整型常量可以用十进制表示，如 54；也可用十六进制表示，以 0x 开头，如 0x23。
- 浮点型常量可采用十进制和指数两种表示形式。十进制由数字和小数点组成，如 0.58，2.0 等；指数表示形式为：[±] 数字 [. 数字] e [±] 数字，[ ] 中的内容可选，其余部分必须有，如 13e2，8.56e4，-2.1e-3。
- 字符型常量是单引号内的字符，如‘a’，‘c’等，不能显示的控制字符可以在该字符前面加一个反斜杠“\”来组成专用转义字符，表 3-2 所示为常用转义字符表。
- 字符串型常量由双引号内的字符组成，如“red”“ON”等。当引号内没有字符时，为空字符串。在使用特殊字符时同样要使用转义字符如双引号。字符串常量是被当成字符类型数组来处理的，在存储字符串时系统会在字符串尾部加上“\o”转义字符表示该字符串的结束。因此字符串常量“A”和字符常量‘A’是不一样的，前者因为要存储结束符，所以多占用 1 字节空间。
- 位型常量是一个二进制的值。

表 3-2　常用转义字符表

转义字符	含　义	ASCII 码（十六进制/十进制）	转义字符	含　义	ASCII 码（十六进制/十进制）
\o	空字符（NULL）	00H/0	\f	换页符（FF）	0CH/12
\b	退格符（BS）	08H/8	\r	回车符（CR）	0DH/13

（续）

转义字符	含　义	ASCII 码（十六进制/十进制）	转义字符	含　义	ASCII 码（十六进制/十进制）
\t	水平制表符（HT）	09H/9	\"	双引号	22H/34
\n	换行符（LF）	0AH/10	\'	单引号	27H/39

常量可用在值不需要改变的场合，如固定的数据表、字库和常数等。以下分别介绍常量的定义方式。

- 宏定义的常量不占用单片机任何存储空间，只是告诉编译器在编译时用宏值把宏名称替换。如：

```
#define  TRUE   1;                    //用宏定义常量 TRUE 为 1
#define  PORTA  0x7E;                 //用宏定义常量 PORTA 为 0x7e
```

- const 关键字定义的常量存储于单片机的 RAM 中，且该常量具有数据类型，便于编译器进行错误排查。如：

```
const  unsigned  int  a=0x1234;       //用 const 定义整型常量 a 于 RAM 中并赋值
const  bit ds=1;                      //用 const 定义位常量 ds 于 RAM 中并赋值
```

- code 关键字定义的常量存储于单片机的 ROM 中，适用于数据量较大的常量数组的定义，且该常量具有数据类型，便于编译器进行错误排查，不适用于位常量定义。如：

```
code  unsigned  int  a=0x1111;        //用 code 定义常量 a 于 ROM 中并赋值
code unsigned char b='b';             //用 code 定义常量 b 于 ROM 中并赋值
```

2. 变量

变量在程序执行过程中其值能不断变化，使用时必须先用标识符定义变量名，并指出所用的数据类型和存储模式，这样编译器才能为变量分配相应的存储空间。变量定义的格式如下：

```
[存储种类]  数据类型  [存储器类型]  变量名
```

其中数据类型和变量名不能省略，其他都是可选项。变量的存储种类与存储器类型是完全无关的。

存储种类有 4 种：自动（auto）、外部（extern）、静态（static）和寄存器（register），默认类型为自动（auto）。

存储器类型是指该变量在 51 系列单片机硬件系统中所使用的存储区域，并在编译时准确定位，共有 6 种存储器类型，如表 3-3 所示。

表 3-3　C51 存储器类型

存储器类型	说　明
data	直接访问内部数据存储器，访问速度最快
bdata	可位寻址内部数据存储器，允许位与字节混合访问

（续）

存储器类型	说　明
idata	间接访问内部数据存储器，允许访问全部内部地址
pdata	分页访问外部数据存储器，用 MOVX A，@Ri 指令访问
xdata	外部数据存储器，用 MOVX A，@DPTR 指令访问
code	程序存储器，用 MOVC A，@A + DPTR 或 MOVC A，@A + PC 指令访问

如果省略存储器类型，系统则会给变量指定编译模式 Small，Compact 或 Large 所规定的默认存储器类型。

- Small 模式：将所有默认变量均装入内部 RAM，优点是访问速度快，缺点是空间有限，只适用于小程序。
- Compact 模式：将所有默认变量均装入一页（256B）外部扩展 RAM，具体哪一页可由 P2 口指定，空间较 Small 宽裕，速度较 Small 慢但较 Large 要快。
- Large 模式：将所有默认变量放在多达 64 KB 的外部 RAM 区，要求用 DPTR 数据指针访问数据，优点是空间大，可存变量多，缺点是速度较慢。

无论使用哪种模式都能将变量声明在任何的存储区范围。定义数据存储类型的一般原则有以下几条。

- 尽量选择内部直接寻址的存储类型 data，然后选择内部间接寻址的存储类型 idata。
- 对于经常用到的变量要使用内部数据存储器，只有在内部数据存储器不能满足要求的情况下才使用外部数据存储器。
- 选择外部数据存储器可优先选用 pdata 类型，最后选用 xdata 类型。

3.2.3　C51 中的运算符

为了在程序中实现各种运算，需要熟悉常用的运算符。C 语言中运算符非常丰富，本节对 C51 中用到的 C 语言的运算符进行归纳，主要有 7 种类型。

1. 算术运算符

算术运算符主要用于各类数值运算，共 7 种，如表 3–4 所示。

表 3–4　算术运算符

符　号	+	−	*	/	++	--	%
说明	加法运算	减法运算	乘法运算	除法运算	自增 1	自减 1	取模运算

需要注意的是“/”和“%”这两个符号都涉及除法运算。“/”运算是取商，如“7/2”的结果为 3；而“%”运算为取余数，如“7%2”的结果为 1。

上表中的自增和自减运算符是使变量自动加 1 或减 1，有以下几种形式。

- ++i：i 值先加 1，再参与其他运算。
- --i：i 值先减 1，再参与其他运算。
- i++：i 先参与其他运算，i 的值再加 1。
- i--：i 先参与其他运算，i 的值再减 1。

2. 逻辑运算符

逻辑运算符主要用于数据逻辑运算，共3种，如表3-5所示。

表3-5 逻辑运算符

<table>
<tr><td>符　号</td><td>&&</td><td>||</td><td>!</td></tr>
<tr><td>说　明</td><td>逻辑与运算</td><td>逻辑或运算</td><td>逻辑非运算</td></tr>
</table>

3. 关系运算符

关系运算符主要用于比较运算，共6种，如表3-6所示。

表3-6 关系运算符

符　号	>	≥	<	≤	==	!=
说　明	大于	大于或等于	小于	小于或等于	等于	不等于

4. 位操作运算符

位操作运算符主要用于位逻辑运算和移位运算，共6种，如表3-7所示。

表3-7 位操作运算符

<table>
<tr><td>符　号</td><td>&</td><td>|</td><td>^</td><td>~</td><td>>></td><td><<</td></tr>
<tr><td>说　明</td><td>位逻辑与</td><td>位逻辑或</td><td>位异或</td><td>位取反</td><td>位右移</td><td>位左移</td></tr>
</table>

5. 赋值运算符

赋值运算符主要用于赋值运算，分为简单赋值（=）、复合算术赋值（+=、-=、*=、/=、%=）和复合位运算赋值（&=、|=、^=、>>=、<<=），如表3-8所示。

表3-8 赋值运算符

<table>
<tr><td>符　号</td><td>说　明</td><td>符　号</td><td>说　明</td><td>符　号</td><td>说　明</td><td>符　号</td><td>说　明</td></tr>
<tr><td>=</td><td>赋值</td><td>+=</td><td>加后赋值</td><td>-=</td><td>减后赋值</td><td>*=</td><td>乘后赋值</td></tr>
<tr><td>/=</td><td>除后赋值</td><td>%=</td><td>取模后赋值</td><td>&=</td><td>按位与后赋值</td><td>|=</td><td>按位或后赋值</td></tr>
<tr><td>^=</td><td>按位异或后赋值</td><td>>>=</td><td>右移后赋值</td><td><<=</td><td>左移后赋值</td><td></td><td></td></tr>
</table>

3.2.4 C51程序基本结构

C51语言是一种结构化程序设计语言，从程序结构上可把程序分为3类：顺序、分支和循环结构，这3种基本结构可以组成各种复杂程序。

1. 顺序结构

顺序结构是程序最基本、最简单的结构，程序自上而下执行，程序执行时按编写的顺序依次执行每一条指令，直到最后一条。

2. 分支结构

在程序设计中，经常需要对某情况进行判断，然后根据判断的结果选择程序执行的流向，这就是分支程序，它包括if语句和switch语句。

（1）if 语句结构

if 语句有 3 种形式：基本 if 形式、if - else 形式和 if - else - if 形式。

1）基本 if 形式语法结构如下。

```
if (表达式)   语句;
```

含义是：如果表达式的值为“真”，则执行其后的语句，否则不执行该语句。

2）if - else 形式语法结构如下。

```
if(表达式)
    语句1;
else
    语句2;
```

含义是：如果 if 表达式的值为“真”，则执行“语句 1”，否则执行“语句 2”。

3）if - else - if 形式语法结构如下。

```
if (表达式1)
    语句1;
else if (表达式2)
    语句2;
    …
else (表达式n)
    语句n;
```

含义是：依次判断表达式的值，当出现某个值为真时，则执行其对应的语句，然后跳出该判断语句，如果所有的表达式均为假时，则执行“语句 n”。

（2）switch 语句结构

switch 语句又称为开关语句，是多分支选择结构语句，其语法结构如下。

```
switch(表达式)
{
  case <常量表达式1>:语句1;break;
  case <常量表达式2>:语句2;break;
  …
  case <常量表达式n>:语句n;break;
  default:语句n+1;
}
```

含义是：计算表达式的值，并逐个与常量表达式的值相比较，若相等则执行其后的语句；若表达式的值与所有 case 后的常量表达式都不相同时，则执行 default 后的“语句 n+1”。

switch 在使用时需要注意以下几点。

- 每个 case 分支必须有一个 break 语句，专门用于跳出 switch 语句。
- case 后的各常量表达式的值不能相同。

- case 后可以允许有多个语句，不用加 {} 括起来。
- default 分支可以省略。

3. 循环结构

当程序中的某些指令需要反复执行多次时，采用循环程序结构，这样会使程序代码缩短，节省存储单元，而且能使程序结构紧凑并增强可读性。循环结构包括 for 语句、while 语句和 do - while 语句 3 种。

（1） for 语句

for 语句使用非常灵活，不仅可以实现计数循环，而且可以实现条件控制循环。for 语句的语法结构如下。

```
for(循环初始化;循环执行条件;循环执行后操作)
{
    语句;                    //循环体
}
```

含义是：首先进行循环初始化，即给循环变量赋初值；再对循环执行条件进行判断，若为“真”则执行循环体一次，否则跳出循环；然后再修改循环变量的值，转回第 2 步重复执行。for 语句在使用时需要注意以下几点。

- for 语句的各表达式都可以省，而分号不能省，在省略各表达式时要注意防止程序陷入死循环。
- 在整个 for 循环过程中，循环初始化语句只执行一次，后面两个语句可以执行多次。
- 循环体内的处理程序可以为空操作。
- 循环体可能多次执行，也可能一次都不执行。

（2） while 语句

while 语句的语法结构如下。

```
while(表达式)
{
    语句;                    //循环体
}
```

含义是：计算表达式的值，若为“真”则执行循环体内语句，然后再对表达式进行计算执行，直到表达式的值为“假”时停止循环。表达式的值是循环体执行的条件，要先判断后执行，循环体可能多次执行，也可能一次都不执行。

（3） do - while 语句

do - while 语句的语法结构如下。

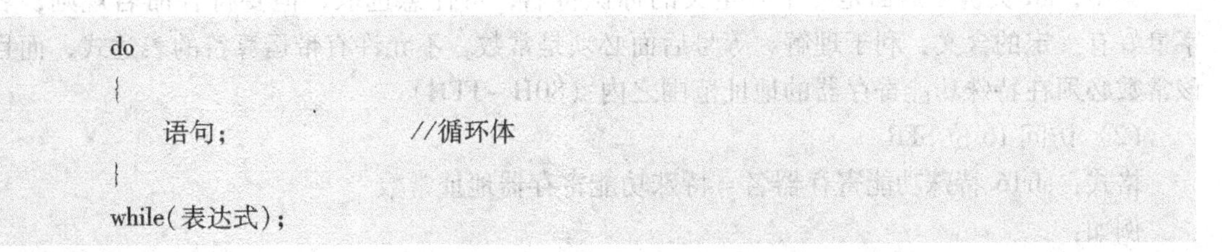

```
do
{
    语句;                    //循环体
}
while(表达式);
```

含义是：先执行循环体程序，到 while 语句时，计算“表达式”的值，进行循环条件是否满足的判断，若为“真”则再次执行循环体程序，直到表达式的值为“假”时停止循环。循环体至少会执行一次。

3.3 单片机硬件资源的 C51 访问

C51 程序设计常用到单片机内部硬件资源，以下介绍存储区、特殊功能寄存器、可寻址位和并行 I/O 口这些硬件资源在 C51 程序中的定义、使用及注意事项。对于中断、定时器和串行口这些硬件资源的 C51 访问问题，后面章节有专门介绍，这里就不赘述。

1. 存储区的访问

51 系列单片机有不同的存储区，可以利用绝对地址访问头文件“absacc. h”中的函数来对不同的存储区进行访问，“absacc. h”中的相关函数如表 3-9 所示。

表 3-9 “absacc. h”中的相关函数

函数名	功能	函数类型	函数名	功能	函数类型
CBYTE	访问 code 区	字符型	CWORD	访问 code 区	整型
DBYTE	访问 data 区	字符型	DWORD	访问 data 区	整型
PBYTE	访问 pdata 区或 I/O 口	字符型	PWORD	访问 pdata 区或 I/O 口	整型
XBYTE	访问 xdata 区或 I/O 口	字符型	XWORD	访问 xdata 区或 I/O 口	整型

使用时要注意访问的存储区类型、数据类型以及绝对地址的格式。例如：

```
#include <absacc. h>                  //包含头文件,不可缺少
#define Port1 XBYTE[0xffd0]          //定义外部 I/O 端口 Port1 的地址为 xdata 区的 0xffd0
#define dram1 XBYTE[0x1000]          //定义 dram1 的地址为 xdata 区的 1000H
#define dcode1 CBYTE[0x0100]         //定义 dcode1 的地址为 code 区的 0100H
#define ram1 DBYTE[0x20]             //定义 ram1 的地址为 data 区的 20H 地址
```

2. 特殊功能寄存器的访问

C51 编译器可以利用扩展的关键字 sfr 和 sfr16 对特殊功能寄存器进行访问。

（1）访问 8 位 SFR

格式：sfr 特殊功能寄存器名 = 特殊功能寄存器地址常数

例如：

```
sfr P0 = 0x80;            //定义 P0 端口,其地址为 80H
```

其中，sfr 关键字后面是一个要定义的标识符名，可任意选取，但要符合命名规则，名字最好有一定的含义，利于理解。等号后面必须是常数，不允许有带运算符的表达式，而且该常数必须在特殊功能寄存器的地址范围之内（80H ~ FFH）。

（2）访问 16 位 SFR

格式：sfr16 特殊功能寄存器名 = 特殊功能寄存器地址常数

例如：

```
sfr16 DPTR =0x82;          //定义 DPTR,其低 8 位地址为 82H,高 8 位为 83H
```

其中，等号后面是16位特殊寄存器的低8位地址，高8位地址一定要位于物理低位地址之上。需要注意的是不能用于定时器T0和T1的初值寄存器定义。使用时可将所有sfr定义放入头文件“reg51.h”中，在程序最开始位置将其包含即可。

3. 可寻址位的访问

51系列单片机中可寻址位分为SFR中的位和一般位变量两种，需要采用不同方法进行访问。

（1）访问SFR中的位

sbit用来定义可位寻址的特殊功能寄存器中的某位，位地址为80H～FFH。常用的定义方法如下。

- sbit 位变量名 = 位地址。

```
sbit P0_1  =0x81;          //直接把位地址赋给位变量。
```

- sbit 位变量名 = 特殊功能寄存器名^位位置。

```
sfr P0 =0x80;          //先定义一个特殊功能寄存器名
sbit P0_1 = P0^1;      //再指定位变量所在的位置
```

- sbit 位变量名 = 字节地址^位位置。

```
sbit P1_1 =0x90^1;          //把特殊功能寄存器的地址直接用常数表示。
```

操作符“^”后面的值的最大值取决于指定的基址类型：char为0～7，int为0～15，long为0～31。

（2）访问一般位变量

访问一般位变量时，可用bit定义位变量。

```
bit led;     //定义位变量 led
```

用bit定义位变量时，不需要指定地址，编译器会自动地将位地址分配在00H～7FH区域中。在定义位变量时，其存储器类型限制为data，bdata或idata，如果将位变量定义成其他类型都会在编译时出错。例如：

```
bit bdata ds =0;          //定义存储器类型为 bdata 的位变量 ds,并赋初值为 0
bit xdata ds =0;          //错误,不能将位变量定义在外部 RAM 区
bit code ds =0;           //错误,不能将位变量定义在 ROM 区
```

使用bit不能定义位指针和位数组。如：

```
bit * ptr;          //错误,不能用位变量来定义指针
bit ary[ ];         //错误,不能用位变量来定义数组
```

当访问的位变量位于内部RAM的可位寻址区20H～2FH时，可以利用C51编译器提供

的 bdata 存储器类型对字节变量进行定义，再用 sbit 指定 bdata 变量的相应位后就可以进行位访问，此处不能用 bit 来进行位定义。例如：

```
char bdata flag;          //在可位寻址区定义 char 类型的变量 flag
sbit flag3 = flag^3;      //用 sbit 定义位变量来独立访问 flag 的某一位
bit flag3 = flag^3;       //错误,此处不能 bit 来定义位变量
```

4. 并行 I/O 端口的访问

51 单片机片内的 4 个并行 I/O 端口（P0 ~ P3），都是 SFR，故可采用定义 SFR 的方法进行访问。而在片外扩展的 I/O 端口，可与片外扩展的 RAM 统一编址，即把一个外部 I/O 端口当作外部 RAM 的一个单元，进行 C51 访问。

3.4 C51 和汇编语言混合编程

尽管 C51 语言以其库函数丰富、数据处理能力强、可读性好和效率高等特点成为 51 系列单片机程序开发的首选语言。但是在时序要求严格、目标代码要求精简、程序要求执行速度较高时，仍然需要采用汇编语言。因此有必要了解 C51 语言与汇编语言混合编程的相关知识。

3.4.1 C51 和汇编语言编程比较和说明

采用汇编语言编写的源程序要经过汇编器 A51 汇编，再经过链接定位器生成十六进制的可执行文件，之后固化在程序存储器中，单片机才能识别和执行。

C51 编程过程较为复杂，源程序要经过预处理、编译、优化、汇编，然后经过链接定位器生成目标代码，单片机才可以执行。

在大多数场合采用 C51 语言编程完全可达到预期目的，但有些特殊要求时，还须嵌入汇编程序段；而在另一些场合，汇编语言也可能需要调用 C51 函数，此时就涉及 C51 和汇编混合编程问题。在编写 51 系列单片机程序时，主程序和复杂数据处理程序段通常采用 C51 语言。而与硬件相关的、时序要求严格的程序代码采用汇编语言编写比较容易实现，因此采用 C51 和汇编语言混编的方法可以充分发挥各自的优点。

3.4.2 C51 和汇编语言混合编程方法

混合编程时，可以在汇编语言中调用 C51，也可以在 C51 中调用汇编语言。把汇编程序段嵌入到 C51 程序中，即在 C51 中调用汇编语言是目前比较流行的方法，因此以下主要介绍该方法。汇编程序中调用 C51 程序的用法，这里不进行介绍，有兴趣的读者可查阅相关文献自行学习。

C51 程序中嵌入汇编程序段时需要注意，汇编程序必须有段名定义，必须明确汇编程序段的边界、参数、局部变量和返回值；如果两者之间需要参数传递，可采用寄存器或固定存储区传递，但必须保证参数定义存储区的一致性。

在 C51 程序中可以通过语句“# pragma asm”和“# pragma endasm”包含嵌入的汇编语言程序段。例如：

```
#include "reg51.h"
bit led;
main()
{  while(1)
   {  led = ! led;
      #pragma asm
      nop
      nop
      #pragma endasm
   }
}
```

程序段编译前进行相应设置，方法是：选中C源文件，右击并从弹出的快捷菜单中选择“Option for File”（文件选项）命令，弹出“Options for File 'demo.c'”（'demo.c'文件选项）对话框，在“Properties”（属性）选项卡中，选中“Generate Assembler SRC File”（生成汇编语言源文件）和“Assemble SRC File”（汇编源文件）复选框，取消“Link Public Only”（只链接公共/全局部分）复选框的选择，具体设置如图3-8所示。

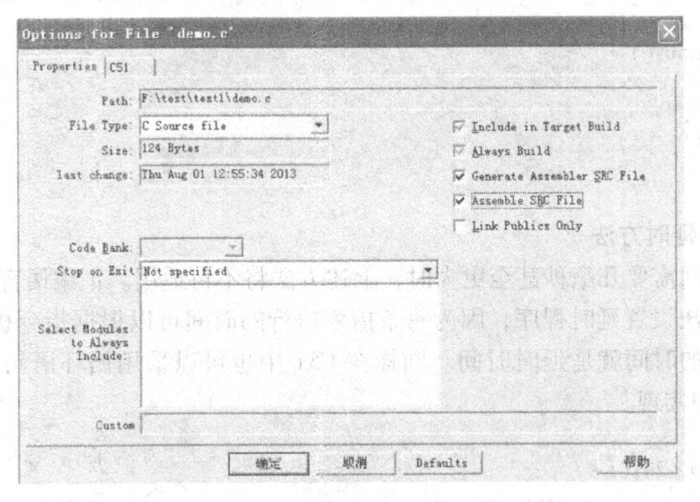

图3-8 “options for File 'demo.c'”对话框

还需要将库文件添加到工程中，如果在SMALL编译模式下，需要将Keil安装目录“C:\Keil\C51\LIB”下的“C51S.LIB”库文件加到工程中，再编译即可。

3.5 知识与拓展

为了加深读者对C51程序设计的认识，本节中对C51应用中的延时和连续访问外部RAM的问题进行特别说明，以便读者进一步掌握在51系列单片机中用C语言编写程序的方法和技巧。

3.5.1 C51延时时间计算方法

单片机系统中的延时可以采用软件延时和定时器两种方法，读者可以根据延时时间的长短和精度合理选择。采用定时器定时的方法来实现延时，相对来说还是比较方便和精准的，特别是定时/计数器工作在方式 2 时，可以自动重装入初值，特别适合几十到二百微秒的延时，控制应用较为方便。但是单片机中集成的定时/计数器数量有限，并且都有特殊用途。如果定时/计数器被占用了，就只能通过软件延时的方法来实现延时。

汇编语言中每条指令都有固定的指令周期，因此在汇编语言实现较为精确的延时是非常容易做到的，但是在 C51 中实现较为精确的延时时间是有一定难度的，为了方便应用，以下介绍 C51 中常用的软件延时方法。

1. 外部函数调用方法

在单片机程序设计中，有时需要数个微秒级的延时或者等待，在汇编语言中可以利用空操作指令 NOP 来实现。为了方便在 C 语言中实现上述的延时功能，C51 中设置了 intrins. h 头文件，文件中的_nop_( )函数能产生一条 NOP 指令，因此，程序中可直接使用。并且 C51 编译器在执行该函数期间不产生函数调用，而是直接在程序中执行 NOP 指令，因此代码效率很高。

读者可按照如下方法设置一个实现 5 μs 的延时函数，在程序中直接调用该函数即可实现 5 μs 的延时。需要说明的是，程序中调用延时函数 Delay5us( )需要 2 μs，Delay5us( )函数执行完返回需要 2 μs，因此 5 μs 的延时，只需调用一次_nop_( )函数即可。

```
void Delay5us( )
{
  _nop_( );
}
```

2. 指令直接延时方法

如果延时时间需要几毫秒甚至更大时，上述方法将不再适用。汇编语言中可以通过本书【例 2-39】的方法设置延时程序，因为每条指令执行的时间可以根据指令机器周期数获取，所有指令执行完的时间就是延时时间。同样在 C51 中也可以采用循环语句进行延时，如下采用 for 循环语句实现。

```
for(i = 0;i < 20;i ++ )
;
```

由于上述代码不是汇编语言的形式，因此无法准确计算上述程序执行完需要的时间。但是可以将上述代码编译后转换成汇编语言，这样就可以准确分析上述代码执行的时间。以下是将上述代码编译成汇编语言后的代码。通过分析下列代码便可以准确计算对应的 C51 代码执行的时间。

```
         CLR  A                    ;1T
         MOV  R7,A                 ;1T
?C0001:  INC  R7                   ;1T
         CJNE R7,#014H,?C0001      ;2T/1T
```

根据上述汇编语言程序码，可以将延时时间计算为：$1T + 1T + 1T \times 7 + 2T \times 6 + 1T =$

22T，如果单片机晶振频率为 6 MHz 时，一个机器周期 T 为 2 μs，上述代码执行时间为 22 μs，也就是说上述的 C51 代码延时时间为 22 μs。

需要说明的是，for 循环语句中变量 i 的类型至关重要，如果将变量 i 定义成无符号字符型，编译后转换成如上汇编代码。如果将变量 i 定义成整型数据，程序编译后将转换成如下汇编代码。分析生成的代码，可知程序的执行时间将发生很大的变化。

```
          MOV   R7,#14H
          MOV   R6,#00H
?0007:    MOV   A,R7
          DEC   R7
          JNZ   ? 000C
          DEC   R6
?000C:    MOV   A,R7
          XRL   A,#01H
          ORL   A,R6
          JNZ   ?0007
```

3. 嵌套汇编程序方法

通过上面的介绍，在 C51 中通过 for 循环的方式进行延时需要对 C51 程序编译后才能准确计算延时时间，相对较为麻烦。本书 3.4 节中介绍了 C51 和汇编语言混合编程的方法，因此可以利用汇编语言设计合适的延时子程序代码，在 C51 中嵌入延时子程序的汇编代码即可，具体方法可参照如下方式。将汇编语言与 C51 结合起来，充分发挥各自的优势，是单片机开发人员的最佳选择。

```
#program asm
…                                  ;加入实现延时的汇编语言代码
#program endasm
```

3.5.2 C51 访问连续外部 RAM 区域的方法

在 C51 中也经常需要对一块连续的存储区域进行操作，如将外部 RAM 从地址 1000H 开始的 50 个存储单元全部清零，再或者对外部连续的 I/O 端口进行操作等。在汇编语言中只需要修改数据 DPTR 就可完成连续的操作，C51 中则需要通过指针的方式进行操作。前面章节中介绍了利用绝对地址的方式来对外部 RAM 或者 I/O 端口进行访问，以下介绍通过关键字来定义不同变量类型指针的方式来访问外部 RAM，并进行连续区域的操作。

【例 3-1】 在 C51 中实现将外部 RAM 从 2000H 开始的连续 50 个存储单元依次填入 0，1，2，3，…，49。

```
void main(void)
{   unsigned charxdata * addr;              ;定义指针变量
    unsigned chari;                         ;定义变量
    addr = 0x2000;                          ;指向外部 RAM 2000H 单元
    for (i = 0;i < 51;i ++)                 ;循环体,i 为赋值变量
```

```
    {
        * addr = i;                    ;将变量 i 的值写入指针指向的外部 RAM 中
    addr ++ ;                          ;指针加 1,指向下一单元
    }
```

【例 3-2】 用 C51 编程实现将外部 RAM 从 4000H 开始连续的 8 个单元数据依次存入内部 RAM 从 30H 开始的单元中。

```
void main(void)
{   unsigned charxdata  * addr1;
    unsigned char data  * addr2;
    unsigned char i,x;
    addr1 =0x2000;
    addr2 =0x30;
    for(i =0;i <8;i ++)
    {
      x = * addr1;                        ;将外部 RAM 中数据读入
       * addr2 = x;                       ;数据写入内部 RAM 中
      addr1 ++ ;                          ;指针加 1
      addr2 ++ ;                          ;指针加 1
    }
}
```

3.6 思考题

1. 填空题

(1) C51 中利用关键字（　　）来定义位变量，利用关键字（　　）来声明特殊功能寄存器，利用关键字（　　）来声明特殊功能位。

(2) 为了在程序中方便使用特殊功能寄存器及其特殊功能位，通常把这些特殊功能寄存器的声明放置在（　　）中，在程序中直接加载即可。

(3) C51 可以把变量或者常量定义成不同的存储类型，其中内部 RAM 低 128 字节定义成（　　），位寻址区还可定义成（　　），（　　）定义成 code，片外 RAM 全部空间定义成（　　）。

2. 判断题

(1) 若一个函数的返回类型为 void，则表示其没有返回值。（　　）

(2) 特殊功能寄存器的名字，在 C51 程序中通常大写。（　　）

(3) #include <reg51. h>与#include“reg51. h”是等价的。（　　）

(4) sbit 不可以用于定义内部 RAM 的可位寻址区。（　　）

(5) sfr 后面的地址可以用带有运算符的表达式来表示。（　　）

（6）一个函数利用 return 不可能同时返回多个值。 （ ）

（7）C51 中对内部 RAM 的访问无法通过绝对地址的形式实现。 （ ）

（8）C51 中可以在定义位变量的同时对其初始化。 （ ）

3. 简答题

（1）汇编语言和 C 语言的各有何优缺点？在程序设计时，选择的主要依据是什么？

（2）简要说明 C51 与标准 C 语言的主要区别。

（3）C51 中如何访问 8051 单片机的特殊功能寄存器？

（4）C51 中对指定地址的内部 RAM、外部 RAM 以及 ROM 的访问方法有哪些？

（5）简要说明 C51 中断服务函数的设置方法。

（6）简要说明汇编语言和 C 语言混编的主要方法和步骤。

4. 编程题（用 C51 实现）

（1）将 8051 单片机内部 RAM 的 50H 单元中的内容加“1”。

（2）将十六进制数 0xB0 存储于外部 RAM 的 1000H 单元中。

（3）读取外部 RAM 的 2000H 单元中的内容，取反后存储于内部 RAM 的 60H 单元中。

（4）将内部 RAM 的 40H 单元中的十六进制数转换成十进制数，按照高位到低位的顺序分别存于内部 RAM 的 50H 开始的单元中。

（5）读取 P1 口的引脚状态，将其取反后，存储于外部 RAM 的 3000H 单元中。

第4章　单片机与Proteus虚拟仿真

Proteus软件是英国Labcenter electronics公司开发的EDA工具软件。它不仅具有类似Multisim等其他EDA工具软件的仿真功能，还能仿真单片机及外围器件，是目前应用广泛的仿真单片机及外围器件的工具。该软件在中国一经推广，就得到单片机爱好者、从事单片机教学的教师和单片机开发与应用人员的青睐。本章主要介绍Proteus ISIS原理图输入系统中的单片机虚拟仿真。

4.1　Proteus概述与工程创建

Proteus软件升级至8.0以上版本后，采用了全新的应用框架，添加了较多更为基础的开发方法，同时简化了一些设计和处理过程。本节首先介绍Proteus的基本特性，然后举例说明新版Proteus中创建新工程的步骤和方法，以便读者可以快速了解和掌握工程创建过程中的基本配置和设置。

4.1.1　Proteus介绍

Proteus是一个基于ProSPICE混合模型仿真器的、完整的嵌入式系统软硬件设计仿真平台。Proteus软件主要由ISIS和ARES两大部分构成，其中ISIS是一款便捷的电子系统仿真平台，ARES是一款高级的电路板布线编辑软件。软件支持原理图布图、代码调试到单片机与外围电路协同仿真，同时能一键切换到PCB设计，真正实现了从概念到产品的完整设计。图4-1所示为Proteus功能组成结构图。

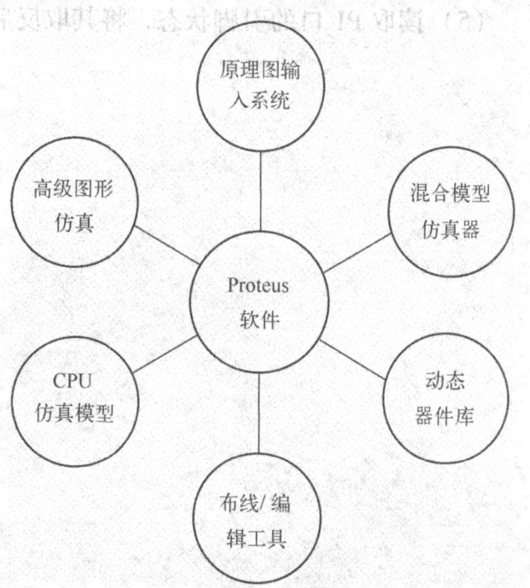

图4-1　Proteus功能组成结构图

原理图输入系统是Proteus系统的中心，它不仅仅是一个图表库，更是一个超强的电路控制原理图的设计和仿真环境。

- 混合模型仿真器是结合ISIS原理图设计环境使用的混合型电路仿真器，其基于工业标准SPICE3F5的模拟内核，加上混合型仿真的扩展以及交互电路，为开发和测试设计提供强大的交互式环境。
- 高级图形仿真提供高级仿真选件，利用高级图形仿真可以采用全图形化的分析界面形式来扩展基础仿真器的功能。
- 布线/编辑工具是一款专业PCB布线/编辑工具，支持元器件自动布局和自动布线等功能，同时也支持支持手动布线和高效的撤销功能，系统限制相对较少。
- CPU仿真模型称为PROTEUS VSM虚拟系统模型，支持ARM7，PIC，AVR，HC11以及8051系列的多种微处理器CPU模型，同时支持两个以上CPU协同仿真。

- 动态器件库是 Proteus 软件的一大特色，动态器件库中包含有大量的动态模型器件，这些动态器件通过动画效果形式来实现 Proteus 中交互式的动态仿真效果。

新版的 Proteus 软件（8.0 及以上版本）已经将原理图编辑环境、代码编辑环境和 PCB 布线编辑系统集成在一起，在导航条上切换非常方便，软件的主页面图如图 4-2 所示。界面左侧主要是教程、帮助以及软件注册信息，界面右边包含软件更新信息和设计导航菜单。"打开工程"按钮用于打开已经存在的工程；"新建工程"用于创建全新的工程；"导入旧版本文件"用于导入 Proteus 8.0 以下版本设计的项目，这样保证了新版本对旧版本的兼容性；"打开示例工程"可以打开软件自带的示例工程。

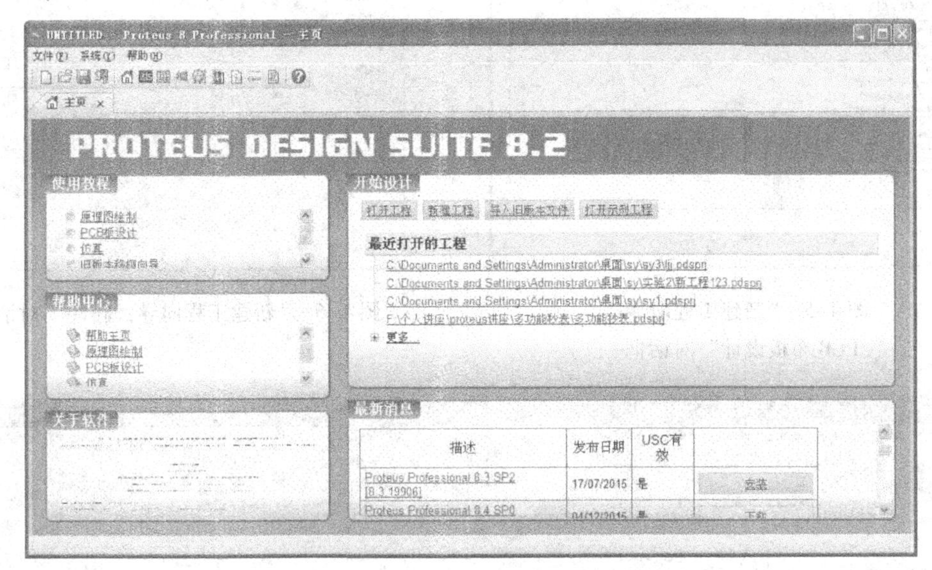

图 4-2　Proteus 8.2 主页界面图

4.1.2　创建新工程

如果电脑已经安装了 Proteus 8.0 软件，可以在软件主页面单击"新建工程"按钮，之后会弹出一个如图 4-3 所示的"新建工程向导：开始"对话框。在对话框中指定工程的文件名和保存路径后，单击"下一步"按钮后弹出如图 4-4 所示"新建工程向导：原理图设计"对话框。在该对话框中选择是否创建原理图和原理图尺寸模板。

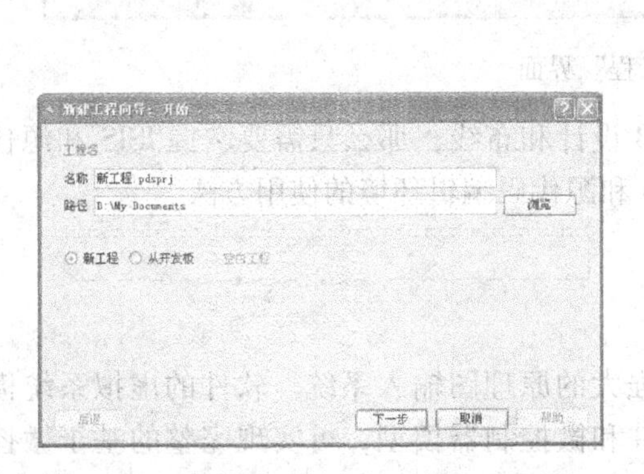

图 4-3　"新建工程向导：开始"对话框

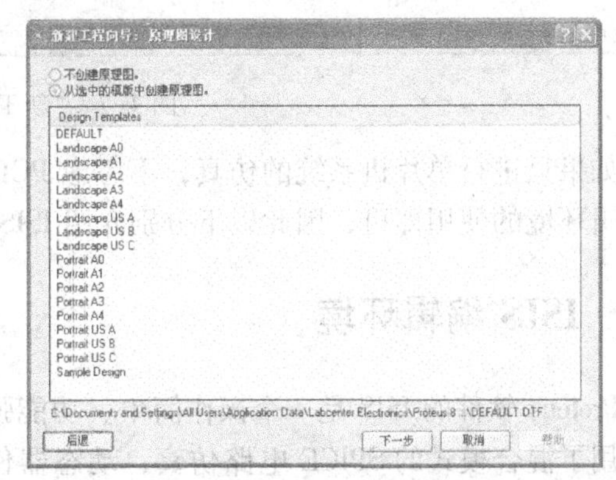

图 4-4　"新建工程向导：原理图设计"对话框

确定选择后，单击“下一步”按钮，在出现的如图 4-5 所示的“新建工程向导：PCB 布板设计”对话框中选择是否创建 PCB 图和 PCB 图尺寸模板。如果不需要创建 PCB 图样，可以选择“不创建 PCB 布板设计”单选按钮。

单击“下一步”按钮后，在出现的如图 4-6 所示的固件选择向导对话框中选择微处理器系列及具体型号，并选择欲使用的编译器。单击“完成”按钮，直至出现如图 4-7 所示的“新工程”界面，完成新建工程过程。

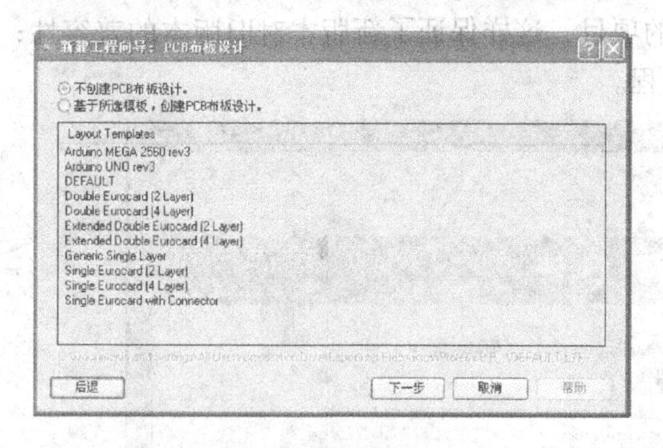

图 4-5 “新建工程向导：PCB 布板设计”对话框

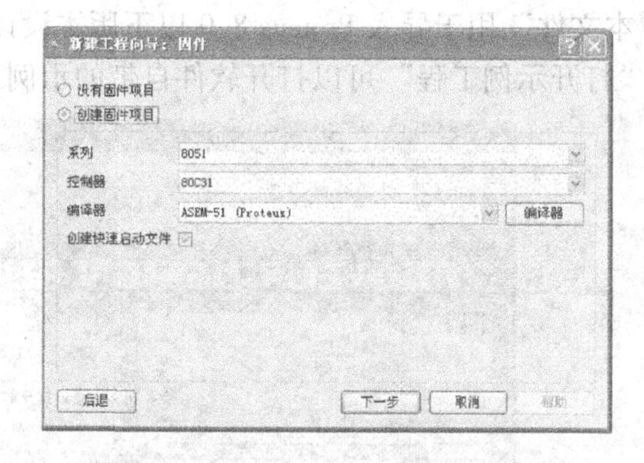

图 4-6 “新建工程向导：固件”对话框

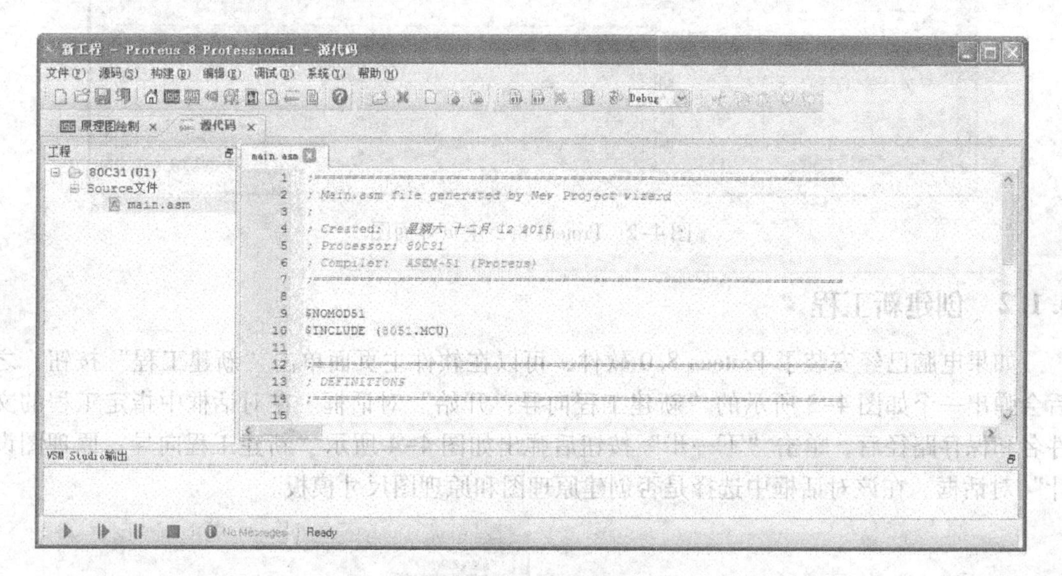

图 4-7 “新工程”界面

如果只进行单片机系统的仿真，不考虑 PCB 设计和布线，那么只需要掌握 ISIS 和源代码编辑环境的使用即可，因此以下分别介绍 ISIS 和源代码编辑环境的使用方法。

4.2 ISIS 编辑环境

Proteus 软件的 ISIS 是一个操作简单、功能强大的原理图输入系统。软件的虚拟系统模型使用了混合模式的 SPICE 电路仿真，动态器件和微控制器模型，可实现完整的基于微控制器设计的协同仿真。软件可支持 8051、PIC、AVR、HC11、ARM、8086 等多种微处理器；

具有6000多种模拟和数字器件的模型库；有直流电压/电流表、示波器、SPI调试器、信号源等多种虚拟仪器；支持图形化的分析功能，具有频率特性、失真、噪声分析等多种绘图方式，可绘制精美的仿真曲线；可与IAR、Keil、MPLAB等常用的汇编器和编译器协同调试。

4.2.1 ISIS集成环境

ISIS采用交互式的人机对话界面，可运行于Windows XP/2003 Server和Windows 7/8/10等多种操作系统，对计算机系统配置的要求不高。图4-8所示为ISIS编辑环境界面图，软件界面主要分为原理图编辑窗口，元器件工具栏和主菜单、工具栏几个区域。

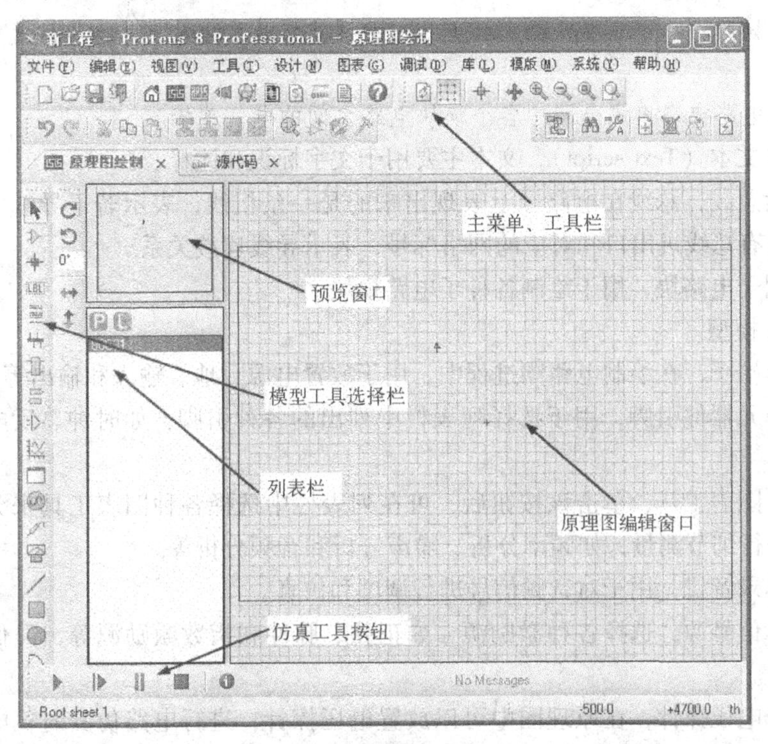

图4-8 ISIS编辑环境界面图

1. 原理图编辑窗口

原理图编辑窗口主要用于元器件放置、连线和原理图绘制，同时还可以观察仿真结果，原理图编辑窗口的边框线表示当前原理图的边界。边框的大小是由图纸尺寸决定的，可以通过系统菜单的图纸尺寸设置选项进行设置。

2. 模型选择工具栏

模型选择工具栏用于选择工具箱中的各种模型，根据不同的需要选择不同的图标按钮，模型选择工具栏右上角处的预览窗口能预览选择的模型外观。模型选择工具栏主要包含以下几种模型。

（1）主要模型

：选择模式（Selection Mode）。

：选择元器件（Components），Proteus中提供了丰富的元器件库，用户可根据需要把库中元器件添加到列表栏中，单击此按钮后，单击元器件列表左上角的P按钮，就可进行元器件选择。

：放置节点（Junction dot），此按钮适用于节点的连线，可方便地在节点之间或者节点到电路中的任意点或线之间连线。

：标注网络标号（Wire label），网络标号具有实际的电气连接意义。具有相同网络标号的导线不管图上是否连接在一起，都被视为同一条导线。在绘制电路图时使用网络标号，可以使连线简单化，通常在以下场合使用网络标号。

- 为了简化电路图，在连接线路较远或电路复杂走线比较困难时，利用网络标号代替实际走线可简化电路图。
- 总线连接时在总线分支处必须标上相应的网络标号，才能标明各导线之间电气连接的关系。
- 层次式电路或多重式电路中各个模块电路之间的电气连接。

：设置文本（Text script），文本主要用于文字标识和注释。

：绘制总线，总线在电路图上表现出来的是一条粗线，表示若干导线的集合，使用总线时，必须有总线进出口和对应的网络标号，表示导线连接关系。

：绘制子电路块，用于绘制各种子电路模块。

（2）配件模型

：选择端子，在绘制电路图过程中，用于放置电源、地、输入和输出等各种端子。

：选择元器件引脚，用于选择列表栏中列出的各种引脚，如时钟、反电压和短接等引脚。

：选择图表工具，单击该按钮后，可在列表栏中选择各种图表工具来分析电路的工作状态或者进行细节测量，如频率分析、噪声分析和音频分析等。

：选择录音机，用于对音频信号进行调试和仿真。

：选择信号源，选择各种激励源，如正弦、脉冲和指数激励源等，类似实际中的信号发生器设备。

：选择电压探针，在原理图中可以放置电压探针，进行电路仿真时，电压探针可以显示各测点处的电压。

：选择电流探针，作用和电压探针类似，只是显示的是电流值（绘制时需注意方向）。

：选择虚拟仪器，为了方便对电路进行调试，可以选择多种虚拟仪器，如示波器、逻辑分析仪和模式发生器等。

（3）图形模型

：画线工具，用于绘制种直线。

：绘制方块工具，用于绘制矩形边框，如元器件的外围边框等。

：画圆工具，用于绘制各种圆形图形。

：画弧工具，用于绘制各种圆弧图形。

：画曲线工具，用于绘制各种多边形图形。

A：文本工具，用于放置各种文字标识。

：符号工具，用于绘制各种符号图形。

：原点工具，用于绘制坐标原点。

3. 主菜单、工具栏

主菜单、工具栏位于屏幕的上端，通过主菜单、工具栏可以完成 ISIS 的所有功能，主要包含“File”“View”“Edit”“Tool”“Design”“Graph”“Source”“Debug”“Library”“Template”“System”和“Help”菜单。

1）File 菜单主要包括工程的新建、存储、导入、导出、打印和退出等功能。

2）View 菜单用于设置原理图编辑窗口的定位、栅格的调整和图形的缩放比例等。

3）Edit 菜单完成基本的编辑操作功能，如复制、粘贴等。

4）Tool 菜单主要包括实时注释、实时捕捉网格、自动画线、导入文件数据等功能。

5）Design 菜单包含编辑设计属性、编辑原理图属性、配置电源、新建原理图等功能。

6）Graph 菜单包含编辑仿真图形、增加跟踪曲线、仿真图形等功能。

7）Source 菜单包含添加源程序文件、设置编译器和源程序编译功能等。

8）Debug 菜单主要用于程序调试，如单步运行、断点调试等功能。

9）Library 菜单主要包含元器件和符号选择，以及库管理和分解元器件等功能。

10）Template 菜单用于设置模板功能，如图形、颜色、字体和连线等功能。

11）System 菜单具有设置系统环境、设置路径等功能。

12）Help 菜单用来阅读帮助文件，为用户提供帮助功能。

4. 列表栏和预览窗口

列表栏主要用于罗列出对应模型工具栏下的元器件列表，通过列表栏用户可以非常方便的选择相应器件。预览窗口通常显示整个电路图的缩略图，在预览窗口上单击鼠标左键，将会有一个矩形蓝绿框标示出在编辑窗口中显示的区域。而在元器件选择等其他情况下，预览窗口显示将要放置对象的预览情况。

5. 仿真工具按钮

仿真工具按钮主要用于快捷式的交互式仿真操作使用，利用工具按钮可分别实现启动仿真运行、单步运行、暂停运行和停止运行 4 个功能。

4.2.2 ISIS 元器件库

在 ISIS 中进行电路图设计，首先要从 ISIS 元器件库中选择相应的元器件，然后再进行连线。因此首先要掌握元器件库的调用，才能快速准确地找到所需元器件。通常查找元器件的方法有两种，一种是输入元器件名称后直接进行查找，该方法要求使用者能熟练记忆元器件名称；另一种是按类进行查询。Proteus ISIS 元器件库中的元器件都是按类存放的，表 4-1 所示为 ISIS 元器件库分类表，因此按类查询的方式也非常方便。

表 4-1 ISIS 元器件库分类表

Category（类）	含　义	Category（类）	含　义
AnalogICs	模拟集成器件	PLDs & FPGAs	可编程逻辑元器件和现场可编程门阵列
Capacitors	电容	Resistors	电阻
CMOS 4000 series	CMOS 4000 系列	Simulator Primitives	仿真源
Connectors	连接件	Speakers & Sounders	扬声器和声响
Data Converters	数据转换器	Switches & Relays	开关和继电器
Debugging Tools	调试工具	Switching Devices	开关元器件

（续）

Category（类）	含　义	Category（类）	含　义
Diodes	二极管	Thermionic Valves	热离子真空管
ECL 10000 series	ECL 10000 系列	Transducers	传感器
Electromechanical	电动机	Transistors	晶体管
Inductors	电感	TTL 74 Series	标准 TLL 系列
Laplace Primitives	拉普拉斯模型	TTL 74ALS Series	先进的低功耗肖特基 TTL 系列
MemoryICs	存储器芯片	TTL 74AS Series	先进的肖特基 TTL 系列
MicroprocessorICs	微处理器芯片	TTL74F Series	快速 TTL 系列
Miscellaneous	混杂元器件	TTL74HC series	高速 CMOS 系列
Modelling Primitives	建模源	TTL 74HCT Series	与 TTL 兼容肖特基 TTL 系列
Operational Amplifiers	运算放大器	TTL 74LS Series	低功耗肖特基 TTL 系列
Optoelectronics	光电元器件	TTL 74S Series	肖特基 TTL 系列

4.2.3　ISIS 中的原理图绘制

掌握了元器件库中元器件的查找方法，就可以进行原理图设计了，以图 4-9 所示的 741 放大电路为例来说明 ISIS 中原理图的编辑。

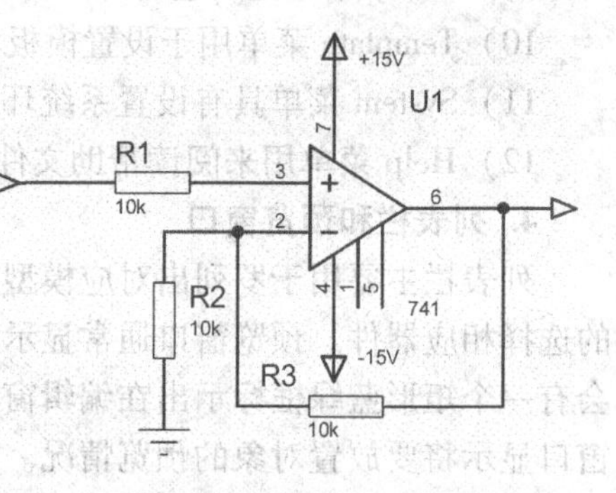

图 4-9　741 放大电路

1. 从元器件库中查找元器件

首先在模型工具栏中单击 按钮，之后再单击列表栏左上角的 P 按钮，就会出现如图 4-10 所示的“选择元器件”对话框。在“关键字”处输入 RES，在预览窗口（元器件拾取对话框右上角）中可以看到所选择的元器件为电阻，在结果栏中（元器件拾取对话框中部）双击该元器件，元器件就出现在 ISIS 的元器件列表中，图 4-11 为实际操作示意图。同样的方法，可以从元器件库中选取 741 运算放大器。

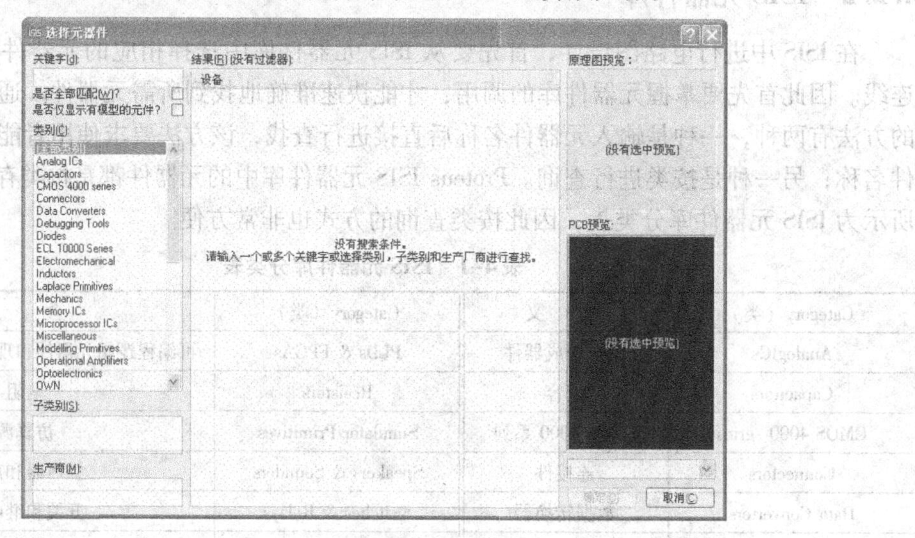

图 4-10　元器件拾取对话框

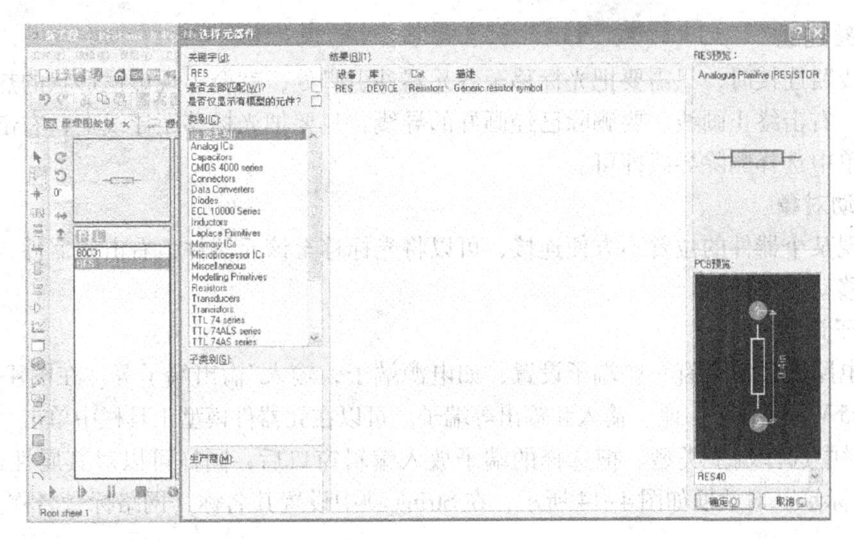

图 4-11　实际操作示意图

2. 放置元器件

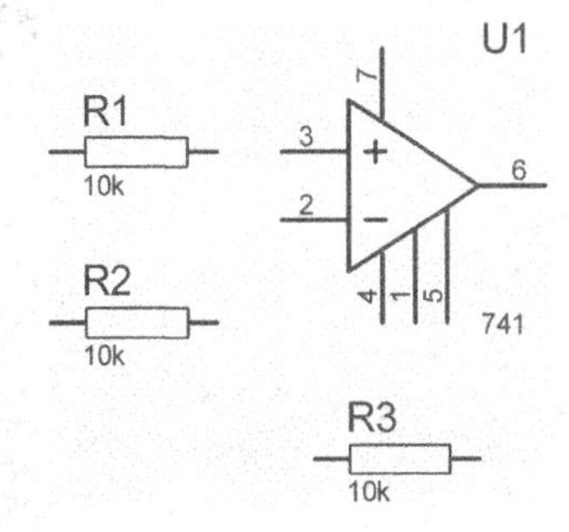

图 4-12　元器件放置后的效果图

在元器件列表中列出了已经从元器件库中添加的所有元器件，要把某个元器件放置于编辑窗口中，只需单击要放置的元器件，移动光标到编辑窗口后，单击就可放置选择的元器件。依次将元器件放置于编辑窗口，元器件放置后的效果图如图 4-12 所示。

3. 编辑对象

比较图 4-9 和图 4-12，发现电阻 R2 应当改成垂直放置，因此需要简单地调整 R2 的方向。将鼠标光标指向电阻 R2，右击并在弹出的浮动菜单中选择 ↺（逆时针旋转）或者 ↻（顺时针旋）均可让 R2 由水平放置变成垂直放置。如果需要还可以选择 ↔ 进行水平镜像，或者 ↕ 进行垂直镜像。需要设置电阻的其他参数，只需要双击元器件，就会出现属性编辑窗口，图 4-13 所示为电阻 R2 的属性编辑对话框，如要设置电阻阻值大小，只需要更改“Resistance”选项即可。“元件位号”选项为元器件标号，ISIS 会根据元器件放入电路图的顺序自动编号，但需要注意的是，原理图中不能用相同标号的元器件，否则无法进行仿真。

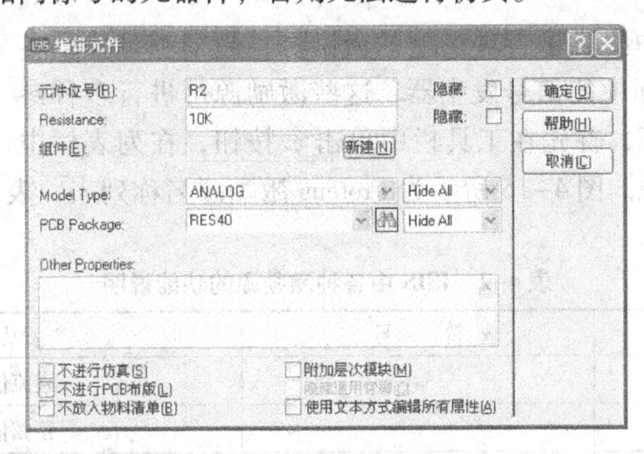

图 4-13　电阻属性编辑对话框

4. 电路连线

进行线路连接时，只需要把光标移至各元器件引脚处，就会出现虚框形状的热点，单击就可画线，右击终止画线。要删除已经画好的导线，只要把光标移至导线上，右击并在弹出的快捷菜单中选择删除导线即可。

5. 移动对象

如发现某个器件的位置不方便连接，可以将光标移至该元器件，右击元器件，在浮动菜单中选择移动对象即可。

6. 端子设置

一个电路图经常会有一些端子设置，如电源端子，输入/输出端子等。在图 4-9 中就需要电源 +15 V、-15 V、地、输入和输出等端子。可以在元器件模型工具栏中单击按钮，之后在列表栏中选择端子类型。把选择的端子放入编辑窗口后，同样可以对其属性进行编辑，"编辑终端标签"对话框如图 4-14 所示，在 String 项中设置其名称（网络标号名称），如设置成 +15 V。

图 4-14 "编辑终端标签"对话框

按照前面的步骤分别完成元器件选择、布局、编辑、连线和端口配置等，就可以画出如图 4-9 所示的 741 放大电路图。

4.2.4 虚拟仿真工具

Proteus 中提供了许多种类的虚拟工具，这些工具的使用为电路设计和分析提供了很大的方便。可以即时观看电路的仿真结果，还可以把仿真结果以图表的形式保留在图中。

1. 激励源

Proteus ISIS 为用户提供了各种类型的激励源，激励源可提供各种输入信号，类似实际中的信号发生器，这些激励源可进行多种参数设置。要选择激励源，首先在工具栏中单击按钮，在列表栏中就可以选择各种激励源。图 4-15 所示为 Proteus 激励源名称列表，表 4-2 所示为 ISIS 中各种激励源功能说明。

图 4-15 Proteus 激励源名称列表

表 4-2 ISIS 中各种激励源的功能说明

名　称	符　号	功　能
DC		直流信号发生器
SINE		正弦信号发生器
PULSE		脉冲发生器

（续）

名　称	符　号	功　能
EXP		指数脉冲发生器
SFFM		单频率调频波发生器
PWLIN		分段线性激励源
FILE		FILE 信号发生器
AUDIO		音频信号发生器
DSTATE		数字单稳态逻辑电平发生器
DEDGE		数字单边沿信号发生器
DPULSE		单周期数字脉冲发生器
DCLOCK		数字时钟信号发生器
DPATTERN		数字模式信号发生器
SCRIPTABLE	HDL	模式信号发生器

2. 虚拟仪器

Proteus ISIS 为用户提供了多种虚拟仪器，可以通过工具箱中的按钮进行选择，图 4-16 所示为 Proteus 虚拟仪器名称列表，表 4-3 所示为 Proteus 虚拟仪器功能说明。

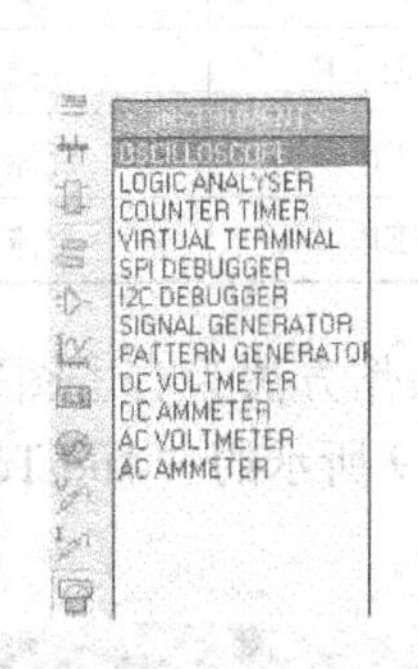

图 4-16　Proteus 虚拟仪器名称列表

表 4-3　Proteus 虚拟仪器功能说明

名　称	功　能
OSCILLOSCOPE	示波器
LOGIC ANALYSER	逻辑分析仪
COUNTER TIMER	计数/定时器
VIRTUAL TERMINAL	虚拟终端
SPI DEBUGGER	SPI 调试器
I2C DEBUGGER	I^2C 调试器
SIGNAL GENERATOR	信号发生器
PATTERN GENERATOR	模式发生器
DC VOLTMETER	直流电压表
DC AMMETER	直流电流表
AC VOLTMETER	交流电压表
AC AMMETER	交流电流表

3. 图表仿真

Proteus VSM 的虚拟仪器可以为用户提供交互动态的仿真功能，对于电路的运行状态分析非常有帮助，但是这些虚拟仪器有个缺点就是当电路退出仿真状态后，仿真结果也就消失了，不利于仿真结果的打印和后续的分析。为此，Proteus ISIS 还提供了静态的图表仿真功能，当电路参数修改后，各种数据将以图表的形式留在电路中。即使仿真结束了，数据也能以图表的形式保留在电路中，非常方便后续的数据分析、处理和打印。

图表仿真的过程涉及一系列的按钮和菜单操作。其主要目的就是分析电路中某点的电压变化情况或者某个支路中电流的变化情况，并把电压和电流等参数以图表的方式进行显示。要进行图表仿真，需要进行以下 3 个步骤的设置。

1）在要分析的电路中设置电压或者电流探针，在 ISIS 中左边的元器件工具栏中，单击按钮设置电压探头。单击按钮设置电流探头，电流探头选择时，要注意方向。

2）选择图表仿真的类型，可以有模拟、数字和音频等多种类型可供选择，单击按钮可以进行选择，图 4-17 所示为 ISIS 图表仿真类型列表，表 4-4 所示为 ISIS 图表仿真功能说明。选择好图表仿真类型后，在原理图中拖动生成仿真波形的图表框，如图 4-18 所示。

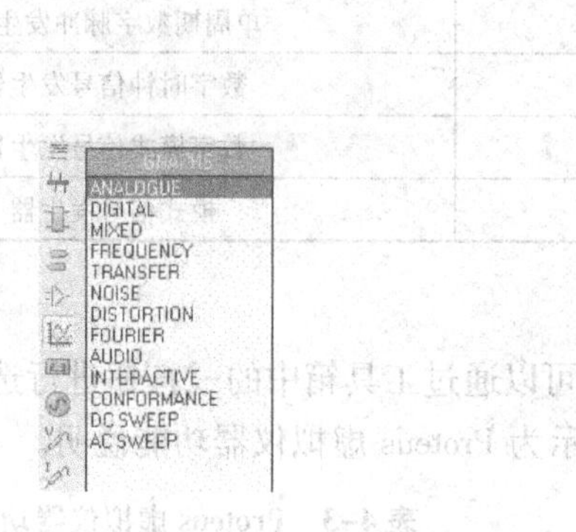

图 4-17　ISIS 图表仿真类型列表

表 4-4　ISIS 图表仿真功能说明

图表仿真类型名称	功　能
ANALOGUE	模拟波形分析
DIGITAL	数字波形分析
MIXED	模拟数字混合波形分析
FREQUENCY	频率响应分析
TRANSFER	转移特性分析
NOISE	噪声波形分析
DISTORTION	失真分析
FOURIER	傅里叶分析
AUDIO	音频分析
INTERACTIVE	交互分析
CONFORMANCE	一致性分析
DC SWEEP	直流扫描分析
AC SWEEP	交流扫描分析

3）给绘制的图表框选择要分析探测点，即添加探针，操作方法为右击图表框，在弹出的快捷菜单中选择“Add Traces”命令来添加探针，在图 4-19 所示的“Add Transient Trace”（添加探针）对话框中选择探针。

图 4-18　仿真波形的图表框

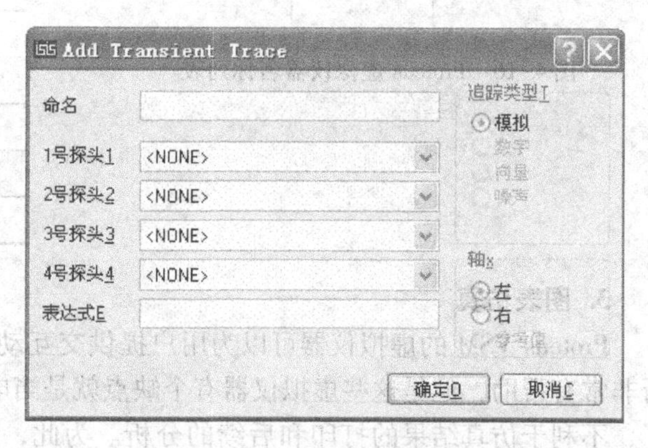

图 4-19　添加探针对话框

4）添加好对应的探针后，可以通过右键快捷菜单选择“Simulate Traces”命令生成仿真波形。采用同样的方法，还可以进行图表属性编辑、波形数据存储和打印等操作。

4.3 代码编辑环境

Proteus 虚拟仿真模式（Virtual Simulation Model，VSM）的主要特色在于可以进行单片机系统的仿真，可将源代码的编辑和编译整合到同一设计环境中，这样可以使用户在设计和修改代码后直接查看仿真结果。新的代码编辑环境除了软件内部集成的 ASEM-51 编译器外，还可以在代码编辑环境中直接调用第三方的 Keil、IAR 和 MATLAB 等多种流行编译器。

4.3.1 代码编辑环境应用简介

Proteus 源代码编辑环境如图 4-20 所示，通过源代码编辑环境可以利用 Proteus VSM 和 VSM Studio IDE 对带有微控制器的系统进行交互式仿真。其主要包含工程属性窗口，菜单、工具栏，代码编辑窗口和 VSM Studio 输出窗口 4 部分。工程属性窗口用于浏览工程中设置的相关文件和固件信息，菜单、工具栏用于源代码编辑环境的各种操作，代码编辑窗口用于输入和编辑代码，VSM Studio 输出窗口用于显示工程构建后的相关信息。

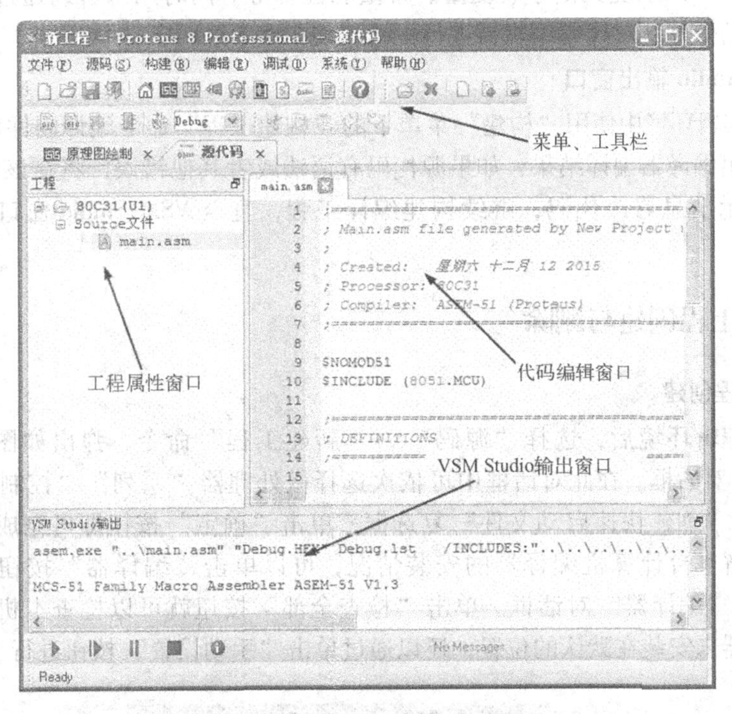

图 4-20 Proteus 源代码编辑环境

1. 菜单、工具栏

菜单、工具栏位于屏幕的上端，通过主菜单、工具栏可以完成所有的操作功能，菜单栏主要包括“文件”“源码”“构建”“编辑”“调试”“系统”和“帮助”等菜单。

1）“文件”菜单主要包括 Proteus 整个工程的新建、保存、导入和退出的主要功能。

2）“源码”菜单主要包含代码工程的新建、删除以及代码工程中的文件添加、移除和打印等功能。

3）“构建”菜单主要完成代码工程的构建、清除和设置相关功能。

4）“编辑”菜单主要进行源代码文件的编辑操作，如复制、粘贴等基本文本编辑功能。

5）“调试”菜单主要包含程序代码调试和执行的相关功能，如单步运行、断点调试等基本的代码调试方法。

6）“系统”菜单主要包含系统设置、编译器的选择和编辑器的配置三个功能。

7）“帮助”菜单用于提供相关的帮助文件，方便用户了解相关帮助信息。

2. 工程属性窗口

工程属性窗口用于显示 Proteus 工程中相关的固件和源代码信息，通过该窗口可以清晰地反映出工程中选用的固件（微处理器）情况，以及代码工程中包含哪些源代码文件，可以方便地对各源代码文件进行切换和编辑。同时在工程属性窗口右击，通过弹出的快捷菜单可以完成“源码”菜单中的各项功能。

3. 代码编辑窗口

代码编辑窗口主要进行代码文件内容的编辑操作，其特色在于可以通过不同的颜色显示代码的不同部分，如系统关键字、变量、常量和注释等。同时用户可以通过编辑器配置功能，根据自己的爱好，对代码编辑器进行配置，如文字颜色、字号等。

4. VSM Studio 输出窗口

在源代码编辑环境中使用“构建”菜单下的“构建工程”命令编译固件后，VSM Studio 输出窗口将输出编译器编译结果，如果源代码有语法或者其他错误，将在该窗口进行显示，用户可按照提示信息修改代码，继续构建编译工程，直至 VSM Studio 窗口输出编译成功信息。

4.3.2 代码工程创建与删除

1. 代码工程创建

进入代码编辑环境后，选择“源码”→“新建工程”命令，弹出如图 4-21 所示的“新固件项目”对话框。在此对话框中可依次选择微处理器“系列”“控制器”和“编译器”，同时选中“创建快速启动文件”复选框，单击“确定”按钮即可完成代码工程的创建。如果想了解本台计算机编译器的安装情况，可以单击“编译器”按钮，之后弹出如图 4-22 所示的“编译器”对话框。单击“检查全部”按钮就可以检查本机上安装的编译器，如果编译器未安装在默认的位置，还以通过单击“手动设置”按钮进行手动添加。

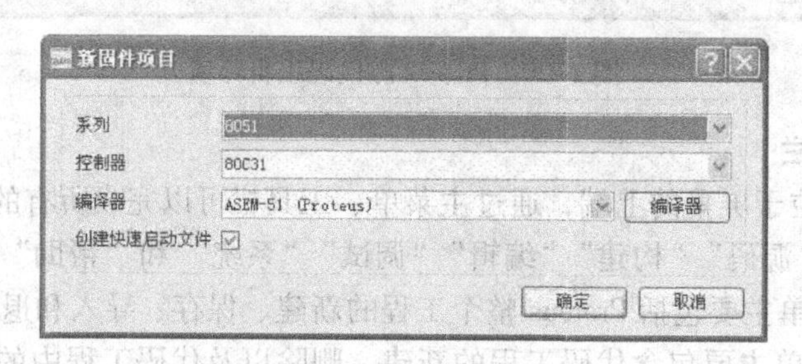

图 4-21 “新固件项目”对话框

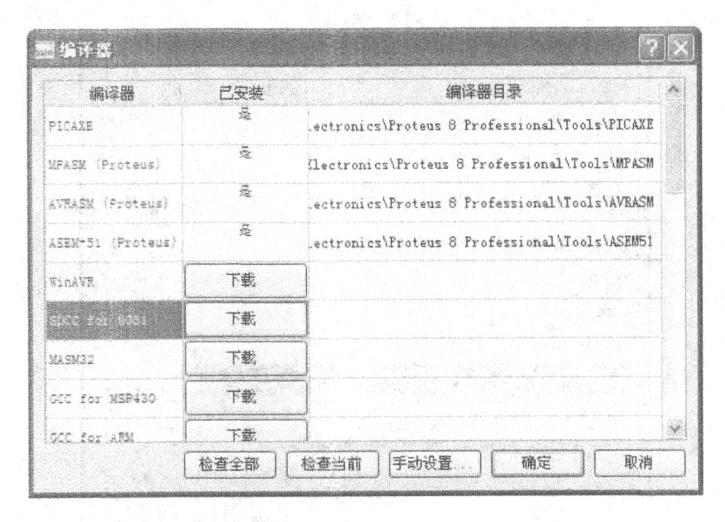

图 4-22 “编译器”对话框

代码工程创建后，如果选中“创建快速启动文件”复选框，系统将默认创建 main. c 的 C 语言源程序文件，读者可在该文件中添加自己需要的代码。由于 C 语言程序设计需要添加各种头文件，因此可以选择菜单“源码”→“添加文件”/“添加新文件”命令添加需要的各种文件。

2. 代码工程删除

如果创建的代码工程不合适，或者编译器选择不正确，也可以选择“源码”→“删除工程”命令将创建的代码工程删除，从而可以重新创建代码工程。

4.3.3 代码工程构建与设置

1. 代码工程构建

代码工程中各种程序文件编写完成后，就可以进行程序代码的编译。选择“构建”→“构建工程”/“重新构建工程”命令可以进行工程的构建。如果代码中有语法错误等各种错误信息，都会在 VSM Studio 输出窗口进行显示和提示，设计人员可根据相关信息进行代码的修改和调整。

2. 工程设置

在使用 C 语言进行单片机程序设计时，有时候还需要对编译器的选项进行设置。特别是在程序代码中没有问题，但是在构建工程时，提示错误信息。这时候就可能需要考虑设置编译器选项。选择“构建”→“工程设置”子命令，弹出如图 4-23 所示的“工程选项”对话框。

选择“选项”选项卡，在 ROM 选项中配置选项值，共有 SMALL、COMPACT、LARGE、D512K、D16M 5 个选项。如果选择 SMALL 模式，要求程序量较小（低于 2 KB）；如果选择 COMPACT 模式，要求单个函数代码量不能超过 2 KB；如果选择 LARGE 模式，那么可以使用整个 64 KB 的程序存储空间。如果选择 D512K 和 D16M 模式，支持的存储空间更大。

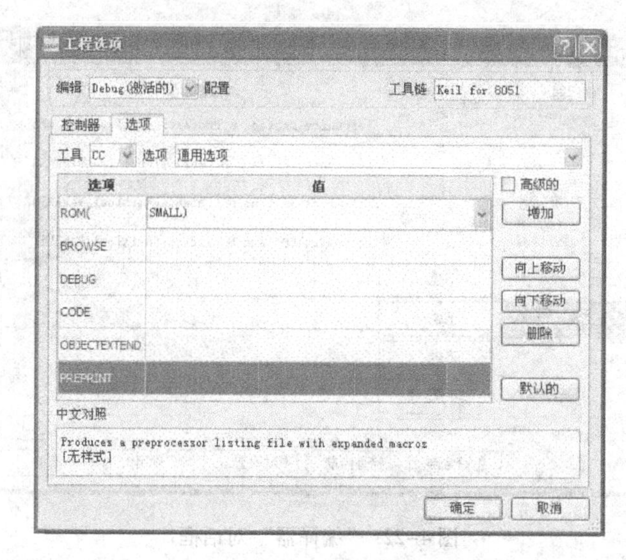

图 4-23 “工程选项”对话框

4.3.4 代码调试与观察

代码工程构建成功后，就可以在 Proteus 中进行单片机电路的交互仿真与调试了。为了方便进行程序调试，Proteus 中提供了单步、断点等多种调试手段，同时还提供了各种窗口，方便用户观察各种变量、寄存器和存储单元的数据。

各种调试手段和窗口都可以在“Debug”菜单中进行选择，如图 4-24 所示为“Debug”菜单中的各命令，以下对调试菜单中的各命令进行说明。

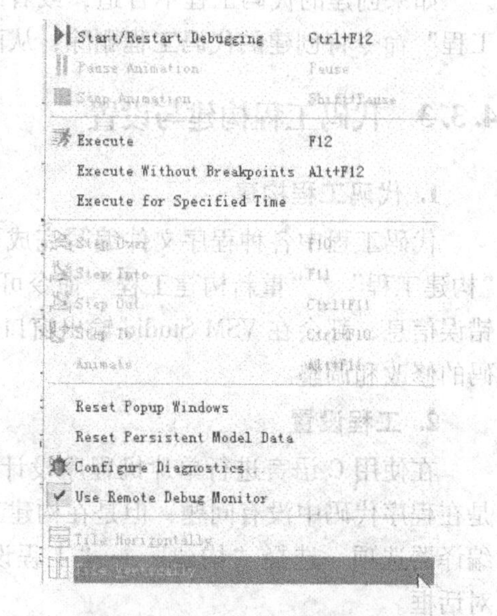

图 4-24 “Debug”菜单选项图

1. “Start/Restart Debugging”选项

用于启动程序调试状态，进入调试状态后，才能选择各种单步调试方式。各种单步调试选项说明如下：

1）“Step Over”是单步调试方式，如果遇到子程序调用，不进入子程序单步运行。

2）“Step Into”是单步跟踪调试方式，如果遇到子程序调用，也会进入子程序单步运行。

3）“Step Out”是跳出当前子程序调试模式。

4）“Step To”是从目前程序位置跳至下一个断点处的调试模式。

5）“Animate”是自动连续单步运行调试模式，只有退出程序调试状态才能退出该模式。

另外，只有进入调试状态后，才能通过“Debug”菜单选择和关闭各种调试和观察窗口，图 4-25 所示为各种窗口选择图，在对应的选项前单击即可打开相应的窗口。各种调试和观察窗口功能说明如表 4-5 所示。

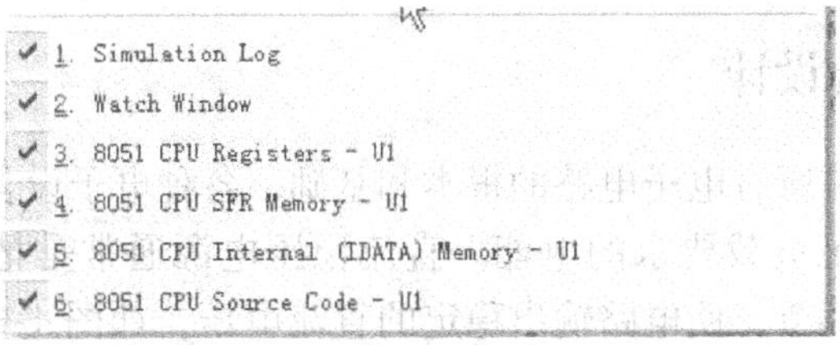

1. Simulation Log
2. Watch Window
3. 8051 CPU Registers - U1
4. 8051 CPU SFR Memory - U1
5. 8051 CPU Internal (IDATA) Memory - U1
6. 8051 CPU Source Code - U1

图 4-25 “Debug”调试窗口选择图

表 4-5 调试和观察窗口功能说明

窗口标题	窗口名称	窗口功能
Simulation Log	仿真记录窗口	显示仿真信息
Watch Window	观察窗口	观察各变量的值
8051 CPU Registers	寄存器窗口	观察各寄存器的值
8051 CPU SFR Memory	特殊功能寄存器映射窗口	观察特殊功能寄存器的值
8051 CPU Internal Memory	内部 RAM 窗口	观察内部 RAM 中存储单元值
8051 CPU Source Code	代码窗口	观察程序代码执行情况

2. “Stop Animate”选项

该选项用于停止仿真调试状态，如果当前状态不处于调试状态，那么该选项为灰色，不可用，只有启动调试状态后，才能选择该项退出调试状态。

3. “Execute”选项

该选项用于控制调试状态为连续执行，进入连续执行状态后，只有碰到断点后才会停止。

4. “Execute Without Breakpoints”选项

该选项用于控制调试状态进入全速执行状态，进入全速执行状态后，即使遇到断点也不会停止。

5. “Execute for Specified Time”选项

该选项用于设定程序的执行时间，程序运行时间到达设定时间时后，程序自动结束。

📖 调试状态的启动、暂停和停止也可通过 ISIS 界面左下角的仿真按钮进行控制。

4.4 Proteus 中的电子设计与仿真

Proteus 中可以非常方便地进行电子电路的设计，内部丰富的元器件库和仿真仪器可以节省设计时间和成本。本节主要通过电子技术课程中的几个典型的实例来介绍如何在 Proteus 中进行电子设计、分析和仿真，在设计、分析和仿真的过程中进一步加深理解电子技术知识，同时使读者掌握 Proteus 中电子设计与仿真的基本方法和技巧。

4.4.1 直流稳压电源设计

直流稳压电源电路是所有电子电路的根本和基础，各种电子设备对电源电路的要求就是能够提供持续稳定、满足负载要求的电能。直流稳压电源通常是把 50 Hz 的交流电经过变压、整流、滤波和稳压环节，使电路输出稳定的直流电压，如图 4-26 所示为直流稳压电源的组成结构框图。

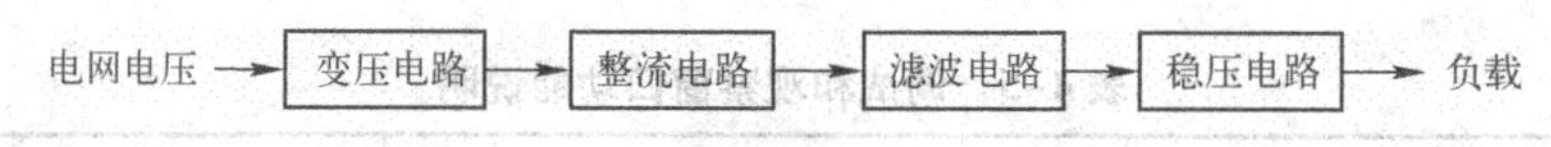

图 4-26　直流稳压电源的组成结构框图

1. 设计要求

输入电压：AC 220 V；

输出电压：DC 5 V；

最大输出电流：DC 1.5 A；

电压调整精度：0.1%。

2. 设计说明

随着集成技术的发展，现有可供选择的集成稳压器件种类很多，常见的集成稳压器件有固定电压输出和可调电压输出两类。固定电压输出的典型稳压器件有 W78XX 和 W79XX 系列，可调电压输出的典型器件有 WX17 系列，但是上述两种类型的稳压器件基本的特点是输出电流较小，通常最大输出电流都在 1A 以内。

LM117/LM317 是使用较为广泛的输出可调式稳压器件，其输出电压为 1.25 ~ 37 V，输出电流可达 1.5 A。以 LM317K 为例来设计输出可调的直流稳压电源。

3. 电路设计和绘制

依据直流稳压电源的基本组成结构，就可以分步进行变压、整流、滤波和稳压电路设计，Proteus 中包含有上述各环节的配套元器件，可以非常方便进行上述电路的模拟仿真。表 4-6 所示为直流稳压电源的元器件选型表，读者可依据表格中的器件型号来进行元器件选型，完整的直流稳压电源电路原理图如图 4-27 所示。

表 4-6　元器件选型表

元器件标称	Proteus 中检索名称	元器件名称	元器件型号/参数大小	元器件功能
R1	RES	电阻	7.5 kΩ	限流
R2	RES	电阻	200 Ω	分压
D1	DIODE	发光二极管	10 mA/2.2 V	工作指示
D2	DIODE	整流二极管	1N4003	极性保护
D3	DIODE	整流二极管	1N4003	极性保护
SR1	ALTERNATOR	交流电源	300 V/50 Hz	模拟民用电
TR1	TRAN-2P-2S	变压器	TRAN-2P-2S	电压变换
BR1	BRIDGE	整流桥	2W005G	整流
C1	CAP	电容	100 V/2200 μF	滤波

（续）

元器件标称	Proteus 中检索名称	元器件名称	元器件型号/参数大小	元器件功能
C2	CAP	电容	50 V/10 μF	滤波
C3	CAP	电容	50 V/100 μF	滤波
RV1	POT - LINE	电位器	5.1 kΩ	调压
U1	LM317K	稳压芯片	LM317K	稳压

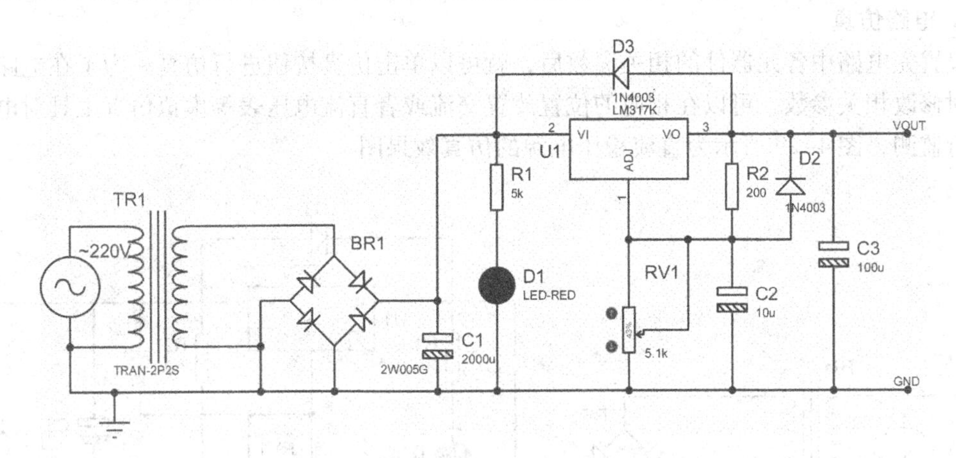

图 4-27　直流稳压电源电路原理图

4. 原理分析与参数计算

为了保证电路输出电压能在 1.25～37 V 范围内可调，需要根据相应的公式来计算电路中各元器件的参数大小。根据 LM317K 数据手册，其调压原理电路图如图 4-28 所示，通过设置 R1 和 R2 的电阻比就可以得到不同的输出电压，其计算公式如式（4-1）所示。

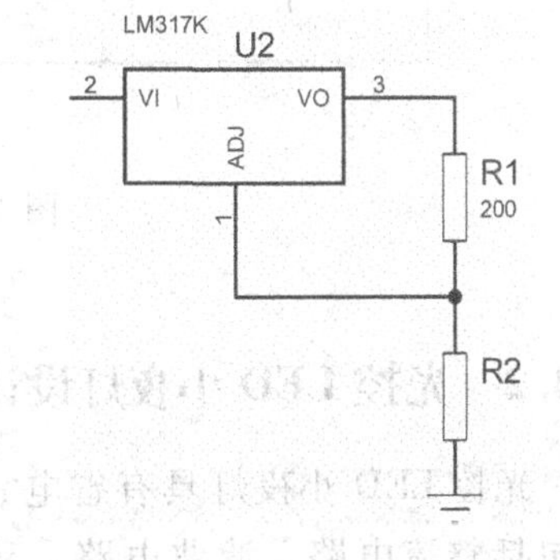

图 4-28　调压原理电路图

$$U_O = U_{ref}\left(1 + \frac{R_2}{R_1}\right) \tag{4-1}$$

式（4-1）中的 R1 的典型值为 120 Ω，U_{ref} 为 1.25 V。要使输出电压能在 1.25～37 V 变化，因此 R2 的值大约为 6 kΩ，因此可以选择一个大小合适的电位器来替代。

变压电路中为了设置电压比，需要设置变压器的参数，双击变压器在弹出的属性窗口中设置一、二次线圈的电感大小，可以依据式（4-2）进行设置。

$$L_1^2 : L_2^2 = U_1 : U_2 \tag{4-2}$$

一次线圈电感参考值为 1 H，二次线圈电感为 0.032 H，理论计算和实际情况有所差别，应当根据实际情况进行调整。

为了防止 LED 正向电流过大而导致 LED 损坏，需要串接一个限流电阻来控制正向电流的大小。限流电阻 R 的确定主要依据 LED 发光时正向压降（V_F）、正向电流（I_F）和工作电源（V_{CC}）来确定，计算公式如式（4-3）所示。

$$R=\frac{V_{CC}-V_F}{I_F} \tag{4-3}$$

按照图4-27的电路连接方式，如LED发光时正向压降V_F为2.0V，发光时正向电流I_F为5~25mA，电源V_{CC}约为52V，正向电流I_F可取中间电流10mA，则限流电阻计算为5kΩ。

📖 公式中LED的正向压降和正向电流参数以各厂家提供的数据手册为准。

5. 电路仿真

设置完电路中各元器件的相关参数后，就可以单击仿真按钮进行仿真。为了在电路调试中及时修改相关参数，可以在相应的位置放置交流或者直流电压表等虚拟仿真工具对电路参数进行监测，图4-29所示为直流稳压电源的仿真效果图。

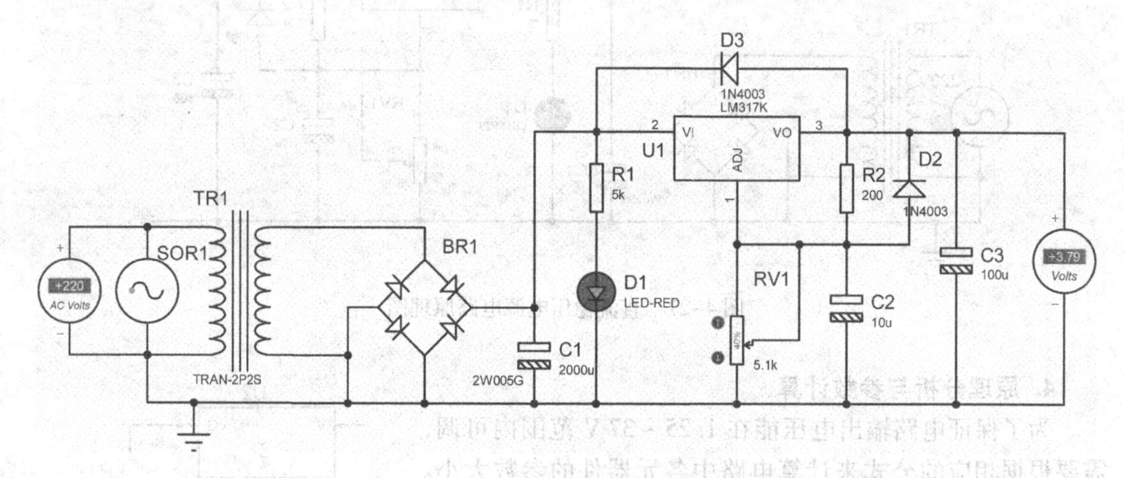

图4-29　直流稳压电源的仿真效果图

4.4.2　光控LED小夜灯设计

光控LED小夜灯具有省电、节能等特点，是一种广泛应用的照明装置。其电路主要包括整流电路、滤波电路、稳压电路和控制电路几部分。在前面的直流稳压电源的基础上，加上以光敏电阻为核心的检测控制电路，就可实现光控小夜灯设计。

1. 设计要求

- 能够在光线较弱时自动点亮小夜灯。
- 光线较强时关闭小夜灯。
- 阈值（灵敏度）可以手动调整。

2. 设计说明

光敏电阻是电阻阻值随光照变化而变化的传感器，被广泛用于光的测量、光的控制和光电转换中。其灵敏度易受湿度的影响，因此通常被严密封装在玻璃壳体中。在光照条件较弱时或者无光照条件时的电阻称为暗电阻，暗电阻的阻值较大（通常都在MΩ级大小）。随着光照条件增强，光敏电阻的阻值呈降低的趋势，光照较强时，通常在kΩ级别。因此可以利用光敏电阻的阻值变化来判断光照条件的变化。

3. 电路设计和绘制

可以依据光敏电阻的特性设计相应的分压和开关电路，利用光敏电阻和一个普通电阻的分压关系来控制晶体管的导通，从而控制 LED 小夜灯的亮灭。表 4-7 所示为光控 LED 小夜灯电路的元器件选型。完整的电路原理图如图 4-30 所示。

表 4-7　光控 LED 小夜灯元器件选型

元器件标称	Proteus 中检索名称	元器件名称	元器件型号/参数大小	元器件功能
LDR1	LDR	光敏电阻	TOCH_LDR/1MΩ	传感器
Q1/Q2/Q3	NPN	晶体管	TIPL760	开关管
RV1	POT - LINE	电位器	5 kΩ	分压电阻
R1/R2	RES	电阻	1 kΩ/500 Ω	限流电阻
D1	DIODE	发光二极管	202 V/10 mA	照明小灯

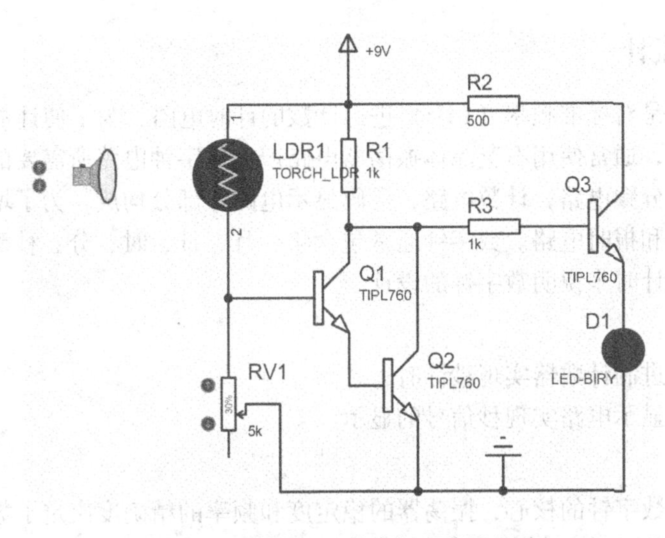

图 4-30　光控 LED 小夜灯电路原理图

4. 原理分析与参数计算

根据图 4-30 所示的电路原理图，当光照较弱时，光敏电阻阻值较大，分压电位器 RV1 上的电压较低，晶体管 Q1 截止，Q2 也处于截止状态。此时 Q3 的基极电压较高，因此 Q3 导通，小夜灯点亮。

随着光照强度增加，光敏电阻阻值逐渐下降，分压电位器 RV1 上的电压逐渐升高，达到设定电压后，晶体管 Q1 导通。晶体管 Q1 导通后，晶体管 Q2 也迅速导通，使其集电极被钳位为低电平。因此 Q3 基极电压下降，Q3 截止小夜灯关闭。

5. 电路仿真

设置完电路中各元器件的参数后，就可以单击“仿真”按钮进行仿真，通过调整光敏电阻阻值的大小，就可模拟环境光线变化，图 4-31 所示为光控 LED 小夜灯的仿真效果图。

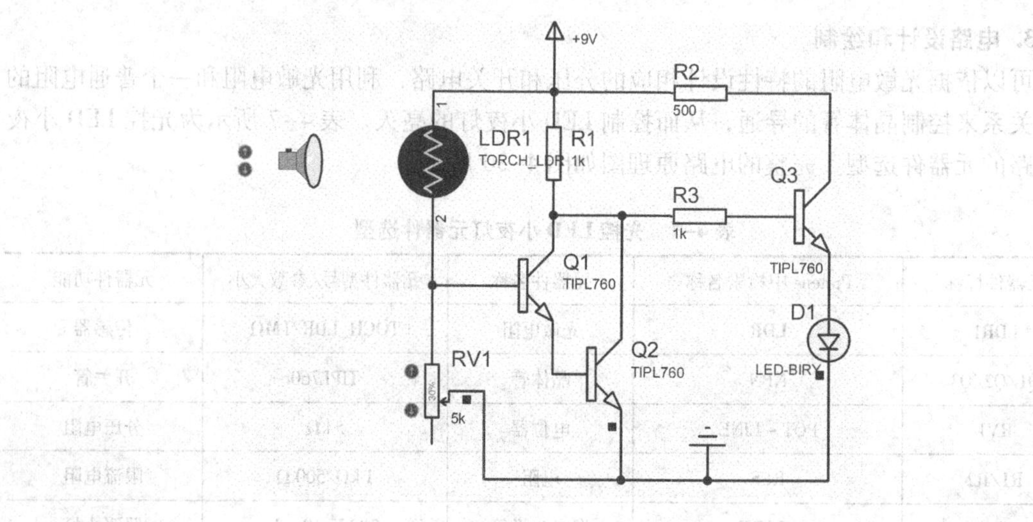

图 4-31　光控 LED 小夜灯仿真效果图

4.4.3　数字钟设计

数字钟实际上是对标准频率（1 Hz）进行计数的计时电路，为了使计数时间准确，要求信号频率必须精准，通常使用石英晶体振荡器电路产生数字钟电路所需要的时钟信号。数字钟电路主要由振荡分频电路，计数电路，译码显示电路等部分构成，为了增加其功能，通常还附加有校时电路和报时电路。数字钟通常包含年、月、日、时、分、秒等计时，电路较为复杂，本例只以秒计时来说明数字钟的设计。

1. 设计要求

设计一个六十进制计数器实现秒计时；

设计一个译码显示电路实现秒信号的显示。

2. 设计说明

晶体振荡器是数字钟的核心，振荡器的稳定度和频率的精确度决定了数字钟计时的准确程度，通常采用石英晶体构成振荡器电路。一般说来，振荡器的频率越高，计时的精度也就越高，因此都是利用振荡器产出较高的频率信号，之后通过分频电路产生标准秒信号频率。由于 Proteus 中提供有各种信号源，因此直接加入 1 Hz 的秒信号源即可。

把秒信号源送来的秒脉冲信号送到六十进制计数器进行累加计数，达到 60 s 后清零，同时产生分进位信号，从而实现秒计时电路。

译码电路对“秒”计数器的计数器状态进行译码，并将译码结果送由七段数码管构成的显示电路中进行显示。

3. 电路设计和绘制

根据前面的分析，可以分别进行计数器和译码器电路设计，可用一片 74LS90 构成的十进制计数器和一片 74LS92 构成的六进制计数器来实现六十进制计数器，选用 74LS248 译码器对计数器的状态进行译码，译码结果送数码管显示。表 4-8 所示为数字钟的元器件选型。完整的电路如图 4-32 所示。

表 4-8 数字钟的元器件选型

元器件标称	Proteus 中检索名称	元器件名称	元器件型号/参数大小	元器件功能
U1	74LS90	计数器	74LS90	计数
U2，U4	74LS248	译码器	74LS248	译码
U3	74LS92	计数器	74LS92	计数
7-SEG	7SEG-COM-ANODE	7段数码管	共阴极	显示
SOURCE	信号源	时钟信号源	1 Hz	产生秒脉冲

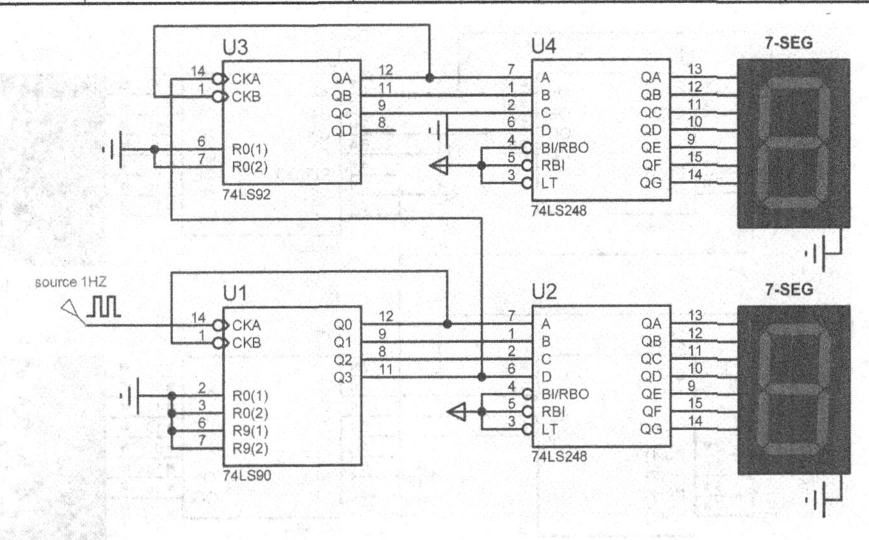

图 4-32 数字钟电路原理图

4. 电路原理分析

74LS90 是异步二－五－十进制加法计数器，通过不同的接线方式，可实现不同的进制。表 4-9 所示为 74LS90 真值表，依据真值表，当计数脉冲从 CKA 输入，74LS90 的 Q0 和 CKB 相连，Q0、Q1、Q2、Q3 作为输出时，74LS90 构成异步 8421BCD 码十进制加法计数器。

表 4-9 74LS90 真值表

<table>
<tr><th colspan="2">清 0</th><th colspan="2">置 9</th><th colspan="2">时钟</th><th colspan="4">输 出</th><th rowspan="2">功 能</th></tr>
<tr><th>R01</th><th>R02</th><th>R91</th><th>R92</th><th>CKA</th><th>CKB</th><th>Q3</th><th>Q2</th><th>Q1</th><th>Q0</th></tr>
<tr><td>H</td><td>H</td><td>L</td><td>×</td><td rowspan="2">×</td><td rowspan="2">×</td><td rowspan="2">0</td><td rowspan="2">0</td><td rowspan="2">0</td><td rowspan="2">0</td><td rowspan="2">清 0</td></tr>
<tr><td>H</td><td>H</td><td>×</td><td>L</td></tr>
<tr><td>L</td><td>×</td><td>H</td><td>H</td><td rowspan="2">×</td><td rowspan="2">×</td><td rowspan="2">1</td><td rowspan="2">0</td><td rowspan="2">0</td><td rowspan="2">1</td><td rowspan="2">置 9</td></tr>
<tr><td>×</td><td>L</td><td>H</td><td>H</td></tr>
<tr><td rowspan="3">L</td><td rowspan="3">×</td><td rowspan="3">L</td><td rowspan="3">×</td><td>↓</td><td>H</td><td colspan="4">Q0 输出</td><td>二进制计数</td></tr>
<tr><td>H</td><td>↓</td><td colspan="4">Q3、Q2、Q1 输出</td><td>五进制计数</td></tr>
<tr><td>↓</td><td>Q0</td><td colspan="4">Q3、Q2、Q1、Q0 输出 8421BCD 码</td><td>十进制</td></tr>
<tr><td rowspan="2">×</td><td rowspan="2">L</td><td rowspan="2">×</td><td rowspan="2">L</td><td>Q3</td><td>↓</td><td colspan="4">Q3、Q2、Q1、Q0 输出 5421BCD 码</td><td>十进制</td></tr>
<tr><td>H</td><td>H</td><td colspan="4">不变</td><td>保持</td></tr>
</table>

74LS92 是一个二－六－十二进制计数器，当计数脉冲从 CKA 输入，74LS92 的 QA 和 CKB 相连，QA、QB、QC、QD 作为输出时，74LS92 构成六进制加法计数器。把 74LS92 的 CKA 与 74LS90 的 Q3 相连接，作为 74LS92 的计数脉冲。当 74LS90 计数器记到 1001 时，74LS90 的 Q3 输出高电平，对 74LS92 进行进位，从而构成了六十进制计数器。

5. 电路仿真

设置完电路中各元器件合适的参数后，就可以单击“仿真”按钮进行仿真，图 4-33 所示为数字钟电路仿真效果图。

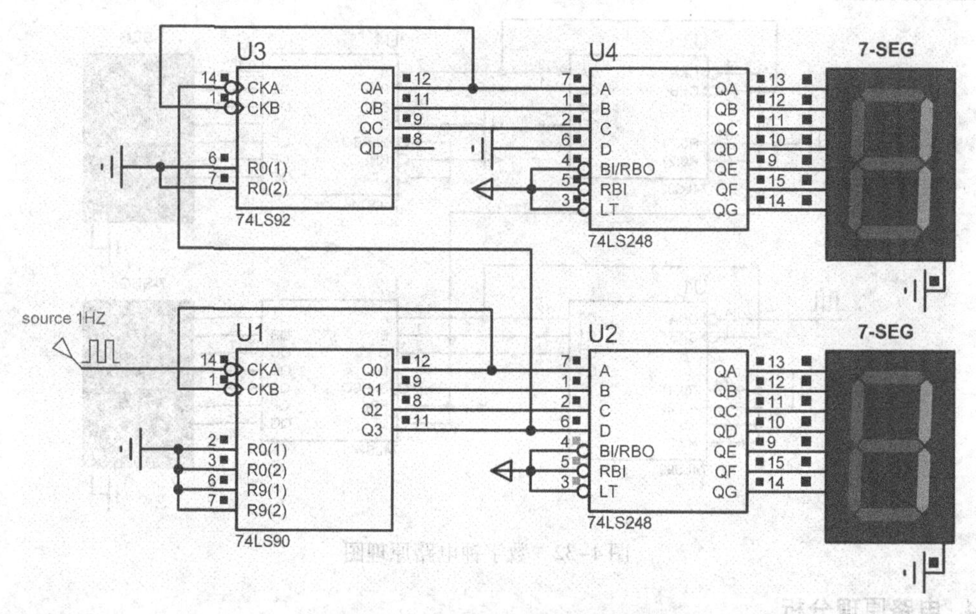

图 4-33　数字钟电路仿真效果图

4.5 Proteus 中的单片机系统设计与仿真

通过本书前面的介绍，已经了解到 Proteus 中可以完成单片机和外围器件的协同仿真功能，同时配有集源程序编辑、汇编（编译）和程序调试于一体的程序集成开发环境 VSM Studio（Integrated Development Environment，IDE）。本节内容将以 51 系列单片机流水灯控制为例重点介绍利用 Proteus VSM 和 VSM Studio IDE 对带有微控制器的电路系统进行交互式仿真的方法。

4.5.1 硬件设计及说明

1. 设计要求

利用 8051 单片机设计一个流水灯控制器，用 P1 口控制 8 个依次点亮，点亮顺序为 1～8，当 8 点亮后，点亮方向变为 8～1 的顺序，直至 1 点亮后，完成一轮控制。

2. 硬件电路设计

要在 Proteus 中进行单片机电路的仿真，首先要绘制能完成相应功能的单片机硬件电路原理图。元器件的选择和电路的基本绘制过程在前面的章节中已经进行了详细介绍，这里不再赘述。依据上述设计要求，可以设计如图 4-34 所示的流水灯控制电路原理图，因为单片机 I/O 接口驱动能力较弱，因此对于 LED 的驱动通常采用灌电流的形式，而不采用拉电流形式。

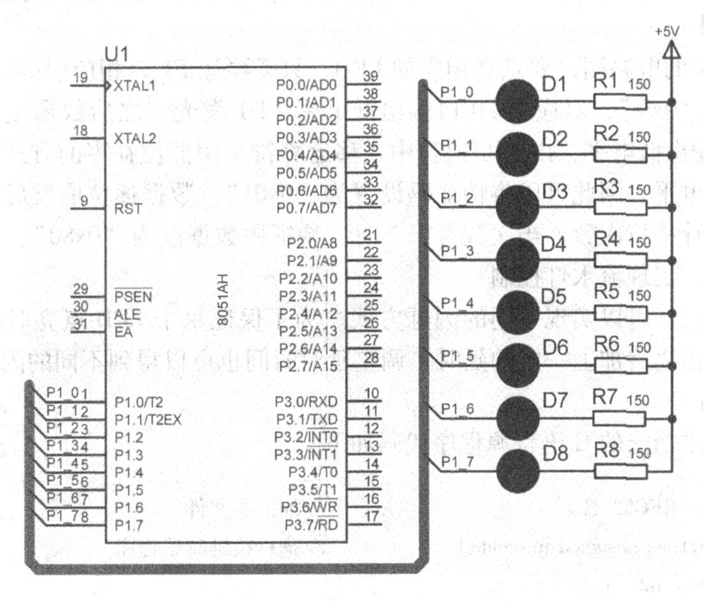

图 4-34　流水灯控制电路原理图

需要说明的是，在 Proteus 中设计单片机电路图时，不需要绘制复位电路和时钟电路，这一点和真实的单片机应用系统设计和开发有所不同。另外，各种和 51 系列单片机相兼容的单片机，如 AT89C51、80C51 等，在 Proteus 中它们采用的仿真模型都是标准的 8051 单片机模型，因此在选择固件时，只要是和 8051 兼容的单片机均可以。另外，8051 单片机的$\overline{EA}$引脚也无须连接，悬空即可。

由于无须绘制时钟电路，因此单片机的时钟频率（晶振频率）可以在单片机属性窗口中设置，如图 4-35 所示为“编辑元件”对话框，可在属性对话框中“Clock Frequency”（时钟频率）选项处设置合适大小的时钟频率。

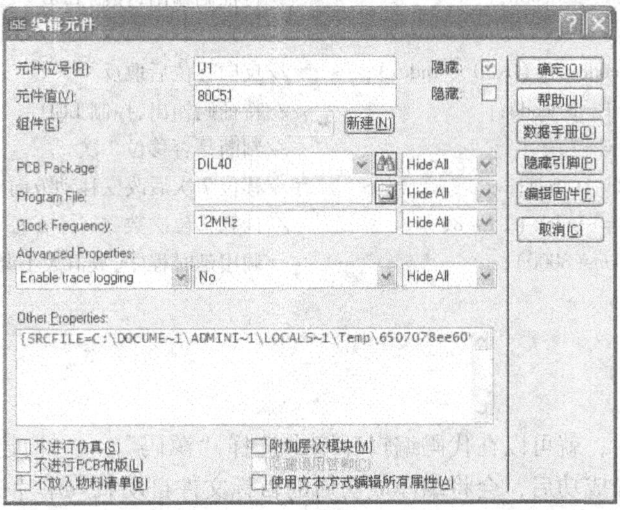

图 4-35“编辑元件”对话框

4.5.2 程序设计及仿真

1. 设计说明

依据图 4-34 的电路图，要点亮相应的 LED，只需要让 P1 口相应引脚输出低电平即可。设置一个特征码“0xfe”，对应 P1.0 口输出低电平，D1 发光。之后数据左移一次，依次控制 P1 口各引脚输出低电平，由于 C 语言中左移运算符采用低位补零的方式进行移位，这样低位始终输出低电平。因此可以将特征码设置为“0x01”，数据逐位取反后，再赋给 P1 口。每左移一次，统计移位次数，当次数等于 7 时，特征码数据改为“0x80”，移动方向也改为右移，周而复始，实现流水灯控制。

不同的特征码，可以实现不同的闪烁方式。为了保证每个 LED 点亮时间不会过短，可以在每次数据输出之后加上一定的延时，调整延时时间也可以得到不同的闪烁效果。

2. 程序代码

实现设计要求功能的 C 语言源程序代码如下。

```
#include <REG52.H>                              //加入头文件
void Delay1ms(unsigned int count)               //毫秒级延时子程序
{   unsigned int i,j;
    for(i=0;i<count;i++)
    for(j=0;j<0;j++);
}
main()
{   unsigned char Index=1;                      //统计移动次数变量
    unsigned char ledcode;                      //存放特征码变量
    bit Direct=0;                               //控制移动方向位变量
    while(1)
     {if(Direct)                                //判断移位方向
        {  ledcode=~(0x01<<Index);              //正向移位后取反
           P1=ledcode;}                         //特征码输出,控制 LED
     else
      {  ledcode=~(0x80>>Index);                //反向移位后取反
           P1=ledcode;}                         //特征码输出,控制 LED
     if(Index==7)                               //判断是否移位 7 次
        Direct=!Direct;                         //移位 7 次后改变移动方向
        Index=(Index+1)%8;                      //计算移位次数
        Delay1ms(8000);                         //调用延时程序,数值大小调节延时时间
    }
}
```

3. 工程构建

程序设计完成后，就可以在代码编辑环境中选择“源码”→“构建工程”命令对工程进行构建。如果编译成功后，会将编译成功后的目标文件自动载入单片机中。相当于硬件仿真器或者下载器完成程序的下载功能。可以通过如图 4-36 所示的“编辑元件”对话框中

“Program File”（文件）选项查看目标代码信息。

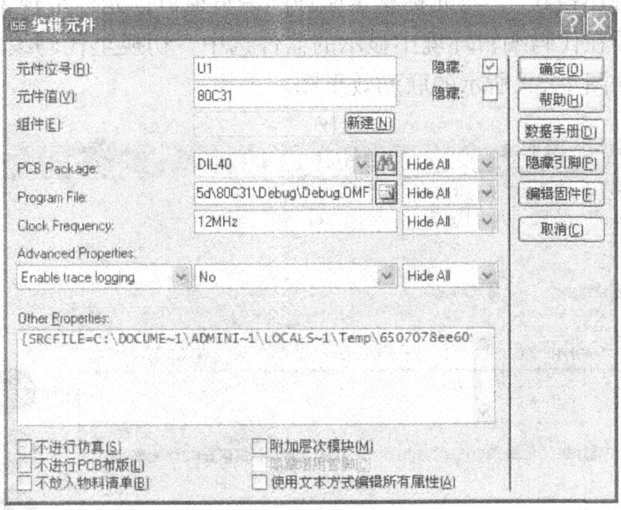

图 4-36 “编辑元件”对话框

4. 仿真及效果演示

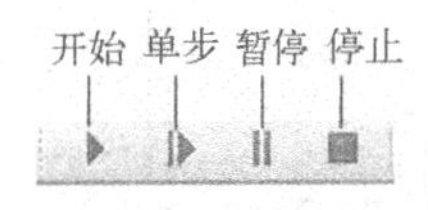

图 4-37 仿真按钮

工程构建成功后，就可以进行效果仿真了，单击如图 4-37 所示的“仿真”按钮，就可进行硬件和软件的协同仿真。为了方便进行调试，可以分别利用单步调试、断点调试等手段进行程序代码调试。单击“开始”按钮后，可以看到如图 4-38 所示的仿真效果图。

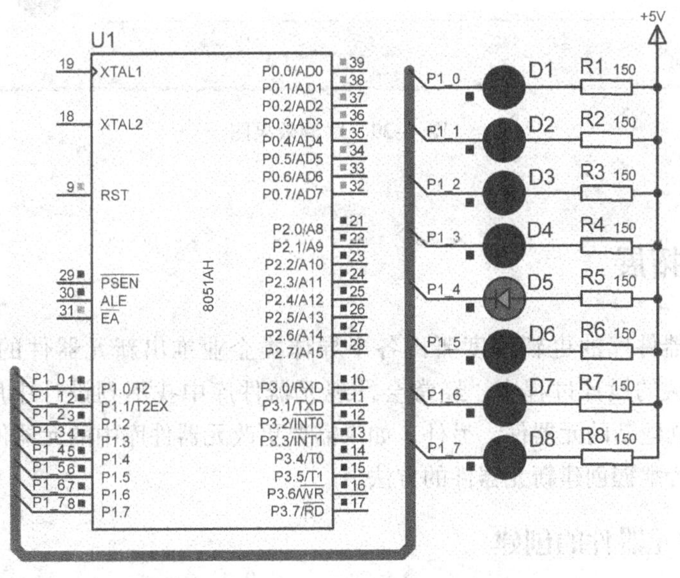

图 4-38 单片机流水灯控制仿真效果图

由于硬件电路和软件代码在独立的两个窗口中，要查看代码单步执行或者块执行后运行效果，就需要在两个窗口中来回切换。为了在代码窗口中能够方便地查看程序运行后的效果，可以使用“调试弹出模式”控件选择需要在代码窗口中显示的元器件。首先进入 ISIS 环境，选择“调试弹出模式”，将光标移至原理图编辑窗口，光标呈现铅笔形状，单击拉出一个矩形框，将需要在代码编辑环境中显示的器件选中。切换至代码编辑环境单击“开始”按钮后，就能得到如图 4-39 所示的联调效果图。

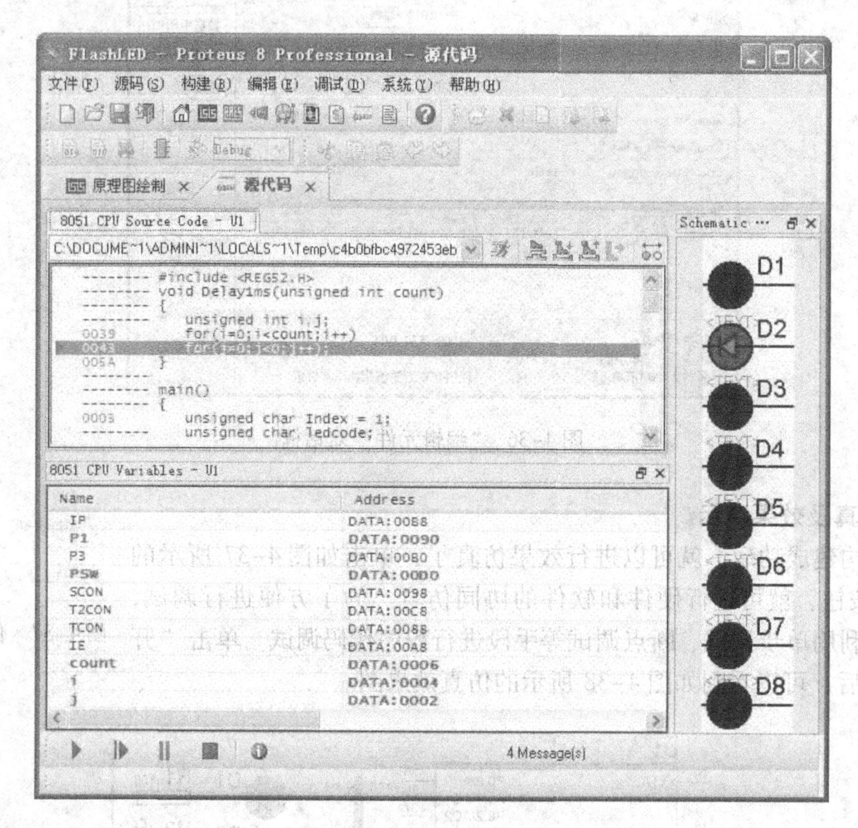

图 4-39 联调效果图

4.6 知识与拓展

Proteus 中元器件库的更新速度要比各半导体类企业推出新元器件的速度慢，因此在 Proteus 中进行相关的设计过程中，经常会发现元器件库中找不到设计中所需要的元器件。这时就需要自己创建新的元器件，另外，如果需要更改元器件库中的元器件参数或者封装类型，也需要设计者掌握创建新元器件的方法。

4.6.1 ISIS 中元器件的创建

BTS7960 是 Infineon（英飞凌）公司 NovalithICTM 家族系列的集成半桥电机专用驱动芯片，本节以 BTS7960 为例来说明 Proteus 中创建新元器件的完整过程和方法。BTS7960 的引脚功能说明如表 4-10 所示。为了方便在 ISIS 中进行电路连接，需要创建如图 4-40 所示的原理图符号，元器件创建的基本步骤和方法如下。

表 4-10　引脚功能说明表

引　脚　号	引脚功能	引　脚　号	引脚功能
1	GND	5	SR
2	INI	6	IS
3	INH	7	VSS
4	OUT	8	OUT

1. 元器件外形轮廓

首先在对象选择器中选中二维图形模式，选择 COMPONENT 绘图风格。在原理图编辑窗口空白处按下鼠标左键拖曳出一块区域，拉动鼠标来改变方框大小，确定出如图 4-41 所示的元器件外形轮廓。外形轮廓的大小取决于器件引脚数量，一般来说，引脚数量多时，轮廓尺寸相对要大些。

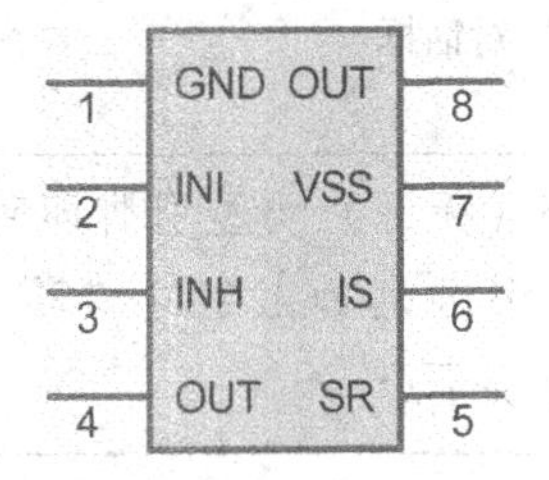

图 4-40　原理图符号

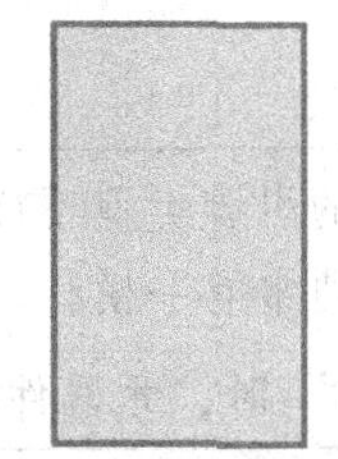
图 4-41　元器件外形轮廓

2. 元器件引脚设置

设置元器件引脚时，首先需要选择元器件引脚模式，之后在元器件引脚模式列表栏中选择“DEFAULT”类型。将光标移至原理图编辑窗口单击，出现浮动的引脚外观，有“×”形符号的一端表示为连接端，用于与电路的其他元器件进行连线。将光标移到合适位置后再次单击，完成引脚放置。放置完一个引脚后，系统会自动重新生成一个引脚，只需将光标移到新的位置处，单击可以继续放置其他引脚，直至所有引脚放置完毕，右击退出引脚放置模式，得到如图 4-42 所示的引脚放置效果图。

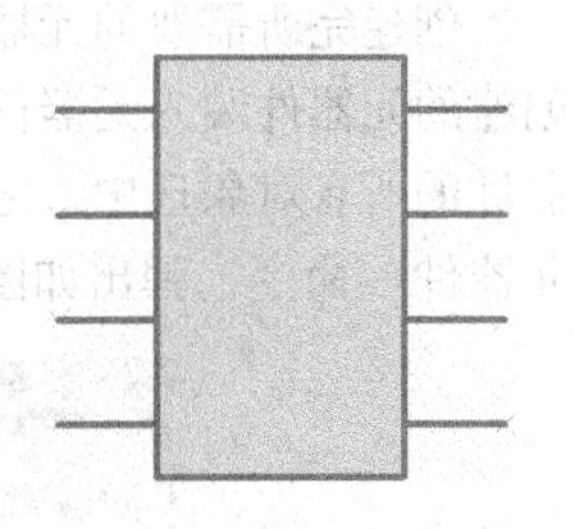
图 4-42　引脚放置效果图

📖 如果需要调整引脚方向，可在引脚浮动状态下，通过小键盘上的〈+〉、〈-〉按键来旋转引脚，确保引脚带“×”一端指向元器件外部。

3. 引脚命名和编辑

完成了引脚的放置之后，就需要对引脚命名和编辑。将光标移至要编辑的引脚上，右击在弹出的快捷菜单中选择“编辑属性”命令，弹出如图 4-43 所示的“编辑引脚”对话框。可按照表 4-10 所示的引脚功能说明表确定引脚的引脚名和引脚号。同时也可以根据元器件引脚特性来配置对应引脚的电气特性，如“输入”“输出”“电源脚”等类型。单击“下一步”按钮后，可以对下一个引脚进行编辑。直至所有引脚编辑完成后，单击“确定”按钮退出“编辑引脚”对话框，得到如图 4-40 所示的元器件原理图符号。

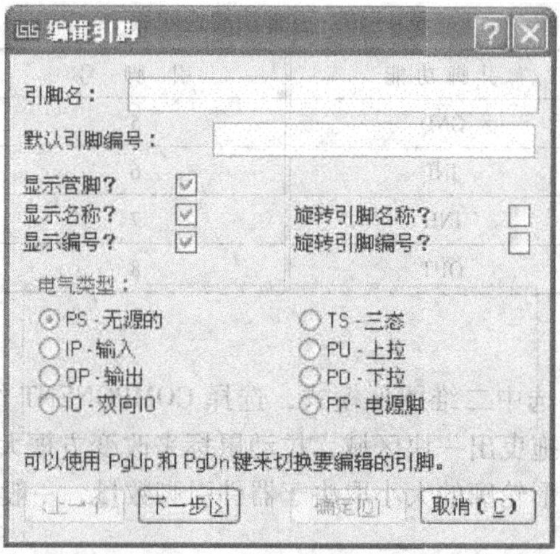

编辑引脚

引脚名：

默认引脚编号：

显示管脚？ ☑

显示名称？ ☑ 旋转引脚名称？ ☐

显示编号？ ☑ 旋转引脚编号？ ☐

电气类型：

◉ PS - 无源的 ○ TS - 三态

○ IP - 输入 ○ PU - 上拉

○ OP - 输出 ○ PD - 下拉

○ IO - 双向IO ○ PP - 电源脚

可以使用 PgUp 和 PgDn 键来切换要编辑的引脚。

上一个 下一步(X) 确定(O) 取消(C)

图 4-43 “编辑引脚”对话框

📖 如果对元器件的引脚类型不确定，使用默认的 PS（无源）类型引脚即可；对于低电平有效的引脚上面通常有一横杆，因此在引脚名的前后分别加上字符“$”即可，如引脚名设置为“$EA$”时，元器件中引脚名显示效果为“$\overline{\mathrm{EA}}$”。

4. 元器件入库

创建完所需要的元器件后，为了在后续的设计中可以导入新创建的元器件，就需要将新创建的元器件装入元器件库中。按下鼠标左键或者右键拉出一个矩形框，将前面创建的新元器件的所有对象选中，之后将光标移至元器件上，右击，在弹出的快捷菜单中选择“制作元器件”命令，弹出如图 4-44 所示的“制作元件”对话框。

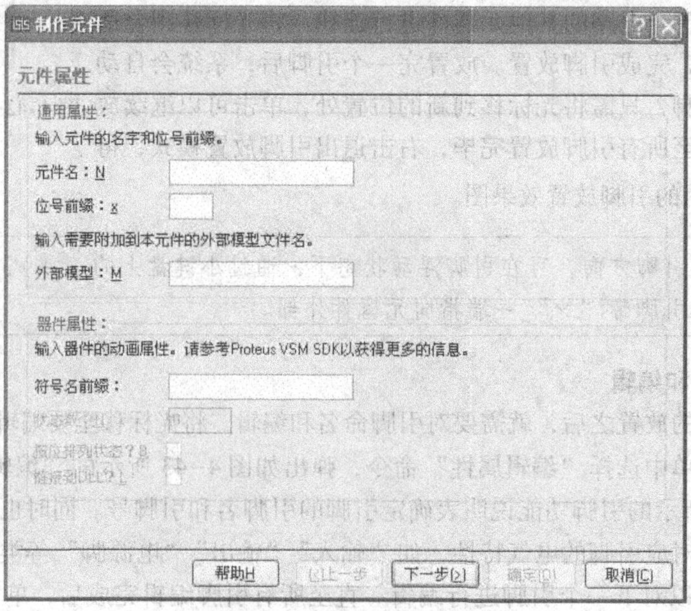

制作元件

元件属性

通用属性：

输入元件的名字和位号前缀。

元件名：N

位号前缀：X

输入需要附加到本元件的外部模型文件名。

外部模型：M

器件属性：

输入器件的动画属性。请参考Proteus VSM SDK以获得更多的信息。

符号名前缀：

帮助H 上一步 下一步(X) 确定(O) 取消(C)

图 4-44 “制作元件”对话框

在“元件名”文本框中输入“BTS7960”，“位号前缀”文本框中输入“U”，单击“下一步”按钮，弹出如图 4-45 所示的元器件制作封装编辑对话框。

📖 PCB 中的位号用于指定元器件的安放位置。位号由位号前缀和数字组成，位号前缀用于区分元器件种类，或者说对元器件进行分类。在工业应用中，位号前缀需要按照标准设置，如 R 代表电阻，C 代表电容，L 代表电感，U 代表芯片等。

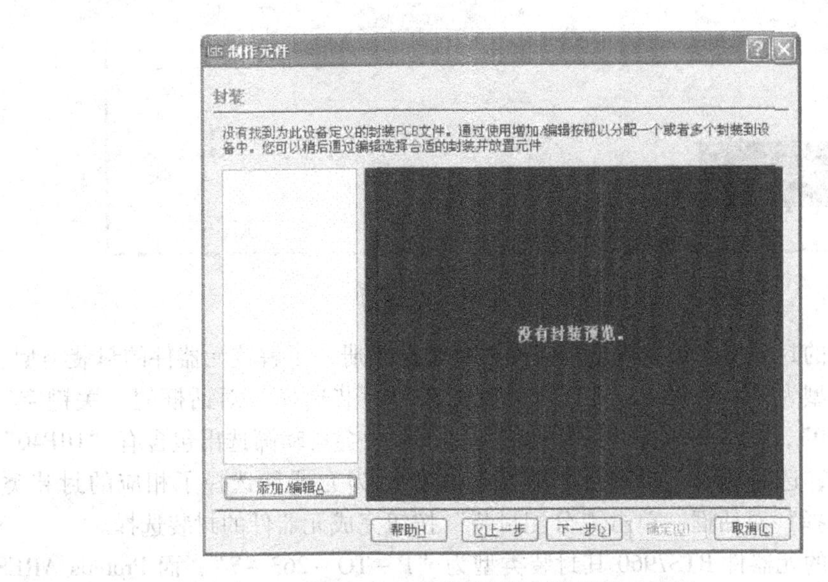

图 4-45　元器件制作封装编辑对话框

5. 封装分配

在弹出的元器件制作封装编辑对话框中单击“添加/编辑”按钮，弹出如图 4-46 所示的“封装元件”对话框，通过该对话框可以为元器件分配封装形式。单击对话框上部的“增加”按钮后，弹出如图 4-47 所示的“封装选择”对话框。

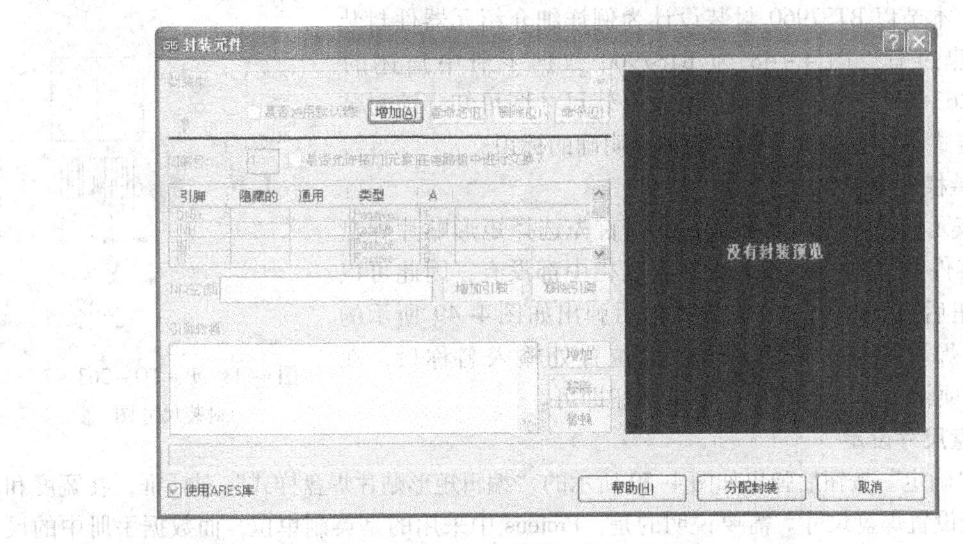

图 4-46　“封装元件”对话框

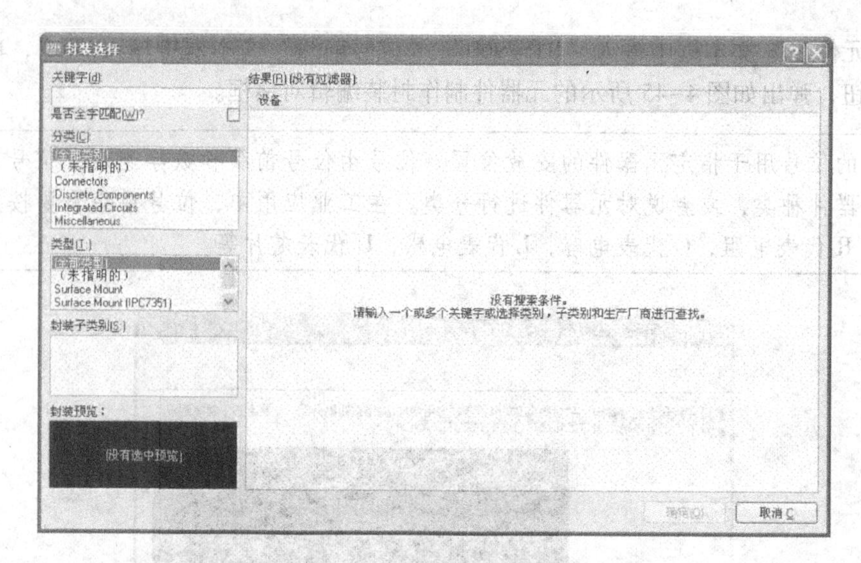

图 4-47 “封装选择”对话框

要选择元器件的封装形式，首先应当查阅器件数据手册，了解该元器件的封装类型。如果某元器件封装类型为 DIP40 封装，那么可以直接在“封装选择”对话框的“关键字”文本框中输入“DIP40”，在封装选择对话框右侧的结果栏中会自动筛选出包含有“DIP40”字段的所有封装类型，选择其中一个单击“确定”按钮后为元器件选择了相应的封装类型。之后返回“封装选择”对话框，单击“分配封装”按钮完成元器件的封装选择。

由于本次创建的元器件 BTS7960 其封装类型为“P－TO－263－7”，而 Proteus ARES 中没有该封装类型，因此需要自己创建封装类型库，以下介绍元器件封装的创建。

4.6.2 ARES 中元器件封装的创建

尽管 ARES 中提供了大量的元器件封装类型，然而，有时候仍然需要创建自己的封装或符号。利用 ARES 可以非常方便地创建自己的封装类型，而且过程简单，本节以 BTS7960 封装设计为例详细介绍元器件封装类型的创建过程。图 4－48 为 BTS7960 数据手册中描述的“P－TO－263－7”封装尺寸图，根据封装尺寸图可知，该封装为表面贴装式，各焊盘大小和间距都有明确的标识。

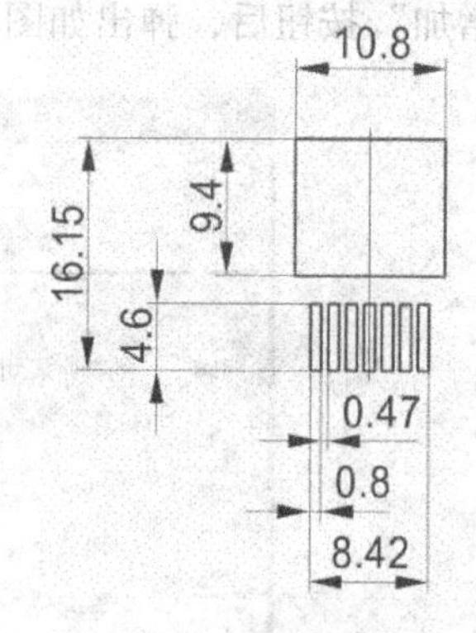

图 4-48 P－TO－263－7 封装尺寸图

1. 封装模式选择

由于该元器件为表面贴装式，所以首先选择矩形贴片焊盘模式。元器件的焊盘类型和大小在列表栏中都没有，因此可以单击 按钮后进行添加。单击 按钮后弹出如图 4-49 所示的“创建新的焊盘风格”对话框。命名位置处输入名称后，在“贴片”选项组选择“正方形”单选按钮即可。

2. 焊盘尺寸设定

单击“确定”按钮后弹出如图 4-50 所示的“编辑矩形贴片焊盘样式”对话框，在宽度和高度位置处设置焊盘尺寸。需要说明的是，Proteus 中采用的是英制单位，而数据手册中的尺寸是公制单位，因此需要进行单位转换。焊盘 1～7 的尺寸宽度和高度相同，“宽度”为“31

th”㊀，“高度”为“0.181 in”㊁。焊盘8的尺寸：“宽度”为“0.425 in”，“高度”为“0.37 in”。

图4-49 “创建新的焊盘风格”对话框

图4-50 “编辑矩形贴片焊盘样式”对话框

3. 丝印图层设定

选择2D图形的线条模式，确保层选择器选择的是顶部丝印层，沿着焊盘的外部边缘放置4根线形成一个框。

4. 焊盘编号

选择“工具”→“自动名称生成器”命令，在弹出的如图4-51所示的“自动名称生成器”对话框字符串区域，不需要输入任何信息，直接单击“确定”按钮后，依次单击焊盘进行编号，从下部左边的焊盘依次开始编号，得到如图4-52所示的元器件封装示意图。

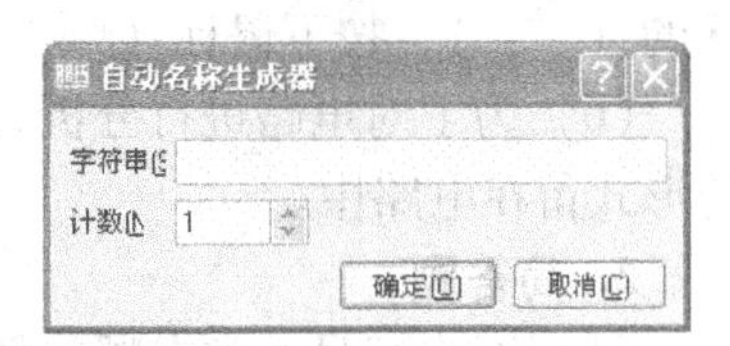

图4-51 “自动名称生成器”对话框

5. 封装打包

最后一步就是把设计好的元器件封装打包入库，以方便后续使用。首先在屏幕中拉出一个矩形框，将前面设置的焊盘和元器件编辑都选中，然后选择“库”→“制作封装”命令。在弹出的如图4-53所示的“制作封装”对话框中输入封装名称后，依次选择“封装类别”“封装类型”等即可。需要强调的是，不要将自己创建的封装放入已经存在的库中，因为Labcenter可能会对这些已存在的库进行升级。

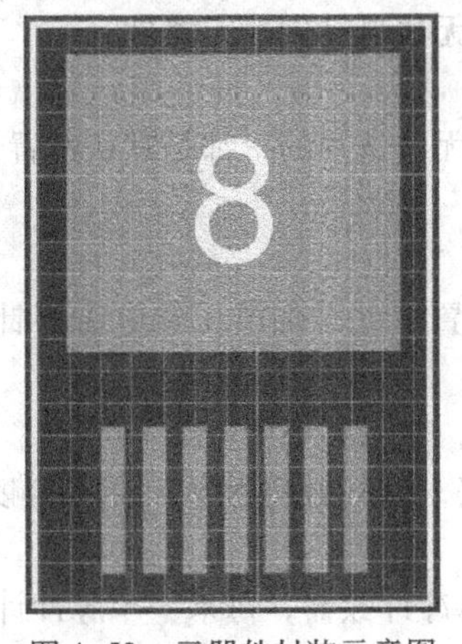

图4-52 元器件封装示意图

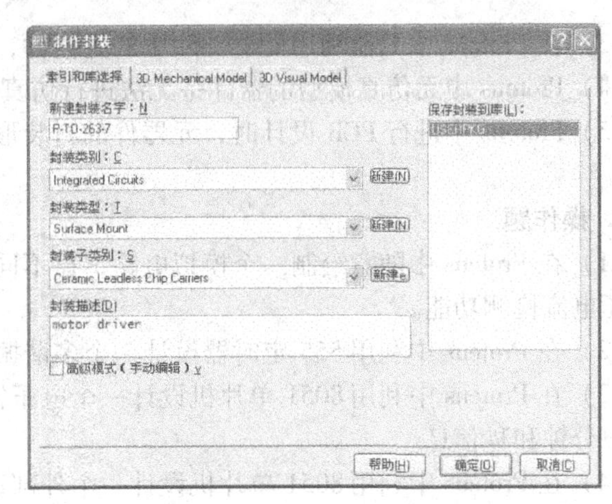

图4-53 “制作封装”对话框

㊀ 1 th = 25.4×10^{-3} mm。

㊁ 1 in = 25.4 mm。

4.7 思考题

1. 填空题

（1）Proteus 软件主要由（　　）和（　　）两部分构成，可分别进行电子系统的电路仿真和电路板布线编辑。

（2）Proteus ISIS 软件界面主要由（　　），元器件工具栏和主菜单、工具选择栏 3 个区域构成，原理图尺寸可以通过“system”菜单中的（　　）选项进行设置。

（3）Proteus ISIS 中，按钮用于（　　）选择，按钮主要用于（　　）选择，按钮用于（）选择。

（4）Proteus ISIS 中“Optoelectronics”类型库中主要存放的是（　　），“Operational Amplifiers”类型库中存放的是（　　），标准 TTL 系列器件存放在（　　）类型库中。

（5）Proteus ISIS 中进行电路连接时，只要把光标移至元器件引脚处，就会出现虚狂形状的（　　），按下鼠标（　　）可以终止连线。

（6）为了对电路进行分析，Proteus ISIS 中提供了（　　）功能，各种数据可以以图表的形式留在电路中。

2. 简答题

（1）网络标号通常在哪些场合下使用？

（2）ISIS 元器件库中都有哪些类型的元器件库？查找元器件可以通过哪些方法实现？

（3）ISIS 中有哪些虚拟仿真工具？其主要主用是什么？

（4）如何在 ISIS 中对元器件进行方向调整？

（5）在 ISIS 中如何实现图表仿真功能？

3. 判断题

（1）Proteus 中的元器件库非常丰富，包含了现有市场中的所有元器件。（　　）

（2）Proteus 只能支持一个 CPU 的协同仿真，当项目中存在多个 CPU 时会出现错误。（　　）

（3）在 Proteus 中只能利用元器件库中的元器件，用户无法自己创建元器件。（　　）

（4）Proteus 中无仿真模型的器件是无法进行仿真的。（　　）

（5）Proteus 中进行 PCB 设计时，元器件的封装形式是无法选择的，都是默认配置。（　　）

4. 操作题

（1）在 Proteus 中随意绘制一个模拟电路，在不同的位置点处添加电压和电流探针，实现电压电流检测功能。

（2）在 Proteus 中利用 555 定时器设计一个多谐振荡器，输出频率为 1 Hz 的方波。

（3）在 Proteus 中利用 8051 单片机设计一个电子钟电路，编制对应程序，要求能够显示小时、分钟和秒信息。

（4）在 Proteus 中利用 8051 单片机设计一个外部事件脉冲计数器，每来一个脉冲计数一次，要求显示范围为 0 ~ 300，假设脉冲频率不高于 1 kHz。

（5）在 Proteus 中利用 8051 单片机设计一个 PWM 信号发生器，要求占空比可调，并以虚拟示波器观察波形。

第5章 单片机中断系统

中断系统在8051单片机系统中起着重要的作用，中断系统的应用，很大程度地提高了单片机处理事件的能力和效率，提高了系统的实时性。本章主要讲解8051单片机中断结构与控制，以及中断系统的应用。中断系统的概念较为抽象，建议读者在学习过程中结合实验来进行，这样可以取得更好的效果。

5.1 中断技术概述

“中断”现象时常发生。例如：我们正在看书，电话铃突然响起，于是我们要“中断”正在进行的读书事件，接完电话之后回来继续看书。接电话可看成一个紧急事件，如果不及时接听可能延误重要事情。在这里“接电话”对于我们正在做的事（看书）来说就是一个“中断”事件，把接电话的过程称为“中断”事件处理。“中断”看书的因素有很多，例如：有客来访，时钟闹铃，电话铃声等，我们将这些因素统称为“中断源”。按照因素的重要性划分处理顺序，就称为“中断”优先级。将“中断”事件处理过程中发生新的“中断”事件的处理称为“中断”事件“嵌套”。将“中断”事件的处理技术应用于计算机系统中就引出了计算机中断系统的概念。

1. 中断的概念

中断是指计算机暂时停止主程序的执行转而为中断源服务，并在服务完以后自动返回主程序执行的过程。

一个资源（CPU）可能面对多项任务，但由于资源有限，因此就可能出现资源竞争的局面，即几项任务来争夺一个CPU。而中断技术就是解决资源竞争的有效方法，采用中断技术可以使多项任务共享一个资源，所以中断技术实质上就是一种资源共享技术。

2. 中断的特点

计算机中采用中断技术主要有以下优点。

- 提高了CPU的工作效率，实现CPU和外部设备的并行工作。
- 实现实时控制。所谓实时控制，就是要求计算机能及时地响应被控对象提出的分析、计算和控制等请求，使被控对象保持在最佳工作状态，以达到预定的控制效果。由于这些控制参数的请求都是随机发出的，而且要求单片机必须作出快速响应并及时处理，对此，只有靠中断技术才能实现。
- 便于突发故障（如硬件故障、运算错误、电源掉电、程序故障等）的及时发现，提高系统可靠性。

5.2 8051中断系统结构及其控制

8051单片机中断系统由中断源、中断控制电路等部分组成，通过配置相关特殊功能寄存器来控制中断，编写相应程序来提供中断服务。

5.2.1 中断系统结构

8051 单片机中断系统支持 5 个中断源，2 个中断优先级，还可实现 2 级中断嵌套。中断的处理是用户通过应用程序对相关的寄存器进行设置，来实现中断的处理过程。

8051 单片机中断系统结构示意如图 5-1 所示，每个中断源都可以通过软件独立地控制其开、关中断，且中断优先级也可以通过用户程序来设置。其中，涉及的控制寄存器共有 4 个，分别是 TCON、SCON、IE 和 IP。

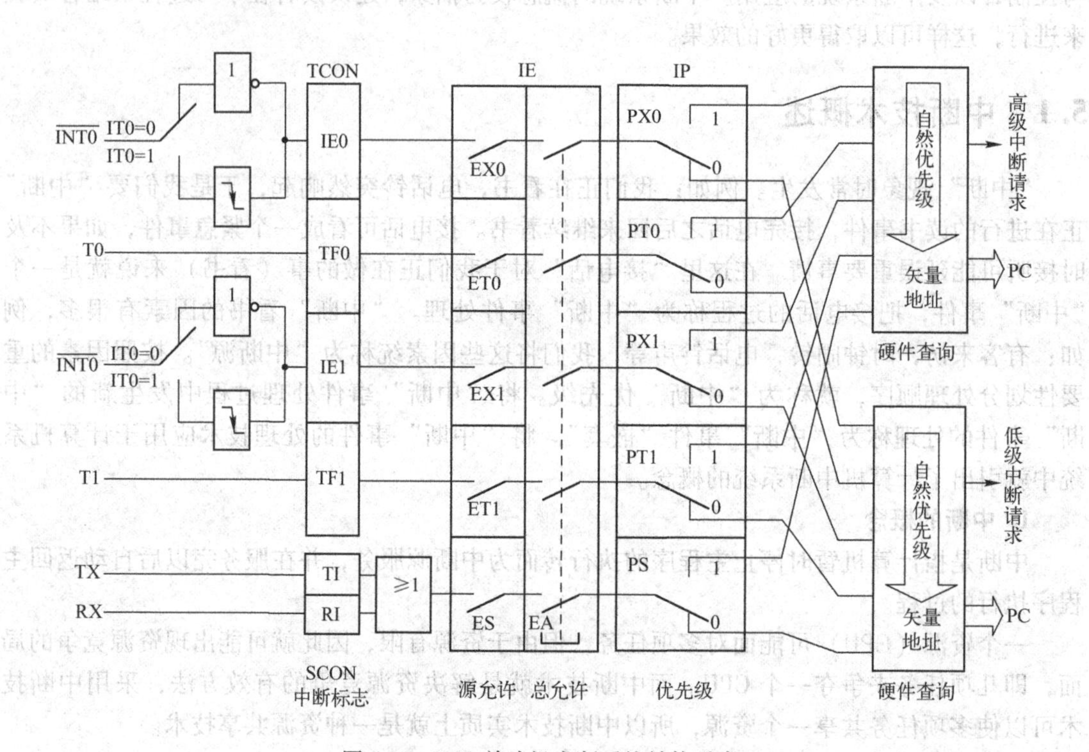

图 5-1　8051 单片机中断系统结构示意

5.2.2 中断源及中断标志

8051 单片机中断源分为外部中断、定时/计数中断和串行口中断 3 类，分别通过标志寄存器的相关位向 CPU 提出中断申请。CPU 会在每个机器周期的特定时序采样标志位，并进行优先级处理，以特定的方式响应中断。

1. 中断源和中断请求

向 CPU 发出中断请求的来源称之为中断源。8051 是一个支持多中断源的单片机，共支持 5 个中断源，分别为：外部中断 0（$\overline{INT0}$）、外部中断 1（$\overline{INT1}$）、定时/计数器 0（T0）、定时/计数器 1（T1）和串行口中断。

（1）外部中断

外部中断是由外部信号引起的，共有两个中断源，即外部中断 0（$\overline{INT0}$）和外部中断 1

（$\overline{\text{INT1}}$）。中断请求信号分别由引脚$\overline{\text{INT0}}$（P3.2）和$\overline{\text{INT1}}$（P3.3）输入。

外部中断请求有两种信号方式，即电平触发方式和边沿触发方式。电平触发方式的中断请求是低电平有效。只要单片机在外部中断引脚输入有效的低电平时，就可触发外部中断。在边沿触发方式下，如果单片机外部中断引脚出现有效的下降沿后，即可申请中断。触发方式可以通过设置有关控制位进行选择。

（2）定时/计数器中断

定时中断是为满足定时或计数的需要而设置的，单片机内部集成有两个定时/计数器 T0 和 T1，当定时/计数器定时或者计数溢出后，内部自动置“1”溢出标志位（TF0 或者 TF1），申请中断。

（3）串行中断

串行中断是为串行数据传送的需要而设置的，当串行口接收或发送完一组串行数据时，就会自动置“1”接收标志位（RI）或者发送标志位（TI），从而申请中断。

2. 中断请求标志寄存器

中断源发出中断请求后，单片机硬件会置位相应的中断标志位，CPU 会定期检查这些标志位来判断是否有中断源提出中断请求。8051 单片机的中断请求是通过 TCON 和 SCON 两个中断标志寄存器的相关位来申请的。

（1）TCON 寄存器

TCON 寄存器是定时/计数器控制寄存器，字节地址为 88H，可以进行位寻址。该寄存器既包含了定时/计数器的启/停控制，又用于保存外部中断请求以及定时器的计数溢出中断标志。TCON 寄存器各标志位及位地址如下所示，这里只介绍和中断相关的标志位，其他标志位在定时/计数器章节进行介绍。

位地址	8FH	8EH	8DH	8CH	8BH	8AH	89H	88H
位符号	TF1	TR1	TF0	TR0	IE1	IT1	IE0	IT0

1）IE0 和 IE1 外中断请求标志位，当 CPU 采样到$\overline{\text{INT0}}$（$\overline{\text{INT1}}$）端出现有效中断请求信号时，IE0（IE1）位由硬件置“1”。如果 CPU 响应中断请求后，再由硬件自动清“0”，防止多次触发中断。

2）IT0 和 IT1 外中断请求触发方式控制位，IT0（IT1）=1 时，采用边沿触发方式（下降沿）；IT0（IT1）=0 时，采用电平触发方式（低电平）。可通过软件置“1”或清“0”来选择中断触发方式。

3）TF0 和 TF1 定时/计数器溢出标志位，当定时/计数器溢出后，相应的溢出标志位由硬件置“1”，同样，CPU 响应中断后，硬件自动清“0”。

📖 定时/计数器溢出标志位有两种使用情况，采用中断方式时，中断响应后硬件自动清除；如果采用查询方式时，作为查询状态位来使用，需要程序手动清除。

（2）SCON 寄存器

SCON 寄存器是串行口控制寄存器，字节地址为 98H，可位寻址，该寄存器用于保存串行口的发送和接收中断请求标志位。SCON 寄存器各标志位及位地址如下所示，这里只介绍和中断相关的标志位，其他标志位在串行通信章节进行介绍。

位地址	9FH	9EH	9DH	9CH	9BH	9AH	99H	98H
位符号	SM0	SM1	SM2	REN	TB8	RB8	TI	RI

1）TI 串行口数据发送结束标志位，当串行口发送完一帧串行数据后，硬件自动置“1”TI 标志位，并可作为串口发送中断请求标志位。CPU 响应完中断后，标志位不会自动清“0”，需要软件手动清“0”。

2）RI 串行口数据接收结束标志位，当串行口接收完一帧串行数据后，硬件自动置“1”RI 标志位，并可作为串口接收中断请求标志位。CPU 响应完中断后，标志位不会自动清“0”，需要软件手动清“0”。

串行中断请求由 TI 和 RI 的逻辑或得到，因此，无论是发送标志还是接收标志，都会产生串行中断请求。所以产生串口中断后，需要查询标志位来判断是接收中断还是发送中断，这也是中断响应后 CPU 不清除标志位的原因。

5.2.3 中断控制和中断处理

中断源提出中断请求后，不是都能得到 CPU 的响应，只有得到 CPU 允许中断的请求才能得到响应。中断请求的屏蔽和开放是通过中断允许控制寄存器（IE）来设置的，CPU 每个机器周期都会检测中断请求标志位，并根据 IE 寄存器的相关控制位来决定是否响应中断。同时有多个中断源提出中断请求时，还需要根据中断优先级寄存器（IP）的相关位来决定中断响应的次序和中断嵌套问题，IE 和 IP 均可由用户程序进行按位设置。

1. 中断控制

（1）中断允许控制寄存器（IE）

IE 寄存器地址 A8H，支持位寻址，各位地址为 AFH～A8H。寄存器的内容及位地址表示如下所示。

位地址	AFH	AEH	ADH	ACH	ABH	AAH	A9H	A8H
位符号	EA	/	/	ES	ET1	EX1	ET0	EX0

1）EA 总中断允许控制位，EA＝0 时，所有中断都被屏蔽；EA＝1 时，总中断允许，但是还需要看各子中断是否允许后，才能决定 CPU 是否允许各中断源的中断请求。

2）EX0（EX1）外部中断允许控制位，EX0（EX1）＝0 时，禁止外部中断 0 或者外部中断 1；EX0（EX1）＝1 时，允许对应的外部中断。

3）ET1（ET2）定时/计数器中断允许控制位，ET0（ET1）＝0 时，禁止对应定时器（或计数器）中断；ET0（ET1）＝1 时，允许对应定时器（或计数器）中断。

4）ES 串行中断允许控制位，ES＝0 时，禁止串行口中断；ES＝1 时，允许串行口中断。

【例 5-1】 设置 IE 寄存器，使 CPU 能响应$\overline{\text{INT0}}$、T1 和串行口中断。

根据 IE 寄存器的格式可知，要响应上述中断，需要分别开放总中断、$\overline{\text{INT0}}$、T1 和串行口中断，因此 IE 寄存器设置为 IE＝10011001B＝99H，对应的汇编赋值指令为：

```
MOV   IE,#99H
```

C51 赋值指令为：

```
IE = 0x99;
```

由于IE寄存器支持位寻址，因此还可以进行位操作赋值，对应的汇编语言赋值指令如下：

```
SETB   EX0
SETB   ET1
SETB   ES
SETB   EA
```

C51 指令如下：

```
EX0 = 1;
ET1 = 1;
ES = 1;
EA = 1;
```

（2）中断优先级控制寄存器（IP）

IP寄存器地址为B8H，也支持位寻址，各位地址为BFH～B8H。寄存器的内容及位地址如下所示。

位地址	0BFH	0BEH	0BDH	0BCH	0BBH	0BAH	0B9H	0B8H
位符号	/	/	/	PS	PT1	PX1	PT0	PX0

1）PX0 外部中断0优先级设定位。

2）PT0 定时中断0优先级设定位。

3）PX1 外部中断1优先级设定位。

4）PT1 定时中断1优先级设定位。

5）PS 串行中断优先级设定位。

上述各标志位为“0”时表示优先级设置为低；为“1”时，优先级设置为高。

CPU先响应优先级高的中断请求，再响应优先级低的中断请求。当不同的中断源处于同一级别的优先级下，CPU响应中断请求的顺序由CPU查询中断请求的顺序决定，同级中断查询次序如表5-1所示。

表5-1　同级中断查询次序

中断源	中断优先级级别
外部中断0（$\overline{INT0}$）	最高
定时器/计数器0（T0）	↓
外部中断1（$\overline{INT1}$）	↓
定时器/计数器1（T1）	↓
串行口中断	最低

【例5-2】 优先级寄存器IP = 10H时，给出8051单片机中断响应次序。

根据优先级寄存器IP的格式可知，当IP = 10H时，串行口优先级为高优先级，其他中断源都为低优先级，因此8051单片机中断响应的次序为：串行口、$\overline{INT0}$、T0、$\overline{INT1}$、T1。

(3) 中断优先级控制原则和控制逻辑

8051 单片机具有两级优先级，具备两级中断服务嵌套的功能。其中断优先级的控制原则如下。

1) 低优先级中断请求不能打断高优先级的中断服务；但高优先级中断请求可以打断低优先级的中断服务，从而实现中断嵌套。

2) 如果一个中断请求被响应，则同级的其他中断请求将被暂时屏蔽，即同级不能嵌套。但是中断请求标志位被封存，防止中断请求丢失。

3) 如果同时出现多个同级的中断请求，则按查询次序表确定中断响应顺序。

另外，8051 单片机中断系统中有两个不可寻址的“中断优先级激活触发器”，其中一个指示某高级中断正在执行，所有后来的中断请求均被阻止；另一个指示某个低级中断正在被执行，所有同级中断均被阻止，但不阻断高优先级中断请求。

2. 中断处理

中断过程可以分为中断请求、中断响应、中断服务和中断返回等几部分。一般中断过程的流程及多中断嵌套流程如图 5-2 所示。图 5-2a 为一级中断处理示意图，图 5-2b 为中断嵌套处理示意图。

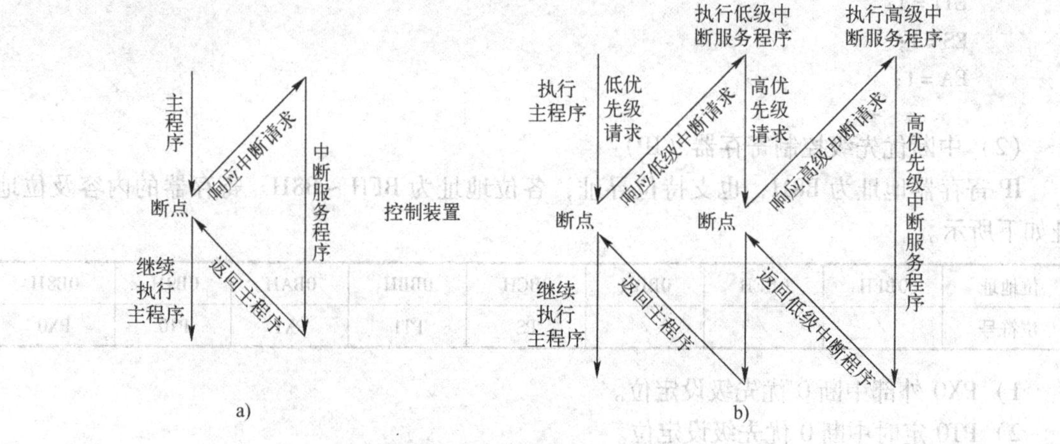

图 5-2　中断流程图

a) 一级中断处理示意图　b) 中断嵌套处理示意图

(1) 中断响应

中断响应是中断处理的一个重要环节，一个中断源的中断请求要被 CPU 响应，必须满足以下 6 个条件。

1) IE 寄存器中的总允许位 EA = 1。

2) 相关中断源的中断请求标志位置“1”，即有中断请求。

3) 相关中断源的中断允许位为“1”，即该中断被允许。

4) 无同级或更高级中断在被服务（查询优先级触发器状态）。

5) 当前指令已执行到该指令的最后一个机器周期并已经结束。

6) 当前正在执行的指令不是返回（RET、RETI）指令或访问 IE、IP 指令。否则，要等到该类指令执行完后，再执行完下一条指令后才响应中断。

8051 单片机响应中断的基本步骤如下。

1）执行完正在执行的指令，并由硬件自动生成一条长跳转指令“LCALL addr16”。这里的“addr16”是对应中断源的中断服务程序入口地址（目标地址），通常称之为“中断向量”。8051单片机给不同的中断源分配了固定的中断入口地址，其对应的中断向量如表5-2所示。

表5-2 中断向量

中　断　源	中断向量地址
外部中断0（$\overline{INT0}$）	0003H
定时器/计数器0（T0）	000BH
外部中断1（$\overline{INT1}$）	0013H
定时器/计数器1（T1）	001BH
串行口中断	0023H

2）将刚执行完的指令的下一条指令的地址（PC值）入栈保护，通常称为“断点保护”。以便中断服务完成后还能回到原来程序继续执行。

3）目标地址“adrr16”赋给PC，转入目标地址处执行中断服务子程序，同时自动清除相应的中断标志位（串行口中断除外，需要软件清除）。

CPU不是随时都能响应中断请求的，在不同条件下，从中断源提出中断请求到中断被响应的时间是不同的。

CPU从采样到确认中断申请有效需要1个机器周期，然后从执行1个硬件调用子程序到转入中断服务程序需要2个机器周期，因此从产生中断请求到运行中断服务程序至少需要3个机器周期。如果中断请求时遇到以下情况时，还需要在3个机器周期时间上加上等待时间，具体情况如下。

1）CPU正在执行某条指令，则要运行完该指令后才响应，通常需要2~3个机器周期。

2）CPU正在执行的是与中断控制有关的指令（如设置IE、IP或者RETI），则要在该指令后再运行一条指令才能响应，通常需要4~5个机器周期。

3）CPU正在处理同级或更高优先级的中断时，需要等待当前中断服务结束，并且中断返回之后才能响应，由于中断服务时间不确定，因此等待时间也不确定。

总之，一个单级的中断系统，通常响应的时间为3~8个机器周期。

（2）中断服务

中断响应后即进入中断服务环节，由表5-2可见，两个中断向量之间只有8B的容量大小，如此小的容量很难把完整的中断服务程序完整存入。因此，通常在中断入口地址处只放置一条无条件跳转指令，通过转移指令转向真正的中断服务子程序，中断服务时还需要考虑在服务子程序中改变了存储单元或者寄存器的内容后，不会影响到中断服务前的程序，通常需要进行“现场保护”，即这些存储单元或寄存器在中断服务子程序中使用前进行“入栈保护”。

（3）中断返回

中断服务结束后需要通过RETI指令结束中断服务，CPU执行RETI指令后可以结束本次中断服务，并且清除相应的中断优先级触发器，如果进行了“现场保护”后，在中断返回前还需要进行“现场还原”，最后将堆栈中存放的断点地址弹出装入PC，回到原程序断点处继续执行。

（4）中断请求的撤销

一般来说，CPU在响应对应的中断请求后都会自动地清除中断请求标志位，防止中断返回后再次申请中断，如定时/计数器和外部中断。但是串行口中断，为了判断是接收中断还是发送中断，不会自动清“0”，需要软件清“0”相应标志位来撤销中断。

此外，当外部中断的触发方式为电平触发方式时，如果中断返回后，外部中断请求信号

（低电平）还没有撤销，同样会再次申请中断。因此外部中断的撤销不仅涉及中断标志位，同时还涉及中断请求信号。

图 5-3 给出了电平方式外部中断请求的撤销电路，图中利用 74LS74 双 D 触发器锁存外来的中断请求信号（低电平有效）。74LS74 双 D 触发器真值表如表 5-3 所示，根据真值表可知。当时钟端 CP 出现上升沿，并且 R 端和$\overline{SD}$端均为高电平时，Q 端的信号跟随 D 端变化，如果 D 端输入低电平，Q 端也出现低电平触发中断请求。因此可将外部中断请求信号连接到 D 触发器的 CP 端，触发器 D 端接地，当中断请求信号有效时（低电平），经非门变成高电平产生上升沿，D 触发器工作，Q 端输出低电平触发中断。CPU 响应中断后，通过 P1.7 引脚输出低电平来置位 D 触发器，使得 Q 端置位为高电平，INT0引脚上的低电平信号撤销，从而实现了中断请求信号的撤销。

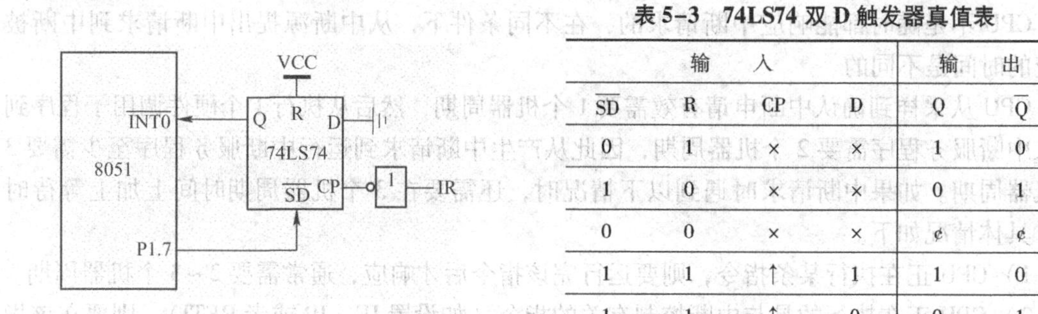

图 5-3　电平方式外部中断请求的撤销电路

表 5-3　74LS74 双 D 触发器真值表

输入				输出	
$\overline{SD}$	R	CP	D	Q	$\overline{Q}$
0	1	×	×	1	0
1	0	×	×	0	1
0	0	×	×	¢	¢
1	1	↑	1	1	0
1	1	↑	0	0	1
1	1	0	×	Q_0	$\overline{Q_0}$

5.3　外部中断的实现

8051 单片机提供了两个外部中断源$\overline{INT0}$和$\overline{INT1}$，分别由引脚 P3.2 和 P3.3 输入外部中断请求的触发信号，因而被称为外部中断。正是由于此原因，外部中断请求还需要用户软件设置中断触发方式。

5.3.1　外部中断触发方式

8051 单片机的两个外部中断的触发方式可设置为电平触发方式和边沿触发方式两种，分别通过 IT0 和 IT1 标志位来设置。

1. 边沿触发方式

边沿触发方式下中断请求被标志寄存器锁存，直到响应中断后清除。为保证中断请求被正确采样到，外部中断引脚的负脉冲宽度要至少要保持 2 个机器周期，因为 CPU 判断有效下降沿的方法是在连续两个机器周期对中断引脚信号进行采样，如果上一个机器周期采样为高，而下一个周期采样为低，则认为出现有效的下降沿，即有中断请求，硬件置“1”中断请求标志位，直到 CPU 响应中断后标志位被清“0”。

2. 电平触发方式

电平触发方式下中断请求不被标志寄存器锁存，CPU 把每个机器周期的 S5P2 时刻采样到的外部中断引脚的电平逻辑直接赋值给中断标志寄存器。因此，要维持引脚低电平直到CPU响应中断，否则中断申请将被丢失；相反，如果低电平信号持续过长，中断返回后仍未撤销低电平，将会引发新的中断请求。

📖 两种触发方式中，电平触发方式实时性较强，边沿触发方式相对来说可靠性较强。触发方式的选择，需要依据系统使用外部中断的目的灵活采用。

5.3.2 多中断源系统硬件扩展

8051单片机为用户提供了两个外部中断源，在实际应用中遇到需要较多的外部中断源场合时，可以对外部中断进行扩展。扩展方法主要有两种：一种是多中断并联查询法，另一种是外部计数器法。后一种方法涉及单片机定时/计数器，本章不予介绍，下面只介绍多中断并联查询法。

图5-4所示为多中断源并联系统硬件扩展图。在此中断系统中存在5个外部中断源IR0～IR4，中断请求均为高电平有效。外部中断源IR0经非门后，变成低电平，可申请触发$\overline{\text{INT0}}$请求。同样外部中断源IR1～IR4中任何一个中断源提出中断请求后都能触发$\overline{\text{INT1}}$，因此在CPU响应$\overline{\text{INT1}}$后，需要在中断服务程序中查询P1.0～P1.3的状态，来确定哪个中断源触发了中断，从而提供不同的中断服务。4个外部中断源的中断优先级取决于中断服务程序中P1.0～P1.3的查询次序。

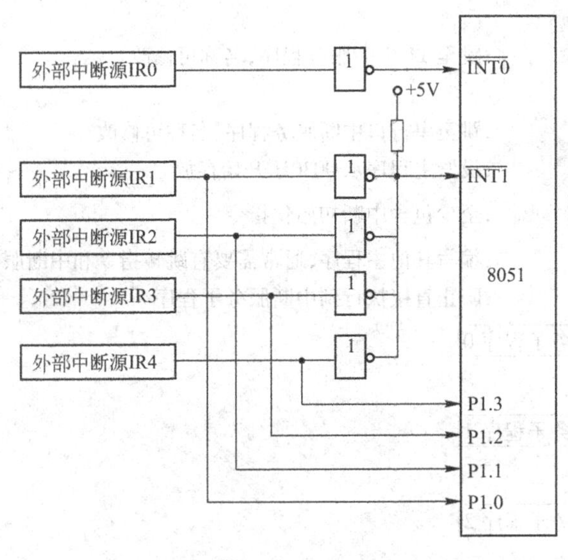

图5-4 多中断源并联系统硬件扩展图

5.4 中断系统程序设计

中断系统的软件设计通常包括中断初始化、中断向量设置以及中断服务子程序设计等几个方面，中断系统的设计的具体任务如下。

- 明确中断源，正确设置中断向量，即中断服务程序入口地址的确定。

● 在主程序中完成IE、IP等寄存器相关标志位的中断初始化工作。
● 明确中断服务任务，编写中断服务程序，保护好主程序相关寄存器内容，完成中断任务，正确返回主程序断点。

5.4.1 中断程序基本结构

8051单片机的中断程序框架结构相对固定，每个中断源都有固定的中断入口地址，因此掌握了中断程序的基本框架就掌握了中断程序设计的基本方法，以下分别介绍汇编语言和C51的中断程序结构。

1. 汇编语言中断程序结构

8051单片机汇编语言中断程序结构可以采用以下通用的形式，为了方便读者使用，结构中给出了所有中断源的框架结构，读者可根据实际情况进行删减。

```
        ORG     0000H
        LJMP    MAIN            ;跳至主程序,MAIN为主程序标号,名称可修改
        ORG     0003H;
        LJMP    INT0            ;跳至外部中断0服务程序,名称可修改
        ORG     000BH;
        LJMP    INT1            ;跳至T0中断服务程序,名称可修改
        ORG     0013H;
        LJMP    INT2            ;跳至外部中断1服务程序,名称可修改
        ORG     001BH;
        LJMP    INT3            ;跳至T1中断服务程序,名称可修改
        ORG     0023H;
        LJMP    INT4            ;跳至串行口中断服务程序,名称可修改
        ORG     0030H           ;设置主程序从0030H开始存放
MAIN:   [主程序]                ;至少包含中断初始化指令
                                ;编写其他主程序,通常需要有跳转指令和中断服务子程序隔离,
        ⋮                       ;防止直接执行到中断服务子程序
INT0:   [中断服务子程序0]
        RETI
INT1:   [中断服务子程序1]
        RETI
INT2:   [中断服务子程序2]
        RETI
INT3:   [中断服务子程序3]
        RETI
INT4:   [中断服务子程序4]
        RETI
        END                     ;所有程序结束
```

读者可根据实际情况在主程序和中断服务子程序中添加相应的应用程序，主程序之前的中断向量地址一定要由小到大顺序写入。中断服务子程序要尽量精简（少）；以提高处理器或者系统的效率和实时性。

对于没有使用的中断源，建议也采用上述安排，只需要在对应的中断服务子程序处放置两条“NOP”（空操作）指令，防止单片机受到干扰触发中断后引起程序“飞车”。

2. C51 中断程序结构

8051 单片机 C51 程序结构也有固定的结构，其中断服务函数的一般结构形式为：

```
函数类型 函数名( )[interrupt n] [using i]
```

C51 编译器扩展增加了关键字 interrupt，使用这个关键字可以将一个函数定义成中断服务函数，其中，n 为中断类型号，取值范围为 0 ~ 4，用以区分 5 个中断源，中断类型号与中断源及中断向量关系如表 5-4 所示。

表 5-4　8051 中断号与中断源及中断向量关系

中　断　号	中　断　源	中断向量地址
0	外部中断 0	0003H
1	定时器/计数器 T0	000BH
2	外部中断 1	0013H
3	定时器/计数器 T1	001BH
4	串行口中断	0023H

除此之外，C51 还扩展了关键字 using，i 的取值范围为 i = 0 ~ 3，分别对应工作寄存器组的 0 区 ~ 3 区，即指明将工作寄存器组安排在哪个区域，类似前面介绍的通过 PSW 寄存器中的 RS1 和 RS0 来选择工作寄存器组区。

如果使用［using i］选项，编译器不产生保护和恢复 R0 ~ R7 的代码，执行速度会快些。此时，中断函数及其调用的函数必须使用同一区域的工作寄存器组，否则会破坏主程序的现场。如果不使用［using n］选项，中断函数和主程序使用同一区域的工作寄存器组，在中断函数中编译器自动产生保护和恢复 R0 ~ R7 现场，执行速度慢些。一般来说，主程序和低优先级中断使用同一组工作寄存器，而高优先级中断可使用选项［using n］指定工作寄存器组。

以下给出不指定工作寄存器组 C51 中断程序基本框架，读者可在此框架上编写相应的应用程序。

```
#include   < reg51. h >
void main( )
{
    …                          ;中断初始化及其他程序
}
void int0( ) interrupt 0       ;外部中断 0 服务程序,函数名称可修改
{
```

```
    …               ;设置中断服务子程序
}
void int1( ) interrupt1       ;定时器 0 中断服务程序,函数名称可修改
{
    …               ;设置中断服务子程序
}
void int2( ) interrupt 2      ;外部中断 0 服务程序,函数名称可修改
{
    …               ;设置中断服务子程序
}
void int3( ) interrupt 3      ;定时器 1 中断服务程序,函数名称可修改
{
    …               ;设置中断服务子程序
}
void int4( ) interrupt 4      ;串行口中断服务程序,函数名称可修改
{
    …               ;设置中断服务子程序
}
```

📖 中断函数名为标识符，一般以中断名称表示，力求简明易懂，如 timer0 等，函数命名要遵循相应的原则，避免和系统关键字冲突。

5.4.2 中断初始化程序设计

中断初始化程序设计主要涉及中断允许和中断优先级设置等。中断允许即中断开放，需要开放相应中断，只需要将 IE 寄存器中相应的标志位置“1”即可。另外中断开放时应尽量遵循逐级开放的原则，即先开放子中断允许，再开放总中断允许。中断优先级要根据实际情况进行合理设置，以保证单片机能及时响应对应的中断，提高单片机处理事务的实时性。优先级设置只需要配置 IP 寄存器即可，将对应的标志位置“1”后可配置成高优先级。

【例 5-3】 编写中断初始化子程序，允许两个定时/计数器溢出后申请中断，同时设置为高优先级，允许外部中断 0 采用边沿触发方式申请中断，屏蔽外部中断 1 和串行口中断。

根据 IE 和 IP 寄存器的格式，以下分别给出汇编语言和 C51 初始化程序。

- 汇编语言程序

```
MOV   IP,#0AH
MOV   TCON,#01H
MOV   IE,#8BH
```

● C51 程序

```
#include <reg51.h>
main()
{   IP = 0x05;
    TCON = 0x01;
    IE = 0x8E;
}
```

上述程序均采用字节操作的形式，读者亦可自己改成位操作的形式。

5.4.3 中断服务子程序设计

8051 单片机响应中断请求后，就进入中断服务子程序，开始为中断源提供中断服务。一般来说为了实现特殊的要求，中断服务子程序中通常需要进行关中断、开中断和现场保护等相关操作。图 5-5 为中断服务子程序的基本操作流程，在图 5-5 中，涉及关中断、开中断、现场保护、中断服务、现场恢复、中断返回等环节，下面针对主要环节加以说明。

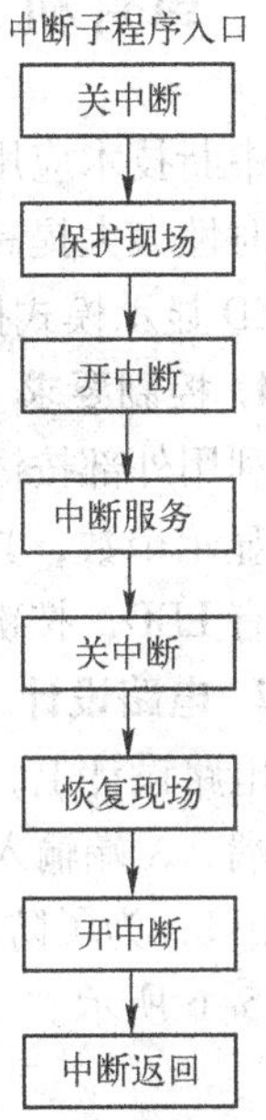

中断子程序入口 → 关中断 → 保护现场 → 开中断 → 中断服务 → 关中断 → 恢复现场 → 开中断 → 中断返回

图 5-5 中断服务子程序的基本操作流程

（1）关中断与开中断

由于中断服务子程序不可避免地要使用到一些寄存器或者存储单元，从而改变其中的内容。为了防止这些信息的改变影响到主程序的正常运行，通常要对这些寄存器或者存储单元进行现场保护。而在现场保护时，有可能还有更高级的中断被响应，因此为了可靠地完成现场保护工作，通常在现场保护前先关闭中断，防止中断嵌套，等现场保护结束后再开放中断。同样现场还原时，也需要进行开、关中断操作。

（2）中断服务

中断服务就是为中断请求提供相应服务，具体内容要根据实际的设计任务来进行编写，在服务的过程中还需要考虑是否允许中断嵌套。

（3）中断返回

当中断服务结束后，需要采用“RETI”指令实现中断返回功能，它是中断服务程序的最后一条指令，表明中断服务结束。CPU 执行该指令后还可以实现清零优先级状态触发器和返回断点处继续执行程序的功能。这里以一个简单的中断服务子程序来说明中断服务子程序设计时需要考虑的问题。

```
INT1: CLR EA          ;关闭总中断,开始进行现场保护
      PUSH ACC        ;进行现场保护
      PUSH PSW
      PUSH 30H
      SETB EA         ;保护结束后,开放中断,允许嵌套
```

```
…                    ;设计相应功能的中断服务程序
CLR EA               ;关闭总中断,开始进行现场还原
POP 30H              ;进行现场还原
POP PSW
POP ACC
SETB EA              ;还原结束后,开放中断
RETI                 ;中断返回
```

5.5 单片机 LED 显示模式控制设计实例

中断技术应用极为广泛，能有效提高单片机处理相关事件的速度，使得单片机控制系统的实时性大大提高，中断技术涉及定时/计数器、外部设备、串行通信等多个环节。本节先以 LED 显示模式控制为例来说明单片机外部中断应用的基本原理和方法。

1. 控制要求

利用外部按键实现 LED 显示循环顺序控制，要求采用中断方式。通过按键次数改变 LED 显示个数，具体为：按键 1 次点亮一个 LED，按键 2 次点亮 2 个 LED，…，按键 8 次点亮所有 LED，按键 9 次关闭所有 LED，按键 10 次点亮一个 LED，以此类推。

2. 电路设计

电路设计上，选用 8 路反码输出的单线驱动器 74LS240，A0 ~ A7 为输入端，Y0 ~ Y7 为输出端，A 端输入“1”时，Y 端输出“0”，呈反向特性。74LS240 的输入端接 8051 单片机的 P1 口，为了防止电流过大，采用排阻实现 LED 限流功能。LED 显示模式控制硬件电路图如图 5-6 所示。

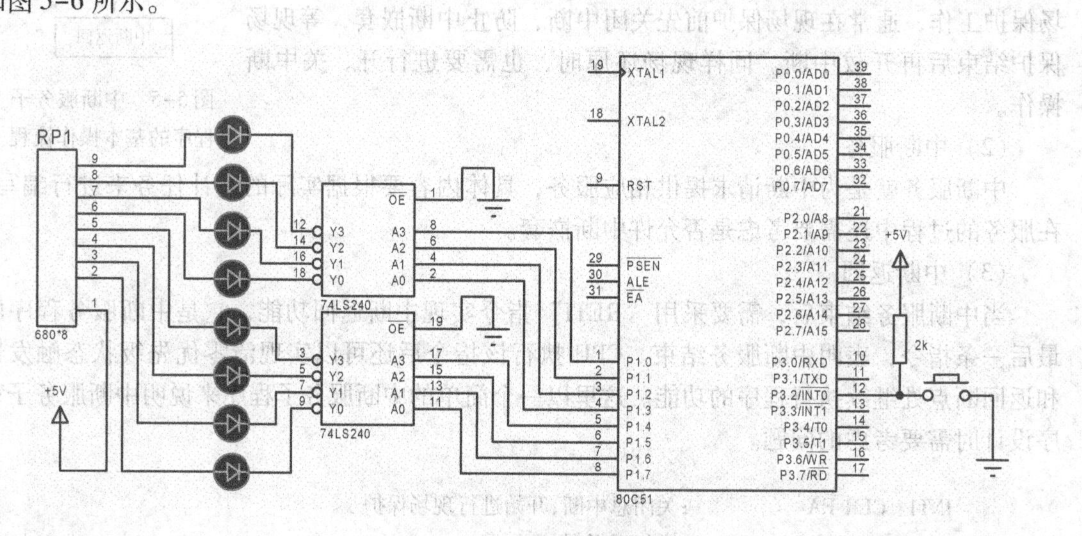

图 5-6 LED 显示控制硬件电路图

3. 程序设计

程序设计上采用移位的方式实现，将进位标志位置“1”，每按一次键，逻辑左移一位，累加器 A 中“1”的个数增加 1 个，输出至 P1 口控制 LED 亮灭。同时统计按键次数，次数

到 8 次之后，又恢复为初始状态，从而实现循环点亮 LED 个数的功能。另外，因为不同人按键时间不同，为了防止按键长时间未松开而多次触发中断，中断触发采用边沿触发方式。程序设计相对比较简单，以下分别给出汇编语言和 C 语言源程序，读者可在此基础上改动程序实现多种控制功能。

● 汇编语言程序

```
        ORG   0000H
        LJMP  MAIN              ;跳转到主程序入口
        ORG   0003H;
        LJMP  ZD0               ;跳转到中断服务程序入口
MAIN:   MOV SP,#50H             ;设置堆栈
        SETB IT0                ;边沿触发方式
        SETB EX0                ;开中断
        SETB EA;
        MOV P1,#00H             ;设置 8 个 LED 全灭
        MOV A,#00H              ;初始化 A
        MOV R7,#0               ;初始化计数次数
        AJMP  $                 ;等待中断
ZD0:    CJNE R7,#08H,NEXT       ;判断是否到了 8 次
        MOV A,#00H              ;参数重新初始化
        MOV P1,A
        MOV R7,#00H
        RETI
NEXT:   SETB C                  ;移位一次,增加点亮 LED 个数
        RLC A
        MOV P1,A                ;数据输出
        INC R7                  ;次数加 1
        RETI
        END
```

● C 语言程序

```
#include <REG51.h>
#define uchar unsigned char
uchar keynumber;                        //统计按键次数变量
uchar keyval;                           //数据输出变量
void int0() interrupt 0                 //外部中断 0 服务子程序
{ if (keynumber==8)                     //次数到 8 次,重新初始化
    { keynumber=0;
      keyval=0;
      P1=keyval;                        //数据输出
    }
  else
```

```
    {  keynumber ++;            //次数加 1
       keyval = keyval<<1;       //逻辑左移
       keyval = keyval | 0x01;   //由于 C51 中逻辑左移时,低位默认补零,所以通过人为方式
                                 //进行低位补 1 操作
       P1 = keyval;              //数据输出
    }
  }
main()
{  IT0 = 1;                     //设置边沿触发方式
   EX0 = 1;                     //开放相关中断
   EA = 1;
   P1 = 0x00;                   //数据初始化
   keynumber = 0;
   while(1)
   { ;}
}
```

5.6 知识与拓展

在介绍完中断的基本原理和应用方法后，为了进一步加深读者对中断的认识，本节将以一些简单的实例来说明单片机中断系统的配置和应用。

5.6.1 利用外部中断实现脉冲计数

8051 单片机内部集成了 2 路外部中断$\overline{\text{INT0}}$和$\overline{\text{INT1}}$，利用外部中断实现外部脉冲信号的计数功能可以非常方便地实现诸如生产线上产品数量测量要求，同时稍加改进或扩展后还可以实现外部脉冲信号的频率（或者周期）测量，还有应用较为广泛的电机转速测量。

1. 设计要求

利用 8051 单片机外部中断 0（$\overline{\text{INT0}}$）引脚对外部脉冲信号进行计数，将脉冲个数统计在内部 RAM 30H 单元中。同时可以利用单片机 P1.0 口控制一个 LED 亮、灭状态变化来辅助指示或者统计脉冲个数，以便和 30H 单元中统计的个数进行比较来验证脉冲个数是否统计正确。

2. 硬件设计

由于机械按键在按键过程中存在抖动现象，因此设计了由 74LS00 和 74LS04 组成的单脉冲发生器电路，实现了按键的硬件消抖。按键开关拨向 A 端或 B 端，可得到波形倒相的脉冲，将脉冲输出端连接到单片机的外部中断 0 引脚即可实现脉冲输入。LED 指示采用灌电流形式连接至单片机的 P1.0 引脚，令 P1.0 引脚输出高电平或者低电平即可实现 LED 的闪烁，设计的按键次数统计电路原理图如图 5-7 所示。

3. 软件设计

软件设计相对比较简单，主要包含中断初始化子程序和中断服务子程序两部分。需要注

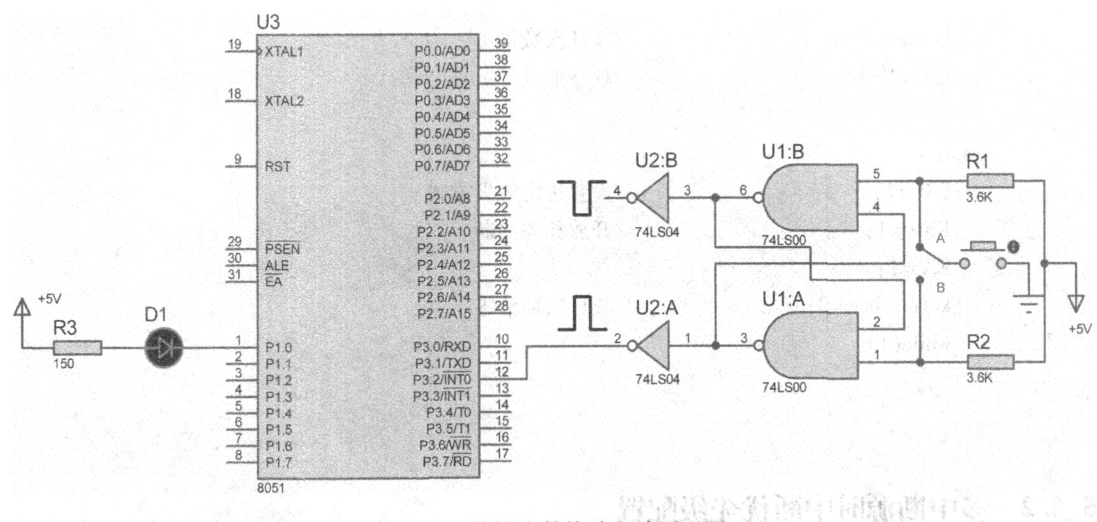

图 5-7　按键次数统计电路原理图

意的是，中断服务子程序只包含 P1.0 状态取反和统计按键次数加 1 这两部分功能的指令，指令执行时间较短。如果中断采用低电平触发方式且按键时间较长时，容易触发多次中断，因此触发方式设置为下降沿触发更为合适，以下分别给出完成的汇编语言源程序和 C 语言源程序。

● 汇编语言源程序

```
        ORG 0000H
        LJMP START
        ORG 0003H
        LJMP WB0
        SETB IT0              ;设置为边沿触发方式
        SETB EX0              ;开放外部中断 0
        SETB EA               ;开放总中断
        MOV 30H,#00H          ;统计次数清零
        AJMP $;等待中断
WB0:    INC30H;统计次数加 1
        CPL P1.0;状态取反
        RETI
        END
```

● C 语言源程序

```
#include <REG51.h>
#include <absacc.h>
#defineuchar unsigned char
sbit led = 0x90;
#definekeynumber DBYTE[0X30]          //定义统计按键次数变量
void int0( ) interrupt 0              //外部中断 0 服务子程序
```

```
    {   keynumber ++ ;                    //统计次数加 1
        led = !led;                       //状态取反
    }
main( )
    {   IT0 = 1;                          //设置边沿触发方式
        EX0 = 1;                          //开放相关中断
        EA = 1;
        keynumber = 0;                    //统计次数清零
        while(1)
        {;}
    }
```

5.6.2 多中断源时中断优先级配置

在单片机系统中经常需要配置多个中断，由于中断事件都是需要及时处理的，因此需要根据中断事件的轻重缓急合理配置中断的优先级。当有新的中断源提出中断请求时，中断系统需要判断当前是否有中断正在处理，还需要判断是否有其他中断请求正在等待响应。中断系统会根据当前中断执行情况和中断请求等待情况来决定是否马上响应新提出的中断请求，详细的中断请求响应处理流程如图 5-8 所示。当一个中断服务完成后，中断系统会清除该中断请求标志（串行口除外），并判断是否有被挂起的中断，有的话选择优先级最高的执行。

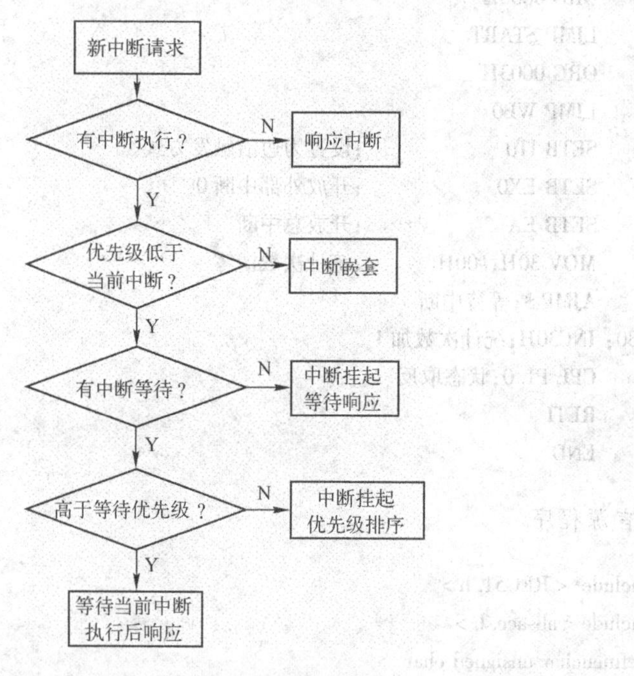

图 5-8　中断请求响应处理流程

8051 单片机的高低优先级是通过中断优先级控制寄存器（IP）进行设置的，对应标志位为“1”时，该中断源被设置为高优先级，否则为低优先级。同级或者低优先级的中断源不能被嵌套，只有高优先级的中断源能嵌套低优先级的中断源。同级优先级的中断源同时提出中断请求时，其响应顺序依次为：$\overline{\text{INT0}}$、T0、$\overline{\text{INT1}}$、T1、串行口。也就是说如果5个中断源优先级相同时，任何一个中断源都无法嵌套其他中断源，但是它们同时提出中断请求时，按照上述顺序进行响应。如果将$\overline{\text{INT0}}$、T0、T1、串行口设置为低优先级，$\overline{\text{INT1}}$设置为高优先级，那么$\overline{\text{INT0}}$、T0、T1、串行口这4个中断源之间无法相互嵌套，但是$\overline{\text{INT1}}$可以嵌套设置为低优先级的4个中断源。

5.7 思考题

1. 填空题

（1）8051单片机共有（　　）个中断源，支持（　　）级优先级，当所有中断源同处于低优先级时，中断响应顺序为（　　　　　　　　　　　　　　　　）。

（2）8051单片机外部中断0（$\overline{\text{INT0}}$）的中断入口地址为（　　），定时/计数器1（T1）的中断入口地址为（　　）。

（3）8051单片机外部中断源有（　　）和（　　）两种中断触发方式，分别通过（　　）和（　　）标志位进行设置。

（4）当优先级寄存器IP=00010100B时，5个中断源中，优先级最高的为（　　），优先级最低的为（　　）。

（5）8051单片机响应中断后，首先把当前的（　　）值压入堆栈，然后把对应中断源的入口地址装入（　　），从而转入中断服务子程序的执行。

（6）中断返回时，首先把（　　）中的内容弹出，送至（　　），从而又回到原有程序处继续执行程序。

2. 选择题

（1）下列说法正确的是（　　）。

A. 所有中断源发出的中断请求信号，都会标记在IE寄存器中

B. 所有中断请求信号，在CPU相应中断后都会被自动清除

C. 所有中断源发出的中断请求信号，都会标记在IP寄存器中

D. 所有中断源发出的中断请求信号，都会标记在TCON和SCON寄存器中

（2）CPU确认中断查询后，下列哪个指令执行完后能立即响应中断（　　）。

A. SETB EA　　B. RETI　　C. CLR EX0　　D. MOV A，R1

（3）下列对于8051单片机中断优先级问题描述正确的是（　　）。

A. 当中断源都为低优先级时，中断响应顺序按照申请时间先后来判断

B. 在同一时间有多个同级优先级的中断源请求中断，系统无法分辨

C. 低优先级不能中断高优先级中断，高优先级也不能中断低优先级

D. 同级优先级可以支持中断嵌套

（4）当中断优先级寄存器IP=00010000B时，8051响应中断的顺序为（　　）。

A. INT0、T0、INT1、T1、串行口　　B. T0、INT0、INT1、T1、串行口

C. INT1、INT0、T0、T1、串行口　　D. 串行口、INT0、T0、INT1、T1

3. 判断题

（1）只要中断允许寄存器 IE 中的 EA＝1，那么中断请求就一定能够得到响应。（　）

（2）CPU 和外设之间的数据传送方式采用查询方式的效率要比中断方式效率更高。（　）

（3）INT0、T1、INT1、T0、串行口中断优先排列顺序不能实现。（　）

（4）中断过程中的现场保护和断点保护都是单片机自动完成的。（　）

（5）8051 单片机的 5 个中断源都有固定的中断入口地址。（　）

（6）无论什么情况下 T0 中断请求都无法打断正在响应的 INT0 中断。（　）

（7）8051 响应中断后，中断请求标志位都将被自动清除。（　）

（8）中断服务子程序的最后一条指令可以是 RETI 也可以是 RET。（　）

（9）在同一时间有多个中断源提出中断请求时，8051 将无法分辨。（　）

4. 简答题

（1）为什么 8051 在很多时候不能立即响应中断？通常中断响应时间范围是多少？

（2）单片机正在执行 RETI 指令时能否立即响应中断？为什么？

（3）外部中断 1 的控制主要涉及哪几个寄存器？作用分别是什么？

（4）什么是中断系统的断点？中断服务子程序的现场保护需要保护哪些信息？

（5）外部中断触发方式有哪几种？它们的区别是什么？

（6）外部中断采用电平触发方式时，为什么触发信号持续时间不能过短或过长？

（7）哪些中断请求标志位可自动清除？哪些需要手动清除？为什么？

5. 综合题

（1）为 8051 单片机设计一套支持 8 个外部中断源的中断控制系统，给出对应的硬件电路，并编写相应的控制程序。

（2）根据图 5-6 所示的电路图，请编写程序实现“按键 1 次点亮 2 个 LED，按键 2 次点亮 4 个 LED，按键 3 次点亮所有 LED，按键 4 次关闭所有 LED，按下 5 次键点亮 2 个 LED …”的功能。

第6章　定时/计数器

在数字电路、计算机系统以及各种工业检测和控制过程中，经常需要用到定时/计数信号。定时就是通过硬件或软件的方法产生一个时间基准，以此来实现系统的定时或延时控制。例如，在采用光电编码器进行直流电动机转速测量时，就需要在固定的时间间隔读取光电编码器脉冲个数，这里同时用到定时和计数。实现定时的方法有硬件定时、软件定时、可编程的定时/计数器法3种方法。

硬件定时方法是采用固定的定时电路，如由小规模集成电路NE555和电阻、电容等器件。该方法电路简单，也能通过改变电阻电容值来改变定时时间。但是调整范围较小，当定时时间调整较大时，需要重新设计电路，因此使用起来不方便。

软件定时方法就是设计专门的延时子程序，因为单片机每条指令都有固定的执行时间，因此延时子程序中所有指令执行时间的总和就是程序的延时时间。该方法只需要简单改变程序就可实现不同的延时时间，因此使用起来较为灵活、方便；但是由于每一条指令都要耗费CPU时间，因此对于CPU来说，效率不高，所以该方法不适合应用于较大延时的场合。

可编程定时/计数器方法是利用专用的可编程定时/计数器芯片，通过程序控制芯片工作方式，定时结束后通过特定的方法通知CPU，从而实现定时要求。该方法综合硬件定时和软件定时的优点，占用CPU时间少，只需要简单的程序控制即可。通过软件可以非常方便地修改定时时间，从而满足各种应用场合的需要，因此在微型计算机系统的设计和应用中得到非常广泛的应用。

8051单片机内部集成有两个16位的定时/计数器，可实现定时和计数两种功能，并且具有多种工作方式可供选择。本章以8051单片机内部集成的定时/计数器为例来说明其工作原理和控制方法。

6.1　定时/计数器工作原理及其控制

为了使8051单片机实现定时和计数功能，其在内部集成有两个16位可编程定时/计数器，称为定时/计数器0（T0）和定时/计数器1（T1）。为了方便后续的描述，将两个定时/计数器简称为T0和T1。两个定时/计数器都具有定时和计数功能，可编制程序设定其工作方式。

6.1.1　内部结构和工作原理

1. 内部结构

图6-1所示为8051单片机定时/计数器的内部结构框图，CPU通过内部总线与定时/计数器进行信息交换。定时器T0由特殊功能寄存器TH0和TL0组成，定时器T1由特殊功能寄存器TH1和TL1组成。TH0（TH1）表示高8位，TL0（TL1）表示低8位。控制器TCON用于控制T0和T1的启动、停止以及溢出标志设置等；TMOD寄存器用来设置定时/计数器的工作方式。

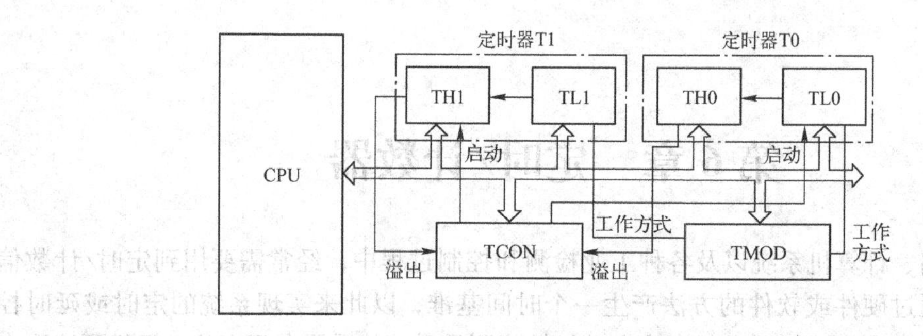

图 6-1　8051 单片机定时/计数器的内部结构框图

2. 工作原理

T0 和 T1 的工作原理基本一致，为了方便描述，以 T0 工作在 16 位的工作方式下为例来说明定时/计数器的基本工作原理。16 位工作方式下，TH0 和 TL0 组成了 16 位的定时计数器，当两个寄存器初值均为 0 时，如果启动 T0 工作后，T0 会对特定的脉冲信号进行计数工作，计数的本质就是每来一个计数脉冲计数器自动加 1。当低 8 位 TL0 由 0 计至最大值 255 时，再来一个计数脉冲，TL0 会自动清 "0"，同时往高 8 位 TH0 进位；依此类推，直到高 8 位也清 "0"，此时称为 T0 溢出。T0 溢出后会自动置 "1" 溢出标志位，CPU 会定期检查溢出标志位是否为 "1" 来判断是否溢出。

6.1.2　功能及其控制

8051 单片机定时/计数器具有定时和计数两种功能，可以通过特殊功能寄存器 TMOD 来设置。

1. 定时/计数器的功能

无论是定时还是计数，其本质都是加法计数器，只是计数的基准脉冲不同，这里以 T0 为例来说明定时/计数器的功能和控制，T1 的工作情况与 T0 相同。

(1) 定时功能

当 T0 被配置成定时器时，其功能是对 8051 时钟信号的十二分频信号进行计数，因此计数信号的周期就是 1 个机器周期，所以其本质就是每隔 1 个机器周期，计数值加 "1"。单片机的外接晶振频率固定后，其机器周期也是固定的，根据计数次数和计数周期的乘积就可以得到计数时间，从而实现定时功能。

(2) 计数功能

当 T0 被配置成计数器时，其功能是对外部输入的脉冲信号进行计数，计数频率取决于外部信号的频率，外部脉冲通过单片机的 T0 (P3.4) 引脚输入。T0 工作于计数模式下时，单片机在每个机器周期的 S5P2 对 T0 (P3.4) 引脚进行采样。如果前一个机器周期采样为高电平，后一个采样机器周期为低电平，单片机将其判断为一个有效的计数脉冲，在下一个机器周期的 S3P1 对 T0 执行加 "1" 操作。

📖 采样计数脉冲过程是在两个机器周期中进行的，因此外部输入的脉冲频率不能高于晶振频率的 1/24，如晶振频率为 12 MHz，输入信号的频率要低于 0.5 MHz。

---

2. 定时/计数器的控制

对于可编程定时/计数器，为了能保证实现期望的定时或者计数要求，使用前必须对其进行初始化工作。初始化工作主要包括工作模式和工作方式等设置，主要涉及以下几个寄存器。

（1）控制寄存器 TCON

TCON 为 8 位特殊功能寄存器，字节地址为 88H，支持位寻址。该寄存器主要用于定时/计数器的启动、停止控制和溢出查询，TCON 控制寄存器的具体格式如下。

位顺序	D7	D6	D5	D4	D3	D2	D1	D0
位名称	TF1	TR1	TF0	TR0	IE1	IT1	IE0	IT0

1）TF0 为 T0 的溢出标志位，当 TF0 = 1 时，表示 T0 已经溢出；TF0 = 0 时，表示 T0 未溢出。该标志位可用于判断定时器是否溢出，若定时/计数器溢出后允许中断，该标志位可用于定时/计数器溢出中断请求标志位。

2）TR0 为 T0 的启动和停止控制位，当 TR0 = 1 时，启动 T0 计数；TR0 = 0 时，停止 T0 计数。

3）TF1 为 T1 的溢出标志位，当 TF1 = 1 时，表示 T1 已经溢出；TF1 = 0 时，表示 T1 未溢出。该标志位可用于判断定时器是否溢出，若定时/计数器溢出后允许中断，该标志位可用于定时/计数器溢出中断请求标志位。

4）TR1 为 T1 的启动和停止控制位，当 TR1 = 1 时，启动 T1 计数；TR1 = 0 时，停止 T1 计数。

TCON 寄存器其他位的作用和含义已在中断章节中进行了介绍，在此不再赘述。

📖 当定时器工作于查询方式下时，溢出标志位需要用户通过程序方式将其清除；若工作于中断方式下时，当 CPU 响应中断后，溢出标志位由片内硬件自动清除。

（2）工作方式寄存器 TMOD

TMOD 寄存器用于设定两个定时/计数器的工作模式和工作方式，该寄存器的字节地址为 89H，不支持位寻址。高 4 位设置 T1 的工作方式，低 4 位设置 T0 的工作方式。TMOD 寄存器的具体格式如下。

	T1 控制位				T0 控制位			
位顺序	D7	D6	D5	D4	D3	D2	D1	D0
位名称	GATE	$C/\overline{T}$	M1	M0	GATE	$C/\overline{T}$	M1	M0

1）M1 M0，工作方式设置标志位，主要用于设定定时/计数器的工作方式，具体设定方法如下。

```
M1  M0
0   0   方式 0(13 位工作方式)
0   1   方式 1(16 位工作方式)
1   0   方式 2(8 位工作方式)
1   1   方式 3(8 位工作方式,只有 T0 有方式 3)
```

2）$C/\overline{T}$用于设定定时/计数器的工作模式，$C/\overline{T}=1$ 时，表示工作于计数工作模式下，对外部输入的脉冲信号进行计数；$C/\overline{T}=0$ 时，表示工作于定时工作模式下，用于单片机内部的定时控制。

3）GATE 为门控位，控制定时/计数器启动的工作条件，以 T0 为例进行说明门控位的作用。当 GATE =0 时，只需要 TR0 =1 即可启动定时/计数器 0 计数；当 GATE =1 时，需要 TR0 =1 且 P3.2 引脚为高电平时，才能启动 T0 计数。

图 6-2 给出了 T0 的逻辑结构框图，通过逻辑结构图可以详细了解定时/计数器的工作过程。C/$\overline{T}$用于控制开关的切换，用于选择计数器的计数脉冲信号源，从而实现定时或者计数功能。为了使计数脉冲信号能够进入定时/计数器，需要控制端处开关闭合，开关闭合需要 2 个条件，即 TR0 =1 且 A =1。当 GATE =0 时，无论单片机外部中断 0（P3.2）引脚输入是逻辑“1”还是逻辑“0”，均能使 A =1；而当 GATE =1 时，要求单片机外部中断 0 引脚必须是逻辑“1”（高电平）状态才能使 A =1。

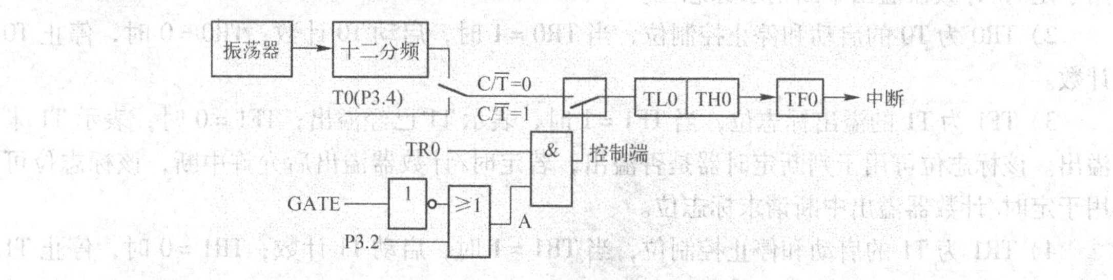

图 6-2　T0 逻辑结构框图

📖 以上以 T0 为例，说明 GATE 对于启动计数器计数的影响分析，同样适用于 T1。

（3）初值寄存器

8051 单片机的两个定时/计数器 T0 和 T1，分别配有两个初值寄存器（也是计数器），T0 对应为 TH0（高 8 位）和 TL0（低 8 位），T1 对应为 TH1（高 8 位）和 TL1（低 8 位），为了方便描述，以下简称 THX 和 TLX。启动定时/计数器工作前，需要把定时/计数器的初值赋给上述两个初值寄存器，启动定时/计数器工作后，初值寄存器就变成了计数器功能，计数过程都在上述寄存器中进行。当定时/计数器计数溢出后，两个初值寄存器都为 0，如果需要连续定时或者计数，每次溢出后都需要重新对初值寄存器赋初值，否则将无法计数。而对于 8 位自动重装入初值的工作方式，THX（高 8 位）作为初值寄存器，TLX（低 8 位）作为计数器，具体细节在后续的工作方式中进行说明。

6.2　定时/计数器工作方式及其设置

8051 单片机定时/计数器具有 4 种工作方式，每种工作方式都有各自的特点。本节将以 T0 为例，重点介绍每种工作方式的特点和配置，以及相应的初始化子程序编写。

6.2.1　工作方式及其特点

1. 方式 0

方式 0 将 T0 配置成一个 13 位的定时/计数器，TH0 是 8 位加法计数器，TL0 为 5 位加法计数器，其中 TL0 的高 3 位没有用。当 T0 的两个计数器 TH0、TL0 都为“0”时，如果启动定时器工作，每来一个计数脉冲，计数器加 1。直到第 8192 个（2^{13}）脉冲到来后，计数器溢出，硬件自动置“1”溢出标志位TF0，完成一轮计数。因此该方式下，最大计数次数为2^{13}（8192）次（从“0”开始计数），即可用于内部定时，也可用于外部脉冲计数。单次溢出的最大定时时间为$8192 \times T_{cy}$；外部脉冲最大计数次数为8192次。

定时/计数器溢出后，可使用查询方式，也可使用中断方式对溢出进行检测。溢出后如果需要进行新一轮计数，则需要重新赋初值，因此该工作方式不具备自动重赋初值功能。

2. 方式1

方式1是16位计数器结构方式，计数器由TH0（高8位）和TL0（低8位）组成。和方式0相比，由于其为16位工作方式，计数次数更大，因此最大定时时间比方式0大，能到$2^{16} \times T_{cy}$；同样能计数的次数也比方式0多，可达65 536（2^{16}）次。基本工作原理和过程相同，同样可用作定时和计数功能；对定时/计数器溢出后的判断可使用查询方式，也可使用中断方式。计数器溢出后，要继续计数，也需要重新赋初值，因此该工作方式同样不具备自动重赋初值功能。

3. 方式2

方式2下T0被配置成一个8位的定时/计数器，其中TH0设置为预置数寄存器，TL0设置成计数器。当TL0计数器溢出为0后，在片内硬件的控制作用下，自动地把TH0中的初值赋给TL0，保证了TL0周而复始地计数。因此，方式2也被称为自动重装入初值的8位计数器工作方式。该工作方式非常适合应用于循环定时和计数的场合，如产生固定周期的连续信号。

4. 方式3

前面介绍的定时/计数器的3种工作方式，T0和T1在相关设置和使用是完全相同的。但是对于方式3，只有T0能工作在方式3下，T1是没有工作方式3的。T0在工作方式3下被分解成两个独立的8位计数器TL0和TH0，因此8051单片机相当于有了3个定时/计数器，分别为TL0、TH0和T1，以下分别介绍3个定时/计数器的特点，表6-1所示为T0在工作方式3下，TL0、TH0、T1定时/计数器资源分配。

表6-1 T0在工作方式3下定时/计数器资源分配

原名称	新名称	启动控制	溢出标志	占用资源	位数	功能
T0	TL0	TR0	TF0	GATE，$C/\overline{T}$，M1、M0，P3.2，P3.4	8	定时、计数
	TH0	TR1	TF1	P3.3	8	定时
T1	T1	×	×	GATE，$C/\overline{T}$，M1、M0，P3.5	13、16、8	定时、计数

TL0既可作为定时器又可作为计数器使用，其工作方式的设定、计数器的启动、溢出后的标志位等均沿用原来T0的资源。

TH0只能作为8位定时器使用，不能作为计数器使用。由于T0所有的控制位已经被TL0占用。为了保证TH0的相关操作，TH0占用了原来T1的TR1和TF1资源，借用了外部中断1输入引脚$\overline{INT1}$（P3.3），同时还占用了T1的中断程序入口地址。

因此，在方式3下，T0可以变成两个8位的定时器或者1个8位定时器和1个8位计数器。

T0工作在方式3时，虽然原来T1的资源TR1、TF1、$\overline{INT1}$被TH0占用了，但是TMOD中剩余的GATE，$C/\overline{T}$，M1、M0仍然保留给T1使用。T1既可计数又可定时，工作在定时模式下，T1溢出后只能送给串口，用作波特率发生器；工作在计数模式下，外部脉冲信号仍然从T1（P3.5）引脚输入。工作方式通过M1、M0来设置，但是只能选用方式0、方式1

和方式 2 这 3 种工作方式。在工作方式设定后，定时器 T1 便可自动启动计数，如要 T1 停止工作，只需要设置 M1、M0 = 11 即可。

6.2.2 定时/计数器配置及初始化

要让定时/计数器实现相应的功能，应用时需要对其进行相应的配置。在配置定时/计数器时，首先要考虑定时/计数器的功能，既是定时功能还是计数功能；选定功能后再选择相应的工作方式。

1. 定时/计数器配置

定时/计数器的配置主要包含如下基本步骤。

(1) 工作模式和方式的确定

首先根据实际应用需要，确定采用定时还是计数工作模式，确定后设置 $C/\overline{T}$ 即可，$C/\overline{T}=1$，为计数模式；$C/\overline{T}=0$，为定时模式。

根据具体的定时时间或计数次数要求，合理选择工作方式。通常需要循环计数或者要求定时或者计数精度较高时，选择方式 2；要求单次溢出的定时时间或者计数次数较大时，选择方式 1，工作方式的选择只需设置 M1 M0 即可。需要说明的是，由于 TMOD 不支持位寻址，因此对于工作模式和工作方式的配置需要采用字节寻址方式统一设置。

如需要 T0 做定时器用，工作方式选择方式 1；T1 做计数器用，工作方式选择方式 2，均不考虑门控端 GATE 的影响。根据 TMOD 寄存器格式，TMOD 设置的汇编语言和 C 语言指令如下。

● 汇编语言指令

```
MOV   TMOD,# 01100001B                  ;或者#61H
```

● C 语言指令

```
TMOD = 0x61;
```

(2) 初值计算

假设 8051 单片机外接晶振频率为 12 MHz，如果要用 T0 实现 200 μs 的定时，根据前面介绍的定时/计数器工作原理，T0 每个机器周期（$T_{cy}=1\ \mu s$）计数 1 次，计数 200 后计数时间为 200 μs（200 × 1 μs）。如果是从初值为“0”的基础上计数的，想要知道定时时间是否到了 200 μs，需要不断地判断计数次数是否到了 200 次，因此判断是否到 200 μs 的检测和控制程序相对比较麻烦。

如果计数不是从“0”开始，而是给 T0 设置一个合适的初值，让 T0 在该初值的基础上计数 200 次后溢出，那么就可以查询溢出标志位 TF0 是否为“1”来判断定时时间是否到了，当然也可采用中断方式直接申请中断。

假设令 T0 工作在方式 2，要实现 200 μs 的定时，令初值为 N，根据上面的分析可知，T0 工作在方式 2，最大计数次数为 256 次，即在初值 N 的基础上再计数 200 次后溢出，从而可以计算出初值 $N=256-200=56$。根据上面的分析，可以分别得出定时和计数模式下通用的初值计算公式，定时模式下初值计算公式如式（6-1）所示。

$$N = 2^n - \frac{t}{T_{cy}} \tag{6-1}$$

式中，N——定时/计数器初值；

n——选用的工作方式下计数器位数（方式0：13，方式1：16，方式2：8）；

t——需要的定时时间（为了统一，单位为 μs）；

T_{cy}——一个机器周期时间。

同理，计数模式下的初值计算公式如式（6-2）所示。

$$N = 2^n - X \tag{6-2}$$

式中，n——选用的工作方式下计数器位数（方式0：13，方式1：16，方式2：8）；

X——需要计数的次数。

不管处于何种工作方式，定时模式下可选用式（6-1）来计算初值，注意 T_{cy} 取决于外接晶振频率；计数模式下可采用式（6-2）来计算初值。只是不同的工作方式，n 值大小不同，从方式0到方式2，n 值分别为13、16和8。

（3）溢出判断方式设置

定时/计数器溢出后，可采用查询和中断两种方式进行溢出后的控制。为了保证CPU能及时处理定时/计数器溢出后的处理，通常采用中断方式，因此还需要开放相应的中断允许。若系统中还有其他中断，可能还需要考虑相关中断源的中断优先级安排。当然也可采用查询方式，但是在该方式下，注意手动清除溢出标志位。

2. 定时/计数器初始化

定时/计数器的初始化程序可按照上述3个步骤进行，溢出方式设置则需要根据实际需要具体编写，如采用中断方式，还需设置中断入口地址等。这里以一些简单的例子来说明。

【例6-1】 假设8051单片机外接晶振频率为12 MHz，请用单片机T0以方式0的工作方式实现5 ms的定时，试计算初值并给出初始化子程序。

（1）工作模式和方式的确定

工作方式和模式配置简单，由于不需要考虑T1，因此只需要设置TMOD的低4位为“0”即可，高4位随意，根据其功能和方式要求，C语言和汇编语言具体指令分别如下。

- 汇编语言指令

```
MOV TMOD,#00H
```

- C语言指令

```
TMOD = 0x00;
```

（2）初值计算

根据已知条件：$n = 13$，$t = 5000\ \mu s$，$T_{cy} = 1\ \mu s$。代入式（6-1），可计算出T0的计数初值 $N = 8192 - 5000/1 = 3192$。

由于方式0采用13位计数器，因此初值寄存器赋值比较特殊。首先将计算得出的初值 $N = 3\,192$ 转换成二进制，对应初值 N 的二进制数据格式如表6-2所示。

表6-2 初值 N 的二进制数据格式

位序	D15	D14	D13	D12	D11	D10	D9	D8	D7	D6	D5	D4	D3	D2	D1	D0
二进制	0	0	0	0	1	1	0	0	0	1	1	1	1	0	0	0

由于方式0为13位的计数器，因此初值 N 的最高3位始终为“0”，可以丢弃，这样初值 N 的二进制数据位数为13位。取出初值 N 的低5位（D4～D0）构成TL0的低5位，TL0

的高3位补0，即将“000D4D3D2D1D0”赋给TL0，因此TL0＝00011000B＝18H；同时将N值剩下的8位“D12D11D10D9D8D7D6D5”赋给TH0，即TH0＝01100011B＝63H。C语言和汇编语言赋初值的对应指令如下：

- 汇编语言指令

```
MOV TL0,#18H              ;TL0赋初值
MOV TH0,#63H              ;TH0赋初值
```

- C语言指令

```
TL0 = 0x18;
TH0 = 0x63;
```

（3）溢出判断方式设置

由于要求中没有明确规定，因此采用查询方式和中断方式均可。

（4）初始化子程序

对于初始化子程序，只需要完成TMOD、TH0、TL0等寄存器的初始化操作即可，具体的汇编语言和C语言初始化程序如下所示。

- 汇编语言程序

```
        ORG 0000H
        AJMP START
START:  MOV TMOD,#00H         ;定时模式,工作方式0
        MOV TL0,#18H          ;TL0赋初值
        MOV TH0,#63H          ;TH0赋初值
        …                     ;设计其他程序
```

- C语言程序

```
#INCLUDE <REG51.H>
main()
{  TMOD = 0x00;                   //工作方式0,定时工作模式
   TL0 = 0x18;                    //TL0赋初值
   TH0 = 0x63;                    //TH0赋初值
   …                              //设计其他应用程序
}
```

【例6-2】 假设8051单片机外接晶振频率为12 MHz，T0工作在方式1下实现50 ms的定时，计算初值并给出初始化子程序。

根据已知条件：$n=16$，$t=50\,000\ \mu s$，$T_{cy}=1\ \mu s$。代入式（6-1），可计算出T0的计数初值$N=65\,536-50\,000/1=15\,536$。

方式1采用16位计数器，因此只要将上述计算出的初值转换成十六进制后分别赋给TH0和TL0即可。$N=15\,536=3CB0H$，将高8位3CH赋给TH0，将低8位B0H赋给TL0。

以下分别给出汇编语言和C语言的初始化子程序。

● 汇编语言程序

```
        ORG 0000H
        AJMP START
START:  MOV TMOD,#01H       ;定时模式,工作方式1
        MOV TL0,#0B0H       ;TL0 赋初值
        MOV TH0,#3CH        ;TH0 赋初值
        …
```

● C 语言程序

```
#INCLUDE <REG51. H>
main()
{   TMOD = 0x01;               //工作方式1,定时工作模式
    TL0 = 0xB0;                //TL0 赋初值
    TH0 = 0x3C;                //TH0 赋初值
    …                          //设计其他应用程序
}
```

【例6-3】 假设8051单片机外接晶振频率为6 MHz，T0工作在方式1下实现定时100 ms后申请中断，T1工作在方式2下计数100次后申请中断，计算初值并编写相应程序。

根据已知条件分别计算T0和T1的初值，对于T0，$n = 16$，$t = 100\,000\ \mu s$，$T_{cy} = 2\ \mu s$。代入式（6-1），可计算出T0的计数初值$N = 65\,536 - 100\,000/2 = 15\,536 = 3CB0H$。

对于T1，$n = 8$，$X = 100$，代入式（6-2），可计算出T1的初值$N = 256 - 100 = 156 = 9CH$。

根据工作方式和模式要求，TMOD值设置为：61H，根据上面计算得出的初值，分别将初值赋给对应的初值寄存器即可。另外由于T0和T1溢出后都要申请中断，所以还需要开放中断允许。以下分别给出汇编语言和C语言的初始化子程序。

● 汇编语言程序

```
        ORG 0000H
        AJMP START
        ORG 000BH
        AJMP DS0
        ORG 001BH
        AJMP DS1
START:  MOV TMOD,#61H       ;设置 T0 和 T1 的工作方式
        MOV TH0,#3CH        ;T0 赋初值
        MOV TL0,#0B0H
        MOV TL1,#9CH        ;T1 赋初值
        SETB ET0            ;开放相关中断
        SETB ET1
        SETB EA
        …                   ;设置其他程序
DS0:    MOV TH0,#3CH        ;T0 重赋初值
        MOV TL0,#0B0H
```

```
        …                    ;补充中断应用子程序
        RETI                 ;中断返回
DS1:    …                    ;补充中断应用子程序
        RETI                 ;中断返回
```

- C 语言源程序

```
#INCLUDE <REG51. H>
void T0( )interrupt 1               //指明中断类型号为 1
{   …                               //补充相应的控制程序
    TH0 = 0x3C;
    TL0 = 0xB0;                     //手动重赋初值,连续计数
}
void T1( )interrupt 3               //指明中断类型号为 3
{
    …                               //补充对应控制程序,方式 2 能自动重装入初值
}
main( )
{   TMOD = 0x61;                    //工作方式 2,定时工作模式
    TH0 = 0x3C;
    TL0 = 0xB0;                     //T0 赋初值
    TL1 = 0x9C;                     //T1 赋初值
    ET0 = 1;                        //开放相关中断
    ET1 = 1;
    EA = 1;
    ….                              //补充其他应用程序
}
```

📖 方式 2 下赋初值可以只给高 8 位赋值，也可以只给低 8 位赋值；还可高低 8 位都赋初值。请读者分别采用上述 3 种形式赋初值，观察 3 种赋值方式有何区别。

【例6-4】 假设8051 单片机外接晶振频率为6 MHz，让 T0 工作在方式2 下控制 P1. 0 引脚产生周期为 1 ms 的连续方波，计算初值并编写相应程序。

分析上述要求，要产生周期为 1 ms 的方波，说明高电平时间和低电平时间均为 500 μs。只需要设置 500 μs 的定时，每到 500 μs，让单片机 P1. 0 引脚的输出状态取反，即可实现 P1. 0 口“高 - 低 - 高”的电平交替变化，从而产生连续的方波。

依照寄存器 TMOD 格式对寄存器进行设置，由于只涉及 T0，因此只需配置寄存器的低 4 位，具体设置如下所示，可知方式控制字为 02H，将其赋给 TMOD 即可。同时根据初值计算公式（6-1），可计算 $N = 2^8 - 500/2 = 256 - 250 = 6 = 06H$，将初值 38H 赋给 TL0 即可。以下分别给出查询方式和中断方式下的汇编语言和 C 语言源程序。

(1) 查询方式下的程序

● 汇编语言程序

```
        ORG 0000H
        AJMP START
START:  MOV TMOD,#02H          ;设置 T0 的工作方式
        MOV TL0,#38H           ;赋初值
        SETB TR0               ;启动 T0 工作
        SETB P1.0              ;初始化 P1.0 输出高电平
NEXT:   JNB TF0,NEXT           ;设置其他程序
        CLR TF0                ;查询方式下,需要手动清除标志位
        CPL P1.0               ;P1.0 状态取反,实现高低变化
        AJMP NEXT
```

● C 语言源程序

```
#INCLUDE <REG51.H>
sbit out =0x90;                     //定义 P1.0 引脚为输出
main()
{ TMOD=0x02;                        //工作方式 2,定时工作模式
  TL0=0x38;                         //TL0 赋初值
  TR0=1;                            //启动 T0 计数
  While (1)
  {  While (TF0)                    //判断是否溢出
     {  TF0=0;                      //手动清除标志位
        out=!out;                   //P1.0 口状态取反
     }
  }
}
```

(2) 中断方式下的程序

● 汇编语言程序

```
        ORG 0000H
        AJMP START
        ORG 000BH
        AJMP DS0
START:  MOV TMOD,#02H          ;设置 T0 工作方式
        MOV TL0,#38H           ;赋初值
        SETB ET0               ;开放相关中断
        SETB EA
        SETB TR0               ;启动 T0 工作
        AJMP $                 ;等待中断
DS0:    CPL P1.0               ;P1.0 状态取反
        RETI                   ;中断返回
```

● C 语言源程序

```
#INCLUDE <REG51.H>
sbit out =0x90;                    //定义 P1.0 引脚为输出
void T0()interrupt 1               //指明中断类型号为 1
{  out = !out;                     //P1.0 状态取反
}
main()
{  TCON =0x00;                     //清除 TCON
   TMOD =0x02;                     //工作方式 2,定时工作模式
   TL0 =0x38;                      //T0 赋初值
   ET0 =1;                         //开放相关中断
   EA =1;
   TR0 =1;                         //启动 T0 工作
   While(1)
   {;}                             //等待中断
}
```

对于工作方式 2，不需要每次溢出后重装初值，节省了装初值指令的执行时间，因此该方式可以非常精确地定时。

6.2.3 扩大定时时间方法

通过前面的介绍，8051 单片机定时/计数器在各种工作方式下，位数最小为 8 位，最大为 16 位。如果单片机外接晶振频率固定后，那么定时/计数器单次溢出的最大时间就能固定下来。通常使用的晶振频率为 6 MHz、12 MHz、11.0592 MHz，频率越低，单次溢出的定时时间越大。以 6 MHz 为例，表 6-3 为不同位数下定时时间范围。

表 6-3 6 MHz 频率时各工作方式下定时时间范围

位数（工作方式）	定时时间范围/μs	定时最大值/ms
8（方式 2/3）	0～256×2	大约 0.5
13（方式 0）	0～8 192×2	大约 16
16（方式 1）	0～65 536×2	大约 131

从表 6-3 可以看出，最大定时时间只能在 131 ms 左右，而在很多的定时/计数应用场合，经常需要较大的定时时间。如产生秒级的定时时间，本节以单片机定时/计数器产生 10 s 定时为例来说明扩大定时器定时时间的方法。

【例 6-5】 已知 8051 单片机外接晶振频率为 6 MHz，用 T0 实现每隔 10 s 内存 50H 单元内容加“1”。

依据要求，要让单片机产生 10 s 的定时信号，由于 6 MHz 的频率 T0 溢出一次的最大时间为 131 ms 左右，因此可让 T0 每次定时时间为 100 ms，连续溢出 100 次，时间就能到 10 s。

分析 T0 的工作方式，要实现单次溢出的时间为 100 ms，T0 的工作方式只能选择方式 1。因此需要分别设置 TMOD = 01H 即可，初值 $N = 2^{16} - 100 \times 10^{3}/2 = 15\,536 = 3CB0H$。用寄存器或者变量来统计溢出次数，溢出不到 100 次重赋初值，中断返回，等待下一次溢出；当到达 100 次后，内存 50H 单元内容加 1，重赋溢出次数初值。以下分别给出中断方式下的汇编语言和 C 语言源程序。

● 汇编语言程序

```
        ORG 0000H
        AJMP START
        ORG 000BH
        AJMP DS0
START:  MOV TMOD,#01H          ;设置 T0 工作方式
        MOV TH0,#3CH           ;赋计数器初值
        MOV TL0,#0B0H
        MOV R7,#100            ;循环次数赋初值
        SETB ET0               ;开放相关中断
        SETB EA
        SETB TR0               ;启动 T0 工作
        AJMP $                 ;等待中断
DS0:    DJNZ R7,NEXT
        INC 50H                ;P1.0 状态取反
        MOV R7,#100            ;重赋循环次数初值
NEXT:   MOV TH0,#3CH           ;重赋初值
        MOV TL0,#0B0H
        RETI                   ;中断返回
```

● C 语言源程序

```
#INCLUDE <REG51.H>
#include <absacc.h>
unsigned char data xy_at_0x50;          //指定内存单元地址
sbit out =0x97;                         //声明位变量
unsigned char count;                    //定义计数次数变量
void T0()interrupt 1
{   count--;                            //没到 100ms,计数值减 1
    while(! count)                      //减为 0 后,说明 10s 时间到
    {   count=100;                      //重赋次数初值,为下一个 10 准备
        xy=xy+1;                        //内存单元 50H 内容加 1
    }
    TH0=0x3C;
    TL0=0xB0;                           //手动重赋初值,连续计数
}
main()
```

```
{   TMOD = 0x01;                         //工作方式 2,定时工作模式
    TH0 = 0x3C;                          //TH0 赋初值
    TL0 = 0xB0;                          //TL0 赋初值
    count = 100;                         //统计溢出次数
    ET0 = 1;                             //允许 T0 中断
    EA = 1;                              //允许所有中断
    TR0 = 1;                             //启动 T0 计数
    xy = 0;
    While (1)
    { ; }                                //等待中断
}
```

6.3 单片机 LED 亮度控制系统设计实例

LED 亮度的控制通常采用脉宽调制（Pulse Width Modulation，PWM）方法实现，原理为周期性改变光脉冲宽度（即占空比），只要脉冲的周期足够短（频率足够高），人眼是感觉不到 LED 在闪烁，脉冲频率通常都在 50 Hz 以上。

PWM 调制技术方法主要有定频调宽、定宽调频和调频调宽 3 种，定频调宽是保持脉冲信号的周期不变，通过控制高电平时间的方法来调节占空比；定宽调频是保持高电平的时间不变，改变脉冲周期（频率）的方法来实现的；调频调宽方法是同时改变脉冲信号的周期和高电平时间。由于 8051 单片机内部没有集成 PWM 控制器，因此要产生 PWM 信号就需要通过软件控制来实现，其中较为准确和方便的做法就是利用内部集成的定时/计数器来实现。以 LED 亮度控制为例来说明 8051 单片机产生 PWM 信号的方法和原理。

1. 控制要求

利用 8051 单片机定时/计数器产生 PWM 信号，实现 LED 的亮度控制。可以通过 1 个按键调整亮度，每按一次键亮度增加 10%，到最大值时重新回到 10% 占空比，周而复始，同时要求 LED 不出现闪烁现象。

2. 电路设计

电路设计相对比较简单，通常的方式就是利用一个晶体管来驱动 LED，利用单片机 P1.2 口控制晶体管的导通和关闭来实现 LED 亮度控制，图 6-3 所示为 8051 单片机 LED 亮度控制电路图。

3. 程序设计

在程序设计上，可以采用定频调宽的方式，利用 8051 单片机的 T0 来控制脉冲的周期（频率），利用 T1 来控制脉冲高电平的时间。若 8051 单片机外接晶振频率为 12 MHz，假设 PWM 信号的频率设置为 100 Hz（周期 10 ms），T0 工作在方式 1，可以计算出初值为 D8F0H。同时可以分别计算出占空比从 10% 一直到 90% 时对应的高电平时间，表 6-4 给出了各占空比下的 T1 初值数据。根据数据分析可以得出，占空比每改变 10%，T1 的初值改变 03E8H。

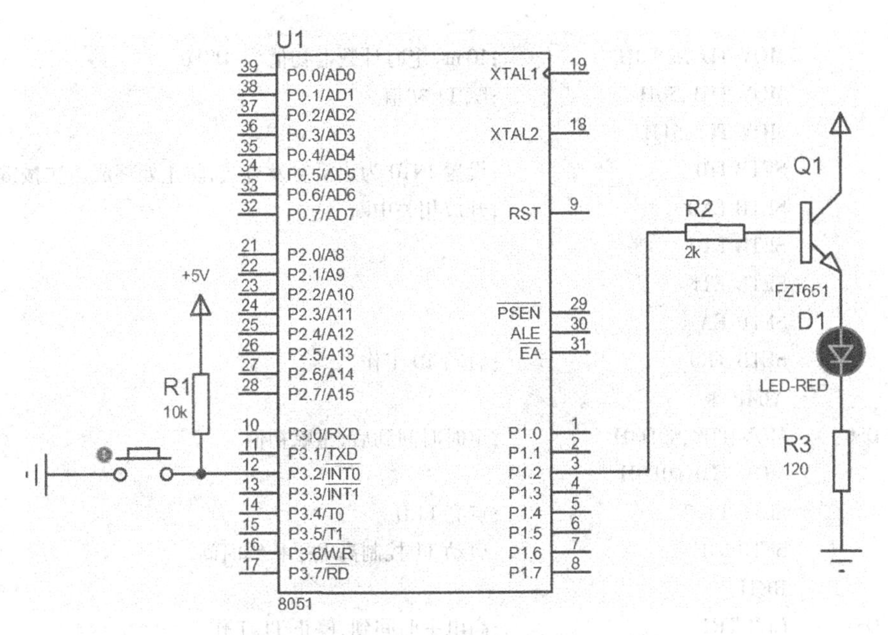

图 6-3　8051 单片机 LED 亮度控制电路图

表 6-4　各占空比下的 T1 初值数据

占空比	10%	20%	30%	40%	50%	60%	70%	80%	90%
TH1 初值	FCH	F8H	F4H	F0H	ECH	E8H	E4H	E0H	DCH
TL1 初值	18H	30H	48H	60H	78H	90H	A8H	C0H	D8H

因此可以把 T0 和 T1 的工作方式分别设置成方式 1，工作模式为定时。每按下一次键改变一次 T1 的初值，从而实现占空比的变化。改变初值的方法可以把上述数据做成表格，根据按键次数直接调用，也可以每按下 1 次键后直接计算，以下以计算的方式来说明。初始化时，令占空比为 10%，即初值为 FC18H，每按下 1 次键，初值减 03E8H。当减完后的值小于 DCD8H 时，又回到 FC18H。以下分别给出实现 LED 亮度调节功能的汇编语言和 C 语言源程序。

● 汇编语言源程序

```
        ORG 0000H
        AJMP START
        ORG 0003H
        AJMP WB0
        ORG 000BH
        AJMP DS0
        ORG 001BH
        AJMP DS1
START:  MOV 50H,#0FCH              ;初始化 T1 占空比为 10% 的初值
        MOV 51H,#18H
        MOV TMOD,#11H              ;设置 T0 和 T1 的工作方式均为方式 1
        MOV TH0,#0D8H;
```

```
        MOV TL0,#0F0H           ;10 ms 定时计数器初值为:D8F0
        MOV TH1,50H             ;赋 T1 初值
        MOV TL1,51H
        SETB IT0                ;设置 INT0 为边沿触发方式,防止处理成多次按键
        SETB EX0                ;开放相关中断
        SETB ET0
        SETB ET1
        SETB EA
        SETB TR0                ;启动 T0 工作
        AJMP $
DS0:    MOV TH0,#0D8H           ;定时时间到后,重赋初值
        MOV TL0,#0F0H
        SETB P1.2               ;点亮 LED
        SETB TR1                ;启动 T1 控制高电平持续时间
        RETI
DS1:    CLR TR1                 ;高电平时间到,停止 T1 工作
        CLR P1.2                ;高电平结束,输出低电平,关闭 LED
        MOV TH1,50H             ;重赋初值,为下一次做准备
        MOV TL1,51H
        RETI
WB0:    LCALL JIAN              ;按键 1 次,初值减少 03E8H,高电平持续时间延长
        RETI
JIAN:   MOV A,50H               ;读取上次占空比,判断是否到了最大值
        CJNE A,#0DCH,NEXT       ;不相等继续调整,即初值减 3E8H
        MOV 50H,#0FCH           ;到了最大值,回到最小值
        MOV 51H,#18H
        RET
NEXT:   CLR C                   ;实现 16 位初值减 03E8H 功能
        MOV A,51H
        SUBB A,#0E8H            ;低位减 E8H
        MOV 51H,A
        MOV A,50H
        SUBB A,#03H             ;高位减 03H
        MOV 50H,A
        RET
        END
```

● C 语言源程序

```
#include "reg51.h"
sbit led = 0x92;
unsigned char TIME1TH = 0xFC;          //设定 T1 初值,初始化占空比为 10%
```

```
unsigned char TIME1TL = 0x18;
void exter0int (void)   interrupt 0/               /INT0 中断程序,完成初值减 03E8H
{   unsigned int x;
    x = TIME1TH * 256 + TIME1TL;                   //转成 16 位数据,方便下面判断
    if (x = = 0xDCD8)
    {   TIME1TH = 0xFC;                            //占空比到最大值,重新修改成 10%
        TIME1TL = 0x18;
    }
    else
    {   x = x - 0x03E8;                            //否则完成一次减 03E8H 操作
        TIME1TH = x/256;                           //转换成高低 8 位数据,分别修改 T1 初值
        TIME1TL = x%256;
    }
}
void timer0int (void) interrupt 1                  //10 ms 定时程序 D8F0
{   TH0 = 0xD8;                                    //重新装入设定 T0 初值
    TL0 = 0xF0;
    led = 1;                                       //打开晶体管,LED 发光
    TR1 = 1;                                       //启动 T1 工作,控制高电平时间
}
void timer1int (void) interrupt 3
{   TH1 = TIME1TH;                                 //重新装入 T1 初值
    TL1 = TIME1TL;
    led = 0;                                       //定时时间到,高电平时间结束,关闭 LED
    TR1 = 0;                                       //关闭 T1 定时,等待下个周期重新打开
}
main()
{   TMOD  =  0x11;                                 //配置 T1 和 T0 工作方式
    TH0 = 0xD8;                                    //10 ms 定时时间初值,12 MHz 晶振频率
    TL0 = 0xF0;
    TH1 = TIME1TH;                                 //T1 赋初值,初始值为 10% 的占空比
    TL1 = TIME1TL;
    IT0 = 1;                                       //设置 INT0 为边沿触发方式
    EX0 = 1;                                       //开放相关中断
    ET0 = 1;
    ET1 = 1;
    EA = 1;
    TR0 = 1;                                       //启动 T0 工作,进行 10 ms 定时
    while(1)                                       //等待中断
    {;}
}
```

6.4 知识与拓展

定时/计数器应用非常广泛，尤其是在需要精确控制时间的场合，通过前面章节的介绍，读者已经掌握了定时/计数器基本原理和应用技巧。为了让读者进一步体会定时/计数器的功能和作用，本节以简易频率测量和“看门狗”控制为例介绍定时/计数器的实际应用。

6.4.1 简易方波频率测量原理

8051 单片机的定时/计数器不仅可以实现定时功能，还可以实现计数功能，本节以方波频率测量为例来说明利用单片机定时/计数实现频率测量的基本方法。频率即周期性信号在单位时间（1 s）内变化的次数。若在一定时间间隔 T 内测得某周期性信号的重复变化次数为 N，则其频率可表示为 $f=N/T$，当 $T=1$ s 时，$f=N$，即计数值就是频率值。

因此，可以利用 8051 单片机的两个定时/计数器 T0、T1 来实现，利用 T1 对外部方波的脉冲进行计数，利用 T0 进行计时。用定时器 T0 产生一个 1 s 的时钟基准，同时计数器 T1 对由 P3.5 口输入的方波信号进行计数，定时结束后 T1 的累积计数值 N 即为方波频率。

1. 硬件设计

依据上述的原理分析，可以设计如图 6-4 所示的频率测量电路原理图，发光二极管 D1 用于测量指示，待测方波信号可以利用 Proteus 自带信号源中的脉冲发生器产生，将方波信号连接至 8051 单片机的 P3.5（T1）引脚上，实现脉冲信号的输入。

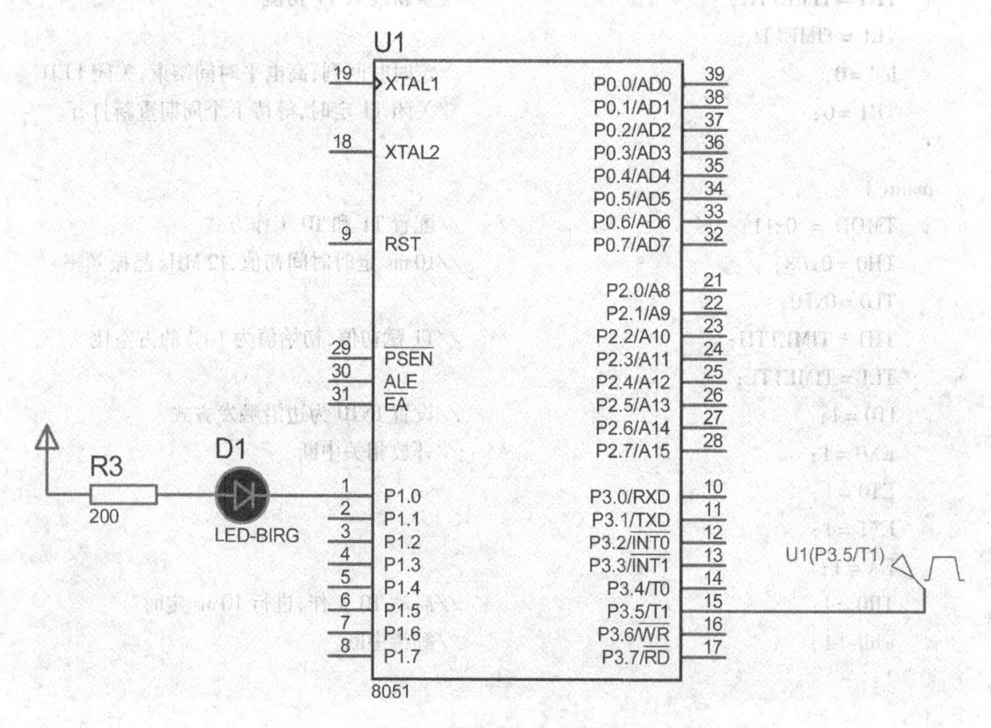

图 6-4 频率测量电路原理图

2. 软件设计

为了保证测量精度，可以让 T0 工作在中断方式，假设晶振频率为 6 MHz，可以每次定时 100 ms，连续溢出 10 即可达到 1 s 定时时间。T1 初值设置为 0，两个定时/计数器同时启动，1 s 定时结束后，同时停止 2 个定时/计数器工作，读取 T1 的初值寄存器，获取计数脉冲个数。以下分别给出实现频率测量功能的汇编语言和 C 语言源程序。

● 汇编语言源程序

```
          FEHIGH EQU 30H
          FRLOW EQU 31H
          ORG 0000H
          AJMP START
          ORG 000BH
          AJMP DS0
START：MOV TMOD,#51H
          MOV TH0,#3CH
          MOV TL0,#0B0H
          MOV R7,#0AH
          SETB ET0
          SETB EA
          SETB TR0
          SETB TR1
          AJMP $
DS0：    DJNZ R7,NEXT
          CLR TR1
          CLR TR0
          CLR EA
          MOV FRLOW,TL1
          MOV FEHIGH,TH1
          …              ;调用计算显示等程序
NEXT：MOV TH1,#3CH
          MOVTL0,#0B0H
          RETI
```

● C 语言源程序

```
#include <reg51. h>
#include <stdio. h>
sbit led = 0x90;
unsigned int x;                 //定义计数值
unsigned char count;            //1 s 计数次数
void st0( ) interrupt 1         //定时计数器 T0 中断服务子程序
{   count ++ ;                  //统计次数加 1
```

```
        if (count ==50)
         {TR1 =0;
        TR0 =1;
        x = TH1 * 256 + TL1;
         }
        TH0 =0X3C;
        TL0 =0XB0;
        led = !led;
    }
    void main(void)
    {   TMOD =0x51;
        TH1 =0x00;
        TL1 =0;
        TH0 =0X3C;
        TL0 =0XB0;
        ET0 =1;
        EA =1;
        TR1 =1;
        TR0 =1;
        x =0;
        count =0;
        while (1)
        {;}
    }
```

6.4.2 定时/计数器实现软件“看门狗”原理

目前，一些新型的单片机内部都集成有“看门狗”（Watchdog，WDT）定时器，当单片机受到干扰导致程序跑飞或者进入“死循环”后，看门狗将产生一个复位信号使单片机复位，从而恢复程序正常运行。

所谓的“看门狗”技术就是利用一个WDT计数器不断计数来监测程序的运行，当WDT计数器运行后，应当定期的把WDT计数器清0（俗称喂狗），否则计数器溢出后将在单片机复位引脚上产生复位信号，强制复位单片机。在单片机受到干扰出现“程序飞车”的时候，由于不能正常“喂狗”，导致“看门狗”定时器溢出，复位单片机。这样CPU又重头（0000H处，即第一条指令地址）开始执行程序，摆脱程序跑飞或者“死循环”状态，这就是“看门狗”定时器的工作原理。

事实上，一旦单片机程序跑飞，要想采用程序控制方法摆脱“死循环”，就只能通过中断才能暂停“死循环”程序的运行。尽管8051单片机内部没有“看门狗”定时器，但是可以利用8051单片机内部集成的定时/计数器模拟“看门狗”定时器功能。以下以T0为例来说明软件模拟“看门狗”的实现方法。将T0的中断优先级设置为高优先级，在其中断服务子程序中设置可以复位单片机的应用程序（软复位，本质是将单片机PC值设置为0000H）。

这样，当“程序飞车”后，由于没有及时“喂狗”，T0 溢出后将产生中断，在中断服务子程序中软件复位单片机。

假设单片机外接晶振频率为 6 MHz，程序中 T0 的溢出时间设置为 100 ms。因此正常的“喂狗”时间不能超过 100 ms，否则将导致单片机复位。以下分别给出利用 8051 单片机 T0 实现软件“看门狗”功能的汇编语言和 C 语言参考程序。

● 汇编语言源程序

```
          ORG 0000H
          AJMP START
          ORG 000BH
          AJMP DS0
START:    MOV TMOD,#01H          ;设置 T0 工作方式
          MOV TH0,#3CH           ;赋计数器初值
          MOV TL0,#0B0H
          SETB PT0               ;定义 T0 为高优先级
          SETB ET0               ;开放相关中断
          SETB EA
          SETB TR0               ;启动 T0 工作
          …                      ;执行其他程序,注意时间,需要及时喂狗
          LCALL WDFOOD           ;执行喂狗程序,防止 T0 溢出复位单片机
          …                      ;执行其他程序,注意时间,需要及时喂狗
DS0:      MOV A,#00H             ;连续将两个 00H 入栈,
          PUSH ACC
          PUSH ACC
          RETI                   ;执行 RETI 时,PC =0000H,从头开始执行程序
WDFOOD:   CLR TR0
          MOV TH0,#3CH           ;重新赋计数器初值,防止溢出
          MOV TL0,#0B0H;
          SETB TR0
          RET
```

● C 语言源程序

```
#INCLUDE <REG51. H>
voidSoft_Rst (void)                              //软件复位子程序
{
    ((void (code * ) (void) ) 0x0000)( );        //令 8051 从 0000H 地址处开始执行程序
}
void WDT_RST( ) interrupt 1                      //利用定时/计数器 T0 模拟看门狗
{
    Soft_Rst( );                                 //软件复位 8051 单片机
}
void WDT_FOOD( void)                             //喂狗子程序
```

```
{  TR0 = 0;
   TH0 = 0x3C;                      //TH0 赋初值
   TL0 = 0xB0;                      //TL0 赋初值
   TR0 = 1;                         //启动 T0 计数
}
main( )
{  TMOD = 0x01;                     //工作方式 1,定时工作模式
   PT0 = 1;                         //定义 T0 优先级为高优先级
   TH0 = 0x3C;                      //TH0 赋初值
   TL0 = 0xB0;                      //TL0 赋初值
   ET0 = 1;
   EA = 1;                          //允许所有中断
   TR0 = 1;
   …. ;                             //执行其他程序,时间不能过长,需要及时"喂狗"
   WDT_FOOD( );                     //执行"喂狗"程序
}
```

6.5 思考题

1. 填空题

（1）8051 单片机定时/计数器作为定时用时，其计数脉冲信号为（　　）；作为计数器用时，其计数脉冲由（　　）输入，两个定时/计数器其本质都是（　　）计数器。

（2）8051 单片机两个定时/计数器中只有（　　）有工作方式 3。4 种工作方式中，方式（　　）是 16 位的工作方式，方式（　　）和方式（　　）不具有自动重装入初值功能。

（3）若 8051 单片机 f_{osc} 为 12 MHz，利用 T1 实现 100 μs 的定时时间，可采用的工作方式有（　　　　）。如果定时时间为 50 ms，那么可选用的工作方式有（　　）。

2. 简答题

（1）8051 单片机定时/计数器都有哪些工作方式？分别有何特点？

（2）简述 8051 单片机定时/计数器的基本工作原理。

（3）8051 单片机定时/计数器定时和计数模式的主要区别？

（4）给出 8051 单片机初值计算公式，说明各参数含义。

（5）使用定时/计数器时，为什么要让计数器在给定初值基础上计数，而不直接从“0”开始计数？

（6）通常 T0 在什么情况下才选用工作方式 3？

（7）什么叫作脉宽调制（PWM）？常用的调制方法有哪些？

（8）若 f_{osc} 为 12 MHz，利用 8051 单片机定时/计数器对外部脉冲计数时，对脉冲信号频率有何要求？

3. 判断题

（1）由于 8051 定时器的特殊性，无论如何 8051 单片机都无法实现 1 s 以上的定时。（　　）

（2）8051 单片机内部集成的定时/计数器，其本质是加法计数器。 （ ）

（3）尽管 8051 单片机的 2 个定时/计数器都是 16 位的，但可配置成 13 位使用。

（ ）

（4）外接晶振频率越快，定时器自动加“1”的频率也越快。 （ ）

（5）8051 单片机的 2 个定时/计数器都有 4 种工作方式。 （ ）

4. 综合题（本大题中晶振频率均为 12 MHz）

（1）利用 T0 实现 100 μs 的定时，计算出不同工作方式下的初值，给出计算过程。

（2）利用 8051 单片机 T0 产生频率为 38 kHz 的方波信号，编制相关程序，并在 Proteus 中利用示波器观察信号。

（3）编写程序实现方波信号的频率测量，要求频率测量范围为 100 Hz ~ 100 kHz。

（4）编写程序实现矩形波的占空比测量，已知信号频率为 100 kHz，要求占空比测量范围为 20% ~ 80%。

第7章　单片机串行口

串行通信在单片机、计算机之间的通信和各种外部串行设备扩展中有着广泛的应用，8051单片机内部集成有一个功能强大的全双工通用异步收发串行通信口（UART），它有4种工作方式，通信波特率可由程序设定，串行接收和发送均可以触发中断。本章主要以8051单片机串行口为例来说明单片机的串行通信原理和实现方法，并给出了单片机双机通信实例。

7.1　串行通信概述

在计算机系统中，主机与外部设备的基本通信方式有并向和串行两种。并行通信时一次传输数据的所有位，优点是传输速度快、效率高，缺点是占用的资源较多，因此并行通信通常应用于计算机内部或通信距离较短的场合。串行通信时数据位按顺序一位一位传输，优点是占用资源低、成本低，缺点是通信速度慢，因此多用于计算机外部较远距离的数据传输场合。

串行通信分为同步通信和异步通信两种基本的数据传输方式。按照信息的传输方向还可分为单工、半双工、全双工3种。单工方式是指通信双方只有一条通信信道，只能一方发送，另一方接收。半双工方式是指通信双方共享一条通信信道，双方只能分时使用信道，不能同时进行收发。全双工方式是指通信双方采用独立的通信信道，分别进行数据发送和接收，并且接收和发送可以同时进行。8051单片机中的串行口采用的是全双工的异步数据传输方式。

1. 同步通信方式

由于串行数据是一位一位按顺序传输的，因此存在一个约定数据开始的标记，同步通信通常约定1~2个同步字符来指示数据流的起始，以保证发送端和接收端的初始同步。数据的传输过程中要求发送和接收双方需要始终保持严格同步一致。同步通信数据基本格式如图7-1所示，SYNC就是约定的一个字节的同步字符，工作时，接收端首先进入“监听”状态，一旦检测到约定的同步字符后，即从同步字符串后的第一位数据开始接收，数据帧的位数按照约定确定。

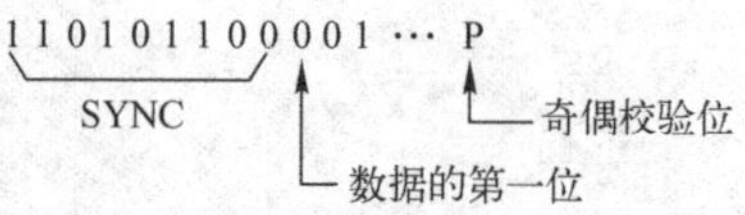

1 1 0 1 0 1 1 0 0 0 0 1 … P
SYNC
奇偶校验位
数据的第一位

图7-1　同步通信数据基本格式

同步通信方式要求发送数据流的连续性，数据发送端要不间断地连续发送数据，否则将出错。如果发送端来不及准备下一个要发送的数据，则在短缺前数据段发送完后，填补同步字符发送，直到下一个数据段得以发送为止。接收端接收完全部约定数据后，又重新进入“监听”状态，直到下一次通信的SYNC出现为止。

同步通信方式通常用于通信数据量大，通信速度要求高的场合。由于要求同步时钟来实现发送和接收的同步，对同步时钟的相位一致性要求很高，因此硬件设备复杂、成本较高、应用相对较少。

2. 异步通信方式

异步通信方式不需要同步字符SYNC，也不要求保持数据流的连续性，它规定了数据传输格式，每个数据均以特定的帧格式进行传送。每位信息的持续时间（宽度）由传输速率确定，将单位时间内位数据传输速率称为波特率，单位为波特，1波特＝1 bit/s。为保证通信的正确性，发送和接受双方要在通信之前进行帧格式和波特率的约定。

图7-2为异步通信数据帧格式，每帧信息由起始位、数据位、奇偶校验位和停止位组成。每帧之间由高电平分隔开。当没有数据传输时，通信线为高电平状态。下面就各位进行说明。

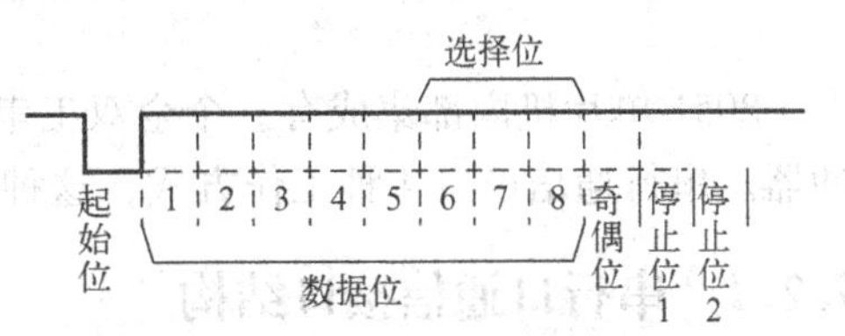

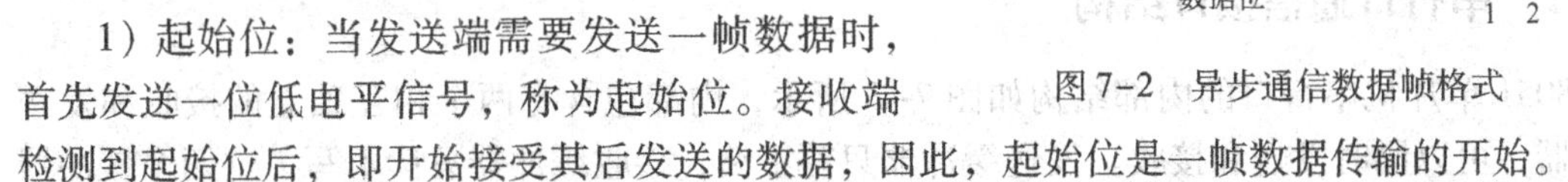

图7-2　异步通信数据帧格式

1）起始位：当发送端需要发送一帧数据时，首先发送一位低电平信号，称为起始位。接收端检测到起始位后，即开始接受其后发送的数据，因此，起始位是一帧数据传输的开始。

2）数据位：起始位后面就是数据位，数据位数可以是5、6、7、8位。数据位按照由低到高的顺序发送接收。数据位数要在通信之前由发送接收双方进行约定。

3）奇偶校验位：数据位之后是奇偶校验位，其作用是用于数据检错。奇偶校验位要在通信之前由发送接收双方进行约定。

4）停止位：奇偶校验位后是停止位，用于标识一帧数据的结束。停止位以高电平标识。停止位数要在通信之前由发送接收双方进行约定。

异步通信的数据发送接收是一帧一帧进行的，不要求数据传输的连续性，数据的传输可以间断，并随时结束或开始，不受时间限制，因此，异步通信简单灵活，对于同步时钟要求较低。同时，由于其格式固定，每帧数据需要附加位，因而数据传输速度和效率比同步通信低，一般应用于传输信息量不大的场合。

3. 串行通信中的奇偶校验

奇偶校验是异步通信中的查错方法，在当前的通信系统中还有多种校错方法，奇偶校验是其中最简单、应用最广泛的方法。

奇偶校验法是在发送时每帧数据后附加一个奇偶校验位，这个奇偶校验位可以是“1”或“0”，用于保证整个字符数据位（包括校验位在内）为“1”的位数为偶数（称为偶校验）或奇数（称为奇校验），奇校验或偶校验要在数据发送前进行约定。接收时，对每个字符按照协议约定进行校验，若二者不一致，说明传输过程中出错。例如：协议约定为奇校验，则在发送时在校验位自动补“1”或“0”，保证发送字符中“1”的个数为奇数；接收时若检测字符中“1”的个数不为奇数，则表示传输过程中出错，按照通信协议，由软件进行补救。

异步通信中，每帧只对传输字符中“1”的个数进行一次奇偶校验，而对于“0”的位数无查错能力。因而，奇偶校验是一种较低级的查错方法。

4. 串行通信接口电路

具有通用异步接收器/发送器，能够完成异步通信的硬件通信接口称为通用异步收/发器（Universal Asynchronous Receiver Transmitter，UART）；能够完成同步通信的硬件电路称为通用同步收/发器（Universal Synchronous Receiver Transmitter，USRT）；既能同步又能异步的硬件接口称为同步/异步串行收发器（Universal Synchronous/Asynchronous Receiver Transmitter，USART）。

通常，全双工串行通信接口至少要包含一个接收器和一个发送器，它们分别设置有数据寄存器和移位寄存器，能够实现 CPU 并行输出→串行发送或接收→并行发送 CPU 的数据转换过程。

7.2 8051 单片机串行口结构

8051 单片机内部集成有一个全双工串行通信口 UART。具有两个相互独立的接收发送缓冲器。串行通信设有 4 种工作方式，这种设置可以适应各种不同的应用场合。

7.2.1 串行口通信接口结构

8051 单片机串行口的内部结构如图 7-3 所示，内部包含有两个相互独立的接收和发送缓冲器，可以同时发送和接收。发送缓冲器只写不读，接收缓冲器只读不写，这两个缓冲器统称为串行通信特殊功能寄存器 SBUF，在物理结构上它们是两个独立的部件，但是共用一个地址 99H。波特率时钟由定时/计数器 T1 产生，通过对相关寄存器的设置来改变波特率和串口的工作方式。CPU 可以通过查询或中断方式对数据发送或接收进行处理。

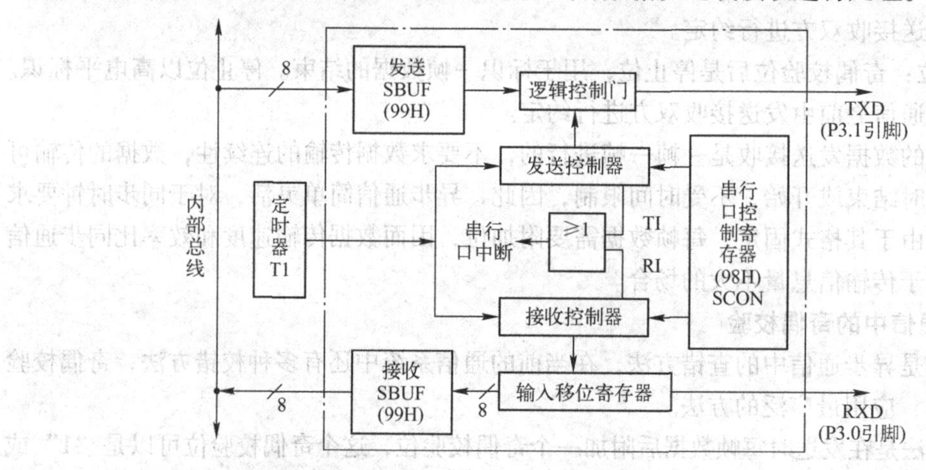

图 7-3 串行口的内部结构

7.2.2 串行通信控制寄存器

1. 串行口控制寄存器 SCON

串行口控制寄存器 SCON，其字节地址为 98H，位地址为 98H ~ 9FH。SCON 寄存器格式如下所示。

位地址	9FH	9EH	9DH	9CH	9BH	9AH	99H	98H
位符号	SM0	SM1	SM2	REN	TB8	RB8	TI	RI

（1）SM0、SM1——串行口工作方式选择位

通过 SM0 和 SM1 的状态组合可以将串行口配置成不同的工作方式，其状态组合所对应的工作方式如表 7-1 所示。

（2）SM2——多机通信控制位

SM2 位主要用于方式 2 和方式 3。当串行口以方式 2 或方式 3 接收时，如 SM2 = 1，则只

有当接收到的第9位数据（RB8）为1，才将接收到的前8位数据送入SBUF，并置位RI产生中断请求；否则，将接收到的前8位数据丢弃。而当SM2=0时，则不论第9位数据为0还是为1，都将前8位数据装入SBUF中，并可产生中断请求。

表7-1 串行口的4种工作方式

SM0	SM1	工作方式	功能说明
0	0	0	同步移位寄存器方式
0	1	1	8位异步收发，波特率可变（由定时器控制）
1	0	2	9位异步收发，波特率为$f_{osc}/64$或$f_{osc}/32$
1	1	3	9位异步收发，波特率可变（由定时器控制）

（3）REN——允许接收位

通过该位来控制串行口是否允许接收数据，当REN=0时，禁止接收数据；反之，REN=1时，允许接收数据。该位可由软件置“1”或者清“0”。

（4）TB8——发送数据位8

在方式2和方式3时，TB8的内容是要发送数据的第9位，其值由用户通过软件设置。在双机通信时，TB8一般作为奇偶校验位使用；在多机通信中，常以TB8位的状态表示主机发送的是地址帧还是数据帧，且一般约定：TB8=0时为数据帧，TB8=1时为地址帧。

（5）RB8——接收数据位8

在方式2或方式3时，RB8存放接收到的第9位数据，代表着接收数据的某种特征（与TB8的功能类似），故应根据其状态对接收数据进行操作。

（6）TI——发送中断标志

在方式0时，发送完第8位数据后，该位由硬件置“1”。在其他方式下，于发送停止位之前，由硬件置“1”。因此TI=1，表示一帧数据发送结束，其状态既可供软件查询使用，又可申请中断，TI位可由软件清“0”。

（7）RI——接收中断标志

在方式0时，接收完第8位数据后，该位由硬件置“1”。在其他方式下，当接收到有效停止位时，该位由硬件置“1”。因此RI=1，表示一帧数据接收结束。其状态既可供软件查询使用，又可以请求中断，RI位也可用软件清“0”。

2. 特殊功能寄存器PCON

特殊功能寄存器PCON字节地址为87H，不可位寻址。PCON数据格式如下所示。

位序	D7	D6	D5	D4	D3	D2	D1	D0
位符号	SMOD	/	/	/	GF1	GF0	PD	ID

特殊功能寄存器用于串行口控制的位只有SMOD，该位称为串行口波特率的倍增位。当SMOD=1时，表示串行口波特率加倍。系统复位时，SMOD=0，波特率不加倍。

7.3 串行口的工作方式及波特率设定

串行口的工作方式由特殊功能寄存器SCON中SM0和SM1位设定，如表7-1所示，其中两种方式的波特率可变，另外两种方式的波特率是固定的。

7.3.1 工作方式0

1. 方式0发送

这种工作方式的主要用途在于扩展I/O口，而不是用于单片机之间的异步串行通信。工作在方式0时，必须清“0”多机通信控制位SM2。此方式下，每8位数据位为一帧，没有起始位和停止位，发送或接收顺序为由低到高。波特率为固定的$f_{osc}/12$，即CPU的机器周期。其帧格式如图7-4所示。

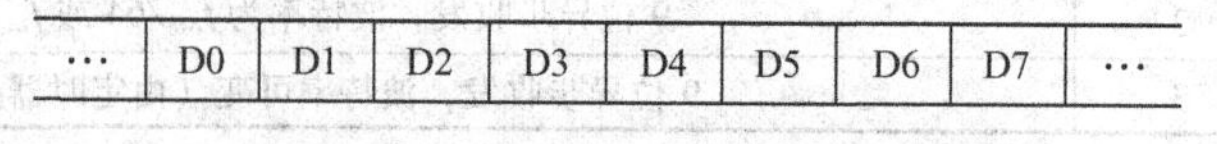

图7-4 方式0的帧格式

方式0的发送过程是：CPU执行将数据写入SBUF指令（MOV SBUF，A）时，产生一个正脉冲，串口开始将SBUF中的8位数据按照$f_{osc}/12$波特率从RXD引脚输出，输出顺序为由低到高，同时TXD引脚输出同步移位脉冲，8位数据发送完毕后，中断标志位TI置“1”。方式0的发送时序如图7-5所示。8位数据发送完后，置位中断标志位TI，结束发送。

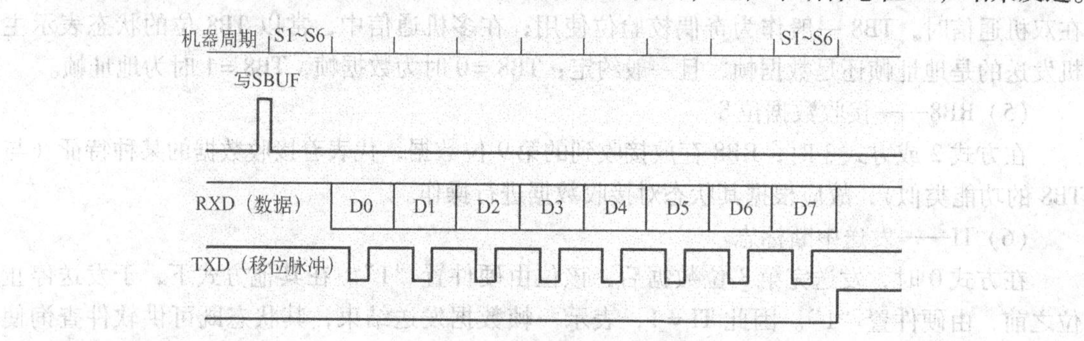

图7-5 方式0的发送时序

2. 方式0接收

方式0接收时，写入SCON（设置好工作方式0，设置RI=0，REN=1）时，产生一个正脉冲，启动方式0接收数据。数据从RXD引脚输入，TXD引脚输出同步移位脉冲，波特率为固定的$f_{osc}/12$。当8位数据接收完后，中断标志RI置“1”。读出数据后，用户程序将RI标志清“0”，为下一次接收数据做准备。方式0的接收时序如图7-6所示。

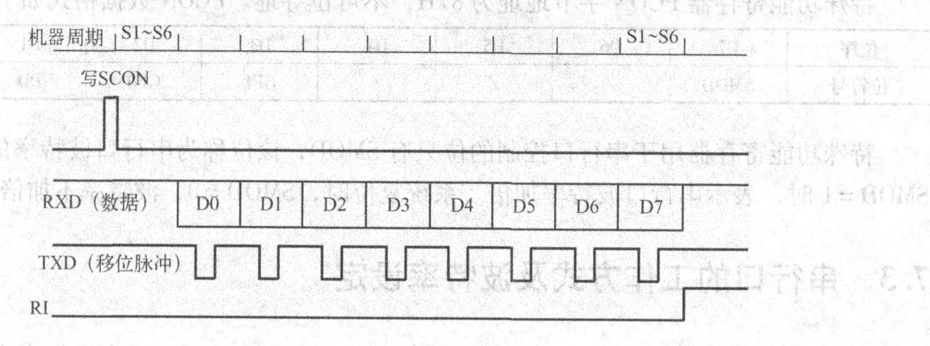

图7-6 方式0的接收时序

7.3.2　工作方式1

串行口工作方式1是双机串行通信方式。通信线的连接方式如图7-7所示。两机的连接方式为TTL电平直接连接，一般实际通信应用中不采用这种连接方式，要采用通信接口电路，改变电平标准，来达到增加传输距离，提高通信抗干扰能力等目的。具体内容在7.5节通信系统实际实例中详细说明。

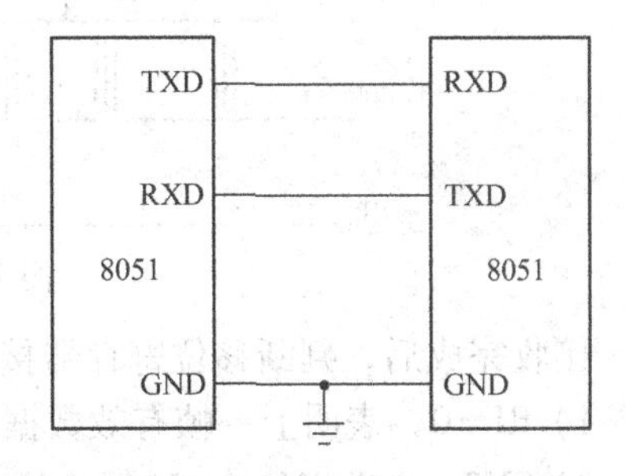

图7-7　方式1的双机串行通信连接电路

方式1的发送接收为10位数据格式，1位起始位，8位数据位，1位停止位。发送和接收的顺序为由低到高。其帧格式如图7-8所示。

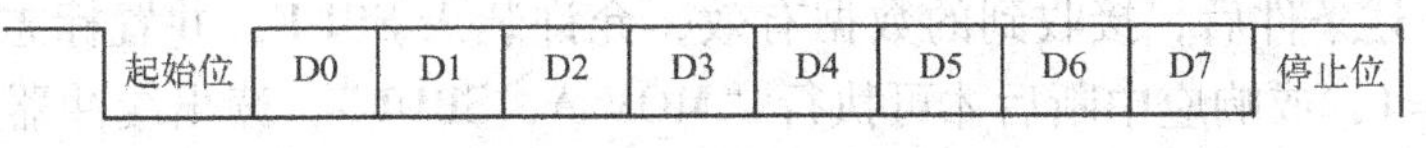

图7-8　方式1的帧格式

方式1的通信波特率可变，其波特率的计算公式如式（7-1）所示：

$$\text{方式1的波特率}=\frac{2^{SMOD}}{32}\times\text{定时器T1的溢出率} \tag{7-1}$$

式中，SMOD为PCON寄存器最高位的值（为"0"或"1"）。

1. 方式1发送

方式1发送时，数据由TXD端（P3.1）输出，每帧信息为10位，1位起始位，8位数据位，1位停止位（将停止位"1"写入移位寄存器的第9位），发送顺序为由低到高。当执行写入发送缓冲器SBUF指令（MOV　SBUF，A）时，启动发送。其发送时序如图7-9所示。8位数据发送完后，置位中断标志位TI，结束发送。

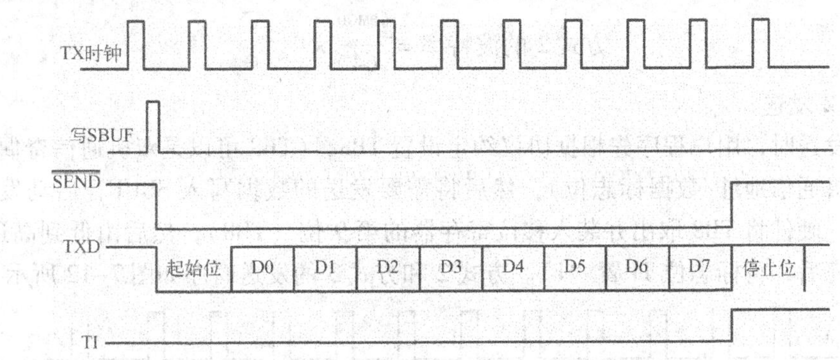

图7-9　方式1的发送时序

2. 方式1接收

方式1接收过程：标志位RI=0，设置REN=1时，数据从RXD（P3.0）端输入。当检测到起始位的负跳变时，开始接收数据。方式1的接收时序如图7-10所示。

接收时，定时控制信号有两种，一种为接收移位脉冲（与波特率相同），另一种为数据位检测脉冲，数据位检测脉冲为接收移位脉冲的16倍。也即一位数据位接收期间，要保证3次对于RXD引脚的检测，取其中的两次相同值为有效值。这种检测方法不仅针对起始位也针对数据位，其目的是为了保证接收信息的可靠性。

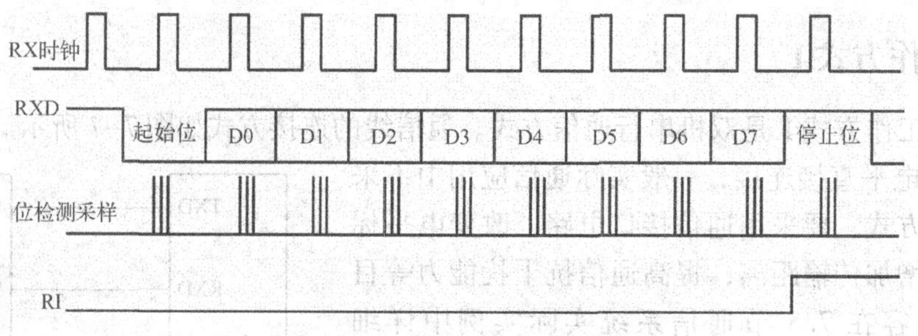

图 7-10　方式 1 的接收时序

接收完成后，判断移位寄存器接收到的数据为有效的条件如下。

1）RI = 0，表明上一帧有效数据已被取走，SBUF 为空。

2）SM2 = 0 或 SM2 = 1 时停止位（方式 1 时，停止位已进入 RB8）为 1，即 RB8 = 1。

同时满足上述条件后，接收到的数据有效，允许装入 SBUF，并置标志位 RI = 1。用户此时查询到 RI = 1，或响应中断后才可执行“MOV A，SBUF”，读出缓冲器中的数据。否则接收到的数据不能装入 SBUF，该帧数据被丢弃。

7.3.3　工作方式 2

利用串口工作方式 2 和方式 3 都可实现多机通信功能，除波特率不同外，其余特点相同，以下一起进行说明。串行口工作方式 2 和 3 时，每帧信息位是 11 位，其中 1 位起始位，8 位数据位，1 位第 9 位（可编程位），1 位停止位。发送接收时先低后高顺序。其帧格式如图 7-11 所示。

起始位	D0	D1	D2	D3	D4	D5	D6	D7	TB8	停止位

图 7-11　方式 2 和方式 3 的帧格式

方式 2 的波特率由式（7-2）确定：

$$方式2的波特率 = \frac{2^{SMOD}}{64} \times f_{osc} \qquad (7-2)$$

1. 方式 2 发送

方式 2 发送时，用户程序先根据协议约定设置 TB8，（TB8 可以是双机通信奇偶校验位，也可以是多机通信地址/数据标志位），然后将需要发送的数据写入 SBUF，启动发送过程。发送启动后，硬件将 TB8 取出并装入移位寄存器的第 9 位（TB8），然后由低到高逐一按位发送。发送完后，将标志位 TI 置“1”。方式 2 和方式 3 的发送时序如图 7-12 所示。

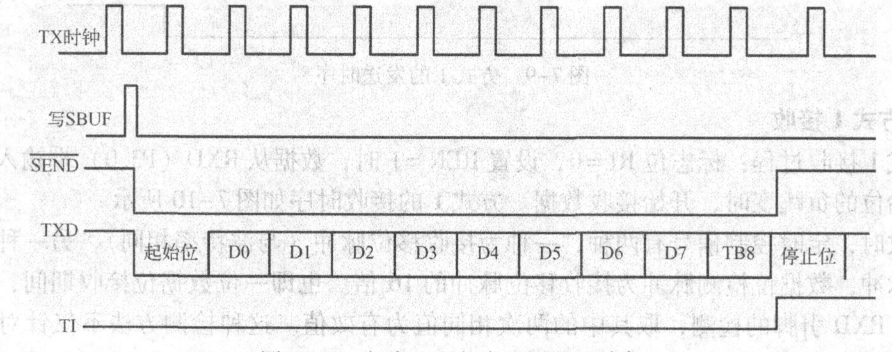

图 7-12　方式 2 和方式 3 的发送时序

在数据通信中，由于传输距离较远，数据在传输过程中可能发生畸变，从而引起误码，为了保证传输质量，除了硬件措施外，还可以采用软件检错措施即利用第9位数据进行奇偶检验。

【例7-1】 利用TB8传送奇偶检验位。

● 汇编语言程序

```
MOV   SCON,#80H         ;选串行口方式2,11位数据帧格式
MOV   A,#DATA           ;待发送数据送A,该指令影响奇偶标志P
MOV   C,P               ;奇偶标志送C,奇为1、偶为0,也可以用PSW.0
MOV   TB8,C             ;奇偶标志送TB8,作为发送的第9位数据
MOV   SBUF,A            ;启动一次发送共11位数据
```

● C语言程序

```
SCON = 0x80;
ACC = 0x × ×;
TB8 = C;
SBUF = A;
```

2. 方式2接收

方式2和方式3接收时，先设置SCON寄存器SM0、SM1为方式2，并设置REN = 1，允许接收。数据由RXD端输入，接收的信息字符为11位。当检测到RXD端为负跳变时，移位寄存器开始接收一帧数据。方式2和方式3的接收时序如图7-13所示。

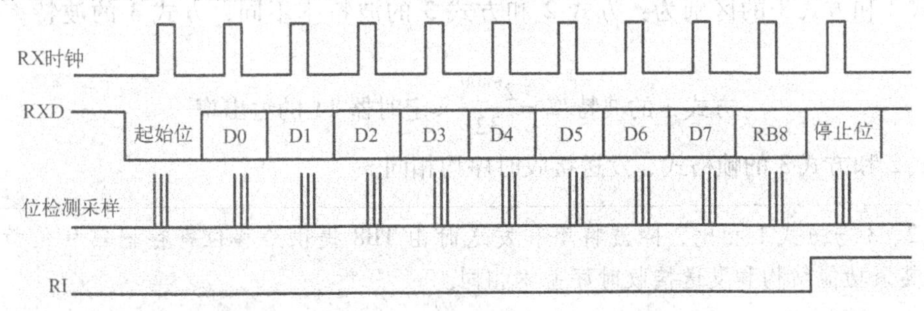

图7-13 方式2和方式3的接收时序

接收完后，判断移位寄存器接收到的数据为有效的条件如下。

1）RI = 0，表明上一帧有效数据已被取走，SBUF为空。

2）SM2 = 0或SM2 = 1时RB8 = 1（移位寄存器第9位已进入RB8）。

同时满足上述条件后，接收到的数据为有效，允许装入SBUF，并置标志位RI = 1。否则接收到的数据无效，该帧数据被丢弃。

【例7-2】 利用RB8接收奇偶检验位。

● 汇编语言程序

```
        MOV SCON,#90H       ;选方式2,REN =1,允许接收
LOOP:   JBC RI,ROK          ;等待数据接收完毕
        SJMP LOOP
```

```
ROK:   MOV A,SBUF          ;接收完的数据送入 A 同时获取 P 标志位状态
       JB P,ONE            ;奇偶标志为奇,则跳至 RB8 判断
       JB RB8,ERR          ;接收到的数据为偶,而 RB8 为 1,则出错
       SJMP OK             ;数据接收正确
ONE:   JNB RB8,ERR         ;接收到的 RB8 不为 1,则出错
OK:    …                   ;接收正确,补充应用程序
ERR:   …                   ;接收出错处理,补充其他程序,如通知对方重发
```

● C 语言程序

```
unsigned char x;
SCON =0X90;                //选方式 2,REN  =1,允许接收
while(RI)                  //判断 1 帧数据是否接收完毕
{   RI =0;                 //清除标志位,为下次数据接收做准备
    ACC =SBUF;             //读取接收数据,同时影响标志位 P
    if (P!=RB8)            //判断奇偶标志位是否相同
    { … }                  //不同传输出现错误,补充控制程序
    else
    { … }                  //相同数据传输正确,补充应用程序
}
```

7.3.4 工作方式 3

方式 2 和方式 3 的区别为：方式 2 和方式 3 的波特率不同，方式 3 的波特率由下式确定。

$$方式3的波特率=\frac{2^{SMOD}}{32}\times定时器T1的溢出率 \tag{7-3}$$

方式 2 和方式 3 的帧格式、发送接收时序均相同。

📖 方式 2、3 与方式 1 相比，除波特率和发送时由 TB8 提供给移位寄存器第 9 位数据不同外，其余功能结构和发送接收时序基本相同。

7.3.5 波特率计算

串行通信方式 0 和方式 2 的波特率基本固定，只要外部晶振频率固定后，波特率就很容易算出。

方式 1 和方式 3 的波特率是可变的，波特率由 T1 的溢出率决定。需要用户根据实际情况进行设置。为了保证波特率准确，在实际波特率计算时，T1 的工作方式通常选择方式 2（8 位自动重装入）。定时器 T1 溢出后，能自动将 TH1 中的初值 N 装入 TL1 中重新定时，使用起来方便简单。因此，这里以 T1 工作在方式 2 下为例来说明串行口工作在方式 1 和方式 3 下的波特率计算方法。

因为定时器 T1 的溢出率为

$$T1的溢出率=\frac{f_{osc}}{12\times(2^8-N)}(次/s)$$

所以波特率计算公式如式（7-4）所示，即

$$B=\frac{2^{SMOD}}{32}\times\frac{f_{osc}}{12(256-N)} \tag{7-4}$$

选定波特率后，就可以根据式（7-4）计算串行口在方式 1 和方式 3 下 T1 的计数初值（方式 2 下），T1 初值为

$$N=256-\frac{2^{SMOD}\times f_{osc}}{32\times12\times B} \tag{7-5}$$

【例 7-3】 利用 8051 实现串行通信，要求具有数据接收和发送的功能，帧格式为 11 位，波特率选定为 125 波特，设晶振频率为 6 MHz，编程完成串行口的初始化操作。

因为数据帧格式为 11 位，所以串行口工作方式只能选择方式 2 或者方式 3。如果选择方式 2，根据波特计算公式（7-2），无论波特率是否加倍，计算出的波特率都大于 125，所有串行口工作方式只能选择方式 3。令 T1 工作方式为方式 2，波特率加倍，按照式（7-5），T1 初值为：$N=256-\frac{2\times6\times10^6}{125\times64\times12}=6$。

完成上述计算后，就可以编制初始化程序，以下分别给出汇编语言和 C 语言的初始化程序段。

● 汇编语言程序

```
MOV  SCON,#0D0H        ;串行口方式 3,允许接收
MOV  PCON,#80H         ;SMOD = 1
MOV  TMOD,#00100000B   ;T1 方式 2 定时
MOV  TL1,#06H          ;设置波特率 125 波特
SETB  TR1              ;启动 T1 发出波特率
```

● C 语言程序

```
SCON = 0xD0;
PCON = 0x80;
TMOD = 0x20;
TL1 = 0x06;
TR1 = 1;
```

通过前面的例子可以看出波特率计算过程较为麻烦，为了方便读者设置不同波特率下 T1 的计数初值，常用波特率下 T1 计数初值速查表如表 7-2 所示，读者可根据速查表快速查出不同波特率下相关参数的选择。

表 7-2　常用波特率率下 T1 计数初值速查表

波特率（方式 1、3）	f_{osc} = 6 MHz			f_{osc} = 12 MHz			f_{osc} = 11.0592 MHz		
	SMOD	T1 方式	初值	SMOD	T1 方式	初值	SMOD	T1 方式	初值
62.5	/	/	/	1	2	FFH	/	/	/
19.2 K	/	/	/	/	/	/	1	2	FDH
9.6 K	/	/	/	/	/	/	0	2	FDH

（续）

波特率（方式1、3）	f_{osc} =6 MHz			f_{osc} =12 MHz			f_{osc} =11.0592 MHz		
	SMOD	T1 方式	初值	SMOD	T1 方式	初值	SMOD	T1 方式	初值
4.8 K	/	/	/	1	2	F3H	0	2	FAH
2.4 K	1	2	F3H	1	2	F3H	0	2	F4H
1.2 K	1	2	E6H	0	2	E6H	0	2	E8H
600	1	2	CCH	0	2	CCH	0	2	D0H
300	0	2	CCH	0	2	98H	0	2	A0H
137.5	1	2	1DH	0	2	1DH	0	2	2EH
110	0	2	72H	0	1	FEEBH	0	1	FEFFH

7.4 多机通信原理

单片机的多机通信是1台主机和多台从机之间的通信，多台8051单片机可以利用其串口工作方式2、3提供的多机通信功能，实现全双工主从式多机通信，8051多机通信的连接示意图如图7-14所示。从机地址被分配为0，1，2，…，n，主机可以与任何一台从机进行通信，从机之间的通信必须通过主机转发才能完成。下面介绍多机通信的工作原理。

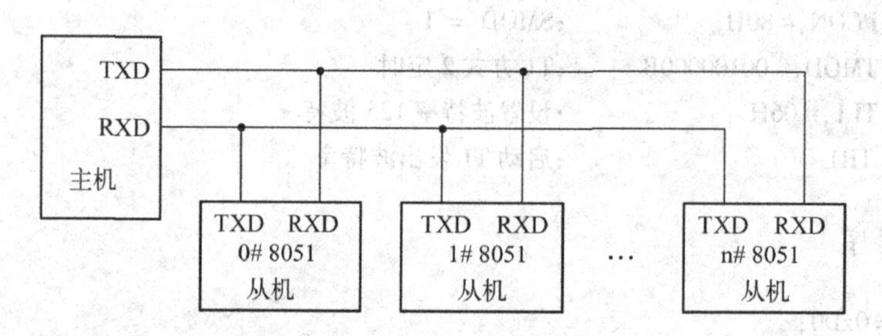

图7-14 8051多机通信的连接示意图

设置串口工作方式2或方式3，有如下特性：发送时，按照其帧格式，TB8被装入移位寄存器第9位发送，TB8可由用户程序设定；接收时，可分为设置控制寄存器SCON的SM2 =1和SM2 =0两种情况。

（1）SM2 =1时

- 当从机接收到主机发来的第9位数据RB8 =0时，从机不会产生RI =1的中断标志，即此时从机不接收主机发来的数据。
- 当从机接收到主机发来的第9位数据RB8 =1时，从机产生RI =1的中断标志，从机接收主机发来的数据，装入SBUF中。

（2）SM2 =0时

从机不判断接收到的第9位数据状态，直接置位标志位RI = 1，接收的数据装入SBUF中。

利用方式2、3的上述特性，可实现51系列单片机的多机通信。将主机发送的信息分为地址帧和数据帧两种。发送地址帧时 RB8 =1，发送数据（命令）帧时 RB8 =0。从机均设置 SM2 =1，接收到地址帧并判断地址信息是否为本机地址，地址匹配的从机设置 SM2 =0，允许本机接收数据（命令）信息，其他从机维持 SM2 =1 状态。具体的工作过程如下。

1）从机初始化设置时，采用中断方式处理串行通信。设置允许串行中断，串口工作方式设置为 2 或 3，设置 SM2 =1，REN =1，从机此时只能接收主机地址帧信息，称此状态为多机通信模式。

2）主机想要与某个从机通信时，先将要通信的从机地址帧信息发给各个从机，然后才传送数据（命令）帧信息。发送地址帧信息时，设置 TB8 =1；发送数据（命令）信息时，设置 TB8 =0。各个从机接收到地址帧信息后，判断地址内容与本机是否相符，若相符则设置 SM2 =0，允许接收紧接着发送的数据（命令）信息，否则维持 SM2 =1 不变，不接收数据（命令）信息。

3）此时，传送数据（命令）帧信息中 TB8 =0，只有想要通信的从机（SM2 =0）能接收到数据（命令）帧信息，从机激活标志位 RI =1，处理主机发来的数据（命令），从而实现了主从单一通信的目的。

4）从机接收到主机发来的信息帧后，要判断 RB8 是否为 1，若 RB8 =1，则表明本次通信结束，接收到的是地址信息，改变 SM2 状态，回到多机通信模式，为下次通信做好准备。

上述过程说明理论上可实现多机通信，但是实际的操作要在诸多的约定条件下，才能保证多机通信有序可靠地运行，例如：地址约定、数据（命令）约定、主从机状态约定、联络过程约定、传输出错约定等，将它们统称为通信协议。

7.5 单片机的双机通信应用实例

利用 8051 单片机串行口可以实现单片机之间的双机、多机以及单片机与 PC 间的单机、多机串行通信，在此仅介绍单片机间的双机串行通信系统设计，包括硬件接口电路和软件编程两部分。串行双机通信系统设计的具体任务如下。

1）根据通信速率和通信距离选择合适的硬件接口电路。

2）配置串行口工作方式，选择奇偶校验方式及通信波特率。

3）约定通信协议，进行软件程序设计。

7.5.1 串行通信接口电路

常用的串行通信接口电平标准有 TTL 电平、RS－232 电平、RS－485 电平等，不同电平标准适应不同的串行通信要求。采用不同的接口方式可以相应提高通信距离和通信的抗干扰能力，而软件设计与硬件电路接口无关，因此程序具有一定的通用性。

1. TTL 电平通信接口

当双机间的距离很近，通常在 1 ~ 2 m 时，双机串口的连接可以直接采用 TTL 电平方式。这种连接方式适用于近距离，抗干扰要求较低的场合。

2. RS－232C 通信接口

当双机之间的距离在 2 ~ 15 m 时，双机之间可以采用 RS－232C 接口，实现点对点双机通信。RS－232C 双机通信接口电路示意图如图 7-15 所示，需要通过电平转换器件 MAX232A 实现 TTL 和 RS－232C 之间的电平转换，单片机与 PC 间的串行通信也采用此电平标准。RS－232C 接口为全双工工作方式，RS－232C 接口较 TTL 接口传输距离长，但过长传输距离会导致传输速率降低，而且长通信线路也容易出现串扰问题。

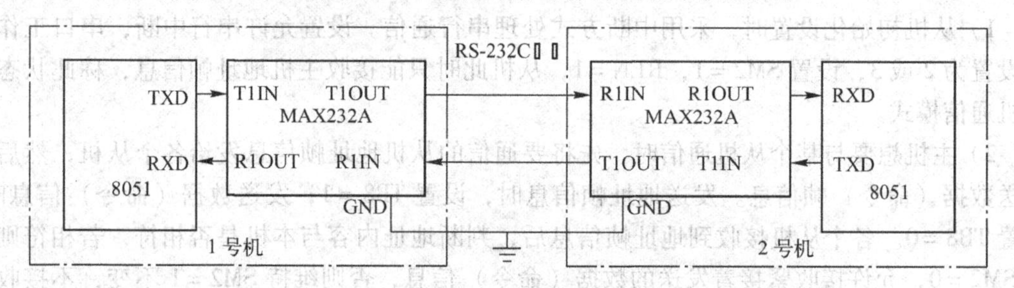

图 7-15　RS－232C 双机通信接口电路示意图

3. RS－485 通信接口

RS－485 通信接口为半双工工作方式，通常采用一对双绞线传输平衡差分信号。RS－485 通信接口适合于多点互连，容易实现多机通信。其最高传输速率为 10 Mbit/s，最远传输距离为 1200 m。与 RS－232C 相比较，具有传输距离远，抗干扰能力强的特点。图 7-16 为 RS－485 双机通信接口电路示意图，也需要采用电平转换器件实现 TTL 和 RS－485 之间的电平转换。

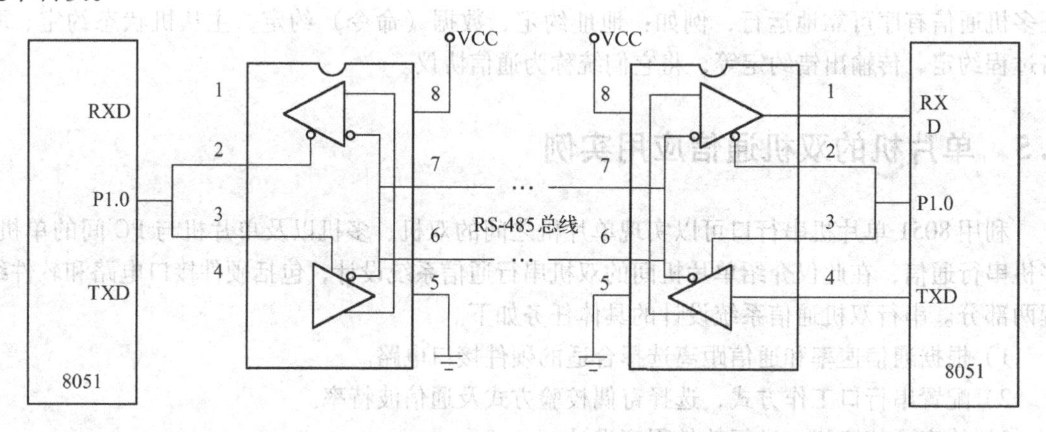

图 7-16　RS－485 双机通信接口电路示意图

7.5.2　双机通信系统软件设计

8051 单片机的串行口方式 1、2、3 均可实现双机通信，下面以方式 1 为例来说明单片机双机通信的基本原理和方法。

假设串行通信单片机收、发双方晶振均为 6 MHz，波特率设定为 2400 bit/s，不进行奇偶校验。将发送方内部 RAM 以 30H 为首地址的连续 16 个单元中的数据发送给接收方，接收方将数据存储于首地址为 40H 开始的连续地址单元中。双方均采用中断方式实现串行通信，同时约定发送的第 1 字节数据为首地址，第 2 字节数据为数据长度。以下分别给出汇编语言和 C 语言源程序。

1. 汇编语言程序

（1）发送方程序

```
        ORG 0000H               ;主程序开始地址
        LJMP START
        ORG 0023H               ;中断服务程序入口地址
        LJMP SFS
START:  MOV SP,#50H             ;设置堆栈指针
        MOV R0,#30H             ;发送方数据块首地址
        MOV R1,#10H             ;数据长度
        MOV TMOD,#20H           ;设置定时器 T1 的工作方式
        MOV TH1,#0F3H           ;设置定时器初值
        MOV TL1,#0F3H
        SETB TR1                ;打开定时器 T1
        MOV PCON,#80H           ;波特率加倍
        MOV SCON,#40H           ;设置串行口工作方式
        MOV A,#40H              ;设置接收方首地址
        MOV SBUF,A              ;发送接收方首地址
WAIT1:  JNB TI,WAIT1            ;查询方式等待发送完成
        CLR TI                  ;清标志位准备下次发送
        MOV A,#11H              ;设置数据块长度
        MOV SBUF,A              ;发送数据块长度
WAIT2:  JNB TI,WAIT2            ;查询方式等待发送完成
        CLR TI                  ;清标志位准备下次发送
        SETB ES                 ;打开串行中断
        SETB EA                 ;打开总中断
        MOV A,@R0               ;准备发送第一个数据
        MOV SBUF,A              ;发送第一个数据
        SJMP $                  ;等待发送结束
SFS:    CLR TI                  ;清除中断标志位
        INC R0                  ;数据块地址加 1,指向下一个数据
        MOV A,@R0               ;准备发送下一个数据
        MOV SBUF,A              ;发送下一个数据
        DJNZ R1,S               ;判断 16 字节是否全部发送完
        CLR ES                  ;全部数据发送完毕,关闭串行中断
        CLR EA                  ;关闭总中断
S:      RETI                    ;中断返回
        END
```

（2）接收方程序

```
        ORG 0000H               ;主程序开始地址
        LJMP START
        ORG 0023H               ;中断服务程序入口地址
        LJMP SJS
```

```
START:  MOV SP,#50H        ;设置堆栈指针
        MOV PCON,#80H      ;波特率加倍
        MOV SCON,#50H      ;设置串行口工作方式,允许接收
        CLR 00H            ;设置接收数据标志位
        MOV R3,#02H        ;设置接收到的前两位为接收首地址和数据长度
        MOV TMOD,#20H      ;设置定时器 T1 的工作方式
        MOV TH1,#0F3H      ;设置定时器初值
        MOV TL1,#0F3H
        SETB TR1           ;打开定时器 T1
        SETB ES            ;打开串行中断
        SETB EA            ;打开总中断
WAIT:   SJMP $             ;等待发送结束
SJS :   CLR RI             ;接收到数据后清中断标志位
        MOV A,SBUF         ;取出接收到的数据
        JNB 00H,S1         ;判断收到的数据是否为数据块数据,不是则跳转
        MOV @R0,A          ;是数据块数据则存放在数据块中
        INC R0             ;数据块地址加 1,指向下一个数据块地址
        DJNZ R1,S          ;判断全部数据是否接收完毕
        CLR EA             ;全部接收完,关闭串行中断
        CLR ES             ;关闭总中断
S:      RETI               ;中断返回
S2:     DJNZ R3,S2         ;判断接收到的数据是否是首地址,是则跳转
        MOV R1,A           ;接收到的数据是数据块长度,存放到 R1 中
        SETB 00H           ;设置接收到数据为数据块数据标志
        SJMP S             ;跳转中断返回
S2:     MOV R0,A           ;接收的数据是数据块存放首地址,存放到 R0 中
        SJMP S             ;跳转中断返回
        END
```

2. C 语言程序

(1) 发送方程序

```
#include <reg51.h>
#include <absacc.h>
#define uchar unsigned char
uchar fsdizhi = 0x30;
uchar jsdizhi = 0x40;
uchar changdu = 0x10;
void main()
{   fsdizhi -= 1;
    DBYTE[fsdizhi] = changdu;
    fsdizhi -= 1;
    DBYTE[fsdizhi] = jsdizhi;
```

```
        TMOD = 0x20;
        TL1 = 0xF3;
        TH1 = 0xF3;
        TR1 = 1;
        SCON = 0x40;
        PCON = 0x80;
        ES = 1;
        EA = 1;
        SBUF = DBYTE[fsdizhi];
        while(1)
        { ; }
}
void intes() interrupt 4
{   TI = 0;
    fsdizhi += 1;
    SBUF = DBYTE[fsdizhi];
    changdu -= 1;
    if(changdu == 0)
    {   ES = 0;
        EA = 0;
    }
}
```

(2) 接收方程序

```
#include <reg51.h>
#include <absacc.h>
#define uchar unsigned char
uchar jsdizhi;
uchar changdu;
uchar shuju = 0;
uchar i = 2;
void main()
{   TMOD = 0x20;
    TL1 = 0xF3;
    TH1 = 0xF3;
    TR1 = 1;
    SCON = 0x50;
    PCON = 0x80;
    ES = 1;
    EA = 1;
    while(1)
    { ; }
}
```

```
void intes( ) interrupt 4
{  RI = 0;
   if( shuju == 0)
   {  i -= 1;
      if( i == 1)
      {  jsdizhi = SBUF; }
      else
      {  changdu = SBUF;
         shuju = 1;
      }
   }
   else
   {  DBYTE[ jsdizhi] = SBUF;
      jsdizhi += 1;
      changdu -= 1;
      if( changdu == 0)
      {  ES = 0;
         EA = 0;
      }
   }
}
```

7.6 知识与拓展

在前面的小节中，已经对 8051 单片机串行口的结构和工作原理进行了详细介绍，并且通过相应的实例讲解了串行口的基本应用。为了进一步了解串行口的应用，本节将以串并口转换扩展和串行蓝牙通信为例来说明串行口在单片机系统中的实际应用。

7.6.1 串、并转换扩展与实现

当 8051 单片机的并行口数量不够时，就可以利用串行口扩展并行 I/O 口。如输出口不够时，就可以用串口扩展并行输出口，同样，输入口不够时，也可以进行扩展，通常使用 74LS164 和 74LS165 来实现。

1. 串口扩展并行输入口

为了节省 8051 单片机的并行 I/O 接口消耗，当需要较多的并行输入时，8051 单片机内部的串行口在方式 0 工作状态下，使用移位寄存器芯片可以扩展一个或多个 8 位并行 I/O 口。74LS165 是并行输入，串行输出移位寄存器，其各引脚功能如下。

D0 ~ D7：数据并行输入端。

SO：串行输出端，连接至单片机的串行数据输入端，接收 74LS165 发送的串行数据。

CLK：时钟输入端，连接至单片机的串行时钟端，提供移位脉冲。

INH：时钟禁止端，当 INH 端输入低电平时，允许时钟输入。

SH/$\overline{LD}$：移位与置位控制端，控制时钟和数据输入。

SI：多片74LS165级联时，完成数据进位功能，下级74LS165通过SI引脚连接到上一级74LS165的SO引脚。

图7-17为利用8051单片机串口和74LS165扩展了16路的并行输入接口电路图。依据表7-3所示的74LS165真值表可知，当7SLS165的SH/$\overline{LD}$端出现下降沿时，D0～D7输入端的数据被置入寄存器，当SH/$\overline{LD}$=1，并且INH端为低电平时，允许8051单片机的移位时钟（TXD）从7SLS165的CLK端输入，这时D0～D7端的数据从低向高移动，第1片的数据移入第2片，第2片的数据逐位从SO移入单片机，直至16位数据均移入单片机，完成一轮数据传输，实现3根I/O口线扩展出16位并行数据的输入。

表7-3 74LS165真值表

SH/$\overline{LD}$	INH	CLK	SI	D0～D7	功 能
0	×	×	×	×	数据输入
1	0	0	×	×	数据保持
1	0	↑	1	×	移位
1	0	↑	0	×	移位
1	1	×	×	×	禁止移位

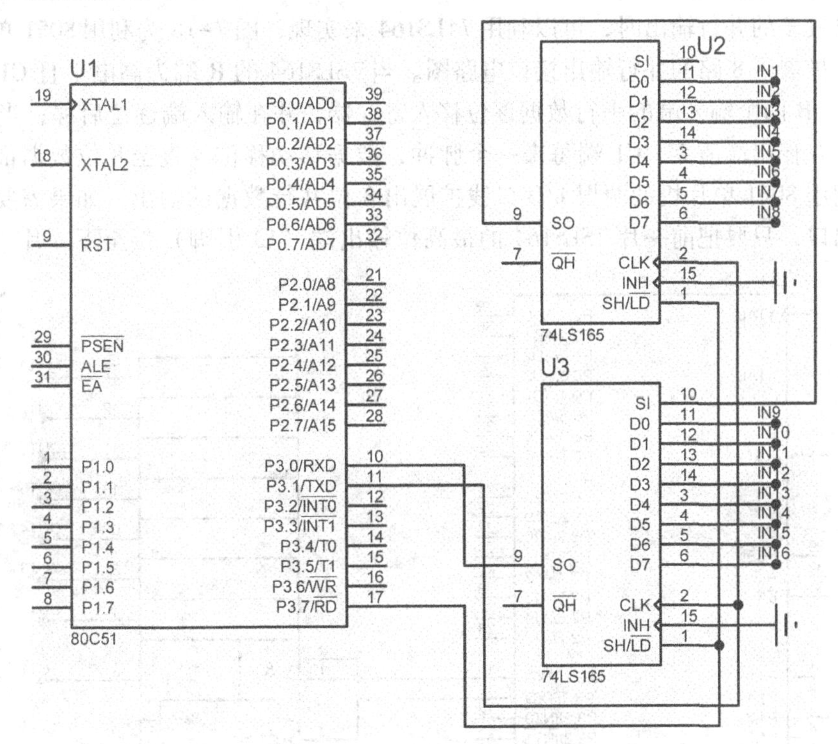

图7-17 74LS165扩展16位并行输入接口电路图

软件设置方面比较简单，需要把8051单片机的串口配置为工作方式0（同步移位寄存器），并且允许接收即可，以下是对应的C语言源程序。

```
#include <reg51.h>
#define uchar unsigned char
sbit sl = P3^7;
uchar idata indata[2];                    //接收数据缓存区
void main(void)
{   uchar x;
    SCON = 0x10;                          //串行口工作在方式0,允许接收数据
    while(1)
    {   sl = 0;                           //允许并行数据输入
        sl = 1;                           //数据输入后,开始数据移位
        for (x = 0; x < 2; x ++)
        {   while(RI == 0)                //判断数据是否接收完成
                {;}
            indata[x] = SBUF;             //从缓冲区接收数据
            RI = 0;                       //清除标志位,准备下次接收数据
        }
    }
}
```

2. 串口扩展并行输出口

当需要较多的并行输出时，可以利用74LS164来实现，图7-18为利用8051单片机串口和74LS164扩展了8路的并行输出接口电路图。当7SLS164的R端为高电平且C1端出现上升沿时，A、B两个输入端的串行数据逐位移入寄存器，并在输入端逐位后移；当R端为低电平时，所有输出端清零。C1端每来一个脉冲，数据移动移位，直至8位数据都移入寄存器。这样利用8051单片机的两根I/O口线扩展出8位并行数据的输出，如果需要扩展更多的并行输出口，只要把前一片7SLS164的最高位输出端（13引脚）接至下一片7SLS164的

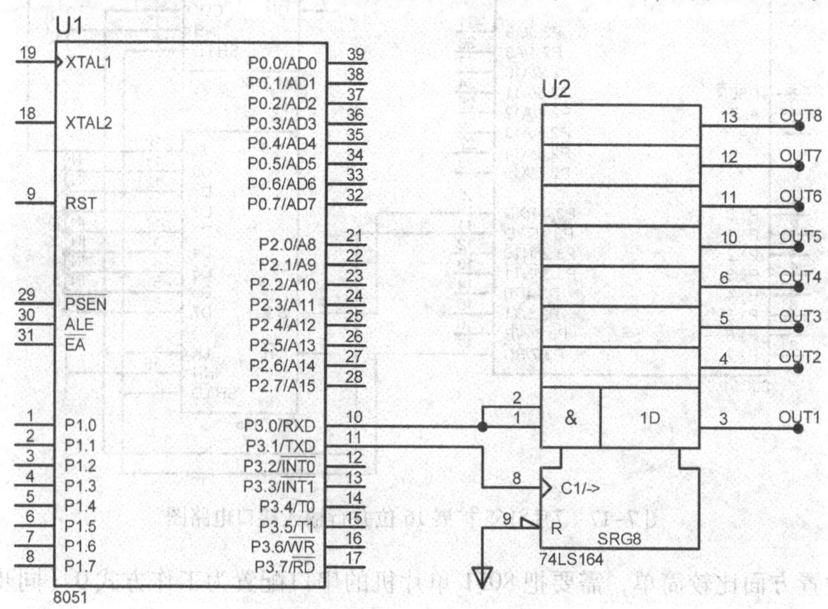

图7-18　74LS164扩展8位并行输出接口电路图

串行数据输入端，两片 7SLS164 的时钟芯片的 C1 端都连接到 8051 单片机的 TXD。

软件设计方面，74LS164 和 74LS165 类似，区别只是一个作为串行数据输出，另一个作为串行数据输入。同样需要把 8051 单片机的串口配置成方式 0（同步移位寄存器），无须考虑接收，以下是对应的源程序，同时为了调试程序，在 74LS164 的输出端连接了 8 个 LED，图 7-19 给出了 74LS164 扩展 8 位并行输出接口电路仿真效果图。

```
#include <reg51.h>
#define uchar unsigned char
void main(void)
{   uchar outdata;
    SCON = 0x00;                    //串口配置成工作方式 0,禁止接收数据
    outdata = 0x55;                 //初始化输出数据
    SBUF = outdata;                 //数据串行发送
    while(TI == 0)                  //数据是否发送完判断
        {;}
    TI = 0;
    while(1)
        {;}
}
```

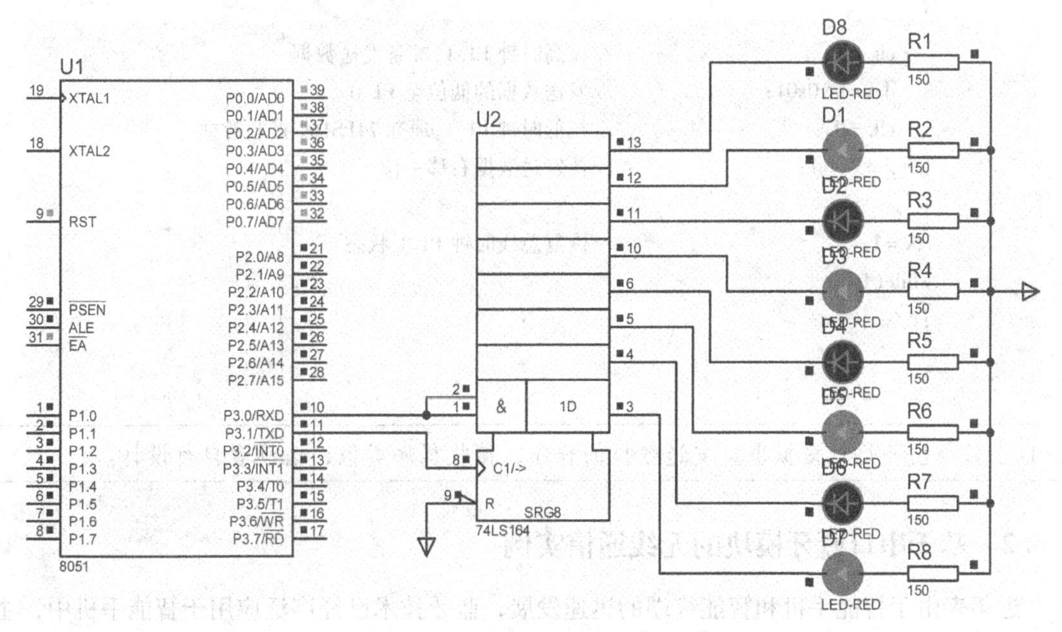

图 7-19　74LS164 扩展 8 位并行输出接口电路仿真效果图

3. 并行口模拟串行口输入和输出

上面介绍的例子是直接采用 8051 单片机的串行口进行串行输出，由于 8051 单片机只有一个串行口，如果单片机系统中还需要进行串行通信，那么串口就不够了。为了实现图 7-19 的功能，可以用 8051 单片机的并行口来模拟串行口功能，其本质就是模拟串行口工作在方式 0 下的工作时序。

图7-20 给出了8051 单片机串行口方式0 的时序图。在方式0下，TXD引脚提供移位脉冲，每出现一个脉冲，数据移动一位，时钟下降沿数据有效，数据传输时，低位在前。了解其时序后，可以用并行口模拟串行时序。以下给出并口模拟串口的源程序。

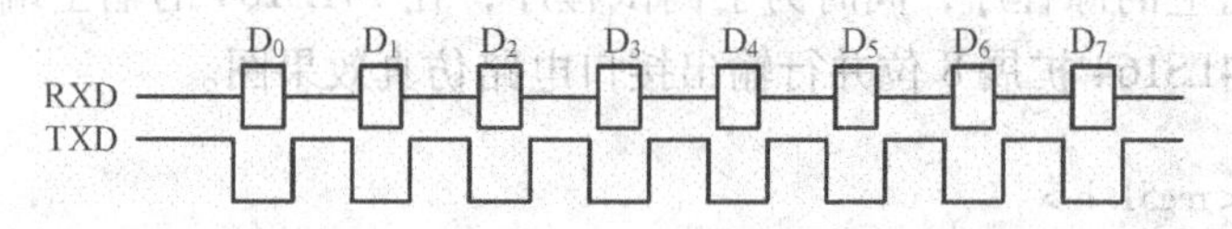

图7-20 8051 单片机串行口方式0 数据发送时序图

```
#include <reg51.h>
#define uchar unsigned char
sbit dat = P1^0;                    //P1.0 模拟 RXD 引脚实现数据发送功能
sbit clk = P1^1;                    //P1.1 模拟 TXD 引脚实现移位脉冲功能
void main()
{   uchar x = 0xaa;
    uchar i;
    clk = 0;                        //拉低时钟
    for (i = 0;i < 8;i ++ )
    {
        clk = 1;                    //拉高时钟 P1.1,准备发送数据
        dat = x&0x01;               //发送数据的低位至 P1.0
        clk = 0;                    //拉低时钟 P1.1,通知 74LS164 接收数据
        x = x >> 1;                 //待发送数据右移一位
    }
    clk = 1;                        //恢复总线时钟 P1.1 状态
    while(1)
    ;
}
```

📖 以上只给出并行口模拟串口发送数据的程序，接收程序类似，请读者自行设计。

7.6.2 基于串口蓝牙模块的无线通信实例

近年来由于智能手机和智能终端的迅速发展，蓝牙技术已经广泛应用于智能手机中，主流的 Android 和 Windows 智能手机操作系统都支持通过蓝牙通信方式建立虚拟串口服务。为了方便单片机测控系统和手机等智能终端实现蓝牙无线通信，目前市场上推出许多低成本、高性能的串口蓝牙模块，单片机用户可以无须了解复杂的蓝牙通信协议就可以实现单片机和智能手机的短距离蓝牙无线通信。这样可以方便地通过智能手机等设备实时获取单片机系统中的数据和信息，本节以 BT UART 串口蓝牙模块为例说明单片机和智能手机等设备的蓝牙无线通信方法。

1. 串口蓝牙模块特性及功能引脚

BT UART蓝牙异步串口模块采用CSR ® Bluetooth™2.0核心芯片BC417设计，支持在通用异步串行通信协议（UART）下的数据透明传输，其主要特性如下。

- 支持常用异步串行通信波特率。
- 支持异步串行通信中的奇偶校验。
- 支持修改蓝牙设备名称以及密码，保证蓝牙设备连接安全。
- 支持蓝牙主机和从机模式，并支持主机模式下的蓝牙搜索与配对。
- 可通过拨动式开关方便地切换通信模式（BT模式）与配置模式（AT模式）。
- 支持+5.0 V和+3.3 V直流电压供电和信号电平。
- 通信时峰值电流小于70 mA，待机连接状态电流小于10 mA。

BT UART串口蓝牙模块尺寸为：长48.5 mm，宽20 mm，厚7 mm，其外观及引脚分布如图7-21所示。

图7-21　外观及引脚分布

2. 串口蓝牙模块工作模式及配置步骤

串口蓝牙模块包含通信模式（BT模式）和配置模式（AT模式）两种工作模式，AT模式用于配置蓝牙串口模块的各项参数，例如蓝牙名称、蓝牙配对密码、通信波特率，也用于主机模式下的主动搜索；BT模式用于普通串口通信，无论是哪种连接形式，如果用于异步串口无线通信的话，都是在BT模式下进行的。

读者需要根据厂家提供的驱动程序完成E-Config底座的驱动程序安装，E-Config底座主要完成USB口和TTL电平转换功能。为了方便配置串口蓝牙模块，可以安装厂家提供的BT UART++软件，该软件可以让蓝牙串口模块的配置变得特别轻松。完成驱动程序和配置软件后，按照要求将串口蓝牙模块和E-Config底座进行连接后接入计算机USB接口，利用BT UART++软件对串口蓝牙的蓝牙名称、蓝牙密码、连接角色、连接模式、绑定地址以及通信波特率等进行配置，详细的配置说明可以参照模块用户使用手册。本次设计中将蓝牙模块波特率配置成9600波特，帧格式为8位数据位，1位停止位，无奇偶校验位。

3. 硬件接口设计

由于Proteus中没有BT UART蓝牙模块，且单片机和蓝牙采用透明串口通信协议，因此可以用虚拟终端对蓝牙模块进行仿真模拟。设计中假设虚拟终端为一个手机，单片机假设为一个从机，通过虚拟终端来控制下位机LED的亮灭变化，下位机接收到虚拟终端发来的控制命令后，控制LED状态，并把LED的状态反馈给虚拟终端，实现双向通行，Proteus中设计的蓝牙通信模拟电路原理图如图7-22所示。

4. 程序设计与效果仿真

程序设计上，相对比较简单，主要包含主程序和串口中断程序两部分，主程序中主要完成定时/计数器T1的初始化，串口初始化和中断初始化等初始化工作。串口中断程序主要完成串行数据的接收和发送。当单片机接收到虚拟终端发送来的控制命令后，首先判断是开启

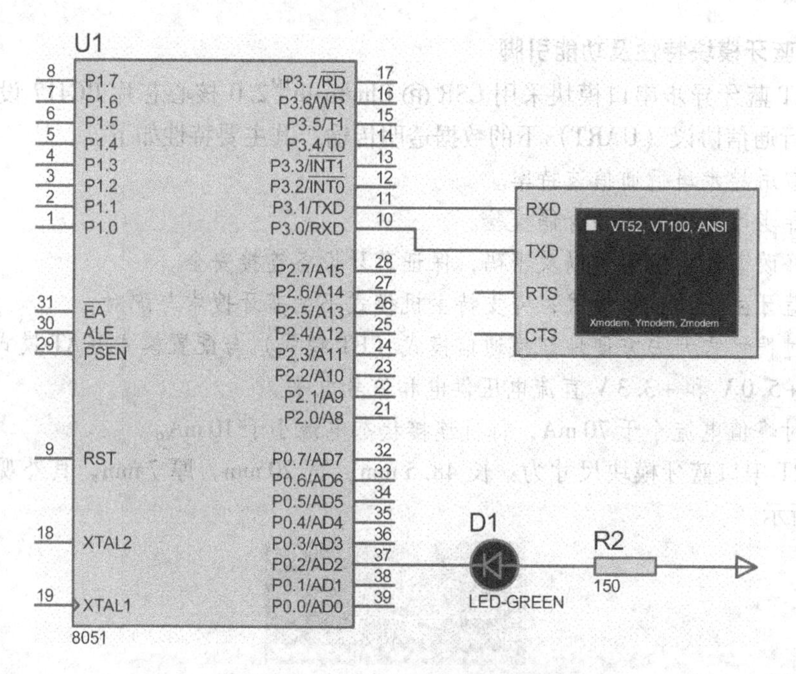

图 7-22　蓝牙通信模拟电路原理图

还是关断 LED 命令，之后依据命令完成 LED 的控制，并将控制后的 LED 状态通过串口发送出去，以便虚拟终端查看控制命令执行情况，详细的 C 语言源程序如下。

```
#include <reg51.h>
#include <stdio.h>
#define uchar unsigned char
sbit LED = P0^2;                                          //声明 LED 控制引脚
uchar receive;                                            //定义接收数据变量
uchar sdata[11] = {13,10,66,69,68,58,111,'0','0',13,10};  //定义发送给虚拟终端数据
//数据分别为:回车、换行、LED:on 回车、换行或者回车、换行、LED:off 回车、换行
//sdata[7]和 sdata[8]数据根据控制命令实时修改
void main(void)
{  TMOD = 0x20;                                           //初始化 T1 为工作方式 2
   SCON = 0x50;                                           //初始化串口,运行接收数据
   PCON = 0x00;                                           //波特率不加倍
   TH1 = 0xFD;                                            //设置 T1 初值,波特率 9600
   TL1 = TH1;
   ES = 1;                                                //运行串口中断
   EA = 1;                                                //开放总中断
   TR1 = 1;                                               //启动 T1 工作
   LED = 1;                                               //LED 初始化为关闭状态
   while (1)                                              //等待虚拟终端发送数据
   {;}
}
voidchuankou() interrupt 4
```

```
{   uchar i;
    if (RI)                                  //判断是否接收中断
    {   RI = 0;                              //清楚标志位,防止多次触发中断
        receive = SBUF;                      //读取接收数据
        if(receive == 0x31)                  //如果成立,则打开 LED 命令
        {   LED = 0;                         //点亮 LED,灌电流形式
            ES = 0;                          //关闭串口中断,为发送数据准备
            sdata[8] = 0x00;                 //修改 LED 状态
            sdata[7] = 'n';
            for (i = 0;i <= 10;i ++ )        //反馈 LED 现在状态,连续 10 字节数据
            {   SBUF = sdata[i];             //发送 1 字节数据
                while( !TI)                  //数据是否发送完
                {;}
                TI = 0;                      //清除标志位,准备下次发送
            }
            ES = 1;                          //所有数据发送完,恢复中断允许
        }                                    //做好再次接收虚拟终端数据
        else if (receive == 0x30)            //如果命令为关闭 LED
        {   LED = 1;                         //关闭 LED
            ES = 0;                          //禁止串口中断,为发送数据准备
            sdata[8] = 'f';                  //修改 LED 状态
            sdata[7] = 'f';
            for (i = 0;i <= 10;i ++ )        //反馈 LED 现在状态,连续 10 字节数据
            {   SBUF = sdata[i];             //发送 1 字节数据
                while( !TI)                  //数据是否发送完
                {;}
                TI = 0;                      //清除标志位,准备下次发送
            }
            ES = 1;                          //所有数据发送完,恢复中断允许
        }
    }
}
```

单击“仿真”按钮后，Proteus 中出现如图 7-23 所示的虚拟终端屏幕，为了方便显示和操作，可以右击虚拟终端屏幕，在弹出的如图 7-24 所示的快捷菜单中选择“Echo Typed Characters”选项，虚拟终端将显示键盘中输入的字符。设置好上述选项后，单击虚拟终端屏幕，在屏幕中输入“1”，就可实现 LED 的点亮控制，同时将单片机反馈的 LED 状态显示在屏幕中，具体的仿真效果图如图 7-25 所示。

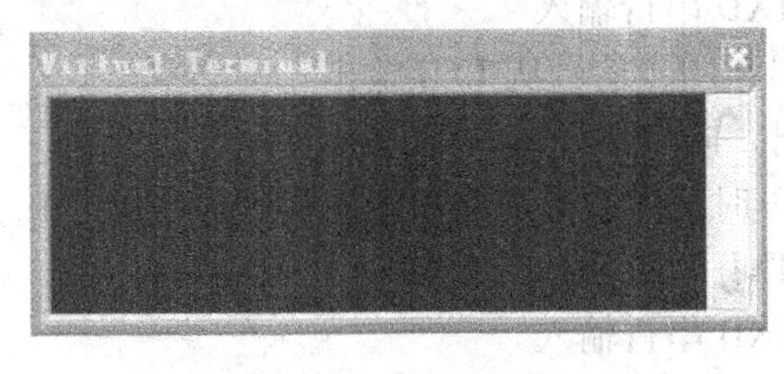

图 7-23　虚拟终端屏幕

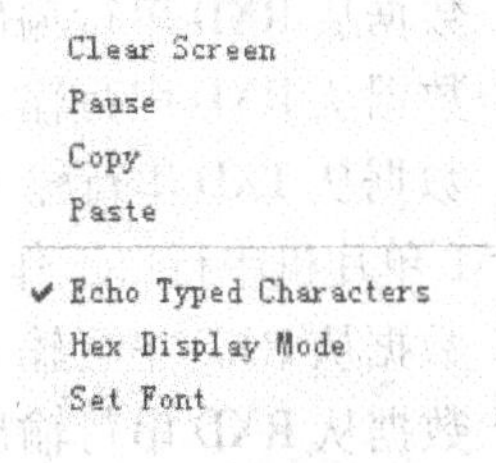

图 7-24　快捷菜单

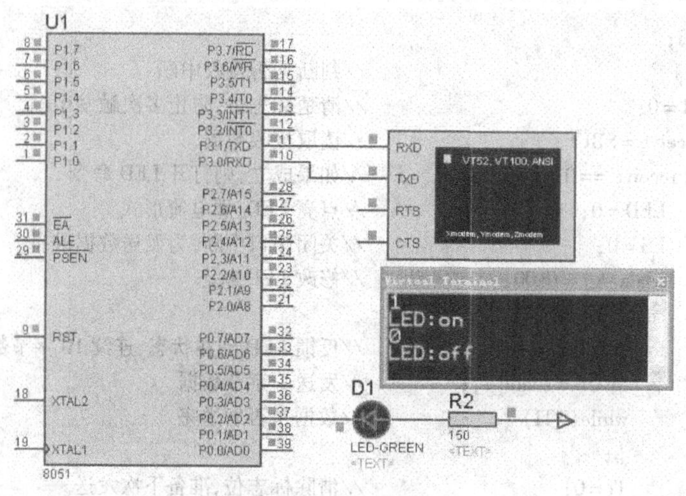

图 7-25　仿真效果图

7.7　思考题

1. 填空题

（1）8051 单片机串行口有（　　）种工作方式，其中波特率可变的工作方式有（　　）和（　　），串行口中断的入口地址为（　　）。

（2）按照通信双方的分工和信号传输方向，通信可以分为（　　）、（　　）和（　　）3种方式。

（3）若异步通信中，每个字符由 10 位组成，串行口每秒发送 250 个字符，则串行口波特率为（　　）。

（4）若串行口波特率为 2400 波特，数据帧格式为 10 位（1 个起始位、7 位数据位、1 个偶校验标志位、1 个停止位），那么每秒可以传送（　　）个字符。

（5）8051 单片机串口接收缓冲区名称为（　　），其发送缓冲区和接收缓冲区物理结构（　　），但是共用一个地址。

（6）8051 单片机响应串行口中断后，中断请求标志位（　　）或者（　　）不会自动清除，其目的在于判断是（　　）中断还是（　　）中断，中断请求标志位需要通过（　　）手动清除。

2. 选择题

（1）8051 单片机串行口工作在方式 0 时，下列选项中描述正确的是（　　）。

A. 数据从 RXD 串行输入，从 TXD 串行输出

B. 数据从 RXD 串行输出，从 TXD 串行输入

C. 数据从 RXD 串行输入或输出，同步信号从 TXD 输出

D. 数据从 TXD 串行输入或输出，同步信号从 RXD 输出

（2）8051 单片机串行口工作在方式 1 时，下列选项中描述正确的是（　　）。

A. 数据从 RXD 串行输入，从 TXD 串行输出

B. 数据从 RXD 串行输出，从 TXD 串行输入

C. 数据从 RXD 串行输入或输出，同步信号从 TXD 输出

D. 数据从 TXD 串行输入或输出，同步信号从 RXD 输出

（3）下列选项中，对于 8051 单片机串行口波特率描述错误的是（　　）。

A. 波特率和串行口的工作方式有关

B. 方式 1 和方式 3 下的波特率取决于 T1 的溢出率

C. 方式 2 下的波特率只和外接晶振频率有关

D. 方式 0 下的波特率只和外接晶振频率有关

（4）下列选项中描述错误的是（　　）

A. 串行通信的第 9 位数据可以由程序设计者自己定义

B. 发送数据的第 9 位数据应当存放在 SCON 寄存器的 TB8 中

C. SCON 寄存器的 RB8 为接收的第 9 位数据

D. 串行通信的第 9 位数据是固定的，只能为“1”

（5）通过 8051 单片机串行口发送或者接收数据时，程序中应当选用（　　）指令。

A. MOVX　　B. MOVC　　C. MOV　　D. PUSH

3. 判断题

（1）两个 8051 单片机可以采用串口的工作方式 0 进行串行通信。（　　）

（2）8051 单片机串行口的发送和接收中断都有自己独立的中断入口地址。（　　）

（3）8051 单片机进行多机通讯时，只能采用方式 1 进行。（　　）

（4）串行口控制寄存器 SCON（地址 98H）是可按位寻址的控制寄存器。（　　）

（5）波特率大小可以反映出串行通讯的速率。（　　）

（6）8051 单片机的串行通信速率可以达到 10MB/s。（　　）

（7）8051 单片机串行通信口采用的是单工方式。（　　）

（8）异步通信和同步通信效率相近，甚至异步通信效率要高于同步通信。（　　）

4. 简答题

（1）同步通信和异步通信相比较各有何优缺点？

（2）异步串行通信的工作方式有几种？它们分别应用于何种场合？

（3）为什么 8051 单片机串行口方式 0 没有起始位和停止位？

（4）异步串行通信的方式 0 与方式 1 的帧格式有何区别？

（5）异步串行通信的方式 1 的波特率是否可变？波特率如何设置？

（6）为什么定时器 T1 作波特率发生器用时，通常选择工作方式 2？给出方式 2 下波特率计算公式。

（7）简述 8051 单片机多机通信的基本工作原理。

（8）为什么进行距离较远的串行通信时，要采用 RS－232 或者 RS－485 总线，而不直接采用 TTL 电平标准通信？

5. 综合题

（1）假设 8051 单片机串行口工作在方式 2，待发送数据存于内部 RAM 50H 单元中，编程实现利用 TB8 实现奇偶标志位的传送。

（2）假设 8051 单片机外接晶振频率为 6 MHz，波特率选用 125 波特，要利用 8051 串行口实现 11 位帧格式数据的发送和接收，请配置串行口的工作方式，并计算 T1 初值，同时给出相应的初始化程序。

第8章　单片机存储器扩展

在单片机发展的早期和中期，单片机内部集成的程序存储器和数据存储器容量相对较小，无法满足应用要求，因此经常需要进行外部扩展。单片机存储器器的扩展，通常也称为最小系统扩展（或设计）。随着单片机技术的不断发展，单片机内部集成的存储器容量也在逐渐增加，并且存储器的类型也逐渐变成了闪速存储器类型。因此现在的单片机系统设计，基本不需要再进行外部存储器扩展。但是单片机存储器扩展技术涉及单片机三大总线扩展的核心技术，因此本章也进行简单的介绍。

8.1　存储器概述

存储器是用于储存信息的部件，单片机和存储器的数据交换过程就是单片机对存储器进行读/写操作的过程，CPU 访问存储器时，首先在地址总线上给出要访问的存储单元的地址，然后发出读、写控制信号，最后在数据总线上进行信息交换。因此存储器的扩展，主要就是地址总线、数据总线和控制总线这“三大总线”的扩展。如果需要扩展多片存储器的话，还需要考虑存储器的地址分配和片选问题。

8.1.1　半导体存储器简介

存储器是计算机系统中的记忆装置，用于存储相应的程序和数据。存储器中的信息存储是以二进制的形式存放的，通常来说一个存储单元的大小为 1 字节（Byte）。根据存储器的类型和特点，可以有多种分类方式，按照工作时和 CPU 联系的密切程度分，可以分为主存（内存）和辅存（外存）；按照存储元件类型分类，可以分为半导体存储器、磁存储器和光存储器；按照存储器的读写工作方式分，可以分为随机存储器和只读存储器。

1. 随机存储器（Random Access Memory，RAM）

随机存储器的一个主要特点就是掉电之后，存储的数据丢失。基于随机存储器的这一特点，通常把随机存储器用于存放数据，因此通常把随机存储器称为数据存储器。随机存储器可分为双极型和金属氧化物半导体（Metal Oxide Semiconductor，MOS）型两种。双极型随机存储器主要用在高速微型计算机中，而普通的微型计算机广泛使用的是 MOS 型随机存储器。

其中 MOS 型随机存储器又分为静态 RAM（Static Random Access Memory）和动态 RAM（Dynamic Random Access Memory）两种，动态 RAM 利用 MOS 管的栅极电容的电荷来存储信息，由于电容的放电特性，为了防止电容放电丢失电荷信息，需要不断地给电容充电，这就是所谓的“刷新”，目前计算机的内存条通常采用动态 RAM。动态 RAM 具有集成度高、功耗低等优点，但是需要配置刷新电路。

静态 RAM 采用 MOS 型触发器作为存储元件，存储容量小，存储速度快，但功耗大于动态 RAM，因此通常应用于存储容量较小的存储系统中，单片机存储系统通常采用静态 RAM 来构建数据存储器。

2. 只读存储器（Read Only Memory，ROM）

只读存储器的特点是信息写入后，存储单元中的内容就不能改变，断电后信息也不丢失，基于这一特点，通常把只读存储器用作程序存储器。只读存储器的写操作也称为编程（或者烧结），是在特定的条件下进行（编程电压和编程脉冲）的，编程电压高于芯片正常工作时使用的工作电源（5 V），通常电压都在9 V以上，如12 V，21 V等，电压大小取决于存储器芯片的生产厂家。当只读存储器在正常的工作电压（通常5 V）条件下，无法进行写入操作，只能进行读操作，因此称为只读存储器。

只读存储器根据其写入和擦除的特点，可分为掩膜式ROM，可编程ROM（Programmable Read Only Memory，PROM），紫外线擦除PROM（Erasable Programmable Read Only Memory，EPROM）和电擦除PROM（Electrically Erasable Programmable Read Only Memory，E^2PROM）等。

掩膜式ROM中的信息是由芯片生产厂家在生产过程中按照用户需求写入的，出厂后用户无法更改其中信息，因此通常用于存放固定程序的场合。PROM是一种可编程的ROM，用户可以根据自己的需要，将信息写入PROM。但是PROM只支持一次写入操作，信息写入之后将无法擦除和更改。EPROM是一种支持多次写入和擦除操作的ROM，用户根据自己需要自行写入相应的信息，写入信息之后，如果需要修改其中内容，可通过紫外线照射的方法将其内部写入的信息擦除（专用的紫外线擦除器），之后再写入新的信息。E^2PROM和EPROM类似，可以支持多次的信息写入和擦除，只是擦除的方式采用电擦除，因此其读写操作和RAM一样，可以随时进行，非常方便。

另外近些年出现一种新型的闪速存储器（Flash Memory），其读写方式与EEPROM相同，但是其读写速度非常快，而且性能要远远高于上述其他存储器，因此得到了广泛的应用。

8.1.2 典型存储器芯片介绍

1. 静态RAM介绍

静态RAM芯片在单片机系统中，通常用于存放单片机的各种临时数据，如各种输入数据，输出数据和中间计算结果等，还可用于堆栈的设置。单片机可以随时对其内部存储的数据进行读、写操作。较为常用的静态RAM芯片有6××系列，如6116（2K×8位），6264（8K×8位），62128（16K×8位），62256（32K×8位），62512（64K×8位）等。上述这些芯片的工作原理基本一致，其本质的区别在于容量大小不同，这里以6264为例来说明。

（1）6264功能及其引脚

6264芯片是一个8K×8位的静态随机存储器，其引脚功能图如图8-1所示，共28只引脚，其中地址线A0～A12共13根，数据线D0～D7共8根，控制线4根，电源引脚2只，NC为空引脚，暂时没用。

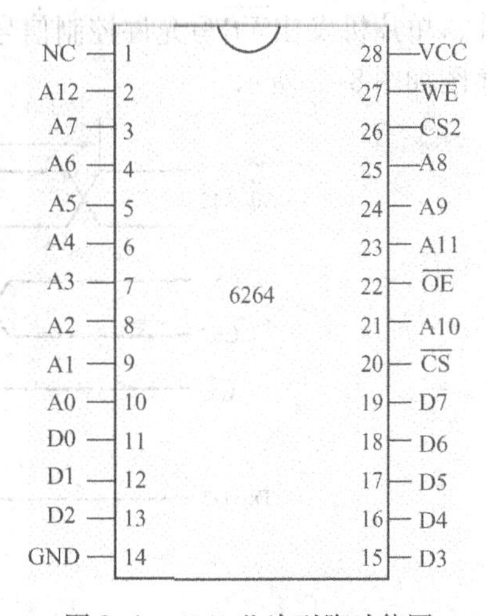

图8-1 6264芯片引脚功能图

A0～A12：13根地址线，依据静态RAM存储芯片的地址线根数，可以判断出静态RAM存储器的存储容量，13根地址线上不同的逻辑“0”和逻辑“1”的组合，可以表示出 8×1024（2^{13}）个不同的数，如果把 2^{13} 个数都作为不同存储单元（1 字节大小）的地址，就可以区分出 8K 个存储单元，因此，可以通过静态 RAM 的地址线的根数来判断其存储容量的大小。

D0～D7：8 根双向数据线，这 8 根数据线通常和单片机的数据总线相连，主要用于传递数据信息。当 6264 芯片未被 CPU 选中时，该总线处于高阻状态。

$\overline{CS1}$，CS2：片选信号，当$\overline{CS1}$引脚输入低电平时并且 CS2 输入高电平时，该芯片被选中，CPU 可以对其进行读、写操作。片选信号通常都是利用地址信号和控制信号进行译码产生的。

OE：输出允许信号，只有当OE引脚输入低电平时，6264 中的数据才能送到 D0～D7 这 8 根数据线上。

$\overline{WE}$：写允许控制信号，$\overline{WE}$输入低电平时，允许数据总线上的数据写入芯片，OE和$\overline{WE}$引脚上的信号不能同时有效，即不能同时进行读、写操作。

（2）6264 工作过程

6264 芯片的工作和其他数字芯片一样，需要在 CPU 的控制下，严格按照时序进行工作，其操作主要包含数据的读和写操作。6264 真值表如表 8-1 所示。

表 8-1　6264 真值表

$\overline{WE}$	$\overline{CS1}$	CS2	$\overline{OE}$	D0～D7
0	0	1	×	写入
1	0	1	0	读出
×	0	0	×	三态（高阻）
×	1	1	×	
×	1	0	×	

数据写入时，首先要把写入数据单元的地址送到 6264 芯片的地址线（A0～A12）上，要写入的数据送到芯片的地址线（D0～D7）上，之后使$\overline{CS1}$，CS2 引脚电平有效，选中芯片，单片机发出$\overline{WR}$写允许控制信号后，数据写入指定地址的存储单元。6264 芯片写操作时序图如图 8-2 所示。

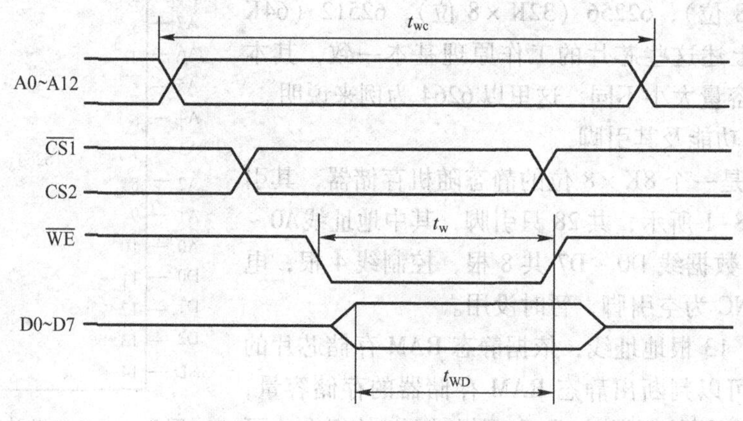

图 8-2　6264 芯片写操作时序图

数据读出时，先要把读出数据单元的地址送到6264芯片的地址线上，然后使$\overline{CS1}$，CS2引脚电平有效，选中芯片。单片机发出读允许控制信号，在芯片$\overline{OE}$引脚输入低电平，这样指定单元中的内容就输出到单片机系统的数据总线上，实现数据的读操作。6264芯片读操作时序图如图8-3所示。

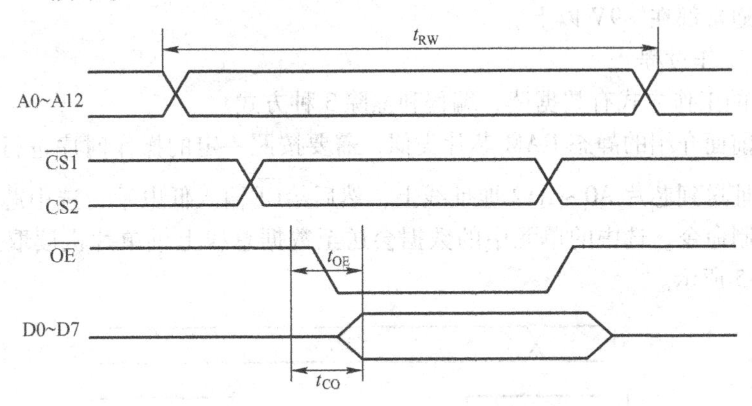

图8-3　6264芯片读操作时序图

2. EPROM介绍

EPROM存储芯片是一种可擦除可编程的只读存储器，其在正常的工作电压条件（+5V供电）下，只能进行读数据操作，不能进行写操作。写操作只能采用专用的编程器，编程时，需要特定的编程电压和编程脉冲。较为常用的EPROM芯片通常为27××系列，如2732（4K×8位），2764（8K×8位），27128（16K×8位），27256（32K×8位），27512（64K×8位）等。同系列的存储器芯片工作原理基本是一致的，只是不同的型号其容量大小不同，以2764为例来说明。

（1）2764功能及其引脚

2764芯片是一个8K×8的EPROM存储器，其引脚功能图如图8-4所示，芯片共28根引脚，其中地址线A0～A12共13根，数据线D0～D7共8根，控制线4根，电源引脚2根。

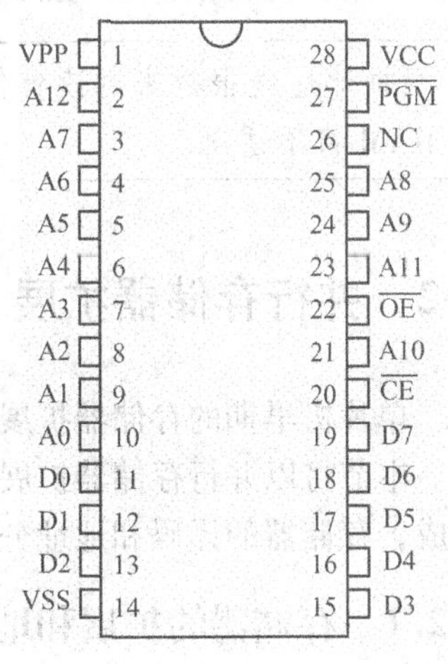

图8-4　2764芯片引脚图

A0～A12：13根地址线，用于接收地址总线上的地址信息，根据地址信息进行片内具体的存储单元选择。同静态RAM存储芯片一样，可以依据地址线的根数判断存储器的存储容量，13根地址线说明其存储容量为8KB。

D0～D7：8根双向数据线，这8根数据线通常和单片机的数据总线相连，主要用于传递数据信息。当2764芯片未被CPU选中时，该总线处于高阻状态。

$\overline{CE}$：片选信号，低电平有效，当$\overline{CE}$引脚输入低电平时，该芯片被选中，CPU可以对2764芯片进行读操作。

$\overline{OE}$：输出允许信号，只有当$\overline{OE}$引脚输入低电平时，2764内部的数据才能送到D0～D7这8根数据线上，供CPU进行读操作。

$\overline{PGM}$：编程脉冲输入端，对2764进行编程操作时，需要在该引脚上输入编程脉冲，脉冲频率高，编程时写入数据的速度就快，但是过快的速度会使得写入的数据不可靠。

VPP：编程电压输入端，对2764进行编程操作时，除了上述要求的编程脉冲，还需要输入特定的编程电压，该电压高于芯片正常工作的+5 V。不同的生产厂家，编程电压不同，但是编程电压通常都在+9V以上。

（2）2764工作过程

2764芯片的工作方式有数据读、编程和擦除3种方式。

读操作和前面介绍的静态RAM芯片类似，需要按照一定的操作时序进行。首先把需要读出单元的地址送到芯片A0～A12地址线上，然后给$\overline{CE}$输入低电平，选中芯片，之后CPU发出读允许控制命令，选中的单元中的数据会送至数据总线上供单片机读取。2764读操作时序图如图8-5所示。

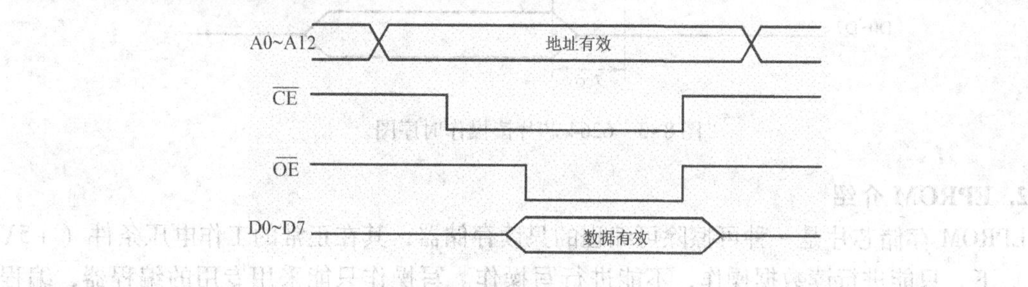

图8-5　2764芯片读操作时序图

对于编程和擦除工作方式，通常都有专用的设备，如编程器和紫外线擦除器，只需要按照相应的说明操作即可，另外现在的单片机内部通常都集成有Flash存储器，因此EPROM使用较少，所有本书对编程和擦除工作方式不做详细介绍，读者可查阅相应文献了解详细情况。

📖 根据地址线根数来判读存储器容量的方法可适用于静态RAM和EPROM，但是对于动态RAM将不适用。

8.2　并行存储器扩展

单片机早期的存储器扩展主要是并行存储器的扩展，包括程序存储器和数据存储器的扩展。本节将以并行存储器扩展为例来说明单片机并行总线扩展的方法，重点说明3大总线的生成，存储器的译码和地址分配问题。

8.2.1　存储器的扩展和地址译码

单片机系统的存储器扩展，主要是进行地址总线、数据总线和控制总线的扩展，通过三大总线把存储器和单片机相连，从而实现数据交换的功能。

1. 总线的构造和地址锁存器

地址总线（Address Bus，AB）主要用于传送地址信号，该总线是单向的，只能由CPU发出。地址总线的根数（宽度）决定了CPU能访问到存储空间的大小，地址总线宽度越大，

CPU 能访问到的存储空间越大，反之则少。如采用 16 位的地址总线，那么可访问的最大存储空间为 2^{16}B（64KB），若地址总线为 20 位，那么可访问的存储空间为 2^{20}B（1MB）。8051 单片机的地址总线由 P0 口和 P2 口生成的，其中 P0 口提供低 8 位地址，P2 口提供高 8 位地址，为 16 位的地址总线，因此最大寻址空间为 64KB。

数据总线（Data Bus，DB）负责数据传输，可实现 CPU 和存储器（或外部设备）之间的数据交换，数据总线的方向是双向的，即 CPU 既可以通过数据总线发送数据，又可以接收数据。8051 单片机是通过 P0 口生成数据总线的，其总线宽度为 8 位，即一次只能传输 1 字节数据。

控制总线（Control Bus，CB）主要用于产生各种控制信号，传递控制信息，协调 CPU 和各种设备的数据交换。CPU 和各种设备通过控制信号进行联络，以保证数据传输的可靠性。该总线是双向的，即信号有可能是 CPU 发出的，用于控制外部设备工作；也可能是外部设备发出的，用于向 CPU 指示自己目前的工作状态。如 8051 单片机中的 $\overline{WR}$，$\overline{RD}$和 ALE 信号等。

单片机在访问指定的存储器地址单元时，要求在数据读写的过程中地址保持不变，否则访问的存储单元将发生变化。由于 P0 口不仅提供低 8 位的地址总线，还用作数据总线，是一个地址/数据复用总线，为了防止地址和数据的冲突，就需要对 P0 口进行分时复用，即地址和数据分时进行传送。单片机通过 P0 口送出地址后，利用地址锁存器锁存地址信息，保证 P0 口后来的数据信息不会把地址信息冲丢。

地址锁存器的作用就是锁存 CPU 发出的地址信号，保证 CPU 在访问存储器的过程中地址保持不变，从而实现 P0 口的地址/数据分时复用。常用的地址锁存器有 74LS273，74LS373，74LS573 等。

以 74LS373 为例来说明地址锁存工作原理，如图 8-6 所示为 74LS373 内部结构原理图。其内部结构主要由 8 个 D 触发器和三态门构成，D 端为输入端，Q 端为输出端。8 个 D 触发器和三态门的控制端并联在一起，分别由外部 G 和$\overline{OE}$引脚来控制。

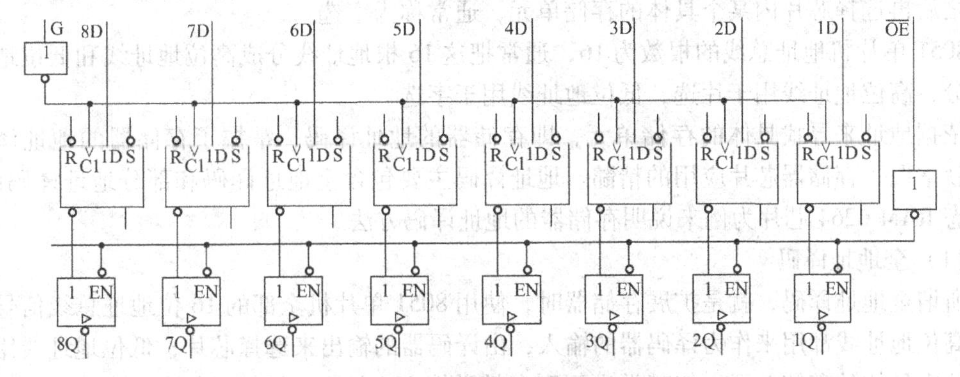

图 8-6　74LS373 内部结构原理图

当 G 端输入高电平，D 触发器打开，输出端 Q 的状态跟随输入端 D 的状态；当 G 端为低电平时，D 触发器关闭，无论输入端 D 的数据如何变化，输出端 Q 始终保持上一时刻的值，实现锁存功能。当$\overline{OE}$端输入低电平时，三态门均打开，D 触发器输出端 $\overline{Q}$ 的数据通过三态门，能够在 74LS373 的 Q 端输出；如果控制端$\overline{OE}$为高电平，三态门关闭，输出端 Q 处于高阻状态，74LS373 的真值表如表 8-2 所示。

表 8-2 74LS373 真值表

$\overline{OE}$	G	输入（D）	输出（Q）
L	H	H	H
L	H	L	L
L	L	×	Q0（保持前数据）
H	×	×	Z（高阻状态）

根据地址锁存器的特点和工作原理，可以在 P0 口配置一个地址锁存器，用于锁存地址信息。8051 单片机 P0 口用作地址/数据复用总线时，当 CPU 送出地址信号后，ALE 引脚会自动输出高电平，打开地址锁存器，P0 口上的地址信号进入地址存储器 74LS373。当 P0 口要传送数据时，CPU 自动撤销 ALE 引脚上的高电平，地址锁存器关闭，这样 P0 口上的数据不管怎么变化，Q0 ~ Q7 始终能保持地址信号不变，从而实现低 8 位地址信息的锁存。8051 单片机 16 位地址总线构建电路图如图 8-7 所示，由于 8051 单片机的 P2 口不是复用总线，因此不需要锁存高 8 位地址信息。

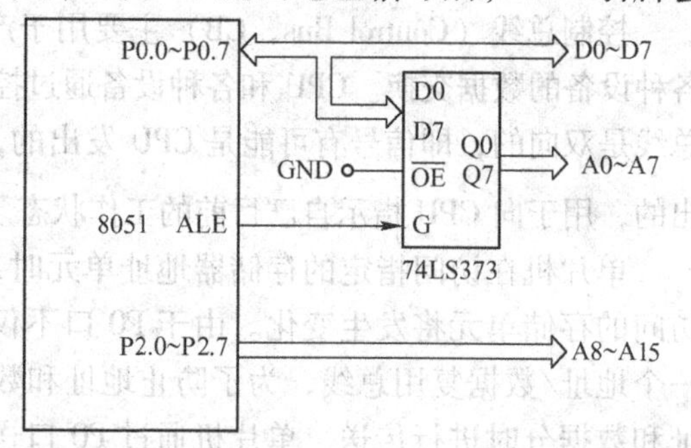

图 8-7 8051 单片机 16 位地址总线构建电路图

2. 存储器地址译码

通过前面的介绍，无论 CPU 访问程序存储器还是数据存储器，首先要通过地址选择相应的存储单元，之后才能进行读写操作。这样，在进行外部存储器的扩展时，就要提前为每个存储器芯片分配相应的地址空间，为了防止地址冲突，要求每个存储器芯片的地址范围不重叠。以后每次访问存储器时，都是根据地址进行访问的。如单片机对指定的存储器单元操作时，首先要选择具体的存储芯片（通常接有多个存储器芯片），也就通常说的先进行片选；之后再选择芯片内某个具体的存储单元，通常称为字选。

8051 单片机地址总线的根数为 16，通常把这 16 根地址线分成高位地址线和低位地址线两部分，高位地址线用于片选，低位地址线用于字选。

依据地址来寻找具体的存储单元，即存储器的地址译码，掌握了存储器的地址译码方法，就掌握了存储器芯片应用的精髓。地址译码主要包含全地址译码和部分地址译码两种，以静态 RAM 6264 芯片为例来说明存储器的地址译码方法。

（1）全地址译码

所谓全地址译码，就是扩展存储器时，使用 8051 单片机全部的 16 位地址总线信号，所有的高位地址线都用来作为译码器的输入，由译码器的输出来选择芯片；低位地址线用于选择芯片中具体的存储单元。如某学生要到东教学楼 204 教室上课，“东教学楼”相当于多个存储器芯片中的一个芯片，通过高位地址线来选择；“204”为东教学楼中的一个教室，相当于存储芯片中一个具体的存储单元，通过低位地址线进行。为了详细说明全地址译码的工作原理，可以根据如图 8-8 所示的 8051 与 6264 的全地址译码电路连接图进行分析。

从图中可以看出，8051 单片机的 16 根地址线被分成了两部分，一部分为高位地址线（A13 ~ A15），另一部分为低位地址线（A0 ~ A12）。译码时高地位地址线的划分不是固定的，取决于存储单元容量。如 6264 存储容量为 8KB，说明其内部有 8K（2^{13}）个存储单元，每个存储单元对应一个地址，则需要 8K 个不同的地址，这样至少需要 13 根才能表示出 8K 种状态，这 13 根线就是低位地址线（A0 ~ A12），其主要用于片内具体单元选中。16 根地址线剩余的 3 根就称为高位地址线（A13 ~ A15），图 8-8 中把剩余的高位地址线全部用于译码，则称为全地址译码。

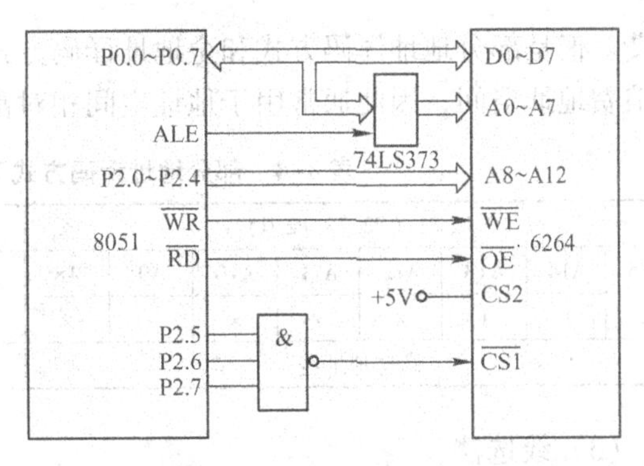

图 8-8　8051 与 6264 的全地址译码电路连接图

当 CS_2 引脚输入高电平后，要使 6264 被 8051 选中，还需要在 $\overline{CS1}$ 引脚输入低电平。这样，P2.5 ~ P2.7 三个引脚都必须输出高电平，经与非门之后才能保证 $\overline{CS1}$ 引脚出现低电平，从而保证 6264 芯片被单片机选中。

这样 6264 芯片的地址范围可以通过表 8-3 中的数据进行计算，高 3 位地址线 A13 ~ A15 必须为“1”，用于选中芯片；低 13 位随意，用符合“×”表示，可以为逻辑“0”，也可以为逻辑“1”，通过不同的逻辑“0”和逻辑“1”的组合来表示不同的状态，主要用于片内具体单元的选择。根据表 8-3 计算地址，如果所有打“×”的地方全为逻辑“0”，那么地址可计算为 E000H，即芯片的最小地址；如果全为“1”，那么地址可计算为 FFFFH，为芯片的最高地址。这样 6264 芯片的地址范围就被确定为：E000H ~ FFFFH，正好为 8KB 大小。

表 8-3　全地址译码方式下 16 根地址线状态输出表

P2 口（P2.7 ~ P2.0）								P0 口（P0.7 ~ P0.0）							
A15	A14	A13	A12	A11	A10	A9	A8	A7	A6	A5	A4	A3	A2	A1	A0
1	1	1	×	×	×	×	×	×	×	×	×	×	×	×	×
高位地址线								低位地址线							

可以把 P2.5 ~ P2.7 三个地址线和一个与非门构成的电路称为译码电路，译码电路可以由门电路构成，也可以由专用译码器构成，如 74LS138 等，还可以由门电路和译码器共同构成，具体采用何种形式，可根据实际情况进行选择和设计。

（2）部分地址译码

通过前面的介绍，如果高位地址线全部参与译码，就是全地址译码，否则就是部分地址译码，图 8-9 为 8051 与 6264 的部分地址译码电路连接图。由于 P2.7 引脚没有参与译码，因此，无论 P2.7 的输出是逻辑“0”还是逻辑“1”，都不会影响单片机选中 6264 芯片，这样 16 根地址线的输出状态如表 8-4 所示。当 A15（P2.7）输出“0”时，可计算出一个地址范围：6000H ~ 7FFFH；当 A15（P2.7）输出“1”时，又可以计算出一个地址范围：E000H ~ FFFFH。这样 6264 就占用了两个 8 KB 的存储空间，即产生了地址重叠区，重叠的部分必须空着，不能被其他存储器使用。地址重叠区破坏了地址空间的连续性，也导致了存储空间的

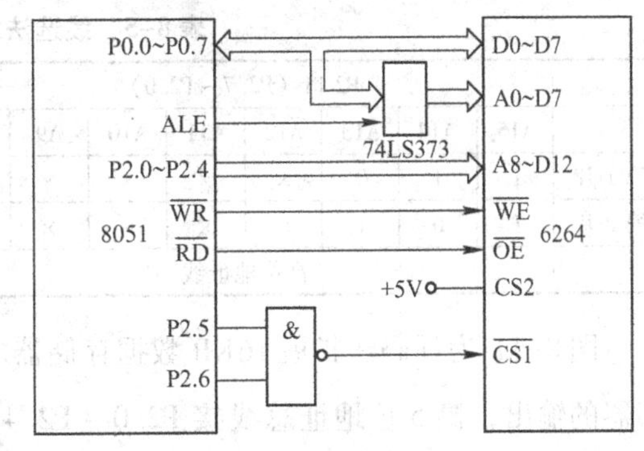

图 8-9　8051 与 6264 的部分地址译码电路连接图

浪费。但是部分地址译码方式和全地址译码方式相比，具有电路简单，成本低的优点。缺点是浪费地址空间，因此通常用于地址空间相对富余的场合使用。

表 8-4　部分地址译码方式下 16 根地址线状态输出表

P2 口（P2.7 ~ P2.0）								P0 口（P0.7 ~ P0.0）							
A15	A14	A13	A12	A11	A10	A9	A8	A7	A6	A5	A4	A3	A2	A1	A0
×	1	1	×	×	×	×	×	×	×	×	×	×	×	×	×
高位地址线								低位地址线							

（3）线选法

当部分地址译码少到只用一根高位地址线时，就变成了线选法，即一根高位地址线选择一个芯片，如把图 8-9 中 6264 的$\overline{CS1}$直接连到 8051 单片机的 P2.7 引脚上，P2.5 和 P2.6 悬空。按照前面的分析方法可知，6264 将占用 4 个 8KB 空间的区域，因此线选法造成了更大的地址重叠区。为了避免地址重叠区的出现，导致地址冲突，通常的做法是，把不用的高位地址线输出设置为逻辑“1”，防止选中其他芯片。这样高位地址线 A15 ~ A13 的状态为“011”，所以采用 P2.7 进行线选后，6264 的地址范围为：6000H ~ 7FFFH。

8.2.2　并行存储器扩展实例

1. 静态 RAM 扩展

因为静态 RAM 可以进行读写操作，所以通常把静态 RAM 配置成数据存储器，其读写控制可以利用 8051 单片机的$\overline{RD}$（读允许）引脚和$\overline{WR}$（写允许）引脚进行控制。片选端$\overline{CE}$可以连至译码电路的输出，也可以直接连至剩余的高位地址线进行线选。静态 RAM 和单片机的接口设计，主要是解决地址分配，总线连接的问题。

图 8-10 为线选法扩展 16KB 数据存储器电路图，两片 6264 的低 8 位地址线接地址锁存器的输出，高 5 位地址线接 P2.0 ~ P2.4；利用剩余的三根地址线中的 P2.5 和 P2.6 进行片选，分别接至两个 6264 的片选端$\overline{CE}$。8 位数据总线直接连接 P0 口。$\overline{OE}$接单片机$\overline{RD}$引脚，$\overline{WE}$接单片机$\overline{WR}$引脚。由于高位地址线 P2.7 未使用，为了留有他用，可令其为高电平。因此两个芯片的地址范围可按照表 8-5 所示的地址线状态输出表进行计算，第一片 6264 的地址空间为：C000H ~ DFFFH，第 2 片 6264 的地址空间为：A000H ~ BFFFH。

表 8-5　线选法地址线状态输出表

	P2 口（P2.7 ~ P2.0）								P0 口（P0.7 ~ P0.0）							
	A15	A14	A13	A12	A11	A10	A9	A8	A7	A6	A5	A4	A3	A2	A1	A0
第 1 片	1	1	0	×	×	×	×	×	×	×	×	×	×	×	×	×
第 2 片	1	0	1	×	×	×	×	×	×	×	×	×	×	×	×	×
	高位地址线								低位地址线							

图 8-11 为译码法扩展 16KB 数据存储器电路图，两片 6264 的低 8 位地址总线接地址锁存器的输出，高 5 位地址总线接 P2.0 ~ P2.4；8 位数据总线直接连接 P0 口；$\overline{OE}$接单片机$\overline{RD}$引脚，$\overline{WE}$接单片机$\overline{WR}$引脚。两个 6264 的片选端$\overline{CE}$分别接至 74LS138 译码器的$\overline{Y0}$和$\overline{Y1}$

引脚，采用译码法进行片选。按照表 8-6 所示的译码法地址线状态输出表进行计算，第一片 6264 的地址空间为 0000H ~ 1FFFH，第二片 6264 的地址空间为 2000H ~ 3FFFH。

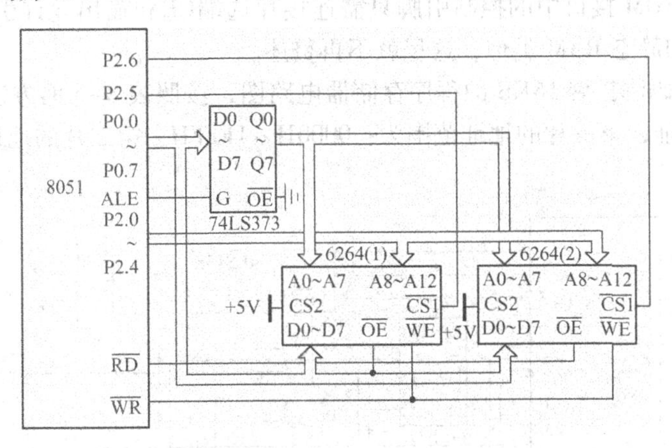

图 8-10　线选法扩展 16KB 数据存储器电路图

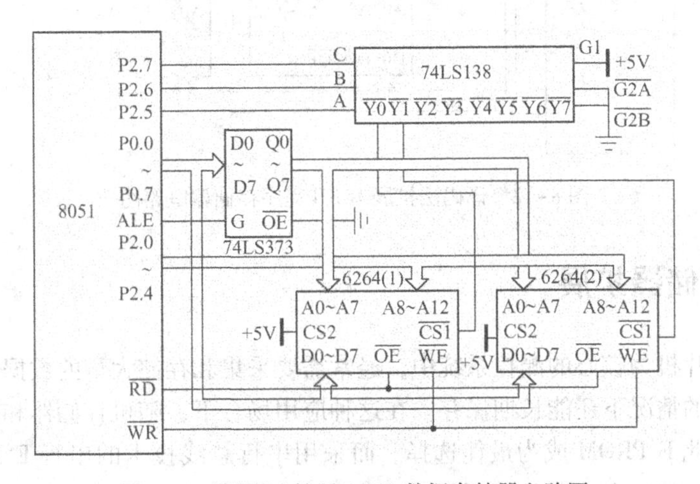

图 8-11　译码法扩展 16KB 数据存储器电路图

表 8-6　译码法地址线状态输出表

	P2 口（P2.7 ~ P2.0）								P0 口（P0.7 ~ P0.0）							
	A15	A14	A13	A12	A11	A10	A9	A8	A7	A6	A5	A4	A3	A2	A1	A0
第 1 片	0	0	0	×	×	×	×	×	×	×	×	×	×	×	×	×
第 2 片	0	0	1	×	×	×	×	×	×	×	×	×	×	×	×	×
	高位地址线								低位地址线							

2. EPROM 扩展

只读存储器因其只能读，不能写操作，并且掉电后存储的内容不丢失，因此通常被用作程序存储器。和静态 RAM 不同，EPROM 的输出允许引脚$\overline{OE}$通常不和单片机的$\overline{RD}$引脚相连，8051 单片机设置有专门的$\overline{PSEN}$引脚来选通外部程序存储器，该引脚在 8051 单片机读取外部程序存储器时，每个机器周期内该引脚出现两次有效信号，控制 EPROM 的数据输出。

另外由于 EPROM 不能进行写操作，所以没有和静态 RAM 类似的$\overline{WE}$（写允许控制）引脚。因此单片机和 EPROM 接口中的控制引脚只需连接片选端$\overline{CE}$和输出允许引脚$\overline{OE}$。地址总线和数据总线扩展和静态 RAM 类似，这里就不再赘述。

图 8-12 为译码法扩展 16KB 的程序存储器电路图，按照表 8-6 的方法，可以分别计算出两片 2764 的地址，第一片的地址范围为：0000H ~ 1FFFH，第二片的地址范围为 2000H ~ 3FFFH。

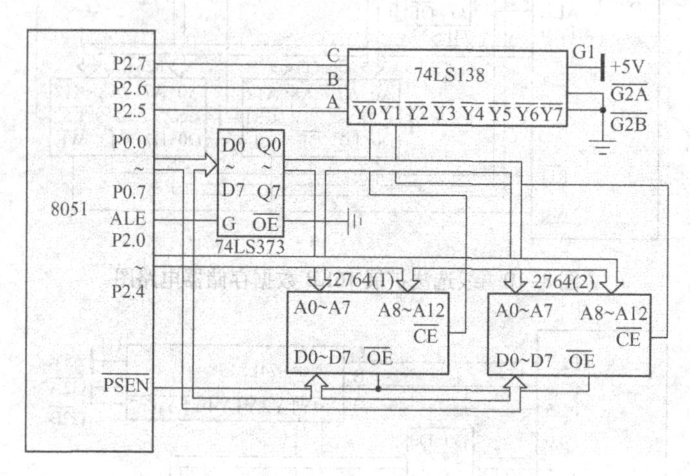

图 8-12　译码法扩展 16KB 程序存储器电路图

8.3　串行存储器扩展

在一些以单片机为核心的测控系统中，经常需要采集和存储大量的数据，并且希望这些数据能够在掉电的情况下还能长期保存。在这种应用场合下，随机存储器和只读存储器都无法满足要求，因此 E^2PROM 成为最佳选择。而采用串行总线技术的串行 E^2PROM 以其硬件连接简单，体积小等特点，更是得到了广泛的应用，现有的串行 E^2PROM 较多采用网络集成电路（Inter - Integrated Circuit，I^2C）和串行外设接口（Serial Peripheral Interface，SPI）。

8.3.1　I^2C 接口存储器扩展

1. I^2C 总线概述

I^2C 总线是由 Philips 公司开发的两线式串行总线，用于连接微控制器及其外围设备。该总线是微电子通信控制领域广泛采用的一种总线标准，是同步通信的一种特殊形式，具有接口线少，控制方式简单，器件封装形式小，通信速率较高等优点。

I^2C 总线只用两根信号线，一根是串行数据线（Serial Data，SDA），另一根是串行时钟线（Serial Clock，SCL）。所有 I^2C 器件在总线连接时，各器件的数据线连接至 SDA 上，时钟线连接至 SCL 上，I^2C 总线系统结构图如图 8-13 所示。I^2C 总线采用主从式总线结构，通常由单片机充当主机，主机负责启动数据信号、时钟信号，以及数据传输结束后的终止信号的发送。集成有 I^2C 总线接口的其他设备作为从机，各从机的输出端都为漏极开路接口，电路连接时，需要外接上拉电阻对总线进行上拉。

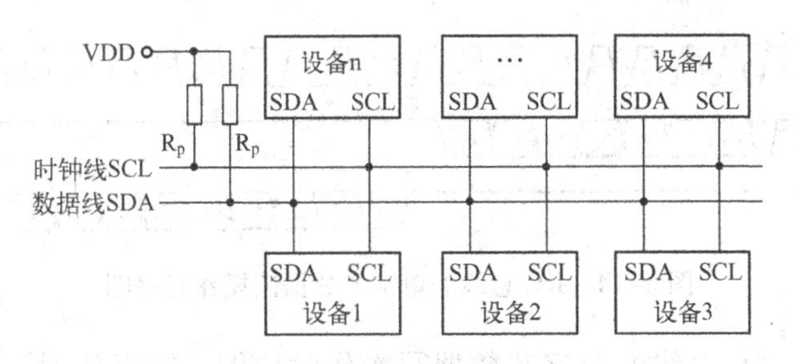

图 8-13　I²C 总线系统结构图

2. I²C 总线的数据传输

(1) 数据有效性规定

数据线 SDA 的电平状态（数据）必须在时钟线 SCL 处于高电平期间保持稳定不变。SDA 的电平状态（数据）只有在 SCL 处于低电平期间才允许改变（起始和结束时例外）。

(2) 数据传输的启动和终止

当 SCL 处于高电平期间时，SDA 从高电平向低电平跳变时表示起始信号，总线在起始信号产生后便处于忙的状态。

当 SCL 处于低电平期间时，SDA 从低电平向高电平跳变时表示停止信号，总线在停止信号产生后处于空闲状态。

(3) 数据基本格式

I²C 总线都是以字节为单位进行数据收发的，一次完整的数据严格限制为 8 位。每次传输的字节数量不受限制，先传输的是数据的最高位（MSB，D7 位），后传输的是最低位（LSB，D0 位）。另外，每字节之后还要跟一个响应位，称为应答。数据传输格式主要有以下 3 种格式。

1）主机向从机连续写入 n 字节数据时，其数据传送的格式如下。

S	从机地址	0	A	字节1	A	…	字节 n-1	A	字节 n	$A/\bar{A}$	P

2）主机向从机连续读取 n 字节数据时，其数据传送的格式如下。

S	从机地址	1	A	字节1	A	…	字节 n-1	A	字节 n	$A/\bar{A}$	P

3）主机的读/写操作时，在数据传输过程中，主机先写入一字节数据，然后再接收一字节数据，每次都要重新产生起始位，其数据传送的格式如下。

S	从机地址	0	A	数据	$A/\bar{A}$	S_r	从机地址	1	A	数据	$\bar{A}$

其中：“S”表示起始位；“0”表示写从设备；“1”表示读从设备；“A”表示应答；“$\bar{A}$”表示非应答；“S_r”表示重新产生的起始位；“P”表示停止位。

(4) 数据读/写时序

图 8-14 给出了 I²C 总线的单字节数据读操作时序图，单字节操作是最基本的传输方式。主机和从机的 SDA 信号线总是连接在一起的，为了方便说明，SDA 信号线被画成了两个，一个是主机产生的，另一个是从机产生的。主机在发送完起始信号后，在 SDA 线上立即发送要访问的从机地址和读命令标志“1”，之后主机 SDA 线进入侦听状态，如果从机响应后，从机在 SDA 发送数据，完成 1 字节数据接收后，主机发送停止信号，结束数据通信。

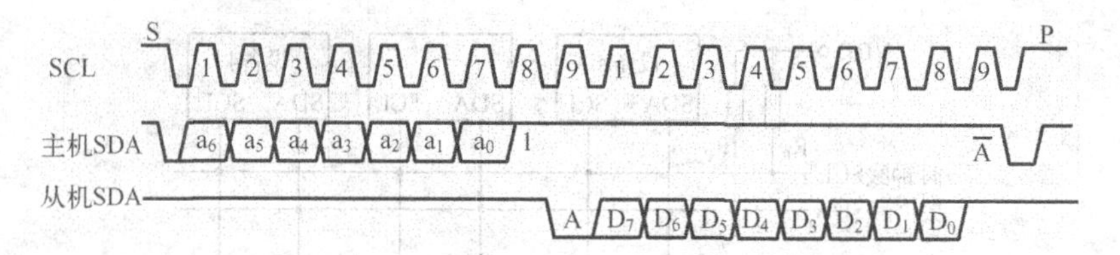

图 8-14　I^2C 总线的单字节数据读操作时序图

图 8-15 给出了 I^2C 总线的单字节数据写操作时序图，写操作时，需要把标志位改成“0”，表示进行写操作。操作流程和读操作一致，只是 SDA 线总是由主机操纵，而从机处于侦听状态，并负责从 SDA 线上接收主机发送的数据。

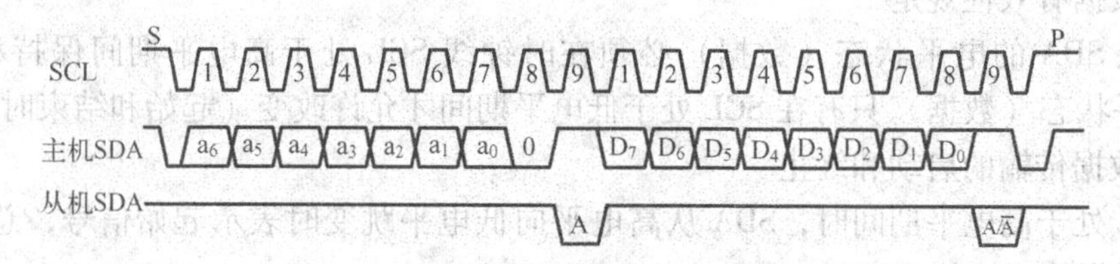

图 8-15　I^2C 总线的单字节数据写操作时序图

3. 典型的串行 E^2PROM 芯片

串行 E^2PROM 芯片较多，典型的产品有 Atmel 公司的 AT24C × × 系列，如 AT24C01（128 × 8 位），AT24C02（256 × 8 位），AT24C04（512 × 8 位），AT24C08（1K × 8 位），AT24C16（2K × 8 位）等。该系列存储器的特点是功耗小、成本低、电源范围宽，静态电源电流约 30uA ~ 110uA，采用标准的 I^2C 总线接口，是应用较为广泛的串行 E^2PROM。

（1）AT24C02 功能引脚

AT24C02 属于 AT24C × × 串行 E^2PROM 系列，该芯片存储容量为 256 字节，图 8-16 给出了 AT24C02 芯片引脚图，芯片共 8 根引脚。

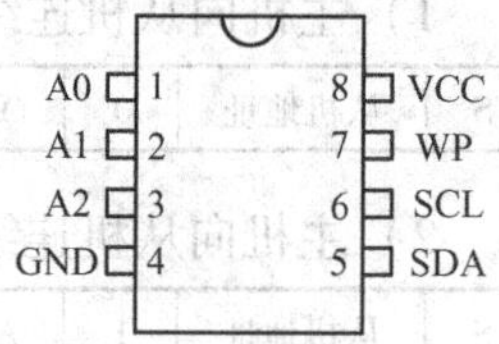

A0 1　8 VCC
A1 2　7 WP
A2 3　6 SCL
GND 4　5 SDA

图 8-16　AT24C02 芯片引脚图

A0 ~ A2：3 根地址线，用于设置器件地址，当总线上只有一个 AT24C02 器件时，A0 ~ A2 必须接低电平或者悬空；如果总线上的 AT24C02 超过一个时，通过三根地址线设置器件的地址。

SDA：串行数据线，用于传送数据或者地址信号，该引脚为漏极开路，使用时需要外接上拉电阻。

SCL：串行时钟线，用于输入串行时钟。

WP：写保护控制端，当该引脚接高电平时，器件只能进行读操作；如果该引脚悬空或者接低电平，可以对芯片进行读写操作。

VCC、GND：芯片电源引脚，支持 1.8 ~ 6.0V 宽电压输入范围。

（2）8051 单片机和 AT24C02 接口

8051 单片机和 AT24C02 连接时，单片机作为主机，AT24C02 作为从设备。为了简单起见，系统只连接一个 AT24C02，并且省略了复位电路和时钟电路。因此将 AT24C02 的 3 根地址线接低电平，为了实现读写操作，WP 引脚接低电平，图 8-17 给出了 8051 单片机和 AT24C02 接口电路图。

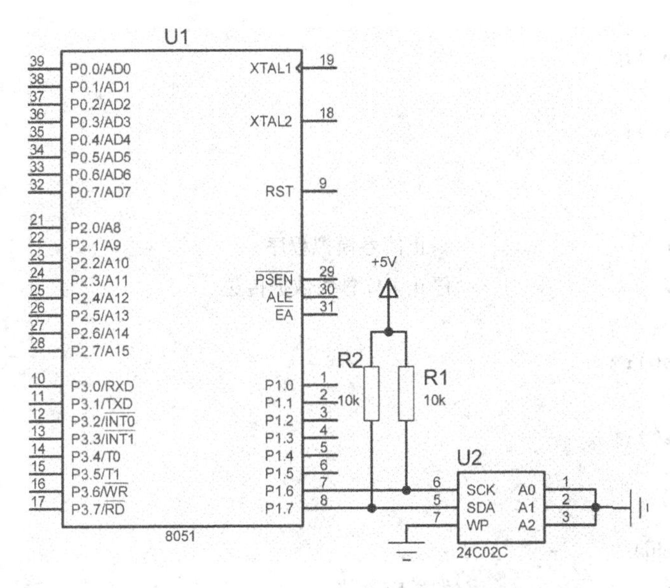

图 8-17　8051 单片机和 AT24C02 接口电路图

（3）接口程序设计

由于 8051 单片机内部没有集成 I^2C 总线接口，程序实现上可以用 8051 单片机的并行口模拟 I^2C 总线接口的串行时钟和串行数据引脚，本例中选择 8051 单片机的 P1.7 模拟串行数据引脚，P1.6 模拟串行时钟引脚。需要编制相应的软件模拟出 I^2C 总线的起始信号、终止信号、应答信号、非应答信号和单字节读、写程序。以下给出向 AT24C02 指定的地址连续写入 8 字节数据，之后再读取的 C 语言源程序。

```
#include <reg51.h>
#include <intrins.h>
#defineuchar unsigned char
#defineuint   unsigned int
sbit sda = P1^7;                    //定义数据线
sbit scl = P1^6;                    //定义时钟线
uchar slaveaddr;
uchar   idata sendbuff[5];          //定义发送缓冲区
uchar   idata recebuff[5];          //定义接收缓冲区
bitidata error;
bitidata nack;
void delay5us()
{   uint i;
    for (i=0;i<5;i++)
    _nop_();
}
void start()                        //起始信号模拟程序
{   sda=1;
    scl=1;
```

```
    delay5us();
    sda = 0;
    delay5us();
    scl = 0;
}
void stop()                        //终止信号模拟程序
{   sda = 0;                       //停止 I²C 总线数据传送
    scl = 1;
    delay5us();
    sda = 1;
    delay5us();
    scl = 0;
}
void ack(void)
{   sda = 0;                       //发送应答位
    scl = 1;
    delay5us();
    sda = 1;
    scl = 0;
}
void n_ack(void)
{   sda = 1;                       //发送非应答位
    scl = 1;
    delay5us();
    sda = 0;
    scl = 0;
}
voidcheckack(void)
{   sda = 1;                       //应答位检查
    scl = 1;
    nack = 0;
    if(sda == 1)                   //若 sda = 1 表明非应答,置位非应答标志
      nack = 1;
    scl = 0;}
voidsendbyte(uchar idata *ch)//单字节写子程序
{   uchar idata n = 8;
    uchar idata temp;
    temp = *ch;
    while (n--)
    {   if((temp&0x80) == 0x80)   //若要发送的数据最高位为1,则发送位1
      {   sda = 1;                 //传送位1
        scl = 1;
```

```
        delay5us();
        sda=0;
        scl=0;}
      else
      {  sda=0;                    //否则传送位0
         scl=1;
         delay5us();
         scl=0;}
      temp=temp<<1;                //数据左移一位
    }
}
voidrecbyte(uchar idata *ch)  //单字节读子程序
{  uchar idata n=8;           //从SDA线上读取一位数据字节,共8位
   uchar idata temp=0;
   while(n--)
   {  sda=1;
      scl=1;
      temp=temp<<1;               //左移一位
      if(sda == 1)
          temp=temp|0x01;         //若接收到的位为1,则数据的最后一位置1
      else
          temp=temp&0xfe;         //否则数据的最后一位置0
      scl=0;}
   *ch=temp;
}
voidsendnbyte(uchar idata *sla, uchar n)//发送n字节数据子程序
{  uchar idata *p;
   start();                       //发送启动信号
   sendbyte(sla);                 //发送从器件地址字节
   checkack();                    //检查应答位
   if(sda == 1)
       {  nack=1;
          return;}                //若非应答表明器件错误或已坏,置错误标志位nack
   p =sendbuff;
   while(n--)
   {  sendbyte(p);
      checkack();                 //检查应答位
      if (nack == 1)
        { nack=1;
          return;                 //若非应答表明器件错误或已坏,置错误标志位nack
        }
      p++;
```

```
    }
    stop();                          //全部发完则停止
}
voidrecnbyte(uchar idata * sla, uchar n)   //接收 n 字节数据子程序
{  uchar idata * p;
    start();                         //发送启动信号
    sendbyte(sla);                   //发送从器件地址字节
    checkack();                      //检查应答位
    if(nack == 1)
      {  nack = 1;
         return;
      }
    p = recebuff;                    //接收的数据存放在 recebuff 中
    while(n --)
    {  recbyte (p);
       ack();                        //收到 1 字节后发送一个应答位
       p ++;}
    n_ack();                         //收到最后 1 字节后发送一个非应答位
    stop();
}
void main(void)                      //主函数,模拟实现 I²C 总线的数据收发
{  uchar i,numbyte;
   numbyte = 8;                      //需发送的 8 字节数据
   while(1)
   { for (i = 0;i < numbyte;i ++)
       sendbuff[i] = i + 0x00;
       slaveaddr = 0xa0;             //从元件地址
       sendnbyte(&slaveaddr,numbyte);  //向从元件发送存放在 sendbuff 中的 8 字节数据
       for (i = 0;i < 10000;i ++)
         delay5us();
       recnbyte(&slaveaddr,numbyte);  //由从元件接收 8 字节数据,存放在 recebuff 中
}}
```

（4）仿真调试

为了验证设计的可行性，可以在 Proteus 中连接电路并加载程序进行综合调试和仿真。对于 I^2C 总线的调试，Proteus 中还提供了 I^2C 调试器，可以非常方便地进行程序调试，图 8-18给出了 8051 单片机和 AT24C02 的仿真效果图。在“Terminal - I2C”对话框中可以看出 I^2C 总线上的数据传输情况，第一行为主机发送的 8 字节数据情况，数据格式为：S A0 A 30 A 00 A 01 A 02 A 03 A 04 A 05 A 06 A 07 A P，S 表示启动信号，A0 为器件地址，A 为响应信号，30 为写入地址，00 - 07 为写入的数据，P 表示结束信号。第二行信息为 AT24C02 给 8051 发送的 8 字节数据情况。如果仿真达不到预期效果，查看 I^2C 调试器监视窗口可方便地发现具体是哪个 I^2C 子程序或者程序的哪一部分出现错误，从而有针对性地修

改程序，直至调试成功。

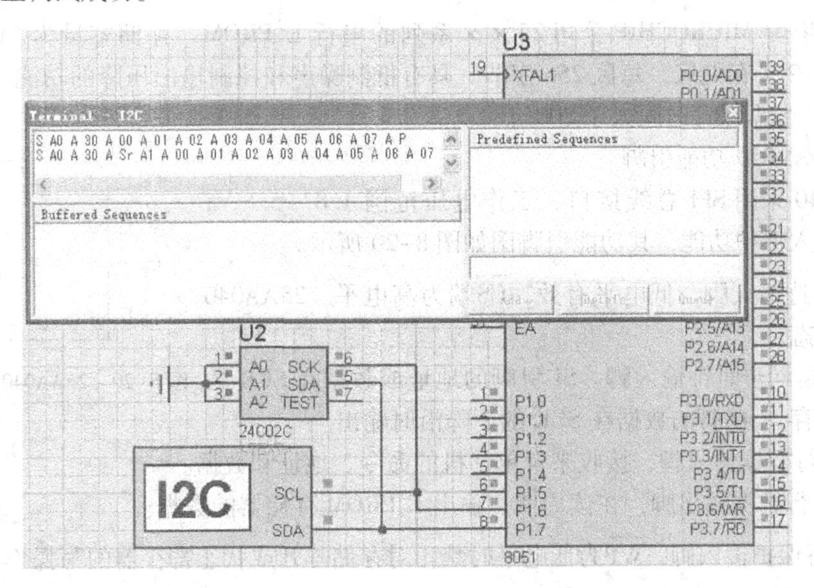

图 8-18　8051 单片机和 AT24C02 的仿真效果图

8.3.2　SPI 接口存储器扩展

1. SPI 总线概述

SPI 总线系统是一种同步串行外设接口，它可以使 MCU 与各种外围设备以串行方式进行通信以交换信息。采用 SPI 总线外围的主要设备包括 FLASHRAM、网络控制器、LCD 显示驱动器、A－D 转换器和 MCU 等，SPI 总线系统可直接与各厂家生产的多种标准外围器件直接相连。SPI 有 3 个寄存器分别为：控制寄存器 SPCR，状态寄存器 SPSR，数据寄存器 SPDR。SPI 总线接口包含有三线制和四线制两种接口方式，三线制接口方式在后续章节进行介绍，本节主要介绍四线制连接方式。四线接口分别为：串行时钟线（SCLK）、主机输入/从机输出数据线 MISO、主机输出/从机输入数据线 MOSI 和低电平有效的从机信号线 NSS（有的 SPI 接口芯片带有中断信号线 INT、有的 SPI 接口芯片没有主机输出/从机输入数据线 MOSI），通用的 SPI 总线接口系统连接图如图 8-19 所示。系统包含一个主机和多个从机，主机通过片选信号 CS 选择要进行数据通信的从片，未选中的从片处于高阻状态。从机片选信号有效时，表示被主机选中，可以通过 SI 引脚接收指令和数据，还可以通过 SO 引脚回送数据给主机，数据通信通过 SCK 时钟引脚进行同步。

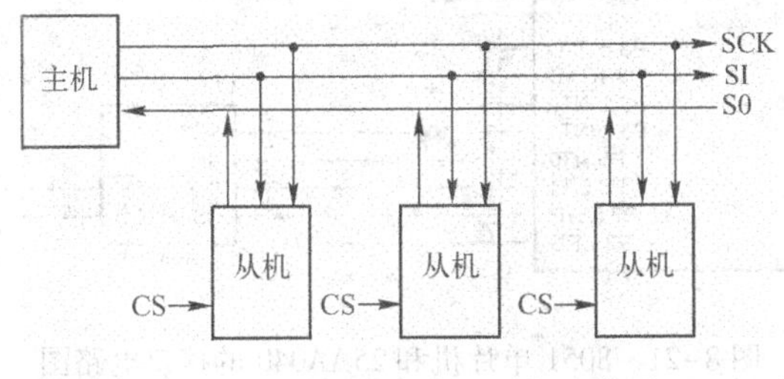

图 8-19　SPI 总线接口系统连接图

2. 典型的 SPI 接口存储器芯片

25AA040 是 MICROCHIP 公司 25 × × 系列的串行 E^2PROM，存储容量为 512B（512 × 8 bit），分为 2 个存储区，每区 256 字节。具有抵制噪声和控制输出压降的功能，擦/写次数大于 10^6次；数据保存时间大于 200 年。

（1）25AA040 功能引脚

25AA040 采用 SPI 总线接口，工作电压范围 1.8 ~ 5.5 V，支持硬件写入保护功能，其功能引脚图如图 8-20 所示。

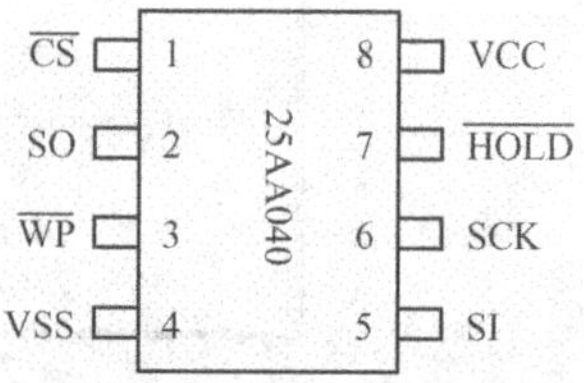

图 8-20　25AA040 功能引脚图

$\overline{\text{CS}}$：片选输入脚，低电平有效，$\overline{\text{CS}}$端为高电平，25AA040 处于高阻状态。

SCK：是同步时钟输入脚。SI 引脚的地址或数据在 SCK 的上升沿被锁存，SO 脚的数据在 SCK 的下降沿时输出。

SI：串行数据输入脚，接收来自单片机的命令、地址和数据。

SO：串行数据输出脚，在读周期，输出 E^2PROM 存储器的数据。

$\overline{\text{WP}}$：写保护输入脚。$\overline{\text{WP}}$为低电平时禁止对存储阵列或状态寄存器的写操作，其他操作功能正常；$\overline{\text{WP}}$为高电平，非易失性写在内的所有功能都正常。

$\overline{\text{HOLD}}$：保持信号输入脚，低电平有效。正在串行传送时，主机拉低$\overline{\text{HOLD}}$信号，暂停 25AA040 的数据传送。

（2）8051 单片机和 25AA040 接口

图 8-21 给出了 8051 单片机和 25AA040 的接口电路图，25AA040 的 SCK、SI 和 SO 引脚分别并联在一起，连接至单片机的 P3.4 ~ P3.6 引脚，片选端$\overline{\text{CS}}$连接到单片机的 P3.7 引脚。由于不考虑写保护和暂停数据传输功能，所有把 25AA040 的$\overline{\text{WP}}$和$\overline{\text{HOLD}}$引脚都接高电平。

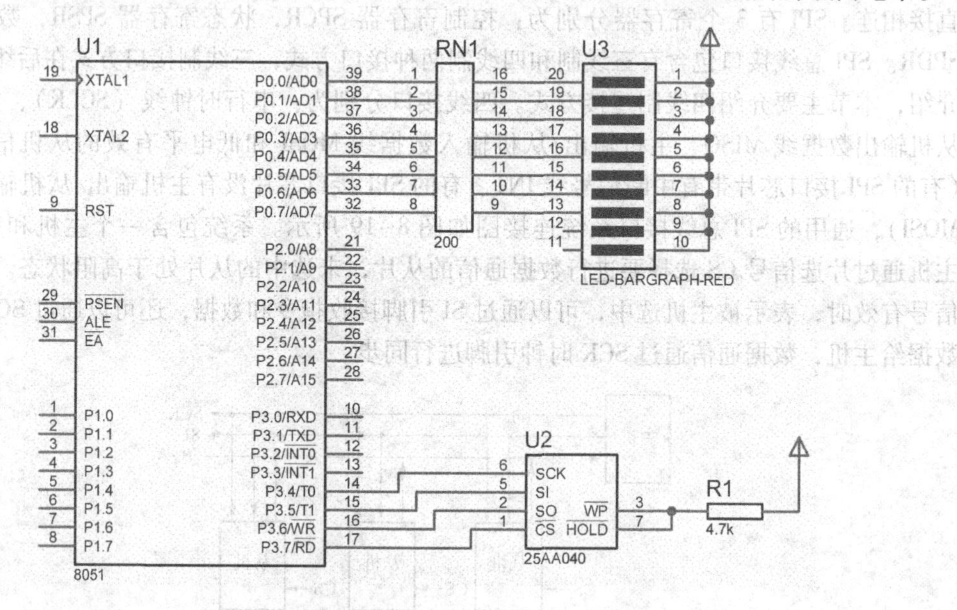

图 8-21　8051 单片机和 25AA040 的接口电路图

（3）接口程序设计

25AA040 的读写一次数据需要发送 3 字节，分别是指令、地址和数据，三者各占 1 字节。25AA040 读数据操作时序图如图 8-22 所示，CPU 读 25AA040 数据时，CPU 接收数据，25AA040 发送数据。遵循的协议为上升沿发送、下降沿接收、高位先发送。先送命令字，接着送地址，最后发送数据。

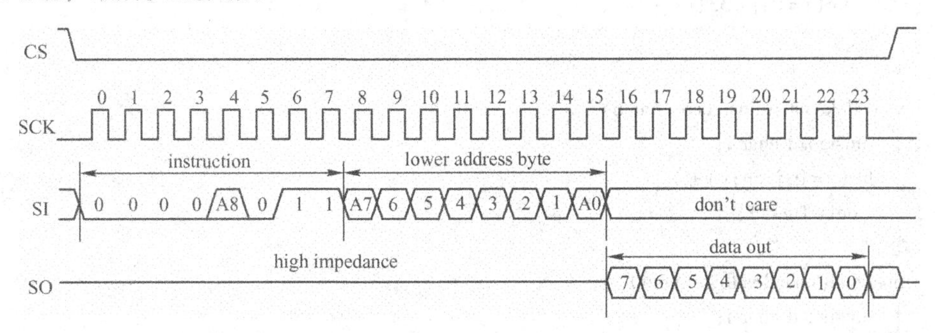

图 8-22　25AA040 读数据操作时序图

25AA040 写 1 字节数据操作时序图如图 8-23 所示，基本过程和读数据过程类似，也是先写指令、再写地址，最后写数据。

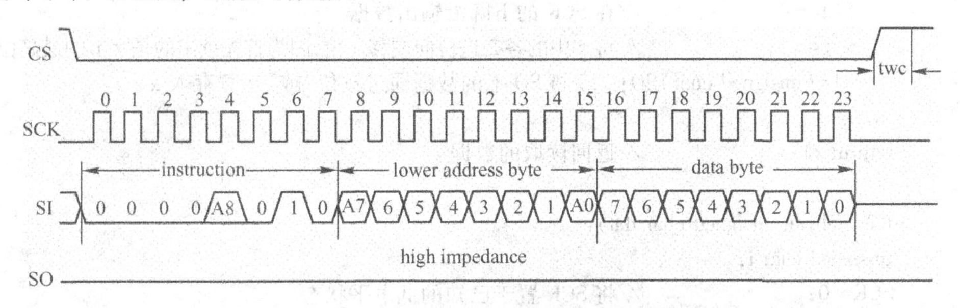

图 8-23　25AA040 写 1 字节数据操作时序图

由于 8051 单片机内部没有集成 SPI 接口，因此上述读写数据的过程都需要通过程序来模拟，可以设计 1 字节的发送和接收程序，分别实现命令和地址的发送，数据的接收和发送。

程序主要包含单字节写子程序、单字节读子程序、数据发送子程序和数据接收子程序等。主程序中实现在 25AA040 地址为 10H 的单元中写入数据 F0H，之后再读出数据，并通过 P0 口输出，通过 LED 进行显示，以下是完整的 C 语言源程序。

```
#include <reg51.h>                    //包含单片机寄存器的头文件
#include <intrins.h>                  //包含_nop_()函数定义的头文件
sbit SCK = P3^4;                      //将 SCK 位定义为 P3.4 引脚
sbit SI = P3^5;                       //将 SI 位定义为 P3.5 引脚
sbit SO = P3^6;                       //将 SO 位定义为 P3.6 引脚
sbit CS = P3^7;                       //将 CS 定义为 P3.7 引脚
#define WREN   0x06                   //写使能锁存器允许
#define WRDI   0x04                   //写使能锁存器禁止
```

```
#define READ   0x03              //读命令字
#define WRITE 0x02               //写命令字
void delay1ms()
{  unsigned char i,j;
   for(i=0;i<10;i++)
     for(j=0;j<33;j++)
         ;
}
void delaynms(unsigned char n)
{  unsigned char i;
   for(i=0;i<n;i++)
    delay1ms();
}
unsigned charReadbyte(void)
{  unsigned char i;
   unsigned char x=0x00;  //储存从25AA040中读出的数据
   SCK=1;                 //将SCK置于已知的高电平状态
   for(i=0;i<8;i++)
   {  SCK=1;              //拉高SCK
      SCK=0;              //在SCK的下降沿输出数据
      x<<=1;              //将x中的各二进位向左移一位,因为首先读出的是字节的最高位数据
      x|=(unsigned char)SO;  //将SO上的数据通过按位"或"运算存入x
   }
   return(x);             //返回读取的数据
}
void Writebyte(unsigned char dat)
{  unsigned char i;
   SCK=0;                 //将SCK置于已知的低电平状态
   for(i=0;i < 8;i++)     //循环移入8位
  { SI=(bit)(dat&0x80);//通过位"与"运算将最高位数据送到S,高位在前,低位在后
     SCK=0;
     SCK=1;               //在SCK上升沿写入数据
     dat<< =1;            //将y中的各二进位向左移一位,因为首先写入的是字节的最高位
  }
}
/*********函数功能:写数据到25AA040的指定地址*********************/
void Writedata(unsigned char dat,unsigned char addr)
{  SCK=0;                 //将SCK置于已知状态
   CS=0;                  //拉低CS,选中25AA040
   Writebyte(WREN);       //写使能锁存器允许
   CS=1;                  //拉高CS
   CS=0;                  //重新拉低CS,否则下面的写入指令将被丢弃
   Writebytet(WRITE);     //写入指令
   Writebyte(addr);       //写入指定地址
   Writebyte(dat);        //写入数据
   CS=1;                  //拉高CS
```

```
    SCK = 0;                    //将 SCK 置于已知状态
}
unsigned charReaddata( unsigned char addr)
{   unsigned char dat;
    SCK = 0;                    //将 SCK 置于已知状态
    CS = 0;                     //拉低 CS,选中 25AA040
    Writebyte( READ) ;          //写入写读命令字
    Writebyte( addr) ;          //写入指定地址
    dat = Readbyte( ) ;         //读出数据
    CS = 1;                     //拉高 CS
    SCK = 0;                    //将 SCK 置于已知状态
    return dat;                 //返回读出的数据
}
void main( void) / *********** 函数功能:主程序 ********************/
{   unsigned char x;
    while(1)
    {   Writedata(0xf0,0x10) ;  //将数据"0xf0"写入 25AA040 的指定地址"0x10"
        delaynms(10) ;          //25AA040 的写入周期约为 10ms
        x = Readdata(0x10) ;    //将数据从 25AA040 中的指定地址读出来
        P0 = x;
        delaynms(100) ;         //延时 100ms
    }
}
```

(4) 系统仿真

将输出程序编译后，载入 8051 单片机，运行仿真，就可以通过 LED 指示写入 25AA040 的数据，25AA040 读写操作仿真效果图如图 8-24 所示。

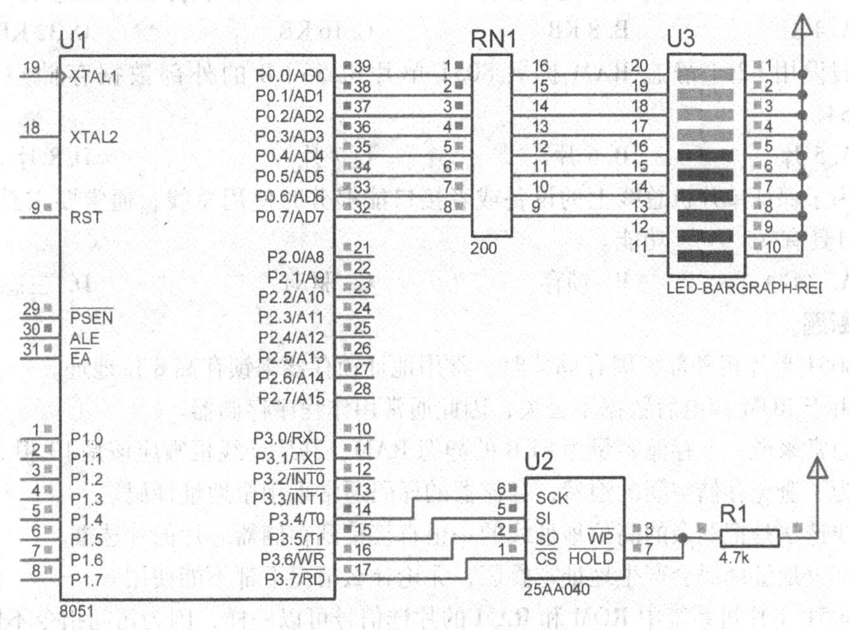

图 8-24 25AA040 读写操作仿真效果图

8.4 思考题

1. 填空题

（1）某静态随机存储器地址范围为 0000H ~ 3FFFH，那么其容量为（　　）KB，如果某只读存储器容量为 8 KB，已知其首地址为 2000H，那么其尾地址为（　　）。

（2）若某静态 RAM 其地址线为 A0 ~ A12 共 13 根，那么该存储器的容量为（　　），如果某静态 RAM 存储容量为 16 KB，那么该芯片至少应该有（　　）根引脚。

（3）型号为 2764 的 EPROM，其主要有（　　）、（　　）和擦除操作 3 种工作方式，其在一般条件下只能工作在（　　）方式下。

（4）存储器地址译码方式主要有（　　）和（　　）两种方式，线选法是一种特殊的（　　）方式，其只用一根地址线选择芯片。存储器译码采用（　　）译码方式时，将会出现地址重叠区。

（5）I^2C 总线是一种两线式串行总线，通常采用（　　）结构，由主机控制从机进行数据交换，由于总线为（　　）形式，使用时都需要外部对总线进行上拉。

（6）Atmel 公司的 AT24C04 串行 E^2PROM 其内部存储容量为（　　）。

2. 选择题

（1）下列选项中不属于存储器的译码方式的是（　　）。

A. 绝对译码　　B. 全地址译码　　C. 部分地址译码　　D. 线选法

（2）8051 单片机外部扩展存储器时，P0 口配置锁存器（如 74LS373）的作用是(　　)。

A. 锁存寻址单元的低 8 位地址　　B. 锁存寻址单元的数据

C. 锁存寻址单元的高 8 位地址　　D. 锁存相关的控制和选择信号

（3）设存储单元为 8 位，存储空间为 8000H ~ BFFFH，则其可存放的数据量为（　　）。

A. 4 KB　　B. 8 KB　　C. 16 KB　　D. 32 KB

（4）假设用 6264 静态 RAM 扩展 8051 单片机 56 KB 的外部数据存储空间，需要（　　）6264。

A. 5 片　　B. 6 片　　C. 7 片　　D. 8 片

（5）为了保证单片机总线上的设备或者接口能够分时使用总线，通常要求总线上的设备或者接口具有（　　）功能。

A. 缓冲　　B. 锁存　　C. 驱动　　D. 三态

3. 判断题

（1）8051 单片机外部扩展存储器时，常用地址锁存器来锁存高 8 位地址。（　　）

（2）由于 ROM 掉电后数据不丢失，因此通常用作程序存储器。（　　）

（3）通常来说一个存储容量为 8KB 的静态 RAM，其地址线根数应该是 13 根。（　　）

（4）为了避免存储空间的浪费，存储器的译码通常采用全地址译码。（　　）

（5）线选法是把剩余的高位地址线的一根直接接到存储器芯片的片选端。（　　）

（6）部分地址译码会产生地址重叠区，无论什么情况下都不能使用。（　　）

（7）8051 单片机系统中 ROM 和 RAM 的片选信号可以一样，因为访问指令不同。（　　）

（8）随机存储器的读、写控制引脚，可以采用相同的信号进行控制。　　（　　）

（9）若某 EPROM 的地址线根数为 14 根（A0 ~ A12），那么其存储容量为 16 KB。

（　　）

4. 简答题

（1）单片机系统的外围扩展主要涉及哪些内容？

（2）按照存储器的读写工作方式分，存储器可以分为哪几类？分别有什么特点？

（3）存储器的地址译码方式有哪些？分别有什么特点？

（4）简要说明地址锁存器和总线驱动器的作用。

（5）8051 单片机系统扩展时，为什么 P2 口剩余的引脚不能再作为一般 I/O 口使用？

5. 综合题

（1）已知 8051 单片机和 6264 接口电路如图 8-25 所示，回答下列问题：

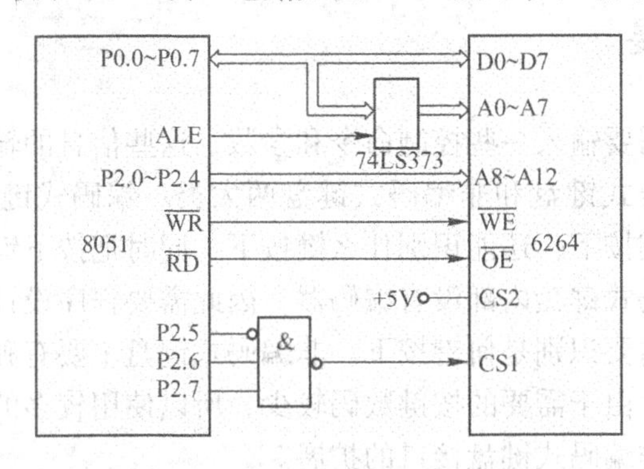

图 8-25　单片机和 6264 接口电路

1）地址线 A0 ~ A12 的作用是什么？

2）译码电路是全地址译码还是部分地址译码方式？为什么？

3）计算 6264 的地址，地址是否唯一？

（2）利用 2764 和 6264 芯片为 8051 单片机分别扩展 16KB 的外部程序和数据存储空间，给出每个芯片的地址范围，要求不出现地址重叠区，绘制相应的电路图。

第9章　单片机系统接口扩展及应用

以单片机为核心的检测和控制系统，为了实现检测和控制功能，经常需要和外部设备之间进行数据的输入和输出，从而丰富单片机系统的各种测量和控制功能。如模拟信号的输入和输出、各种控制命令和参数的键盘输入、各种信息和数据的显示输出等。因此键盘接口、显示接口以及模拟量输入/输出接口是单片机和各种控制对象之间的重要接口，本章主要介绍键盘接口、显示接口、A-D 转换接口、D-A 转换接口及程序设计。

9.1　键盘接口扩展

单片机系统中经常需要输入一些控制命令和参数，这些信息的输入都是通过键盘接口实现的。键盘主要分为编码式键盘和非编码式键盘两大类。编码式键盘内部集成有专用编码器，不仅能判断是否有键按下，还能识别什么键按下，同时把按下键的编码送给计算机，如计算机配套键盘。非编码式键盘内部没有编码器，因此需要程序设计人员编程判断是否有键按下，有键按下时，还需要识别是何键按下。非编码式键盘主要有独立式键盘和行列式键盘两种，对于单片机系统，由于需要的按键数码较少，所以使用较多的是非编码式键盘。因此本节主要介绍单片机与非编码式键盘接口的扩展。

9.1.1　按键识别与处理

按键的闭合与断开主要体现在电压的变化上，假设键盘断开时呈现出高电平，键盘闭合时，呈现出低电平，因此可以通过高电平到低电平的跳变来判断是否有键按下。现有的键盘通常采用机械式按键，其在闭合和断开的过程中都会出现电平抖动情况，图 9-1 所示为按键过程中的电压变化示意图。闭合和断开过程的抖动期间电压都会跳变，如果单纯用电平跳变检测方法来处理，就容易误判为按键被多次按下。

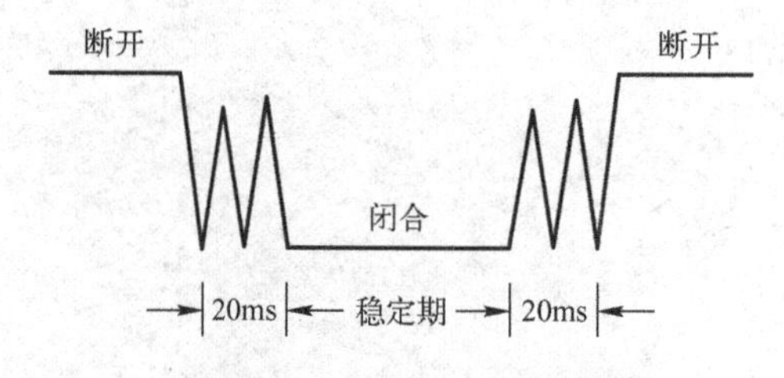

图 9-1　按键过程中的电压变化示意图

为了保证按键识别的可靠性，需要对抖动进行消除，抖动的消除通常可以采用硬件方法和软件方法来实现。硬件方法通常采用电压整形或者专用接口芯片的方法来消除，如单稳态电路或者采用施密特触发器等，但是采用硬件消抖方案，将导致整个设计成本的提高和电路体积的增加。

而软件方法的主要思想就是延时处理方法，根据电压变化示意图，可以看出键盘的抖动期为 20 ms 左右。软件消抖的基本原理就是在按键检测过程中，如果检测到电压由高到低跳变后，先延时 20 ms 左右，之后再检测电压，如果仍为低电平，则认为有键按下；键盘松开时，检测到电压从低到高跳变后，也延时 20 ms，再检测，如果仍为高电平，则确认为按键松开。

9.1.2 独立式键盘原理与接口

独立式按键是单片机系统中使用最多的一种键盘接口，其特点是一个按键对应一根 I/O 端口线，各键相互独立，采用电压跳变检测方式来判断是否有键按下。图 9-2 所示为 8051 单片机独立式键盘接口电路图，其利用 P1 口 8 根 I/O 端口线构建了 8 个独立式按键。

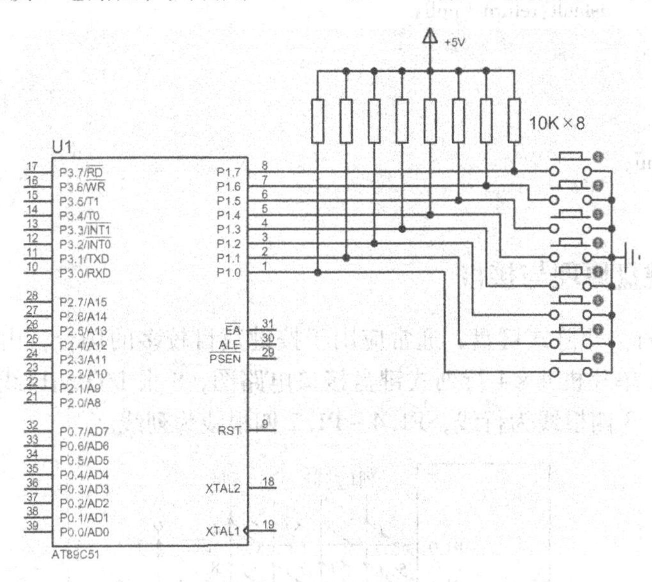

图 9-2　8051 单片机独立式键盘接口电路图

1. 基本工作原理

这里以 P1.0 口为例来说明独立式按键的检测原理。当 P1.0 引脚上的按键没有按下时，P1.0 口的电平被上拉电阻拉至高电平；当按键按下时，按键的另一端接地，P1.0 口的电平变成低电平。因此当 P1 口对应口线电压由高变低后，就认为是对应的引脚有键按下。独立式键盘接口电路简单，同时按键识别程序也很容易编写。缺点是当需要按键个数较多时，占用单片机的 I/O 口线较多，因此不适合构建按键个数较多的场合。

2. 接口程序设计

配套的检测程序也较为简单，只需检测 I/O 端口状态是否为低电平即可，如果有键按下，逐个检查 I/O 端口状态，判断是哪个键被按下。为了方便起见，不考虑多键同时被按下的情况，对应的独立式键盘检测子程序如下。

```
uchar Key_Scan( )
{ if( ( P1 & 0xff) ! = 0xff )          //判断是否有键按下
  {  Delay5ms(4) ;                      //调延时 20 ms 子程序,消除抖动
     if( ( P1 & 0xff) ! = 0xff )        //不全为高电平,表示确实有键按下
     {  switch( P1 & 0xff )             //判断何键按下,并转换成键值
```

```
    { case 0xfe: return 1;break;
      case 0xfd: return 2;break;
      case 0xfb: return 3;break;
      case 0xf7: return 4;break;
      case 0xef: return 5;break;
      case 0xdf: return 6;break;
      case 0xbf: return 7;break;
      case 0x7f: return 8;break;
      default:return null;
    }
   }
  }
  return null;
}
```

9.1.3 行列式键盘原理与接口

行列式键盘也称为矩阵式键盘，通常应用于按键数目较多的场合，由行线和列线组成。图 9-3 所示为 8051 单片机 4×4 行列式键盘接口电路图，8 根 I/O 端口线可以连接 16 个按键。定义 P1.0 ~ P1.3 四根线为行线，P1.4 ~ P1.7 四根线为列线。

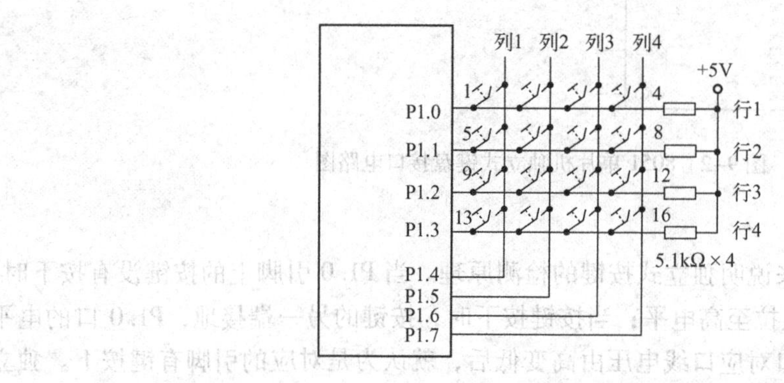

图 9-3 8051 单片机 4×4 行列式键盘接口电路图

1. 基本工作原理

与独立式按键的一个明显的区别在于，行列式键盘电路中的按键一端没有直接接地，只能通过 I/O 输出逻辑“0”来产生低电平。因此可以定义行线为输入口，列线为输出口。通过输入和输出口的配合来检测电平的变化状态并判断是否有键按下，常用的检测方法有扫描法和反转法两种。

（1）扫描法检测

扫描法的基本原理是：首先判断是否有键按下，如有键按下，则进行行、列扫描，找出按下键所在的行和列，从而获取键值。如果不考虑多键同时按下的情况，具体的检测步骤如下。

1）所有输出口（P1.4 ~ P1.7）输出“0”，读入输入口（P1.0 ~ P1.3）状态。

2）判断是否有键按下，判断依据为低4位是否全为“1”，如果全为“1”，则说明无键按下；不全为“1”，说明至少有一个键按下，有键按下后开始行列扫描。

3）令第1列输出“0”，其他列输出“1”，记录列值（N），读入输入口状态，判断该列是否有键按下，无键按下，令下一列输出“0”；有键按下，进行行扫描，记录行号（M）。

4）扫描结束后，依据获取的行号和列号计算键值，计算方法为：键值 $=(M-1)\times 4+N$

（2）反转法检测

前面介绍的扫描法，在有键按下的情况下，需要进行逐行和逐列扫描，才能获取键值，步骤相对复杂。以下介绍线路反转法检测原理，图9-4所示为线路反转法识别原理图，所谓的线路反转法就是先让行线作为输出口，列线作为输入口。令输出口输出“0”，读入输入口状态；之后线路反转，令列线作为输出口，行线作为输入口，输出口输出“0”，再读入输入口状态，通过两次读入的数据就能识别出何键按下。以下假设只有第7个键按下，表9-1给出了两次输入/输出口的数据信息。把两次输入的信息进行组合，得出一个特征码“10111101（BDH）”，可以看出和第7个键相连的行线（P1.1）和列线（P1.6）应该为低电平。

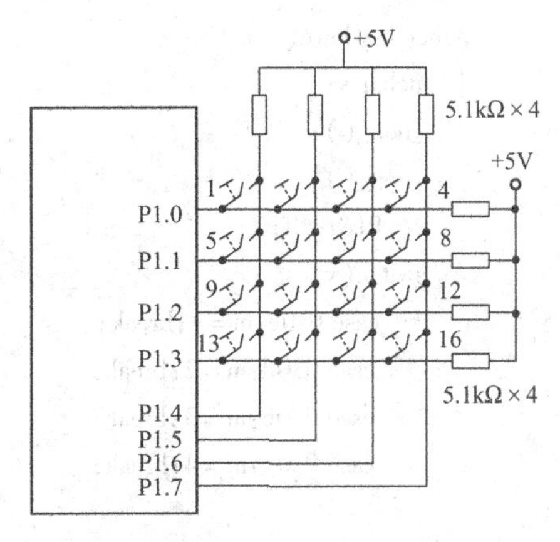

图9-4　线路反转法识别原理图

表9-1　输入/输出口数据信息

输入/输出数据	列线				行线			
	P1.7	P1.6	P1.5	P1.4	P1.3	P1.2	P1.1	P1.0
输出数据1	1	1	1	1	0	0	0	0
输入数据1	1	0	1	1	×	×	×	×
输出数据2	0	0	0	0	1	1	1	1
输入数据2	×	×	×	×	1	1	0	1
组合数据	1	0	1	1	1	1	0	1

依照此方法，可以分别把16个键的特征码都处理出来，以后每次读入的数据与特征码进行比较，就可以判断出哪个按键被按下，同扫描法比较起来，程序实现比较简单，表9-2所示为16个键的特征码。

表9-2　16个键的特征码

键　号	特征码	键　号	特征码	键　号	特征码	键　号	特征码
1	0xEE	5	0xED	9	0xEB	13	0xE7
2	0xDE	6	0xDD	10	0xDB	14	0xD7
3	0xBE	7	0xBD	11	0xBB	15	0xB7
4	0x7E	8	0x7D	12	0x7B	16	0x77

2. 接口程序设计

（1）扫描法接口程序

按照前面的分析，扫描法首先要检测是否有键按下，如有键按下后，则分别进行行、列扫描，并记录下扫描时的行号和列号，扫描结束后进行键值计算，详细的扫描法C语言源程序如下。

```
#include <intrins. h>
#include <reg51. h>
#define uchar unsigned char
uchar m;
uchar keydown()
{   uchar x;
    _nop_();
    _nop_();
    x = P1&0x0f;                        //高4位作为输出口,同时输出0
    switch(x)                           //判断行上是否有键按下,如有,则获取行号
    {   case 0x0e:m = 1;break;
        case 0x0d:m = 2;break;
        case 0x0b:m = 3;break;
        case 0x07:m = 4;break;
    }
    return x;
}
uchar getkey(void)
{   uchar x,n;
    P1 = 0x0f;
    x = keydown();
    if (x! = 0x0f)                      //有键按下,开始逐列扫描,记录列号
    {   P1 = 0xef;
        x = keydown();
        if (x! = 0x0F)
        { n = 1;}
        else
        {   P1 = 0xdf;
            x = keydown();
            if (x! = 0x0f)
            {   n = 2;}
            else
            {   P1 = 0xbf;
                x = keydown();
                if (x! = 0x0f)
                {   n = 3;}
                else
                {   P1 = 0x7f;
                    x = keydown();
                    if (x! = 0xff)
```

```
                    { n=4;}
                  }
                }
            }
            x=(m-1)*4+n;                //根据行列号计算键值
            return x;
        }
        void main()
        {   uchar keynum;
            while(1)
            {   keynum=getkey();
                switch(keynum)              //依据键值执行相应的控制程序,
                {   case 1: ?;break;        //读者可在"?"处添加控制程序
                    case 2: ?;break;
                    case 3: ?;break;
                    case 4: ?;break;
                    case 5: ?;break;
                    case 6: ?;break;
                    case 7: ?;break;
                    …                       //为了节省篇幅,这里省略部分键值判断,请读者自行加上
                    case 16:;break;
                }
            }
        }
```

(2) 反转法接口程序

反转法程序实现相对简单，只需要改变输入、输出口顺序，依次读入数据，把两次读入的数据进行组合，就可以获取当前按键特征码。根据事先存入的特征码进行比较，不同的特征码执行不同的程序，详细的C语言源程序如下。

```
        #include <reg51.h>
        #define uchar unsigned char
        void main()
        {   uchar firstnum,nextnum,keynum;
            while(1)
            {   P1=0x0f;                        //高4位作为输出口,同时输出0
                firstnum=P1;                    //读入低4位输入口状态
                P1=0xf0;                        //低4位作为输出口,同时输出0
                nextnum=P1;                     //读入高4位输入口状态
                keynum=nextnum|firstnum;        //两次数据进行处理,得出特征码
                switch(keynum)                  //依据特征码执行相应控制程序
```

```
	{ case 0xee: ;break;   //可在分号前加入对应控制程序
	  case 0xde: ;break;
	  case 0xbe: ;break;
	  case 0x7e: ;break;
	  case 0xed: ;break;
	  case 0xdd: ;break;
	  case 0xbd: ;break;
	  …                    //为了节省篇幅,此处省略了部分特征码判断,请读者自行加上
	  default : break;
	}}
}
```

📖 以上给出的扫描法和反转法按键识别程序都没有考虑消抖，请读者在此基础上自行设计。

9.1.4 利用独立式按键实现4路抢答器

抢答器是一种广泛应用于各种竞赛和文娱活动，提供公正、客观、快速裁决的电子设备。早期的抢答器通常采用各种数字芯片设计，成本高，体积大，并且控制逻辑较为复杂，如果采用单片机和相应的按键便可非常方便地实现抢答器的各种功能。以4路抢答功能为例，来说明抢答器的设计原理和方法。具体设计要求如下。

- 具有4路抢答功能。
- 具有抢答开始和屏蔽控制功能。
- 抢答成功后能屏蔽其他人抢答的功能。

1. 接口电路设计

硬件设计上，利用8051单片机连接4个独立式按键，并配有4个LED指示，当键盘按下后，对应的I/O口引脚为低电平，相应的LED点亮，图9-5所示为8051单片机4路抢答器接口电路图。单片机只要不断查询P1口低4位的状态就可以判断是否有人抢答，但是查询方法是按照一定顺序查询的，因此就会默认一定的优先级顺序，所以对后查询的抢答选手不公平。为了公平起见，系统采用中断方式实现，将I/O口状态连接一个4输入与门，与门的输出连接到8051单片机的外部中断1引脚。任何选手按键抢答后，与门输出低电平，触发外部中断。在中断服务子程序中屏蔽外部1中断，保证有选手抢答成功后屏蔽其他人的抢答。同时在中断服务子程序中读入P1口低4位状态，再查询是哪个按键按下。

2. 程序设计

程序设计相对比较简单，主程序中主要完成外部中断1中断允许的相关配置，任意一路抢答器按下后，与门CD4082输出低电平，申请外部中断1中断，中断响应后，屏蔽外部中断1请求允许（EX1 =0)，即使再有别的人抢答，也无法响应中断。在中断服务子程序中读取P1口状态，获取抢答信息，将抢答选手号码识别出来，以便进行显示等处理。如果要进行下一轮抢答，主持人只要按下复位键，复位单片机，又重新开放中断，选手又可以进行抢答。下面给出4路抢答器C语言源程序，程序只是实现基本检测功能，读者可在此基础上自行设计功能更为丰富的应用程序。

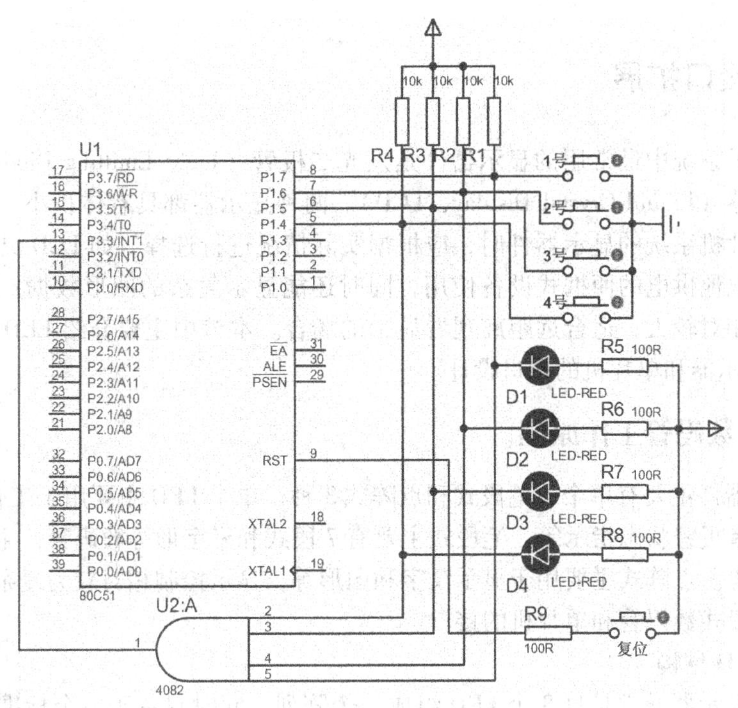

图 9-5　8051 单片机 4 路抢答器接口电路图

```
#include <REG51.h>
#define uchar unsigned char
uchar qnumber;
void int1() interrupt 2
{  uchar x;
   EX1 = 0;                                   //屏蔽外部 1 中断
   x = P1;                                    //读取 P1 口状态,获取抢答信息
   x = x&0xf0;                                //抢答信息处理,只判断低 4 位
   switch(x)
   {
      case 0x70:qnumber = 0x01;break;         //将抢答情况处理成抢答选手的编号
      case 0xb0:qnumber = 0x02;break;
      case 0xd0:qnumber = 0x03;break;
      case 0xe0:qnumber = 0x04;break;
   }
}
main()
{  EX1 = 1;                                   //打开外部 1 中断
   EA = 1;                                    //开放总中断
   IT0 = 1;                                   //采用边沿触发方式
   while(1)
   { ;}
}
```

9.2 显示接口扩展

单片机显示系统中最常用的显示器件是发光二极管（Light Emitting Diode，LED）显示器和液晶显示器（Liquid Crystal Display，LCD）。两种显示器都具有体积小、接口方便等优点，在选择单片机系统的显示器件时，应根据实际情况进行选择。如 LCD 具有功耗低的优点，非常适合电池供电的便携式设备使用，同时还能显示复杂的图形数据；LED 显示亮度高，但是功耗相对较大，适合远距离观看显示的场合。本节中主要介绍 LED 数码管和较为常用的 LCD 显示器和单片机的接口设计。

9.2.1 LED 数码管工作原理

LED 显示器件主要有单个、笔段式和点阵式 3 种，单个 LED 主要用于工作状态的指示，如工作电源或者报警状态指示等。笔段式主要有 7 段式和米字形等数码管，主要用于显示一些数字和字符等。点阵式主要用于显示汉字和图形等，显示控制相对较为复杂，因此只介绍使用较多的 7 段式数码管和单片机的接口。

1. 7 段 LED 结构

7 段 LED 显示器通常是将 8 个 LED 组成一个阵列，同时封装于一个标准的外壳中，其中的 7 个 LED 用于构建 7 笔字段，另外一个构成小数点，用于显示数字 0 ~9 和一些字符。7 段 LED 显示器有共阳极和共阴极两种结构，图 9-6 所示为 7 段 LED 数码管的结构框图。共阴极是把 8 个 LED 的阴极连在一起，作为公共端，对各自的阳极进行独立控制，从而显示不同的数据。共阳极正好相反，是把 8 个 LED 的阳极连接在一起，阴极独立控制。

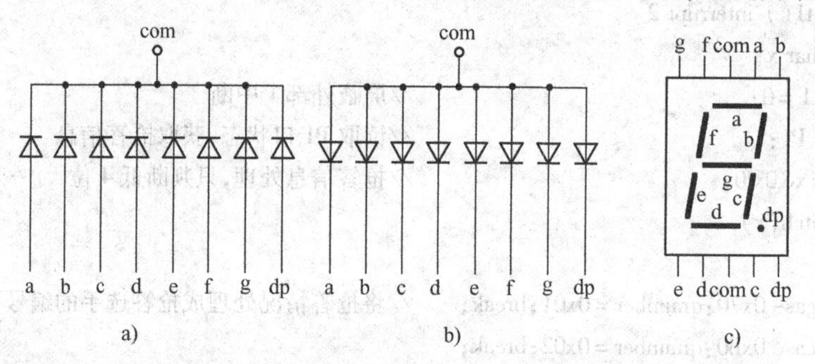

图 9-6 7 段 LED 数码管的结构框图

2. 段码计算

根据数码管的结构框图可知，为了使数码管显示不同的字符，就需要给数码管输入不同的数据，这里以共阳极为例来说明。假设共阳极数码管和某 I/O 口之间硬件电路连接关系为：数码管 a - D0（数码管 a 笔段连接到 I/O 口的 D0 端），b - D1，c - D2，d - D3，e - D4，f - D5，g - D6，dp - D7。由于采用共阳极数码管，公共端需要接入高电平，对应笔段的引脚输入低电平，才能使对应笔段的 LED 导通发光。同时还需要考虑接入限流电阻，防止电流过大，损坏 LED。如数码管要显示数字“1”，需要点亮 b 和 c 笔段，即给 b 和 c 两引脚输入逻辑“0”；其他笔段都灭，即数码管显示数字“1”。采用上述的硬件连接关系，就可按照表 9-3所示的段码数据计算表进行段码计算。

表 9-3　段码数据计算表

显示字符	D7	D6	D5	D4	D3	D2	D1	D0	段　码
	dp	g	f	e	d	c	b	a	
“1”	1	1	1	1	1	0	0	1	F9H

通过计算，只需在 I/O 口输出数据“F9H”，即可让数码管显示字符“1”。I/O 口输出的数据“F9H”就称为该硬件连接关系下共阳极数码管数字“1”的段码。按照该方法，可以计算出各种要显示字符的段码，为了使用方便，表 9-4 为共阴极和共阳极数码管的段码表。

表 9-4　共阴极和共阳极数码管的段码表

显 示 字 符	共阴极段码	共阳极段码	显 示 字 符	共阴极段码	共阳极段码
1	06H	F9H	A	77H	88H
2	5BH	A4H	b	7CH	83H
3	4FH	B0H	C	39H	C6H
4	66H	99H	d	5EH	A1H
5	6DH	92H	E	79H	86H
6	7DH	82H	F	71H	8EH
7	07H	F8H	P	73H	8CH
8	7FH	80H	U	3EH	C1H
9	6FH	90H	H	76H	89H
0	3FH	C0H	灭	00H	FFH

需要说明的是：LED 数码管和 I/O 接口连线顺序不同，计算出的段码也不一样，为了保证段码的通用性，推荐采用上述硬件连接形式。

9.2.2　LED 数码管显示接口

常见的 LED 数码管显示接口主要有静态显示接口和动态显示接口两种，静态显示是指所有数码管同时处于显示状态；而动态显示则是 LED 数码管处于分时显示状态，同一时刻，只有一个 LED 数码处于显示状态。二者各有优缺点，以下分别进行介绍。

1. 静态显示接口

图 9-7 所示为 LED 数码管静态显示接口示意图，每个数码管的（a～dp）8 个段都由独立的 I/O 口（带锁存功能）进行控制，所有的数码管公共端连接在一起接地（共阴极）或者接 VCC（共阳极）。只要不给数码管新的数据，数码管就一直显示上一时刻送入的数据，所有数码管都处于显示状态。优点是显示无闪烁，亮度较高，并且软件控制简单。缺点是数码管位数较多时，比较浪费 I/O 资源，显示电路电能消耗较大，对电源功率要求较高。

2. 动态显示接口

图 9-8 所示为 LED 数码管动态显示接口示意图，图中把所有数码管的相同笔段并联在一起，公共端由独立的 I/O 口进行控制，分时点亮不同的数码管，每次只有一个数码管处于

显示状态（也称为动态扫描），只要设置合适的点亮数码管时间间隔（交替点亮频率），人在视觉上感觉所有的数码管都是处于显示状态。和静态显示接口相比，优点是占用的I/O口资源较少。缺点是需要不断地给数码管发送数据，否则将无法显示，耗费CPU时间较多；并且软件控制麻烦，扫描频率设置不合适时，还容易出现闪烁现象。

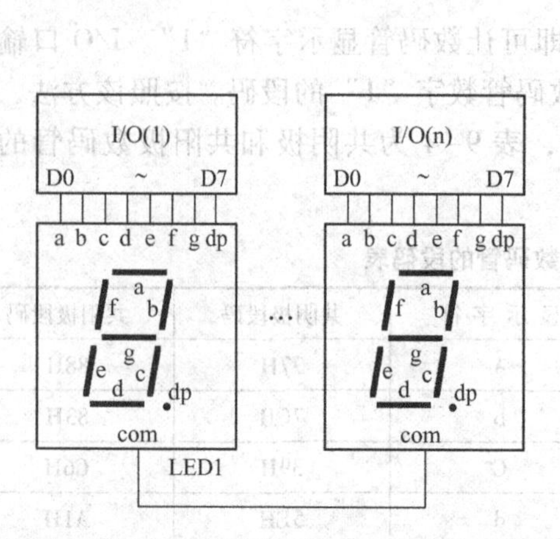

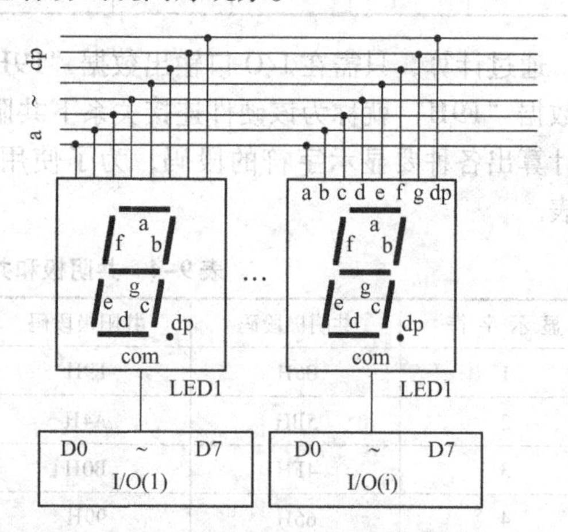

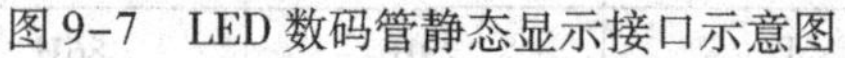

图 9-7　LED 数码管静态显示接口示意图　　　图 9-8　LED 数码管动态显示接口示意图

9.2.3　利用 74LS164 实现 2 位静态显示电路

本书第 8 章介绍了利用 74LS164 进行并行 I/O 输出口扩展的方法，在该方法上稍加改动就可以实现 LED 静态显示接口的扩展。74LS164 的工作原理前面已经介绍，这里不再赘述。

1. 接口电路设计

图 9-9 中给出了由 74LS164 构建的两位静态显示接口电路图，8051 单片机把要显示数据的段码通过串口逐位送入 74LS164，送完 1 字节数据后，8051 如果再送数据，之前送入第一片 74LS164 的数据会通过进位端（13 脚）移入下一片 74LS164。如果需要多位显示，通过此方法可以进行多位显示扩展。由于数码管有额定的工作电流限制，为了防止电流过大损坏数码管，通常需要串接限流电阻。为了连线方便，直接在数码管的公共端接入几个允许正向电流较大的二极管进行降压，从而省去连接限流电阻的麻烦。另外由于连线较多，为了方便看清各元器件的连线关系，图中采用网络标号的方式进行连接。

2. 接口程序设计

接口程序主要涉及串口工作方式配置、段码查询、串口发送等几个方面。串口工作方式的配置较为简单，只需要配置成工作方式 0 即可。段码查询的目的在于获取显示数据的段码，按照前面介绍的段码计算方法，把要显示的各种字符的段码计算出来，将其按照一定的检索顺序存入一个数组，以后根据要显示数据在对应段码数组中的存放位置取出段码即可，该方法也称为软件译码。串口发送只需要把段码送至串行缓冲区即可启动发送工作，每字节数据是否发送结束，需要检测 TI 标志位。具体的软件工作步骤如下。

1）选择串行口工作在方式 0——同步移位寄存器功能。

2）把要显示的数据存入缓冲单元。

3）把要显示的数据的段码送至串口缓冲区（SBUF）。

4）检查 TI 标志位，发送完后 1 字节后清除标志位，准备发送下一字节。

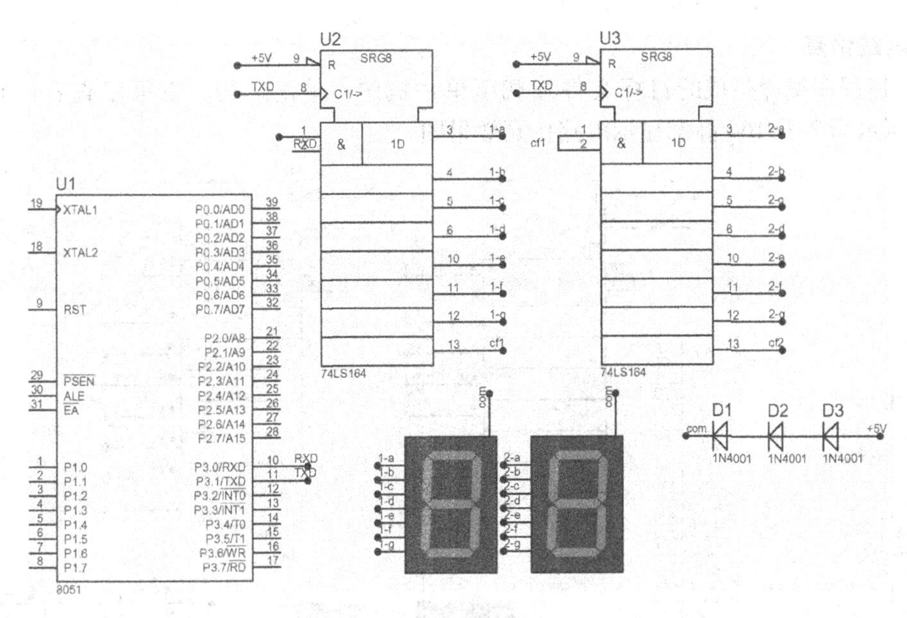

图 9-9　两片 74LS164 构建静态显示接口电路图

5）判断是否显示完所有数据。

在显示子程序编写中考虑了通用性问题，只需要简单改动，显示子程序就可以改造成各种位数的显示程序，下面给出完整的 C 语言源程序。

```
#include "reg51.h"
#define uchar unsigned char
#define uint unsigned int
uchar ddseg[12] = {0x03,0x9F,0x25,0x0D,0x99,0x49,0x41,0x1F,0x01,0x09,0x30}; //定义段码
void disp(uchar * p1,uchar k)                    //显示子程序,显示位数为 k,数组首地址为 * p1
{  uchar i,j;
   for(i =0;i <k;i ++)
   {  j = * p1;                                  //取出要显示的数据
      SBUF = ddseg[j];                           //取出对应的段码数据,送串口缓冲区
      p1 ++;
      while( ! TI)                               //判断数据是否发送完成
         { ; }
      TI =0;                                     //清除标志位,准备下次发送数据
 } }
main()
{  uchar disstr[2];                              //显示数据存放数组
   disstr[0] =2;                                 //初始化显示数据
   disstr[1] =1;
   SCON =0X00;                                   //串口配置为方式 0,同步移位寄存器工作方式
   disp(disstr,2);                               //调用显示子程序
}
```

3. 电路仿真

将上述程序编译生成的目标文件加载至单片机中，单击运行，就可以查看仿真情况，图 9-10所示为 74LS164 静态显示电路仿真效果图。

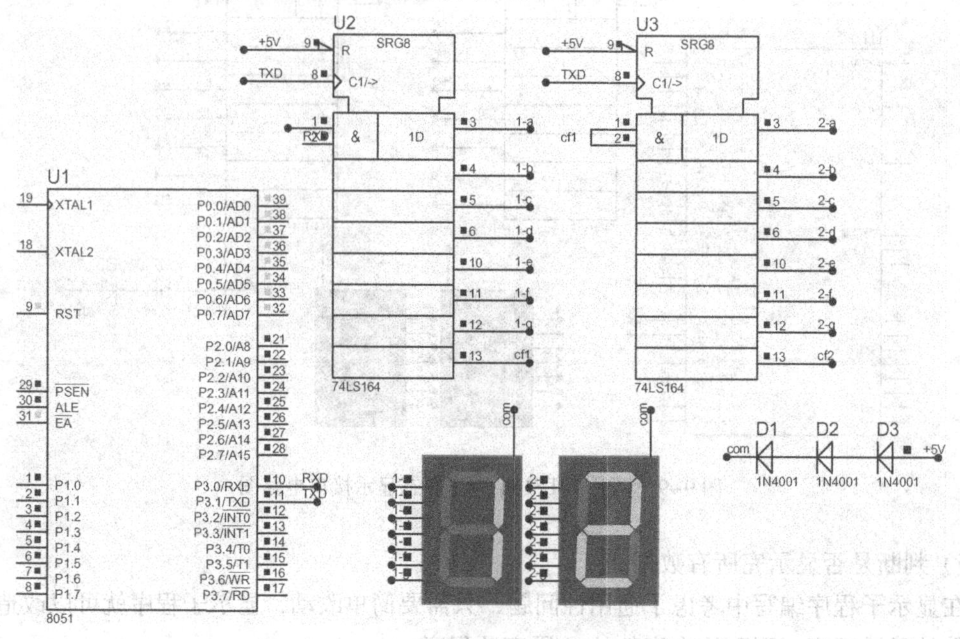

图 9-10　74LS164 静态显示电路仿真效果图

9.2.4　利用 MAX7219 实现 4 位动态显示电路

MAX7219 是一个高性能的多位 LED 显示驱动器，可同时驱动 8 位共阴极 LED 数码管或 64 个独立的 LED。其内部主要包括移位寄存器、控制寄存器、译码器、数位与段驱动器以及亮度调节和多路扫描电路等。MAX7219 采用串行接口方式，只需 3 根线便可实现数据的串行传送。

1. MAX7219 引脚功能

MAX7219 共有 24 个引脚，有双列直插式和 SO 等封装形式，图 9-11 所示为 MAX7219 的功能引脚图，各引脚功能如下。

MAX7219

引脚	名称	名称	引脚
1	DIN	DOUT	24
2	DIG0	SEGD	23
3	DIG4	SEGDP	22
4	GND	SEGE	21
5	DIG6	SEGC	20
6	DIG2	VCC	19
7	DIG3	ISET	18
8	DIG7	SEGG	17
9	GND	SEGB	16
10	DIG5	SEGF	15
11	DIG1	SEGA	14
12	LOAD	CLK	13

图 9-11　MAX7219 的功能引脚图

DIN：串行数据输入端，通过该引脚把单片机发送的数据送入内部的 16 位移位寄存器，数据传输在时钟上升沿有效。

DOUT：串行数据输出端，用于多片 MAX7219 级连扩展使用，这样可以连接多个 MAX7219，从而实现多位显示管理。

LOAD：装载数据输入端，上升沿锁存数据。

CLK：串行时钟输入端。

DIG0 ~ DIG7：8 位 LED 位选线，从共阴极数码管中吸入电流。

SEGA ~ SEGDP：7 段驱动和小数点驱动端，用于传送段码数据。

ISET：通过一个 10 kΩ 电阻和 VCC 相连，可以设置流过每个段的电流大小。

VCC、GND：芯片工作电源输入端。

2. 控制寄存器

MAX7219 内部的寄存器主要包含译码控制寄存器、亮度控制寄存器、扫描界限寄存器、关断模式寄存器、测试控制寄存器，编程时必须先初始化这些寄存器，MAX7219 才能正确工作。

(1) 译码控制寄存器（地址：×9H）

MAX7219 有两种译码方式：B 译码方式和不译码方式，该寄存器主要用于选择译码方式。不译码方式时，8 位数据位分别对应 7 个笔段和小数点位；B 译码方式是 BCD 译码，直接送数据就可以显示。实际应用中可以根据需要进行选择，表 9-5 为译码方式寄存器数据格式表。

表 9-5　译码方式寄存器数据格式表

译码方式	寄存器数据								命令代码
	D7	D6	D5	D4	D3	D2	D1	D0	
0～7 位均不译码	0	0	0	0	0	0	0	0	00H
位 0 不译码，位 1～7 采用 B 译码	0	0	0	0	0	0	0	1	01H
0～3 位 B 译码，4～7 位不译码	0	0	0	0	1	1	1	1	0FH
0～7 位均采用 B 译码	1	1	1	1	1	1	1	1	FFH

(2) 扫描界限寄存器（×BH）

扫描界限寄存器用于设置驱动的 LED 数码管的个数（1～8），表 9-6 为扫描界限寄存器数据格式表。只需要设置寄存器的低 3 位，根据低 3 位的值来选择驱动数码管个数，如数据值为 ×4 时，驱动 5 个数码管。

表 9-6　扫描界限寄存器数据格式表

扫描个数	寄存器数据								命令代码
	D7	D6	D5	D4	D3	D2	D1	D0	
只驱动数码管 0	×	×	×	×	×	0	0	0	×0H
驱动数码管 0、1	×	×	×	×	×	0	0	1	×1H
驱动数码管 0、1、2	×	×	×	×	×	0	1	0	×2H
⋮									⋮
驱动所有数码管	×	×	×	×	×	1	1	1	×7H

(3) 亮度控制寄存器（×AH）

亮度控制寄存器共有 16 级亮度可选择，用于设置 LED 数码管的显示亮度，数据值为：×0H～×FH。

(4) 关断模式寄存器（×CH）

MAX7219 共有两种模式选择，一是关断状态，只需要把最低位 D0 设置为 0 即可；另一是正常工作状态，把最低位 D0 设置成 1 即可。

(5) 显示测试寄存器（×FH）

显示测试寄存器用于判断 MAX7219 处于测试状态还是正常工作状态，如果为测试状态，最低位 D0＝1，所有数码管全亮；如果是正常工作状态，最低位数据 D0＝0。

3. MAX7219 的初始化

MAX7219 的初始化主要就是对其进行初始化控制，主要包含正常工作模式启动、工作模式配置、译码模式选择、显示数码管个数设置和显示亮度设置等，实际上就是把对应的控制命令字送入相应的控制寄存器中。MAX7219 每次需要接收完整的 16 位二进制数据，其中：D15 ~ D12 这 4 位数据与操作无关，可以任意写入；D11 ~ D8 为 4 位地址，用于选定对应的寄存器；D7 ~ D0 为要显示的数据或者初始化控制字。如需要把亮度级别设置成 10 级，则 16 位数据格式为“××××1010××××1001（×A×9H）”。

数据发送时，在 CLK 脉冲作用下，数据以串行方式通过 DIN 引脚依次移入 MAX7219 内部 16 位寄存器，然后在一个 LOAD 上升沿作用下，锁存到内部的寄存器中。数据接收时，先接收最高位 D15，最后是 D0。因此，单片机在数据发送时必须先送高位数据，再循环移位，按高到低顺序送出所有数据。

4. 接口电路设计

图 9-12 所示为 8051 单片机和 MAX7219 接口电路图，MAX7219 的 A ~ DP 引脚分别连至所有数码管的 a ~ dp 引脚，DIG0 ~ DIG3 分别连至 4 个数码管的公共端，DIN、LOAD、CLK 引脚分别连到单片机的 P1.1、P1.2 和 P1.3 引脚，实现数据的串行发送。

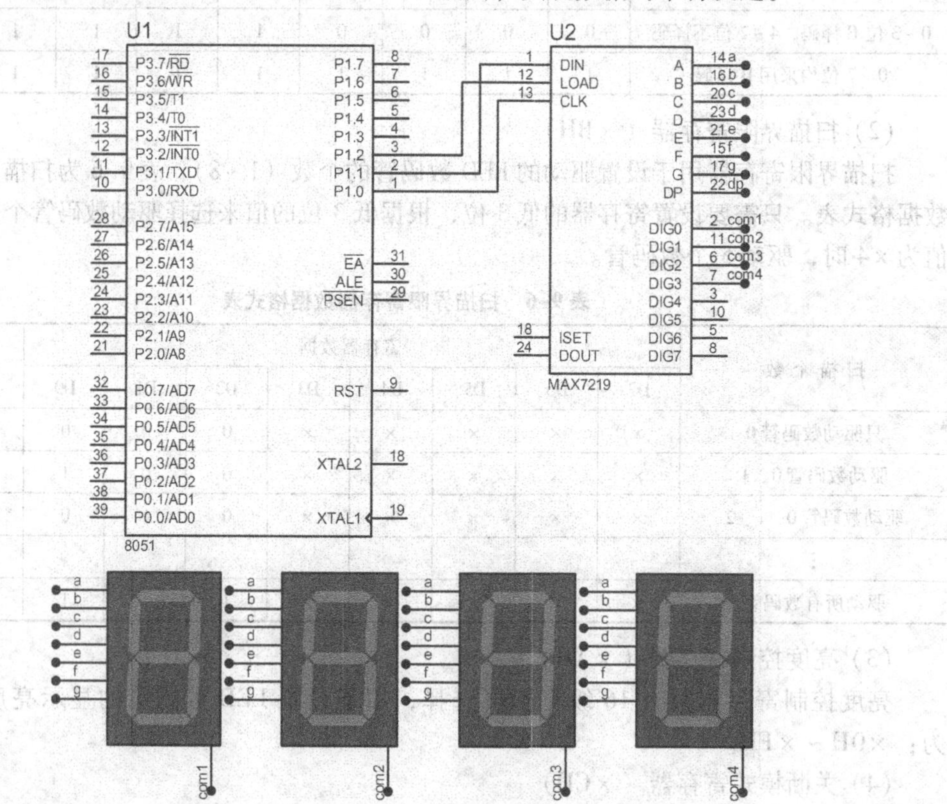

图 9-12　8051 单片机和 MAX7219 接口电路图

5. 接口程序设计与仿真

这里以数码管显示“1234”为例来说明 MAX7219 的基本操作。程序设计上主要包含初始化子程序、写子程序和主程序，初始化子程序主要涉及译码控制寄存器、亮度控制寄存器等的初始化；写子程序实现16位数据的写操作，分别为8位地址和8位数据。具体的C语言源程序如下。

```
#include <reg51.h>
sbit LOAD = P1^2;                          //MAX7219 片选引脚
sbit DIN = P1^1;                           //MAX7219 串行数据引脚
sbit CLK = P1^0;                           //MAX7219 串行时钟引脚
#define DECODE_MODE  0x09                  //译码控制寄存器
#define INTENSITY    0x0A                  //亮度控制寄存器
#define SCAN_LIMIT   0x0B                  //扫描界限寄存器
#define SHUT_DOWN    0x0C                  //关断模式寄存器
#define DISPLAY_TEST 0x0F                  //测试控制寄存器
void Initial(void)                         //MAX7219 初始化子程序
{  Write7219(SHUT_DOWN,0x01);              //开启正常工作模式(0xX1)
   Write7219(DISPLAY_TEST,0x00);           //选择工作模式(0x00)
   Write7219(DECODE_MODE,0xff);            //选用全译码模式
   Write7219(SCAN_LIMIT,0x03);             //只驱动4只LED
   Write7219(INTENSITY,0x04);              //设置初始亮度
}
void Write7219(unsigned char address,unsigned char dat)
{  unsigned char i;                        //MAX7219 写子程序,用于发送地址、数据
   LOAD =0;                                //拉低片选线,选中器件
   for(i =0;i <8;i ++)                     //以下发送地址,移位循环8次
   {  CLK =0;                              //清零时钟总线
      DIN =(bit)(address&0x80);            //每次取高字节
      address <<=1;                        //左移一位
      CLK =1;                              //时钟上升沿,发送地址
   }
  for(i =0;i <8;i ++)                      //以下开始发送数据
   {  CLK =0;
      DIN =(bit)(dat&0x80);
      dat <<=1;
      CLK =1;                              //时钟上升沿,发送数据
   }
   LOAD =1;                                //发送结束,上升沿锁存数据
}
void main(void)                            //主程序,完成显示1~4的功能
{  unsigned char i;
   Initial();                              //调用MAX7219初始化子程序
   for(i =1;i <5;i ++)
    { Write7219(i,i);}                     //数码管依次显示1~4
}
```

9.2.5 LCD 模块概述

LCD 的构造是在两片平行的玻璃基板当中放置液晶盒，下基板玻璃上设置薄膜场效应晶体管（Thin Film Transistor，TFT），上基板玻璃上设置彩色滤光片，通过 TFT 上的信号与电压改变来控制液晶分子的转动方向，控制每个像素点偏振光出射与否从而达到显示目的。近年来 LCD 价格的大幅下降，使得 LCD 的市场占有量逐渐增多，目前 LCD 已经替代阴极射线管显示器（Cathode Ray Tube，CRT）成为主流显示设备。

现有的液晶显示器种类较多，按照其显示数据类型可以分为字段型、点阵字符型和点阵图形型。字段型只能显示数字、西文字母或者一些字符等，是单片机系统中应用最为广泛的一种。点阵字符型液晶不仅能显示字段型液晶能显示的各种数据，还可以显示汉字和简单的图形等。点阵图形型分辨率最高，可以显示各种数字、字符、汉字和漂亮的图形，现已广泛应用于各种彩色显示设备中。

1. 点阵字符型液晶显示模块

单片机应用系统中，如果只需要显示数字和字母等字符，就可以选择点阵字符型液晶显示模块。LCD1602 是目前使用较为广泛的点阵字符型液晶显示模块，专门用来显示字母、数字、符号等。它由若干个 5×7 或者 5×11 点阵字符位组成，每个点阵字符位都可以显示一个字符，每位之间有一个点距的间隔，每行之间也有间隔，起到了字符间距和行间距的作用，因此它不能很好地显示图形。“1602”表示显示的内容为 16×2，即可以分两行显示，每行最多可显示 16 个字符。

（1）LCD1602 功能引脚

LCD1602 共有 16 个引脚，采用并行方式进行数据传输（支持 4 位和 8 位两种模式）。其中 15、16 引脚为背光电源引脚，有的 LCD1602 可能不支持背光，那么这两个引脚就无须连接，图 9-13 为 LCD1602 的功能引脚图。

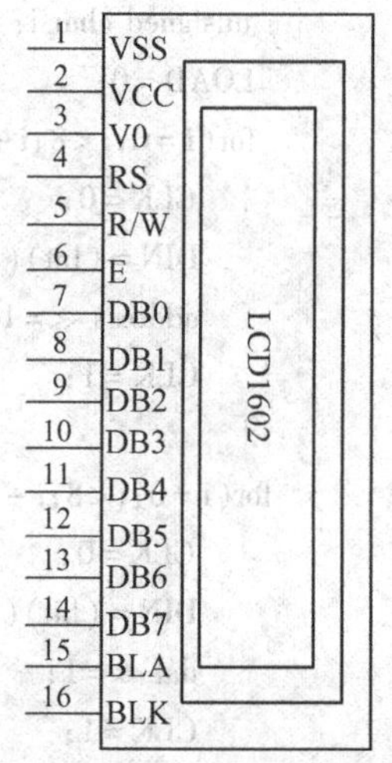

图 9-13 LCD1602 功能引脚图

VSS：电源地。

VCC：电源正极，接 +5 V。

V0：液晶显示器对比度调整端，接电源正极时对比度最弱，接地电源时对比度最高（对比度过高时会产生“鬼影”，可以通过一个 10 kΩ 的电位器调整对比度，从而达到满意的显示效果）。

RS：寄存器选择，高电平时选择数据寄存器、低电平时选择指令寄存器。

R/W：读写信号线，高电平时进行读操作，低电平时进行写操作。

E：使能端，高电平时读取信息，负跳变时执行指令。

DB0 ~ DB7：8 位双向数据端。

BLA、BLK：空引脚或背光电源。支持背光时，BLA 接背光电源正极，BLK 接背光电源负极。

（2）LCD1602 操作说明

LCD1602 的操作主要包含读状态、写指令、读数据和写数据等几种基本操作，这些操作都需要通过专门的指令来实现，指令主要涉及初始化设置、数据控制两大功能。

1）初始化设置主要用于控制 LCD1602 的基本工作方式等，包括显示模式设置、显示设置和光标设置。显示模式设置指令数据格式如下。

指令数据格式								功 能 说 明	指 令 代 码
0	0	1	1	1	0	0	0	设置 16×2 显示，5×7 点阵，8 位数据接口	38H

显示设置和光标设置，用于设置显示打开还是关闭，另外还用于控制光标显示、移动方向等功能，指令数据格式如下。

指令数据格式								功能设置说明
0	0	0	0	1	D	C	B	D=1 开显示；　D=0 关闭显示 C=1 显示光标；C=0 不显示光标 B=1 光标闪烁；B=0 光标不闪烁
0	0	0	0	0	1	N	S	N=1　读写一个字符后，地址指针和光标加 1 N=0　读写一个字符后，地址指针和光标减 1 S=1 N=1 写入一个字符后，整屏显示左移 S=1 N=0 写入一个字符后，整屏显示右移 S=0　写入一个字符后，整屏显示不移动

如：指令代码为“00001111B”时，表示显示打开，同时显示光标并且光标闪烁。

2）数据控制，主要用于设置 LCD1602 内部数据地址指针，以便访问内部的 RAM。包含数据指针设置、读写数据控制和其他设置等。数据指针设置的指令格式如下。

指令码格式（指令码 + 地址码）	功 能 说 明
80H + 地址码（00H ~ 27H，40H ~ 67H）	设置数据地址指针

3）LCD1602 初始化流程，上电后首先需要对其进行初始化工作，才能实现显示功能，LCD1602 初始化流程图如图 9-14 所示。

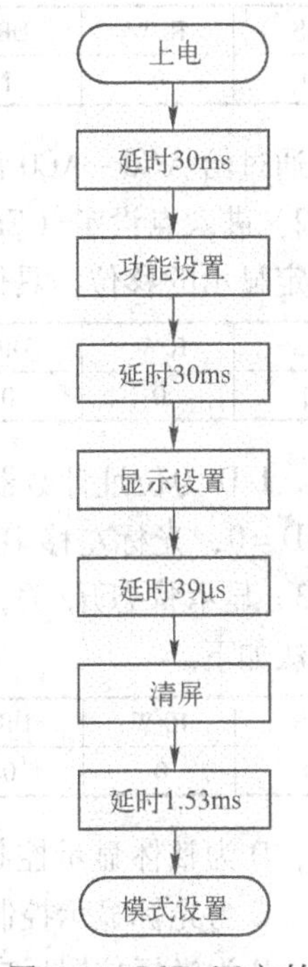

图 9-14　LCD1602 初始化流程图

2. 点阵图形型液晶显示模块

单片机系统除了要显示数字、字母等字符之外，有时候还需要显示汉字和图形等，如果采用点阵字符型液晶则无法实现，因此可以采用点阵图形型液晶显示模块。另外现有较多的点阵图形型液晶显示模块还带有汉字库，这样为汉字的显示提供了很大的方便。中文液晶显示模块可实现汉字、ASCII 码、点阵图形的同屏显示，广泛用于各种仪器仪表、家用电器和信息产品上作为显示器件。

LCM12864ZK 是一款带汉字字库的图形点阵式液晶显示模块，字型 ROM 内含 8192 个 16×16 点中文字型和 128 个 16×8 半宽的字母符号字型；另外绘图显示画面提供一个 64×256 点的绘图区域 GDRAM；内含 CGRAM 提供 4 组软件可编程的 16×16 点阵造字功能；集成有国标一、二级简体字库，可通过编码调用汉字字符，可直接显示 8000 多汉字。支持图文混排显示模式，提供串行/并行两用接口，可实现汉字、ASCII 码、点阵图形的同屏显示。

（1）LCM12864ZK 功能引脚

LCM12864ZK 共有 20 根引脚，与单片机等微控器的接口灵活，表 9-7 为 LCM12864ZK

引脚功能表。

表 9-7 LCM12864ZK 引脚功能表

引　脚	名　称	功　能
1	K	背光源负极
2	A	背光源正极
3	GND	地
4	VCC	3V/5V
5	NC	空引脚未用
6	RS（CS）	选择寄存器（并行）0：指令寄存器，1：数据寄存器 片选（串行）0：禁止　1：允许
7	R/W（SID）	读写控制脚（并行）　0：写入，1：读输入串行数据（串行）
8	E（SCLK）	读写数据起始脚（并行）　输入串行脉冲（串行）
9~16	D0~D7	数据线0~数据线7
17	PSB	控制界面　0：串行，1：并行8/4位
18	/RST	复位信号，低电平有效
19	VR	LCD亮度调整，外接电阻端
20	V0	LCD亮度调整，外接电阻端

（2）LCM12864ZK操作说明

1）设定DDRAM（Display Data RAM）位址，设定DDRAM地址到位址计数器AC。第1行AC范围为80H~87H，第2行AC范围为90H~97H，第3行AC范围为88H~8FH，第4行AC范围为98H~9FH，具体设置方法如下。

RS	R/W	DB7	DB6	DB5	DB4	DB3	DB2	DB1	DB0
0	0	1	AC6	AC5	AC4	AC3	AC2	AC1	AC0

通过给AC6~AC0设置不同的数字，用于选择不同的地址。

2）进入点设定（Entey Mode Set），指定在数据的读取与写入时，设定光标的移动方向及指定显示的移位，具体设置格式如下。

RS	R/W	DB7	DB6	DB5	DB4	DB3	DB2	DB1	DB0
0	0	0	0	0	0	0	1	I/D	S

其中，I/D为位址计数器递增递减选择，当I/D=1，光标右移DDRAM的位址计数器加1；当I/D=0，光标左移DDRAM的位址计数器减1。S=1时，显示画面整体位移。

3）显示状态开/关，主要用于控制整体显示，光标，光标位置反白ON/OFF等，具体设置方法如下。

RS	R/W	DB7	DB6	DB5	DB4	DB3	DB2	DB1	DB0
0	0	0	0	0	0	1	D	C	B

其中，D为整体显示控制位，D=1整体显示ON；D=0整体显示OFF。

C为光标显示控制位，C=1光标显示ON；C=0光标显示OFF。

B为光标位置反白控制位，B=1反白显示；B=0光标位置显示反白关闭。

4）光标或显示移位控制，用于设定光标的移动与显示的移位控制，这个指令并不改变DDRAM的内容，具体设置方法如下。

RS	R/W	DB7	DB6	DB5	DB4	DB3	DB2	DB1	DB0
0	0	0	0	0	1	S/C	R/L	×	×

主要通过 S/C 和 R/L 两位来实现控制功能，两位不同的数据组合功能如下所示。

S/C	R/L	功 能 作 用
0	0	光标向左移动
0	1	光标向右移动
1	0	显示向左移动且光标跟着移动
1	1	显示向右移动且光标跟着移动

（3）LCM12864ZK 初始化过程

和点阵字符型液晶显示模块一样，图形点阵型液晶模块上电后也需要进行初始化操作，只是对应的延时等待时间和具体的命令不同，这里不再赘述，读者可参阅相关使用说明书。

9.2.6　利用 LCD1602 实现字符显示

1. 硬件接口电路设计

根据 9.2.5 节介绍的 LCD1602 的功能引脚，设计如图 9-15 所示的 8051 单片机和 LCD1602 接口电路图。LCD1602 的 8 根数据线经过 10 kΩ 的排阻上拉后连接到 8051 单片机的 P0 口，3 根控制线 RS、RW、E 分别连到单片机的 P2.0～P2.2 上，VEE 连到电位器的滑动端，用于调节显示亮度。

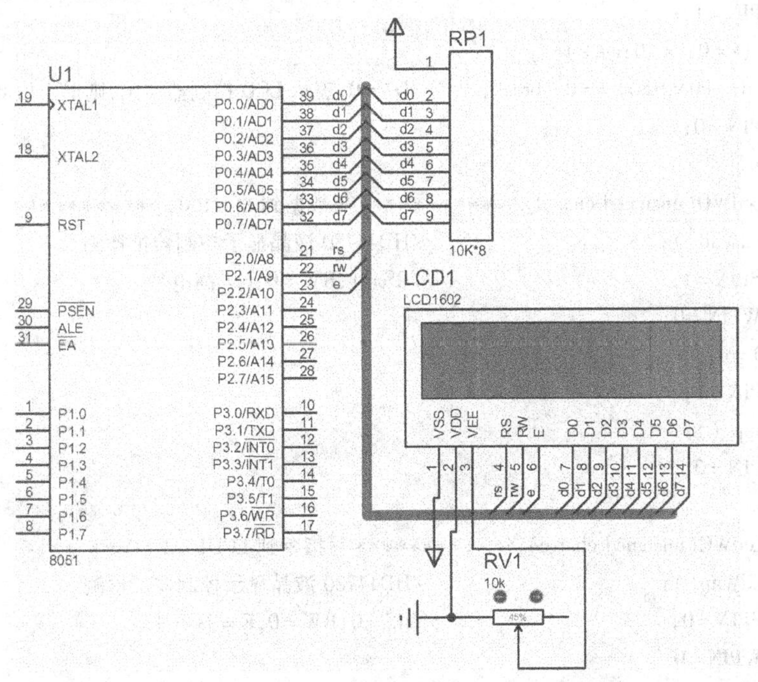

图 9-15　8051 单片机和 LCD1602 接口电路图

2. 软件接口程序设计

这里以 LCD1602 显示“Northeast Dianli University”为例来说明程序的编写。按照前面的介绍，首先要初始化液晶模块，之后控制 LCD1602 进行数据显示，具体的 C 语言源程序如下。

```
#include <reg51.h>
#include <intrins.h>
unsigned char text1[] = "Northeast Dianli    University";//UNIVERSITY
unsigned char data CXPOS;              //列方向地址指针(用于 CHARLCDPOS 子程序)
unsigned char data CYPOS;              //行方向地址指针(用于 CHARLCDPOS 子程序)
sbit RSPIN   = P2^0;                   //RS 对应单片机引脚
sbit RWPIN = P2^1;                     //RW 对应单片机引脚
sbit EPIN     = P2^2;                  //E 对应单片机引脚
void delay_ms(uchar ms)                //11.0592 MHz
{  unsigned int i,j;
   for(i = ms;i > 0;i --)
   {  for(j = 200;j > 0;j --);
      for(j = 102;j > 0;j --);
   }
}
void LcdWait(void)// *********忙检测 **********
{  unsigned char i;
   P0 = 0xff;
   RSPIN = 0;                          //RS = 0,RW = 1,E = 高电平
   RWPIN = 1;
   EPIN = 1;
   for(i = 0;i < 20;i ++)
     if((P0&0x80) == 0) break;         //D7 = 0,表示 LCD 控制器空闲,则退出检测
   EPIN = 0;
}
void LcdWD(unsigned char d)// **********写数据到 LCD1602 **********
{  LcdWait();                          //HD44780 液晶显示控制器忙检测
   RSPIN = 1;                          //RS = 1,RW = 0,E = 高电平
   RWPIN = 0;
   P0 = d;
   EPIN = 1;
   _nop_();
   EPIN = 0;
}
void LcdWC(unsigned char c) // **********写指令到 LCD1602 **********
{  LcdWait();                          //HD44780 液晶显示控制器忙检测
   RSPIN = 0;                          //RS = 0,RW = 0,E = 高电平
   RWPIN = 0;
   P0 = c;
   EPIN = 1;
   _nop_();
```

```
    EPIN = 0;
}
//*********LCD1602 初始化**********
void LcdInit(void)                    //LCD1602 的显示模式字为 0x38
{   LcdWC(0x38);                      //显示模式设置第一次
    delay_ms(3);                      //延时 3ms
    LcdWC(0x38);                      //显示模式设置第二次
    delay_ms(3);                      //延时
    LcdWC(0x38);                      //显示模式设置第三次
    delay_ms(3);                      //延时 3ms
    LcdWC(0x38);                      //显示模式设置第四次
    delay_ms(3);                      //延时 3ms
    LcdWC(0x08);                      //显示关闭
    LcdWC(0x01);                      //清屏
    delay_ms(3);                      //延时 3ms
    LcdWC(0x06);                      //显示光标移动设置
    LcdWC(0x0C);                      //显示开及光标设置
}
void charlcdpos(void)
{   CXPOS& = 0X0f;                    //X 位置范围(0~15)
    CYPOS& = 0X01;                    //Y 位置范围(0~1)
    if(CYPOS == 0)                    //(第一行)X: 第 0 ----15 个字符
        LcdWC(CXPOS | 0x80);          // DDRAM: 0 ----0FH
    else                              //(第二行)X: 第 0 ---15 个字符
        LcdWC(CXPOS | 0xC0);          // DDRAM: 40 -- --4FH
}
void putchar(unsigned char c)         // *****在(CXPOS,CYPOS)字符位置写字符*****
{   charlcdpos();                     //设置(CXPOS,CYPOS)字符位置的 DDRAM 地址
    LcdWD(c);                         //写字符
}
void charcursornext(void)
{   CXPOS ++;                         //字符位置加 1
    if(CXPOS > 15)                    //字符位置 CXPOS > 15,表示要换行
    {   CXPOS = 0;                    //置列位置为最左边
        CYPOS ++;                     //行位置加 1
        CYPOS& = 0X1;                 //字符位置 CYPOS 的有效范围(0~1)
    }
}
void main()                           //主程序
{   uint i;
    LcdInit();
    for(i = 0;i < 32;i ++)            //依次显示 A…Z 一遍
```

```
    {   putchar(text1[i]);              //当前位置显示为 i 的值
        charcursornext();               //置字符位置为下一个有效位置
        delay_ms(300);
    }
    while(1)
    {;}
}
```

3. 系统仿真

为了验证上述程序的正确性，在 Proteus 中进行了仿真，LCD1602 仿真效果图如图 9-16 所示。

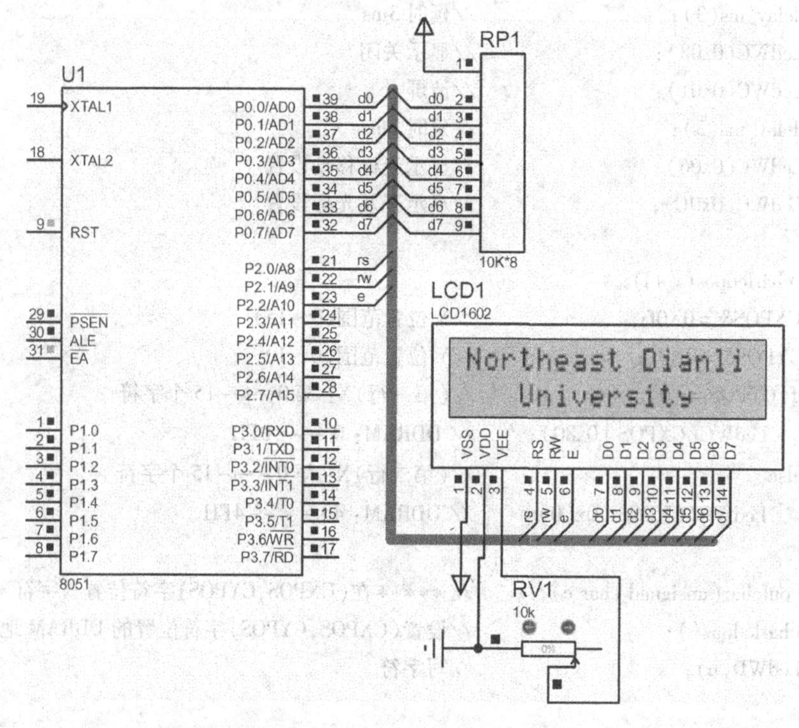

图 9-16　LCD1602 仿真效果图

9.2.7　利用 LCM1264ZK 实现汉字显示

1. 硬件接口电路设计

按照 LCM12864ZK 的功能引脚说明，可以设计如图 9-17 所示的 8051 单片机和 LCM12864ZK 的接口电路图，其中 D0 ~ D7 通过 10 kΩ 的排电阻上拉后连接到 8051 的 P0 口上。背光电源可不接，如果要接需要注意正电源为 4.2 V 左右。$\overline{\text{RST}}$引脚可不接，PSB 引脚可以悬空，悬空默认选择并行通信方式。V0 和 VR 之间连接一个电位器用于调节显示亮度。RS、RW 和 E 引脚分别连至单片机的 P2.5、P2.6 和 P2.7 引脚，通过程序实现各种控制。

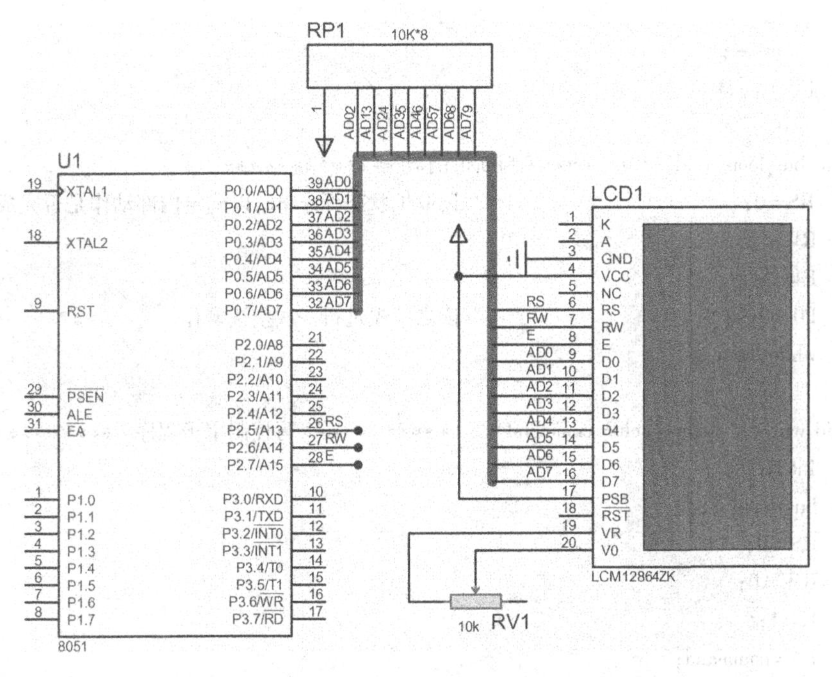

图 9-17　8051 单片机和 LCM12864ZK 接口电路图

2. 软件接口程序设计

程序设计方面，主要包括各种初始化子程序、延时程序、液晶读写子程序以及忙检测程序等，具体的 C 语言源程序如下。

```
#include <reg51.h>
#include <stdio.h>
#include <intrins.h>
#define uchar unsigned char
#define uint unsigned int
sbit E = P2^7;                          //读写数据起始引脚
sbit RW = P2^6;                         //读写控制引脚,0:写入,1:读
sbit RS = P2^5;                         //选择寄存器,0:指令寄存器,1:数据寄存器
sbit busy = P0^7;                       //定义忙检测位
uchar hang,lie;
code char string1[] = "东北电力大学";   //定义字符串数组
void delay_us(uint t)                   //延时单位为 μs
{  int i;
   for(i = 0;i < t;i ++);
}
void delay_ms(uint n)                   //单位为 1 ms
{  int i;
   while(n)
   {  i = 123;
      while(i > 0)    i --;
```

```
        n--;
    }
}
void busyloop(void)// ******** 判断忙函数 *************
{  RS=0;                        //读取忙状态标志 BF,以确定内部动作是否完成
   RW=1;
   E=1;
   P0=0xff;                     //读之前先进行一次空读操作
   while(busy);
}
void write_command(uchar command)// ************ 写控制字子程序 **************
{  int i;
   busyloop();
   RS=0;
   RW=0;
   E=1;
   P0=command;
   for(i=0;i<2;i++);
   E=0;
}
void write_data(uchar dat)// ******** 写数据子程序 **************
{  int i;
   busyloop();
   RS=1;
   RW=0;
   E=1;
   P0=dat;
   for(i=0;i<2;i++);            //延时 5 μs 后,产生下降沿
   E=0;
}
void initial() // *** 初始化子程序 ****
{  delay_ms(41);                //延时 >40 ms
   _nop_();
   write_command(0x30);         //功能设置
   _nop_();
   delay_us(9);                 //延时 >100 μs
   write_command(0x30);         //功能设置 D4 =1:8 bit 控制;D4 =0:4 bit 控制界面
   delay_us(3);                 //延时 >37 μs
   write_command(0x0c);         //显示状态开、关,进行整体显示
   delay_us(9);                 //延时 >100 μs
   write_command(0x01);         //清屏
   delay_ms(11);                //延时 >10 ms
```

```
    write_command(0x06);                     //进入点设置,光标右移,DDRAM+1
}
/**************************显示字符函数**************************
    *ptr :要显示的字符数组首地址,*ddram :显示的行地址,
    第1行:80H~87H 第2行:90H~97H,第3行:88H~8FH,第4行:98H~9FH
****************************************************************/
void display(uchar ddram,uchar *ptr)
{   uchar L,il,x;
    L=0;
    if(ddram<0x88)
    {   hang=0;}                             //定义行地址,第1行
    else if(ddram<0x90)
    {   hang=2;}                             //第3行
    else if(ddram<0x98)
    {   hang=1;}                             //第2行
    else
    {   hang=3;}                             //第4行
    lie=0x0f&ddram;                          //定义列地址
    if(lie>0x07)
    {   lie=lie-0x08;}
    x=lie*2;
    write_command(ddram);                    //定义显示其起始地址
    while((ptr[L])!='\0')
    {   L++;   }
    for(il=0;il<L;il++)
    {   write_data(ptr[il]);                 //输出单字符
        x++;
        if(x==0x10)
        {   x=0;
            hang++;
            switch(hang)
            {
                case 0: write_command(0x80);break;   //为0,在第1行显示
                case 1:write_command(0x90);break;    //为1,在第2行显示
                case 2:write_command(0x88);break;    //为2,在第3行显示
                case 3:write_command(0x98);break;    //为3,在第4行显示
            }
            if(hang>3)
            {
                write_command(0x80);         //大于3,自动回到第1行进行显示
                hang=0;
            }
```

```
        }
    }
}
main()
{   initial();
    display(0x80,&string1);                //在相应的行显示相应的内容
    write_command(0x9c);                   //将光标移动到0x9C处
    write_command(0x0f);                   //整体显示,光标显示,且光标反白显示
}
```

9.3 模拟量输入/输出接口扩展

单片机同普通计算机一样，只能处理数字量，在一个实际的测控系统中，常常需要采集许多模拟量，如温度、压力、流量、温度等，为了能使单片机对上述模拟量进行处理，就必须进行A-D转换，把模拟量转换成数字量之后送入计算机处理。同样很多执行机构控制信号的输入通常采用电压、电流等模拟量，因此为了使单片机处理加工后的数字信息能够对执行机构进行控制，也需要把数字量转换成模拟量，进行D-A转换。

9.3.1 模拟量输入/输出接口概述

在以单片机为核心的测控系统中，通常都配有模拟量输入接口和模拟量输出接口，从而实现系统的闭环控制，一个通用的测控系统结构框图如图9-18所示。利用各种传感器感知被控对象的各种参数信息，通过A-D转换器把各种参数转换成数字量送入单片机，单片机对各种参数信息进行分析计算，得出控制信息，最后通过D-A转换把控制信息送至执行器完成相应控制，从而实现了系统的闭合控制。需要说明的是，随着单片机的发展，现在很多单片机内部已经集成有多通道的D-A和A-D转换器。

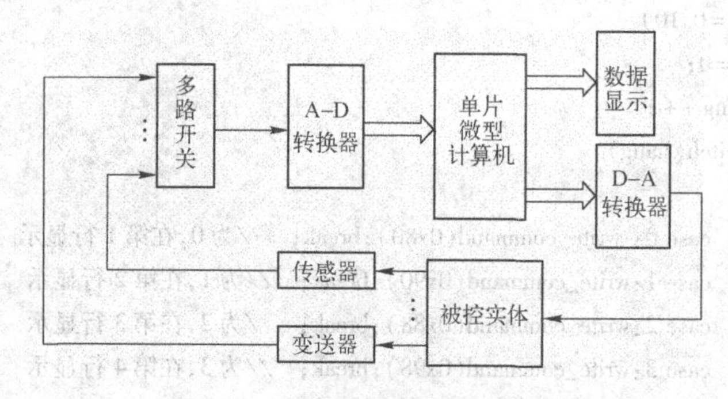

图9-18 通用的测控系统结构框图

9.3.2 D-A转换器概述

D-A转换器的主要功能是实现数字量到模拟量的转换，在选择D-A转换器时，主要考虑以下几个方面。

（1）输出形式

现有的 D－A 转换器主要两种输出形式，一是电压输出形式，二是电流输出形式，实际应用中可以根据控制对象的特点进行选择。

（2）接口方式

D－A 转换器的接口方式主要是和单片机的连接方式，早期使用较多的是并行接口方式，随着串行总线技术的发展，现在通常采用 I^2C 和 SPI 等串行接口方式。

（3）分辨率

分辨率主要在于衡量 D－A 转换器对输入量变化敏感程度，反映 D－A 转换器对信号的分辨能力，其与输入数字量的位数有关，定义为输出满刻度值与 2^n-1 之比（n 为输入数字量的位数，也称为 D－A 转换器的位数），通常用最低有效位 LSB 表示。

假设满量程输出为 5 V，如果分别采用 8 位和 10 位的 D－A 转换器，根据上述定义，可以分别计算 2 种 D－A 转换器的分辨率。可以看出 D－A 转换器位数越多，D－A 转换器对信号的分辨能力越强。

$LSB_1 = 5\ V/2^8 = 5\ V/256 \approx 0.02\ V$（8 位）

$LSB_2 = 5\ V/2^{10} = 5\ V/1024 \approx 0.005\ V$（10 位）

（4）转换精度

理论情况（理想情况）下，转换精度和分辨率计算一致，转换精度取决于 D－A 转换器的位数。但由于实际应用中存在电源和基准电源波动情况，实际的转换效果不可能和理论计算的一致，二者之间存在偏差，把偏差和满刻度输出之比的百分数定义为转换精度。

（5）转换时间

转换时间通常也称为建立时间，是描述 D－A 转换器转换速度的一个参数，指从输入数字量变化到输出达到终值误差 ±(1/2)LSB 时所需的时间。

D－A 转换器内部主要包含电阻解码网络、基准电源、二进制电子开关和运算放大器等部分组成，以下以 4 位 D－A 转换器为例来说明其工作原理，4 位 D－A 转换器内部基本结构框图如图 9-19 所示。

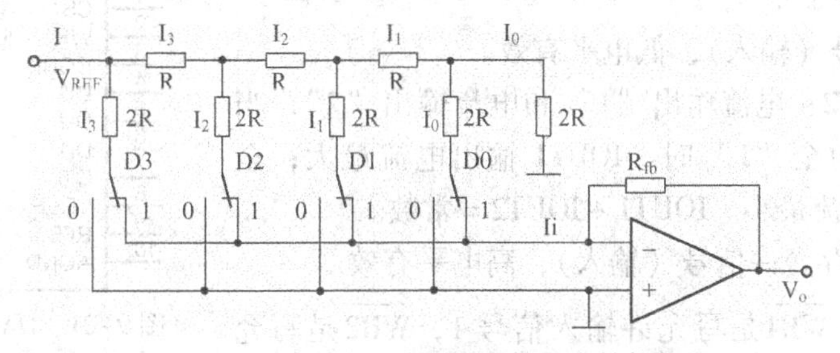

图 9-19　4 位 D－A 转换器内部基本结构框图

D3～D0 用于控制 4 个二进制电子开关，当对应的数字量为“0”时，开关拨向左侧；为“1”时，拨向右侧。运算放大器对反向端输入的电流进行求和，通过反馈电阻将其转换成电压。当输入数字量全为“0”时，反向端输入电流为 0，对应的输出电压 $V_o=0$；当输入数字量全为“1”时，反向端输入的电流和为 $I_i = I_3 + I_2 + I_1 + I_0$。根据其内部电阻网络的配置可知 $I_3 = 2I_2 = 4I_1 = 8I_0$，每个支路是否有电流，主要取决于对应的电子开关是否将该支路连接到运放的反向端。因此引入对应数字量后，可以把流入运放反向端的电流 I_i 和输出

电压 V_o 的关系用式（9-1）来描述。

$$V_o = -I_i \times R_{fb} = -(D3 \times 2^3 \times I_3 + D2 \times 2^2 \times I_2 + D1 \times 2^1 \times I_1 + D0 \times 2^0 \times I_0) \times R_{fb} \quad (9-1)$$

9.3.3 利用 DAC0832 实现锯齿波信号发生器

DAC0832 是美国国家半导体公司生产的 8 位电流输出型 D－A 转换器，该芯片具有两个输入数据寄存器，可配置其工作在直通、单缓冲和双缓冲 3 种方式下，可以非常方便地和单片机进行连接，其内部结构框图如图 9-20 所示。直通方式是指两个寄存器数据输入不受单片机控制，当数据总线上输入数字量后，数据直接通过两个输入寄存器进入 D－A 转换器中进行转换；单缓冲方式是指用单片机控制任意一个寄存器数据的输入，只有单片机给出有效信号后，数据才能进入 D－A 转换器中进行转换；双缓冲方式是指单片机同时控制两个寄存器数据的输入，通常用于存在多个 DAC0832，并且要求多个 DAC0832 同步输出的场合。

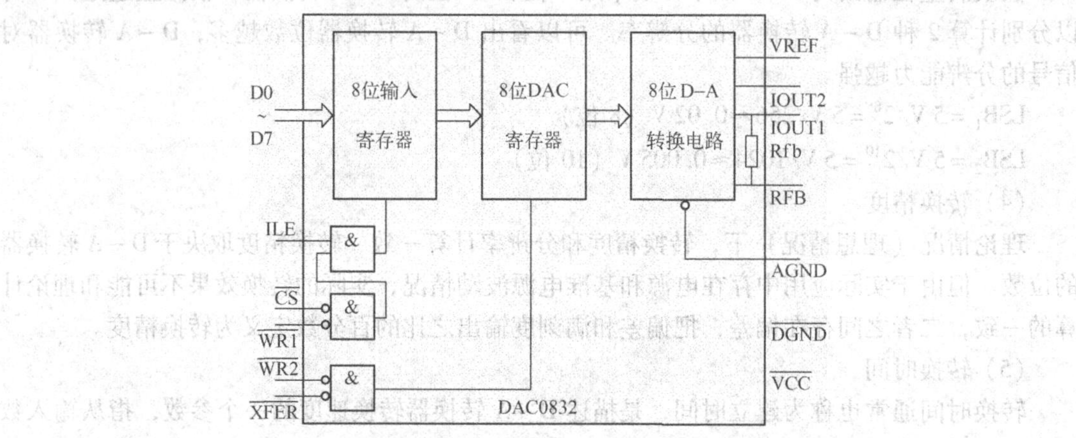

图 9-20　DAC0832 内部结构框图

1. DAC0832 功能引脚

DAC0832 共有 20 只引脚，其功能引脚如图 9-21 所示，各引脚的功能如下。

D0～D7：8 位数据总线，接收单片机送出的数字量。

$\overline{CS}$：片选信号（输入），低电平有效。

IOUT1、IOUT2：电流输出“1”和电流输出“2”，当输入数字量数据为全“1”时，IOUT1 输出电流最大；全为“0”时输出电流最小。IOUT1＋IOUT2＝常数。

ILE：数据锁存允许信号（输入），高电平有效。

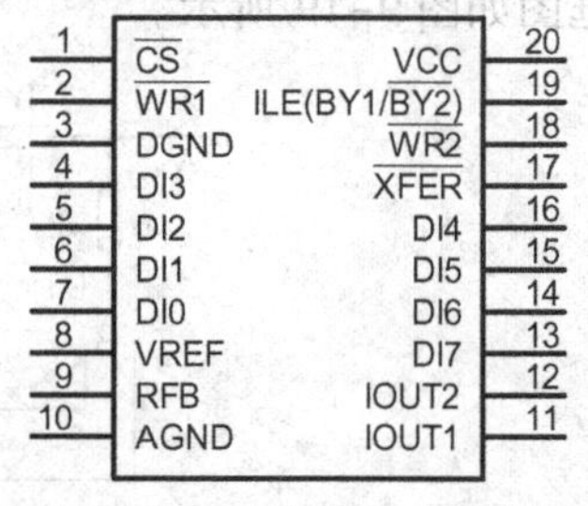

图 9-21　DAC0832 功能引脚

$\overline{WR1}$、$\overline{WR2}$：$\overline{WR1}$是写允许输入信号 1，$\overline{WR2}$是写允许输入信号 2，均为低电平有效。$\overline{WR1}$与 ILE 信号共同控制输入寄存器；$\overline{WR2}$与$\overline{XFER}$信号联合控制 DAC 寄存器。

$\overline{XFER}$：数据传送控制信号（输入），低电平有效。

RFB：内部集成反馈电阻（15 kΩ），DAC0832 是电流输出型 D－A 转换器，为得到电压的转换输出，使用时需在两个电流输出端接运算放大器，RFB 可作为运算放大器的反馈电阻。

VREF：外加高精度基准电压输入端，与内部电阻网络相连接，可正可负，范围为－10～＋10 V。

DGND：数字地。

AGND：模拟地。

VCC：工作电源（+5～+15 V）。

2. DAC0832 与 8051 单片机硬件接口设计

为了简化电路设计，将 DAC0832 配置为直通工作方式，即单片机不控制两个寄存器的数据输入，DAC0832 的片选端$\overline{CS}$接至单片机的 P2.7 引脚，因此地址为 7FFFH，8051 单片机和 DAC0832 接口电路图如图 9-22 所示。

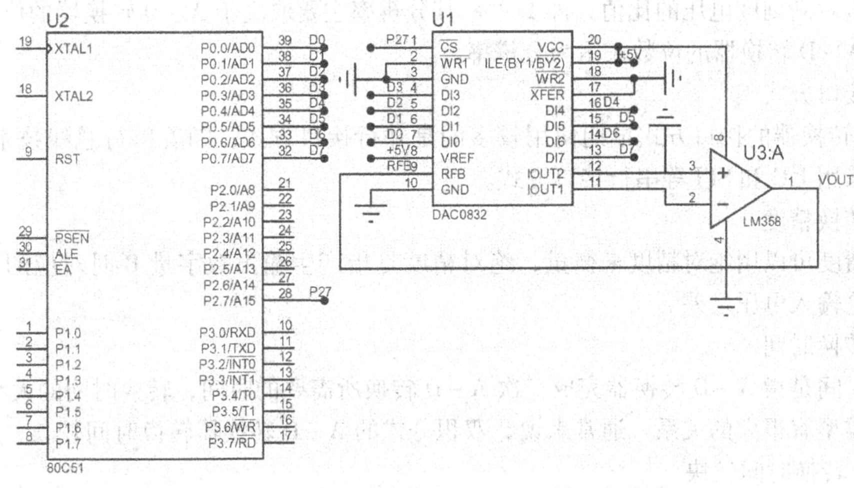

图 9-22　8051 单片机和 DAC0832 接口电路图

3. 软件设计

D-A 转换的相应程序设计比较简单，输出的数字量可通过一个变量的值进行输出，变量的值从 00H～FFH 变化即可。由于前面采用线选法确定了 DAC0832 的端口地址为 7FFFH，需要设置一个变量，将其地址设置为 7FFFH。但是 C 语言不支持把变量指定在某一个具体的地址，具体的方法是通过#define dacadrr XBYTE［0X7FFF］指令实现的，以下给出具体的 C 语言源程序。

```
#include "reg51.h"
#include <absacc.h>
#defineuchar unsigned char
#defineuint unsigned int
#defineDACADDR XBYTE[0X7FFF]//定义 DAC0832 的端口地址为 7FFFH
main()
{  uchar x,j;
   x=0X00;
   while(1)
   {  DACADDR=x;
      for (j=0;j<50;j++)
      ;
      x++;
   }
}
```

9.3.4 A-D 转换器概述

单片机的广泛应用，促进了测量仪表和测量系统的自动化、数字化和智能化，在基于单片机的测控系统中，使用模拟-数字（A-D）转换器进行模拟量的输入转换是常见的应用。在选择 A-D 转换器时，主要需要考虑以下几个问题。

（1）分辨率

同 D-A 转换器一样，分辨率是衡量 A-D 转换器输出二进制末位变化时，所需要的最小模拟电压对满刻度电压的比值，即 $1/2^n$。其分辨率主要取决于 A-D 转换器的位数，因此习惯上把 A-D 转换器的位数表示为分辨率。

（2）接口方式

A-D 转换器的接口方式早期使用较多的是并行接口方式，随着串行总线技术的发展，现在通常采用 I^2C 和 SPI 等串行接口方式。

（3）转换精度

转换精度可以用绝对精度来衡量，绝对精度是指产生输出数字量 B 时对应的实际输入电压和理论输入电压之差。

（4）转换时间

转换时间是指 A-D 转换器完成一次 A-D 转换所需要的时间，转换时间的大小和A-D 转换器的类型有很大的关系。通常来说，双积分式的 A-D 转换器转换时间较长，逐次逼近式的 A-D 转换时间较快。

9.3.5 利用 ADC0808 实现模拟量采集

1. ADC0808 功能引脚

ADC0808 共有 26 个引脚，ADC0808 功能引脚图如图 9-23 所示，各引脚的功能如下。

IN0 ~ IN7：8 路模拟量输入信号端。

D7 ~ D0：数据输出线，为三态缓冲输出形式，可以和单片机数据线直接相连。

ADDA、ADDB、ADDC：通道选择地址信号输入端。

ALE：地址锁存允许信号，当 ALE 引脚出现上升沿时，将 ADDA、ADDB、ADDC 引脚的地址状态信息送入地址锁存器中锁存。

START：转换启动信号，上升沿时，复位 ADC0808；下降沿时启动芯片进行 A-D 转换；在 A-D 转换期间，START 应保持低电平。

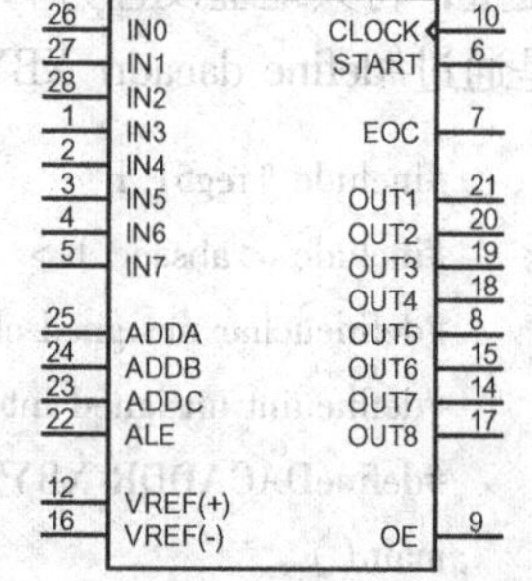

图 9-23 ADC0808 功能引脚图

OE：输出允许信号，用于控制三态输出锁存器向单片机输出转换得到的数据。OE = 0，输出数据线呈高阻状态；OE = 1，输出转换得到的数据。

CLOCK：时钟信号，ADC0808 的内部没有时钟电路，所需时钟信号由外界提供，通常使用频率为 500 kHz 的时钟信号。

EOC：转换结束标志信号。EOC = 0，正在进行转换；EOC = 1，转换结束。该标志信号既可作为查询的状态标志，又可作为中断请求信号使用。

VREF：参考电源基准电压用来与输入的模拟信号进行比较，作为逐次逼近的基准，其典型值为 +5 V，（VREF(+) = +5 V, VREF(-) =0 V）。

2. ADC0808 与 8051 单片机硬件接口设计

ADC0808 和 8051 单片机的接口设计主要包含数字量输入和控制信号产生两大部分，为了实现将 ADC0808 转换结束后的数字量输入单片机，可以把 ADC0808 的 OUT1 ~ OUT8 连接到 8051 的 P0 口。简单起见，本例只采集 1 路模拟量，模拟输入选择通道 IN0，因此可以直接把 ADC0808 的 ADDA ~ ADDC 三个引脚接地。利用 P2.7 进行线选，给 ADC0808 分配一个地址，分配地址为 7F00H。利用两个或非门和 P2.7 共同控制 ADC0808 启动、地址锁存和输出允许控制。EOC 引脚通过一个非门连接到单片机的外部中断 0（INT0）引脚，ADC0808 转换结束后，申请外部中断，在中断中读取 A - D 转换结果。利用 74LS164 构建的静态显示电路将转换完的数字量进行显示，LED D1 为 A - D 转换状态指示，每转换一次，LED 闪烁一次。8051 单片机和 ADC0808 接口电路图如图 9-24 所示。

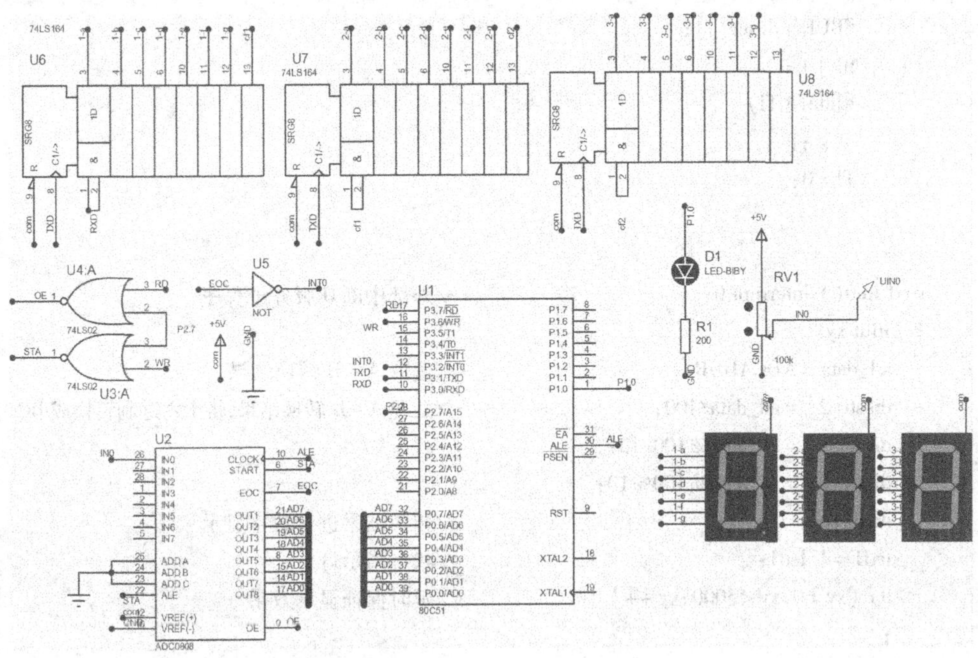

图 9-24 8051 单片机和 ADC0808 接口电路图

3. 软件设计

软件设计主要包含主程序、中断子程序和显示子程序构成。主程序负责串行口初始化，中断允许初始化和启动 A - D 转换。当 8051 执行 “adcadrr = x” 指令时，P2.7 和 $\overline{WR}$ 引脚出现低电平，经或非门后变成高电平，这样 ADC0808 的 ALE 和 START 引脚出现高电平，启动一轮 A - D 转换。当 ADC0808 转换结束后，EOC 引脚出现高电平，经非门变低后触发外部中断，进行外部中断 0 服务子程序，执行 “ad_data = adcadrr” 指令后，P2.7 和 $\overline{RD}$ 同时出现低电平，经过或非门后使得 OE 引脚出现高电平，实现 A - D 转换后数字量的读取。经过数据处理程序后，将转换得到的数字量变成 BCD 码，送数码管进行显示，同时启动新一轮 A - D转换，实现模拟量的连续采集和显示，以下给出 C 语言源程序。

```
#include "reg51. h"
#include  < absacc. h >
#defineuchar unsigned char
#defineuint unsigned int
#defineADCADDR XBYTE[0X7F00]                    //设置 ADC0808 的端口地址
sbit led1 = P1^0 ;
uchar ad_data;
uchar disstr[3];
uchar ddseg[12] = {0x03,0x9F,0x25,0x0D,0x99,0x49,0x41,0x1F,0x01,0x09};//数字 0 ~9 的段码
void disp(uchar * p1,uchar k)                   //显示子程序
{   uchar i,j;
    for(i =0;i < k;i ++)
    {   j = * p1;
        SBUF = ddseg[j];
        p1 ++;
        while( ! TI)
          { ;}
        TI =0;
    }
}
void int0( ) interrupt 0                        //外部中断 0 服务子程序
{   uint xy;
    ad_data = ADCADDR;                          //读取 A - D 转换结果
    disstr[2] = ad_data/100;                    //处理 A - D 转换结果,将十六进制转换成 BCD 码
    disstr[1] = ad_data% 100/10;
    disstr[0] = ad_data% 100% 10;
    disp(disstr,3);                             //转换结果进行数字显示
    led1 = ! led1;                              //状态指示灯
    for (xy =0;xy < 5000;xy ++)                 //延时保证显示效果
    ;
    ADCADDR = ad_data;                          //启动新一轮 A - D 转换
}
main( )
{   uchar x;
    EX0 =1;                                     //中断允许设置
    EA =1;
    SCON =0X00;                                 //控制串行口工作在方式 0
    x =0X00;
    adcadrr = x;                                //启动 A - D 转换
}
```

9.4 思考题

1. 填空题

（1）非编码式键盘通常包含（　　）和（　　）两类，机械式按键在按键过程中通常会出现（　　），可以采用（　　）和（　　）两种方式进行消除。

（2）单片机 LED 数码显示接口主要有（　　）和（　　）两种接口形式，共阴极和（　　）数码管的段码互补，即二者之和为 FFH。

（3）LED 数码显示电路的译码方式有（　　）和（　　）两种。

（4）在时间和幅值上都连续的量称为（　　），在时间和幅值上都离散的量称为（　　）。

（5）通常单片机外部的温度、压力等参数均为（　　），这些信息要送入单片机需要进行（　　）转换，同样，单片机输出的控制信息要输出给相应的执行器，也需要进行（　　）转换。

（6）通常情况下 A－D 和 D－A 转换器的（　　）越高，其分辨率也越高，若某 10 位 D－A 转换器，其外接的基准电压为 5 V，那么该 D－A 转换器的电压分辨率为（　　）。

2. 选择题

（1）设 A－D 转换器的输入电压范围为 0～5 V，要求分辨率为 4 mV，要求选用的 A－D 转换器的位数至少为（　　）。

A. 8 位　　B. 10 位　　C. 11 位　　D. 12 位

（2）若选用 10 位的 D－A 转换器进行 D－A 转换，如果输出电压范围为 5～10 V，那么 D－A 转换器的分辨率约为（　　）。

A. 20 mV　　B. 5 mV　　C. 2 mV　　D. 1 mV

（3）为了保证单片机总线上的设备或者接口能够分时使用总线，通常要求总线上的设备或者接口具有（　　）功能。

A. 缓冲　　B. 锁存　　C. 驱动　　D. 三态

3. 判断题

（1）PC 中使用的标准键盘通常是非编码式键盘。（　　）

（2）由于按键的机械特性，所以按键过程中通常会出现抖动情况。（　　）

（3）按键的抖动现象只能通过硬件进行消除，软件是无法处理的。（　　）

（4）独立式按键数量较多时，需要占用的 I/O 口线资源较多。（　　）

（5）相对来说静态显示电路显示效果要比动态显示好，静态显示无须动态刷新。（　　）

（6）液晶显示器件的功耗要明显低于 CRT 显示设备，近年来成为主流显示设备。（　　）

（7）点阵型和笔段型液晶显示器都可以非常方便地显示汉字和图形。（　　）

（8）模拟量在时间和幅值上都是连续的。（　　）

（9）分辨率是 A－D 转换器的主要性能指标之一，该指标和 A－D 转换器的位数无关。（　　）

（10）进行 A－D 转换时，采样频率越高越好，因为可以更好地保持信号特征。（　　）

（11）MCS－51 外部扩展的 I/O 接口和 RAM 是统一编址的。（　）

（12）选择 A－D 转换器时，其转换速度也是需要考虑的一项性能指标。（　）

4. 简答题

（1）何谓键盘的抖动？消除键盘抖动的方法有哪些？

（2）简要说明行列式键盘的识别有哪些方法？分别是如何实现的？

（3）何谓共阴极和共阳极数码管？数码管显示接口有哪些？各自的特点是什么？

（4）目前主要有哪几种类型的液晶显示模块？分别用于什么场合？

（5）在进行 A－D 和 D－A 转换器选型时，通常需要考虑哪些方面的内容？

（6）简述 DAC0832 直通、单缓冲和双缓冲工作方式的特点和用途。

5. 综合题

（1）图 9-25 中 74LS373 连接有一个共阳极的 7 段数码管，连接顺序为：Q0～a，Q1～b，…，Q7～dp，若要显示字符“F”，74LS373 输入端（D 端）输入的数据应为什么，同时编程实现数码管显示按键号的功能并在 Proteus 中进行仿真。

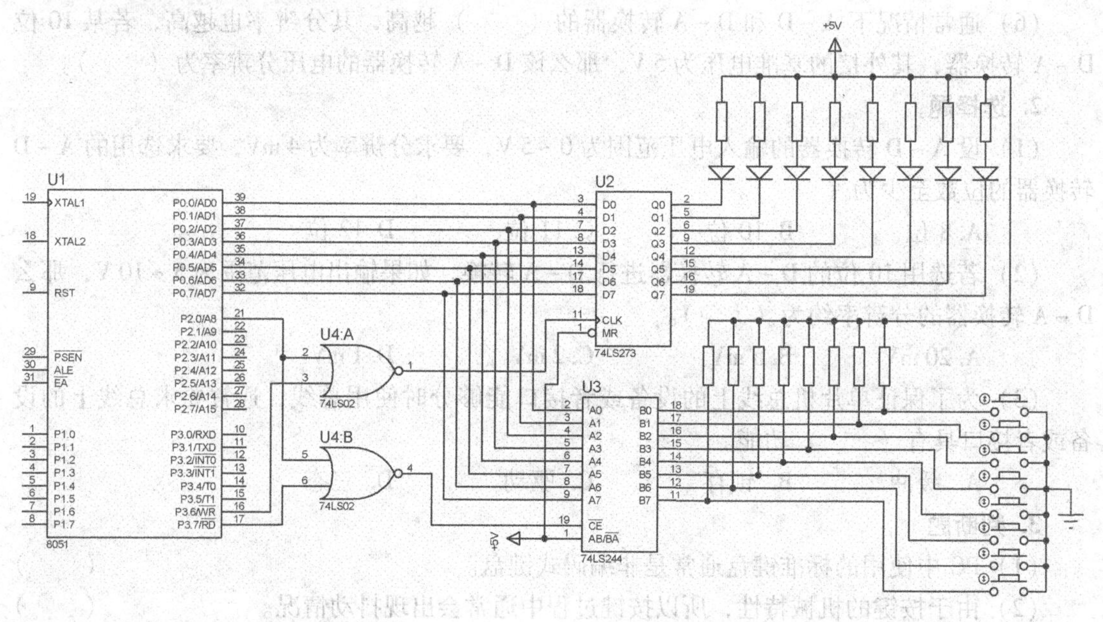

图 9-25　8051 I/O 口扩展电路图

（2）在 Proteus 中利用 8051 单片机和 A－D 转换器设计一套 8 路温度巡检系统，假设所有输入信号都为标准信号（1～5 V），具有温度显示和越限报警功能，完成电路和程序设计并进行系统仿真。

（3）已知 8051 单片机的晶振频率为 12 MHz，ADC0808 基地址为 BFF0H，采用中断工作方式，实现 8 路标准电压信号（0～5 V）巡检功能，转换结果存入以 50H 为首地址的内 RAM 中。请画出该 8 路采集系统的电路图，并编写相应程序。

（4）已知 DAC0832 的地址为 7FFFH，输出电压为 0～5 V，编程实现 DAC0832 输出占空比为 25% 的矩形波。

第10章　串行扩展和功率接口技术

10.1　单片机串行扩展技术

随着计算机技术的发展，传统的并行总线已经不能满足日益增长的需求。串行总线凭借其传输速度快，扩展性好，逐渐在竞争中表现出其优点。特别是近年来串行总线技术得到了快速发展，并逐渐应用于单片机系统中。目前单片机系统中较为常用的串行总线接口有DALLAS公司的单总线（1 - Wire）接口，Philips公司的I^2C（Inter Interface Circuit）串行总线接口，Motorola公司的SPI（Serial Peripheral Interface）串行总线接口等。

10.1.1　单总线技术概述

单总线（1 - wire）是DALLAS公司的一项专有技术，采用一根信号线完成数据的双向传输，总线上可以挂接多个单总线器件；具有独特的寄生电源模式，还可通过总线进行供电，图10-1给出了微处理器和单总线器件采用单总线连接的示意图。1 - Wire产品通过单总线接口提供存储器、混合信号电路、安全认证等功能。1 - Wire器件按照串行协议进行供电和数据通信，能够以无与伦比的优势为系统增添特定功能，大大简化系统的互联电路。单总线系统中的各种器件内部集成有DALLAS公司的专用芯片，每个芯片内部包含有全球唯一的64位序列号，当单总线上挂接有多个器件时，可以利用序列号来标识不同的单总线器件。常用的单总线产品主要有：单总线存储器、单总线温度传感器和温度开关、单总线接口和单总线电池产品等。

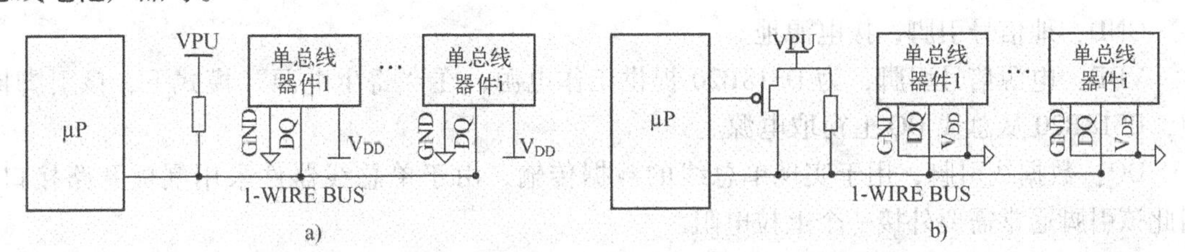

图10-1　微处理器和单总线器件采用单总线连接的示意图
a）外部供电模式　b）寄生电源模式

单总线主要应用于主从式的多点分布测控系统中，通常由一个主机（设备）和多个从机（设备）构成，主从设备都通过漏极开路（或集电极开路）形式连接到单总线上，保证各设备在不占用总线时能够释放总线，因此单总线上都需要有一个上拉电阻。单总线系统遵守严格的主从关系，所有从设备都是在主设备的命令下完成各种操作的，主要包含初始化命令、ROM命令和功能命令等。另外由于单总线技术采用一根信号线进行通信，因此各种命令和数据的传输都有严格的时序要求，为了保证单总线数据传输的可靠性，单总线器件内部集成有CRC校验码发生器，用于校验数据传输是否正确。这里以DS18B20为例来说明8051

单片机和单总线器件的接口设计。

10.1.2 DS18B20 单总线测温应用实例

DS18B20 数字温度计提供 9～12 位摄氏温度测量，具有非易失性、上下触发门限用户可编程的报警功能。DS18B20 通过 1－Wire 总线与微控制器通信，电路连接上仅需要单根数据线和地线。DS18B20 具有 －55℃～＋100℃的工作温度范围，在 －10℃～＋85℃精度为 ±0.5℃。另外，DS18B20 能够直接从数据线获取电源（寄生电源），无须外部工作电源。

1. DS18B20 外观及引脚

DS18B20 主要有 TO－92、SO－8 和 SOP－8 三种封装形式，各种封装形式下的引脚顺序如图 10-2 所示。各引脚的功能如下。

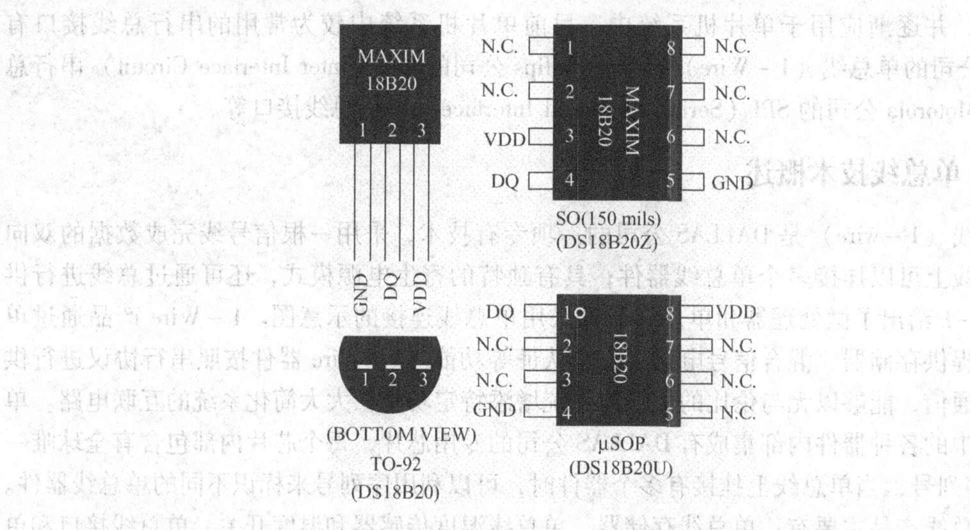

图 10-2 各种封装形式 DS18B20 引脚顺序

GND：地信号引脚，接电源地。

VDD：电源信号引脚，为 DS18B20 提供工作电源；在“寄生电源”模式下，该引脚接地，DS18B20 从总线 DQ 上窃取电源。

DQ：数据线引脚，用于实现单总线的数据传输，由于单总线器件采用漏极开路接口，因此该引脚通常需要外接一个上拉电阻。

N.C.：空引脚，暂时无具体功能。

2. DS18B20 内部结构

DS18B20 内部包含有温度传感器、只读存储器、CRC 码发生器、随机存储器和串行接口等几部分组成，其内部结构框图如图 10-3 所示。测量精度在直接读取数据时为 0.5℃，如果通过读取内部温度数字计数器中有关的计数值可获得 0.1℃的精度。每一个 DS18B20 内部都固化有一个全球唯一的标识码。

3. DS18B20 操作时序

DS18B20 采用严格的单总线时序来保证数据传输的完整性，主要包含复位、响应、读“0”、读“1”、写“0”和写“1”等时序，这些操作都是有主机发出的，DS18B20 进行配合响应。

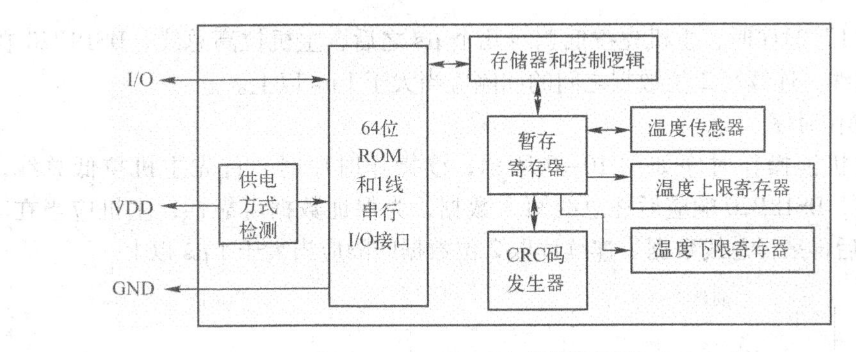

图 10-3　DS18B20 内部结构框图

（1）复位时序

单总线复位时序如图 10-4 所示，主机要对 DS18B20 进行任何操作之前首先要对总线上的 DS18B20 进行复位操作，复位操作时主机现将总线拉低，总线拉低的时间至少保持480 μs 以上，之后释放总线。如果在主机释放总线 15～60 μs 之后得到 DS18B20 的响应，DS18B20 将把总线拉低，低电平持续时间为 60～240 μs。

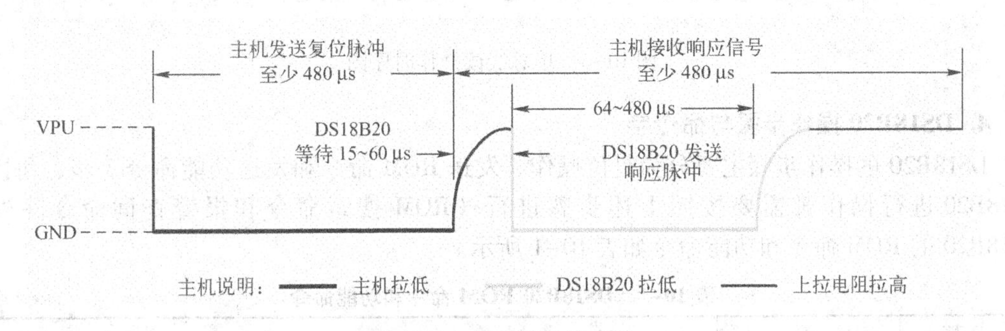

图 10-4　单总线复位时序

（2）写操作时序

单总线主机写操作时序如图 10-5 所示，对于写“0”和写“1”的时序有所不同。写“0”时序所需时间为 60～120 μs，主机拉低总线需要持续 15 μs 左右，DS18B20 开始采用总

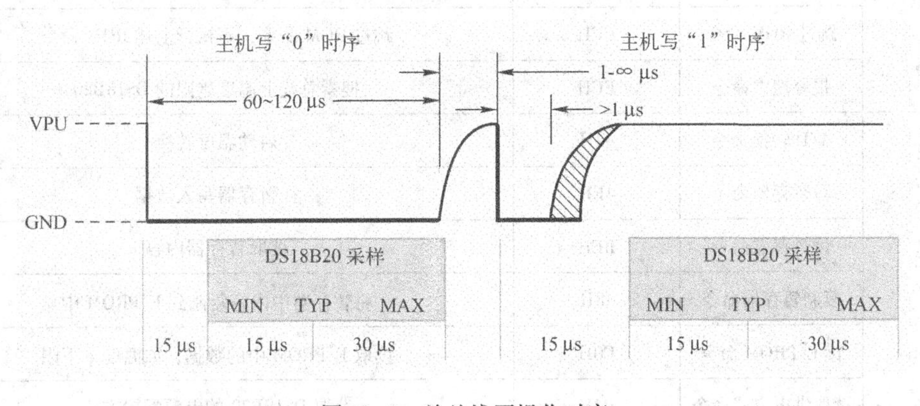

图 10-5　单总线写操作时序

线状态；写“1”时序时，主机先拉低总线几个 μs 之后，主机拉高总线，DS18B20 在 15μs 后开始采样总线。连续写 2 位数据之间的间隔应当大于 1 μs 以上。

（3）读操作时序

单总线主机读操作时序如图 10-6 所示，读操作时序时，首先主机拉低总线，等待 DS18B20 响应，DS18B20 响应后往总线写入数据，为保证数据可靠性，主机应当在其拉低总线 15 μs 之后再采样总线数据。连续读取 2 位数据间隔应当大于 1 μs 以上。

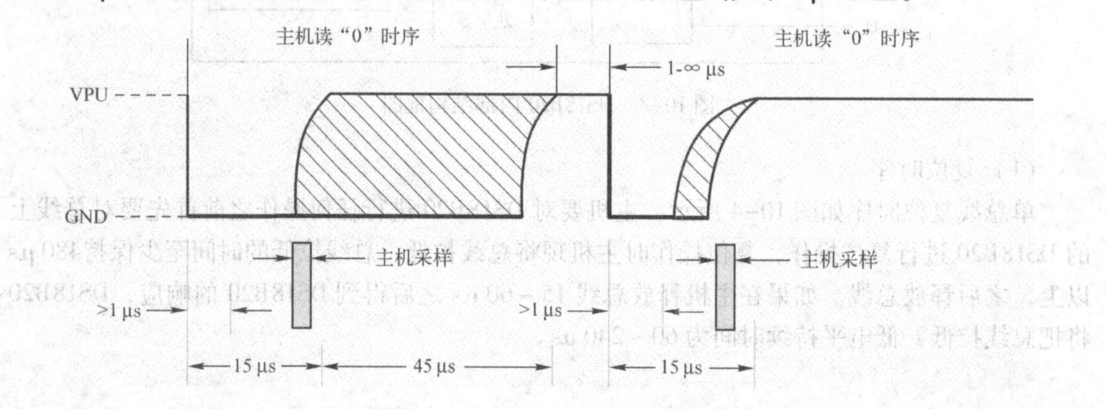

图 10-6　单总线读操作时序图

4. DS18B20 操作步骤与命令字

DS18B20 的操作步骤主要分为复位操作、发送 ROM 命令和发送功能命令 3 步，每次对 DS18B20 进行操作都需要按照上述步骤进行（ROM 搜索命令和报警查询命令除外）。DS18B20 的 ROM 命令和功能命令如表 10-1 所示。

表 10-1　DS18B20 ROM 命令和功能命令

类　别	名　称	代　码	功能描述
ROM 命令	搜索 ROM 命令	F0H	查询总线上被激活的 DS18B20 的序列号
	读 ROM 命令	33H	读取总线上 DS18B20 的序列号（要求总线上只有一个 DS18B20）
	匹配 ROM 命令	55H	发送序列号，指定对匹配序列号的 DS18B20 进行相关操作
	跳过 ROM 命令	CCH	跳过 ROM 命令，不执行上述 ROM 命令
	报警搜索命令	ECH	搜索总线上温度越限的 DS18B20
功能命令	A/D 转换命令	44H	启动温度转换
	写暂存器命令	4EH	往暂存器写入数据
	读暂存器命令	BEH	读取暂存器内容
	复制暂存器命令	48H	将暂存器中内容复制到 E^2PROM 中
	读 E^2PROM 命令	C0H	读取 E^2PROM 中的数据，如温度上下限
	读取供电方式命令	B4H	获取 DS18B20 的电源配置方式

5. DS18B20 和 8051 单片机接口设计与实现

（1）硬件接口

DS18B20 和 8051 单片机的接口电路较为简单，只需要一个上拉电阻和 8051 单片机 I/O 口相连即可，DS18B20 和 8051 单片机的接口电路图如图 10-7 所示。

（2）软件流程

在程序设计上应当严格遵守操作步骤，以单个 DS18B20 为例来说明程序设计。由于总线上只有一个 DS18B20，因此无须执行相关 ROM 命令，只需发送一个跳过 ROM 命令即可。具体的软件工作流程如图 10-8 所示。

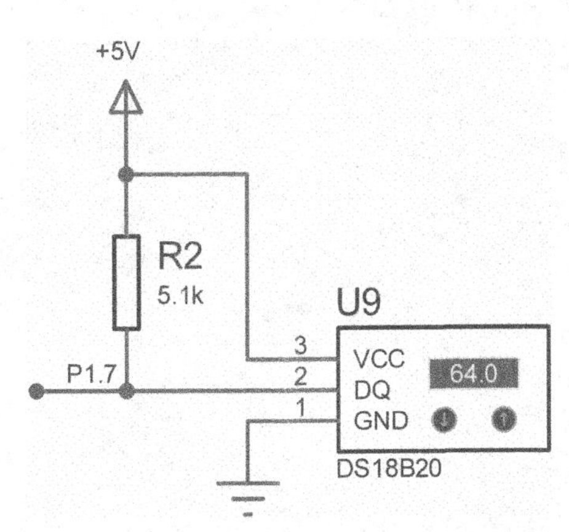

图 10-7　DS18B20 和 8051 单片机的接口电路图

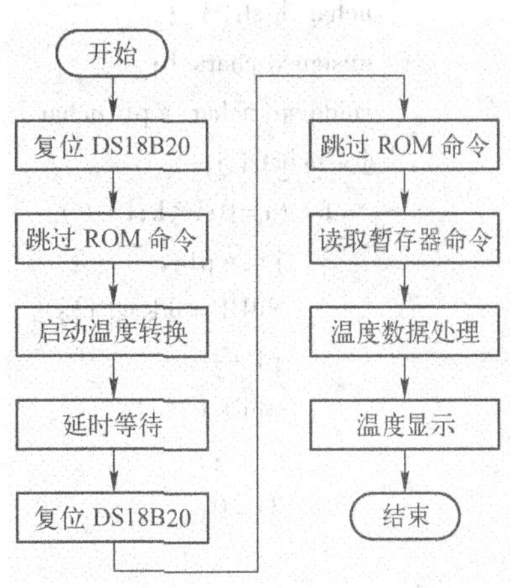

图 10-8　单个 DS18B20 软件工作流程

（3）复位与器件损坏判断

根据 DS18B20 的复位时序可知，当主机复位成功后，DS18B20 会拉低总线以示复位成功，如果多次复位不成功表示器件损坏或者硬件连接故障。在软件设置上应当限制复位次数，同时给出故障提示，以免程序不断进行总线复位，导致程序进入复位死循环，或者出现测量结果显示错误的情况。

（4）温度格式与处理

DS18B20 的温度数据格式为 12 位，其中 1 位符号位，7 位整数位，4 位小数位，分成 2 字节输出，表 10-2 给出了 DS18B20 详细的温度数据格式，2^{-4} ~ 2^{6}表示温度数值大小，S 表示温度符号，“1”为负温度，“0”为正温度。因此需要对 2 字节温度数据进行相应的处理后才能得到十进制的温度数据，如温度数据为“0000 0001 1001 0001B（0191H）”表示温度为 25.0625℃。

表 10-2　DS18B20 的温度数据格式

字节数	Bit7	Bit6	Bit5	Bit4	Bit3	Bit2	Bit1	Bit0
1 字节（低）	2^{3}	2^{2}	2^{1}	2^{0}	2^{-1}	2^{-2}	2^{-3}	2^{-4}
2 字节（高）	S	S	S	S	S	2^{6}	2^{5}	2^{4}

（5）软件设计与仿真

这里以单个 DS18B20 为例来说明程序设计，程序主要包含复位子程序，读写子程序，数据处理子程序和显示子程序构成，具体的 C 语言程序如下。

```
#include < REG51. H >
#include < MATH. H >
#include < INTRINS. H >
#defineuchar unsigned char
#defineuint unsigned int;
sbit DQ = P1^7;                              //设置 P1. 7 端口连接 DS18B20 的数据线
uint temp;
uchar ddseg[12] = {0x03,0x9F,0x25,0x0D,0x99,0x49,0x41,0x1F,0x01,0x09,0x30,0xFD};
uchar disstr[3];
unsigned chara,b;
voiddisp(uchar  * p1,uchar k)
{   uchar i,j;
   for (i = 0;i < k;i ++ )
   {   j = * p1;
       SBUF = ddseg[j];
       p1 ++ ;
       while ( ! TI)
          { ;}
       TI = 0;
   }
}
void delay(unsignedint i)                    //延时子程序
{   while(i -- );}
void Init_DS18B20(void)                      //18b20 初始化函数
{   uchar x = 0;
   DQ = 1;                                   //DQ 复位
   delay(8);                                 //稍做延时
   DQ = 0;                                   //单片机将 DQ 拉低
   delay(80);                                //精确延时大于 480 μs
   DQ = 1;                                   //释放总线
   delay(15);
}
unsigned charReadOneChar(void)/              /读一个字节子程序
{   uchar i = 0;
   uchar dat = 0;
   for (i = 8;i > 0;i -- )
   {   DQ = 0;                               //拉低总线
       dat >> = 1;
       DQ = 1;                               //释放总线
       if(DQ)
       dat|= 0x80;
       delay(5);
```

```
    }
    return(dat);
}
voidWriteOneChar(unsigned char dat)   //写一字节子程序
{  uchar i=0;
    for (i=8;i>0;i--)
    {   DQ=0;
        DQ=dat&0x01;
        delay(5);
        DQ=1;
        dat>>=1;
    }
    delay(5);
}
voiddatahdl()                         //数据处理程序,2 字节数据组合在 1 字节中
{  b=b&0x07;
    b<<=4;
    a=a&0xf0;
    a>>=4;
    b=b+a;
    temp=b;
}
void main()
{  Init_DS18B20();
    WriteOneChar(0xCC);               //跳过 ROM 命令操作
    WriteOneChar(0x44);               //启动温度转换
    delay(400);
    Init_DS18B20();
    WriteOneChar(0xCC);               //跳过 ROM 命令操作
    WriteOneChar(0xBE);               //发送读取温度寄存器命令
    a=ReadOneChar();                  //读取温度数据,前两字节就是温度
    b=ReadOneChar();
    datahdl();                        //温度数据进行处理
    disstr[2]=temp/100;               //将二进制转换成十进制(BCD 码,方便显示)
    disstr[1]=temp%100/10;
    disstr[0]=temp%100%10;
    disp(disstr,3);                   //调用显示子程序,显示温度数据
    delay(50000);
}
```

将上述代码编译生产目标代码后，加载到单片机中，就可以进行仿真调试，图 10-9 给出了单总线测温系统的仿真效果图。

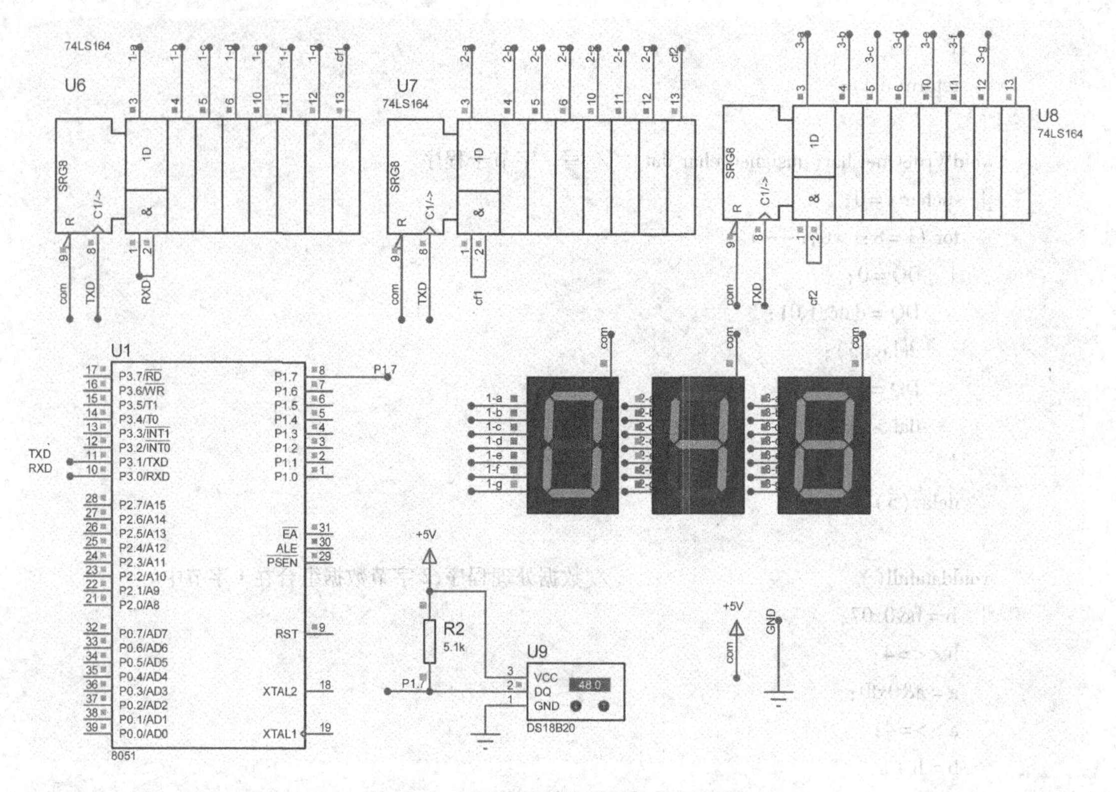

图 10-9　单总线测温系统仿真效果图

10.1.3　三线 SPI 总线概述

在第 8 章中已经介绍了四线制串行外设接口（Serial Peripheral Interface，SPI）总线接口，三线制接口是四线制接口的简化形式，只能分时进行单向传输，即半双工方式，仍然采用一主多从的通信模式。其三线接口分别为：片选或复位信号（$\overline{\text{RST}}$）、数据输入/输出线（I/O）和串行时钟线（SCLK）。

1. 数据传输过程

所有数据的传输都是通过$\overline{\text{RST}}$引脚进行初始化的，配合串行时钟完成数据传输，无论数据输入还是输出，都是采用命令字节加数据的形式。首先通过 8 个 SCLK 周期输入一个写命令字节后，在接下来的 8 个 SCLK 周期完成数据的传输。但是数据写操作和读操作时的数据有效期是不同的，一个是 SCLK 时钟的上升沿，另一个是 SCLK 时钟的下降沿，无论是读数据还是写数据，整个过程要求$\overline{\text{RST}}$保持高电平，否则数据无效。

2. 读操作时序

单字节数据读操作时，首先通过 8 个 SCLK 周期输入一个写命令字节，在接下来的 8 个下降沿一字节数据被输入。不期望的 SCLK 发生时常被忽略，数据输入以 0 开始。具体的单字节读操作时序如图 10-10 所示。无论是命令字节还是数据字节，数据传输过程都是低位在前，高位在后。

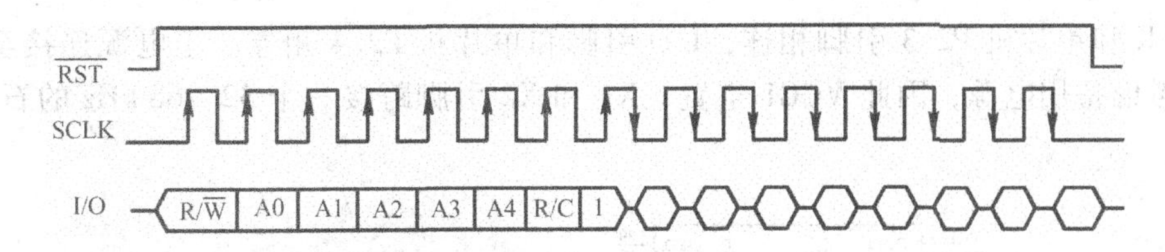

图 10-10　单字节读操作时序

3. 写操作时序

单字节数据写操作时，同样采用先命令字节后数据字节的形式，首先通过 8 个 SCLK 周期输入一个写命令字节后，1 字节的数据就在接下来的 8 个 SCLK 的下降沿被输出。具体的单字节写操作时序如图 10-11 所示。

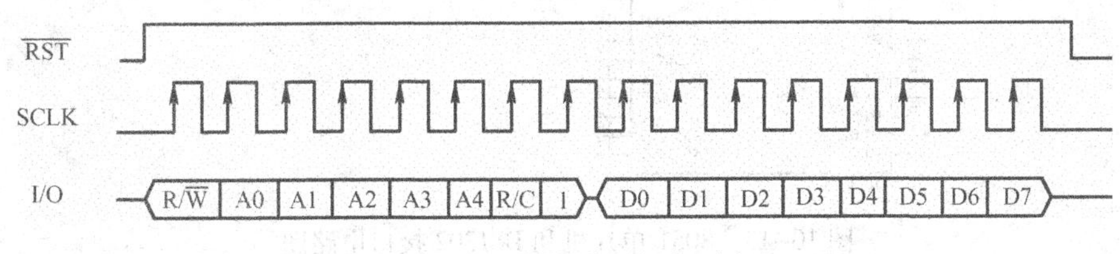

图 10-11　单字节写操作时序

10.1.4　DS1302 实时时钟应用实例

DS1302 是由美国 DALLAS 公司推出的具有涓细电流充电能力的低功耗实时时钟芯片，它可以对年、月、日、周、时、分、秒进行计时，且具有闰年补偿等多种功能。其采用三线接口与 CPU 进行同步通信，并可采用突发方式一次传送多个字节的时钟信号或 RAM 数据，内部有一个 31 ×8 的用于临时性存放数据的 RAM 寄存器。

1. DS1302 功能引脚

DS1302 采用三线 SPI 总线接口，工作电压范围为 2.0 ~ 5.5 V，工作电流小于 300 nA，并具有涓流充电功能，其功能引脚如图 10-12 所示。

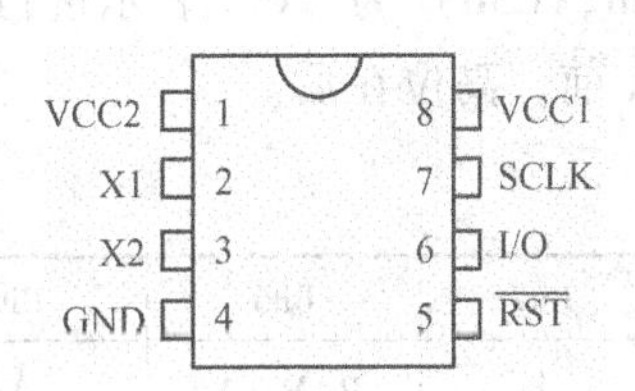

图 10-12　DS1302 功能引脚

VCC2：电源供应配置中的主电源供应输入端。

X1、X2：用于连接一个 32.768 kHz 的晶体振荡器，配合 DS1302 内部的振荡器为系统提供振荡时钟。

VCC1：备用电源输入端，当主电源 VCC2 供应失效时，VCC1 连接至备用电源以保持时间和数据。

SCLK：串行时钟输入端，用于保证串行接口上数据的同步传送。

I/O：数据输入/输出引脚，可实现数据的双向传输，引脚内部接有 40 kΩ 下拉电阻。

$\overline{\text{RST}}$：复位/片选信号输入引脚，要求在数据读、写数据期间，该信号必须为高。

GND：工作电源地。

2. DS1302 和单片机接口

图 10-13 给出了 8051 单片机和 DS1302 的接口电路图，$\overline{\text{RST}}$和单片机的 P2.2 引脚相

连，SCLK 和单片机 P2.3 引脚相连，I/O 引脚和单片机 P2.4 相连。主电源连接至 VCC，暂时不考虑备用电源，因此 VCC1 空置，X1 和 X2 引脚跨接一个 32.768 kHz 的石英晶体振荡器。

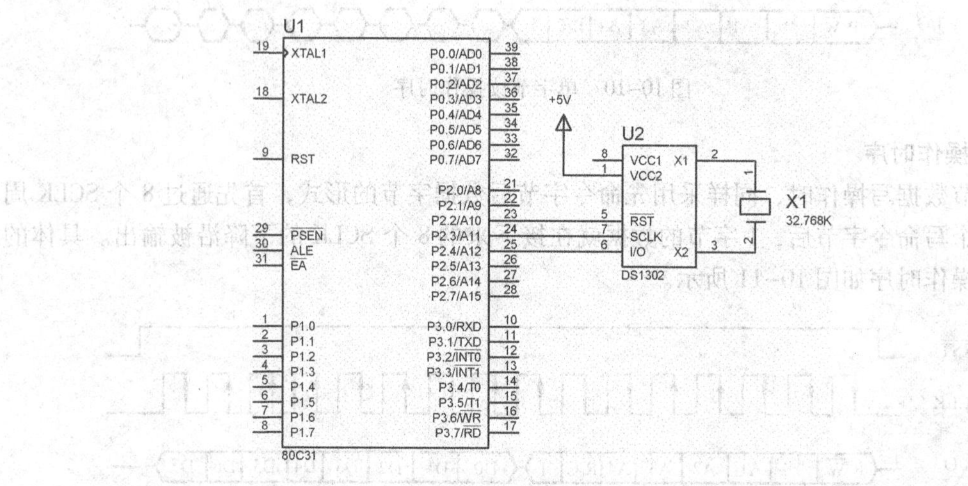

图 10-13　8051 单片机和 DS1302 接口电路图

3. 接口程序设计

（1）命令字格式

DS1302 命令字节格式如表 10-3 所示，每次数据传输都由命令字节来初始化。命令字节的最高有效位（Most Significant Bit，MSB）应为逻辑“1”，如果为“0”，写入 DS1302 的操作会被禁止。位 6 如果为逻辑 0 则选中时钟/日历，如果为逻辑“1”则选中 RAM 数据。位 1 ~5 为输入的地址，用于选定要操作的寄存器或 RAM 单元。最低有效位（Least Significant Bit，LSB）为“0”表示进行写操作，为“1”表示进行读操作。命令字节的传输也是低位在前，高位在后。

表 10-3　DS1302 命令字节格式

Bit7	Bit6	Bit5	Bit4	Bit3	Bit2	Bit1	Bit0
1	RAM/$\overline{CK}$	A4	A3	A2	A1	A0	RD/$\overline{W}$

（2）接口程序设计

程序设计上主要包含有单字节写子程序、单字节读子程序、初始化子程序、时钟刷新程序和写入初始时间子程序等，以下是完整的 C 语言源程序，具体的应用和仿真情况，在本书第 11 章的多功能电子日历设计与仿真实例中有详细说明。

```
#include < reg51. h >              //包含单片机寄存器的头文件
#include < intrins. h >            //包含_nop_( )函数定义的头文件
sbit clock_rst = P2^2;             //定义相关引脚
sbit clock_sclk =  P2^3;
sbit clock_io = P2^4;
sbit ACC0  =    0XE0;
```

```
sbit ACC7  =   0XE7;
#definesecond_address 0x80              //定义各寄存器地址
#defineminute_address 0x82
#definehour_address 0x84
#defineday_address 0x86
#definemonth_address 0x88
#define week _address 0x8a
#defineyear_address 0x8C
#defineuchar unsigned char
#defineuint unsigned int
voidClock_Write_Byte(uchar s)           //单字节写子程序
{
uchar i;
  ACC = s;                              //将要发送的数据送入 A 寄存器
  for(i = 8;i > 0;i -- )
  {  clock_io = ACC0;                   //将最低位输出
     clock_sclk = 1;                    //控制时钟,实现上升沿和下降沿模拟
     clock_sclk = 0;
     ACC = ACC  >>  1;                  //右移一位,连续 8 次,完成所有数据输出
  }
}
uchar Clock_Read_Byte(void)             //单字节读子程序
  { uchar i;
    for(i = 8;i > 0;i -- )
    {  ACC = ACC  >>1;                  //右移一位,低位在前,连续 8 次
       ACC7 = clock_io;                 //读入数据
       clock_sclk = 1;                  //控制时钟
       clock_sclk = 0;
    }
    return(ACC);
}
voidClock_Write_Time(uchar address, uchar temp)  //写入初始时间值
{   clock_sclk = 0;
    clock_rst = 0;
    clock_rst = 1;
    Clock_Write_Byte(address);
    Clock_Write_Byte(temp);
    clock_rst = 0;
    clock_sclk = 1;
}
uchar Clock_Read_Time(uchar address)    //读时间子程序
{
```

```
    uchar temp = 0;
    clock_sclk = 0;
    clock_rst = 0;
    clock_rst = 1;
    Clock_Write_Byte( address | 0x01 );
    temp = Clock_Read_Byte();
    clock_rst = 0;
    clock_sclk = 1;
    return(temp);
}
void Clock_Initial(uchar * clock_time )            //DS1302 初始化子程序
{  uchar i,j;
   j = 0x80;
   Clock_Write_Time(0x8e,0x00);                    //WP = 0 写操作
   for(i = 1;i < 7;i ++ )
   {
      Clock_Write_Time( j, * clock_time );
      clock_time ++;
      j = j + 2;
   }
   Clock_Write_Time( 0x8e,0x80);                   //WP = 1 写保护
}
voidClock_Fresh(uchar * clock_time )//读取实时时钟程序,定时调用,保证时间刷新
{    uchar i;
     uchar j;
     j = 0x80;
     for(i = 1;i < 7;i ++ )
     {    * clock_time = Clock_Read_Time( j );
          clock_time ++;
          j = j + 2;
     }
}
void Delay(uint j)
{  uchar i;
   for( ;j > 0;j -- )
   { for(i = 0;i < 27;i ++ );}
}
void main()
{    uchar clockflag = 0;
     uchar clock_time1[7];
     uchar clock_time2[7];
     uchar clock_time[7] = { 0x00, 0x00, 0x00, 0x01, 0x05,0x01,0x11};
```

```
                                    //定义时间变量秒分 时 日 月 星期 年
    clock_time[0] =0x00;
    clock_time[1] =0x00;
    clock_time[2] =0x00;
    clock_time[3] =0x01;
    clock_time[4] =0x05;
    clock_time[5] =0x01;
    clock_time[6] =0x11;
    Clock_Initial(clock_time);      //时钟初始化
    While(1)
    {   Clock_Fresh(clock_time);    //时间刷新
        Delay(3000);                //读取模块数据周期不宜小于 0.3 s 也不宜过多,否则时间
                                    //显示不实时,实际应用时,可以通过定时器定时读取
    }
}
```

10.2 单片机功率接口技术

在工业控制中，经常需要控制电动机、泵等高电压、大电流大功率设备。单片机是微电子器件，输出的信号功率很小，单片机 I/O 无法直接驱动和控制这些设备。因此需要通过各种驱动电路和开关电路来实现，这些驱动和开关电路称为功率接口电路。

10.2.1 开关型功率接口概述

开关型功率接口电路通常采用继电器、电磁开关和功率电子开关等器件来实现，这些器件的控制主要采用开关量信号实现。常用的开关型功率驱动器件有功率晶体管、继电器、晶闸管等。

1. 功率晶体管

当单片机的控制对象功率不大时，可以由 CPU 直接驱动；若被控对象所需要的电流和电压超过单片机 I/O 口可提供的功率时，就需要通过功率晶体管等器件来驱动。功率晶体管主要用于中小功率的对象驱动，典型的对象有发光二极管、蜂鸣器等，通常用于声光报警等场合。图 10-14 所示为功率晶体管驱动电路，单片机对应 I/O 口输出高电平后晶体管导通，对应的 LED 发光或者蜂鸣器发声。在实际应用中需要根据具体的 LED 或者蜂鸣器参数来设置晶体管集电极的电压和对应的限流电阻。LED 需要考虑其正向压降和正向电流来选择限流电阻和供电电源；蜂鸣器需要根据其正向压降和内阻来选择电源电压和限流电阻。如某 LED 正向压降为 2.1 V，正向电流 5 ~ 20 mA，假设选用工作电源电压为 5 V，那么限流电阻应该在 150 ~ 500 Ω，电阻大小影响 LED 发光亮度。

2. 继电器

继电器是电子电路中常用的一种元器件，一般在由晶体管、继电器等元器件组成的电子开关驱动电路中，往往还要加上一些附加电路以改变继电器的工作特性或起保护作用。继电

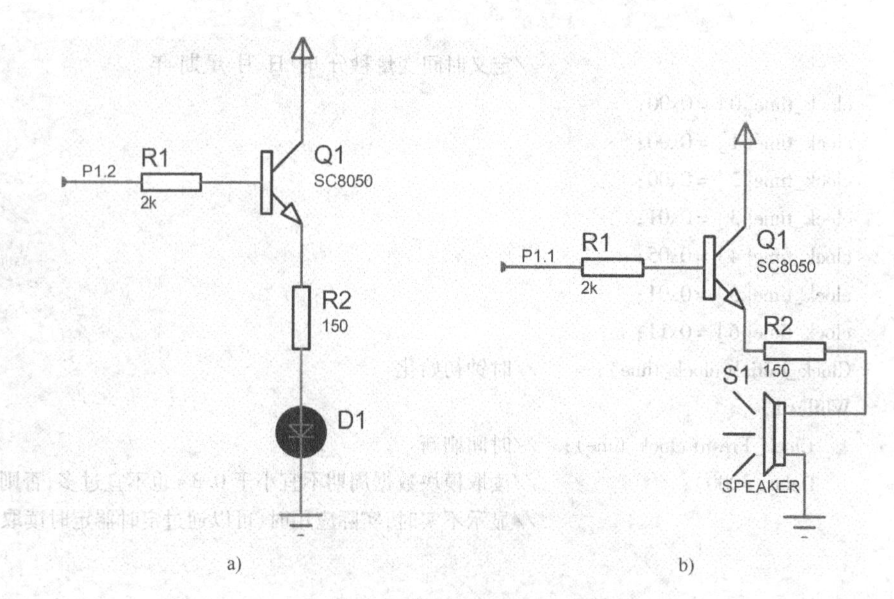

图 10-14　功率晶体管驱动电路

a）发光二极管驱动电路　b）蜂鸣器驱动电路

器是通过线圈的电流来控制触点的开与合，由于继电器的线圈和触点之间没有电气上的联系，可以实现自动控制上的电气隔离。以电磁继电器为例说明其工作原理，电磁继电器内部基本组成结构图如图 10-15 所示。1、2 脚为线圈输入端，输入合适大小电流后，线圈吸附上方衔铁，使得 3 脚和 4 脚在触点出闭合；当线圈掉电失去磁性后，在弹簧拉力作用下，触点分开，3、4 脚断开，从而实现开关作用，属于线圈动作后电路闭合型继电器（动合型）。

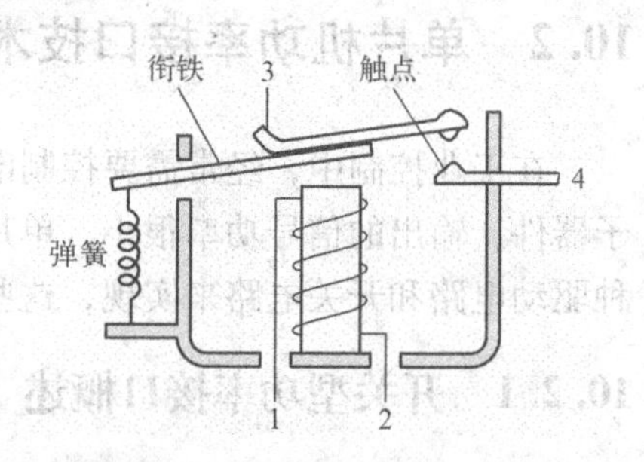

图 10-15　电磁继电器内部基本组成结构图

继电器按照触点类型可以分成动合型、动断型和转换型 3 种基本形式。动合型（常开）（H 型）线圈不通电时两触点是断开的，通电后，两个触点就闭合，以合字的拼音字头“H”表示；动断型（常闭）（D 型）线圈不通电时两触点是闭合的，通电后两个触点就断开，用断字的拼音字头“D”表示；转换型（Z 型）是触点组型，这种触点组共有 3 个触点，即中间是动触点，上下各一个静触点。线圈不通电时，动触点和其中一个静触点断开和另一个闭合，线圈通电后，动触点就移动，使原来断开的成闭合，原来闭合的成断开状态，达到转换的目的。这样的触点组称为转换触点。用“转”字的拼音字头“Z”表示。按继电器的工作原理或结构特征分类，可以把继电器分为电磁继电器、固态继电器、温度继电器、舌簧继电器等。

3. 晶闸管

晶闸管（Thyristor）是一种大功率半导体器件，可在高电压、大电流条件下工作，具有单向导通的整流和控制的开关作用，晶闸管结构符号如图 10-16 所示。单向晶闸

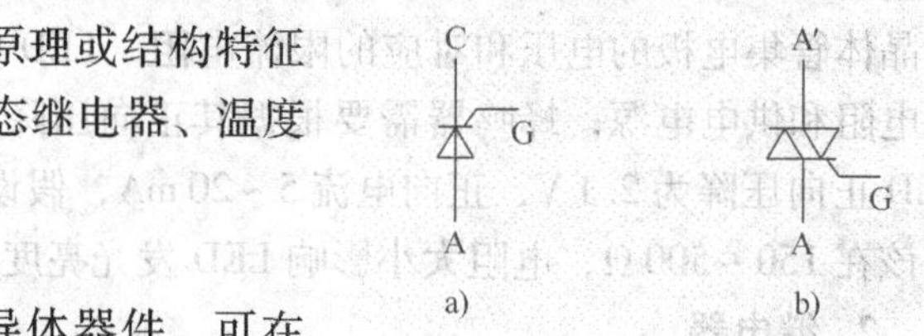

图 10-16　晶闸管结构符号

a）单向晶闸管　b）双向晶闸管

管有3个极，分别为阳极A，阴极C和控制极G。当控制极加上电压，并且在晶闸管上加上正向电压时，晶闸管处于导通状态。晶闸管导通后，即使撤销控制极电压，晶闸管仍处于导通状态。只有正向电流低于维持电流以下，或者施加方向电压后，才能关断导通的晶闸管。

双向晶闸管可以实现双向导通，当控制极G无信号时，无论晶闸管两端电压差多大，晶闸管处于高阻关断状态；当G端输入控制信号，两端电压差当大于1.5 V后，晶闸管导通，导通方向取决于两端电压差的方向。当晶闸管工作在交流电路时，就可以实现每半周交替导通功能。

10.2.2 单片机功率晶体管接口应用实例

在单片机测控系统中，通常需要判断测量参数是否越限，参数越限后一般都需要进行声光报警，对于简单的声光报警电路，只需要采用普通发光二极管和蜂鸣器实现即可。图10-17给出了单片机声光报警电路图，单片机P1.0引脚输出高电平后，晶体管8050导通，LED发光，蜂鸣器发声，实现报警功能。P1.0简单的输出高低电平，只能实现是否报警，而通常报警都是按照一定的频率进行闪烁和发光的。因此可以用8051单片机的两个定时/计数器进行控制，T1控制报警时间，T0用于控制闪烁频率。T0溢出一次，令P1.0引脚状态变化一次。T1溢出一次时间为50 ms，连续溢出100次，时间为5 s，即为报警持续时间，具体的C语言源程序如下。

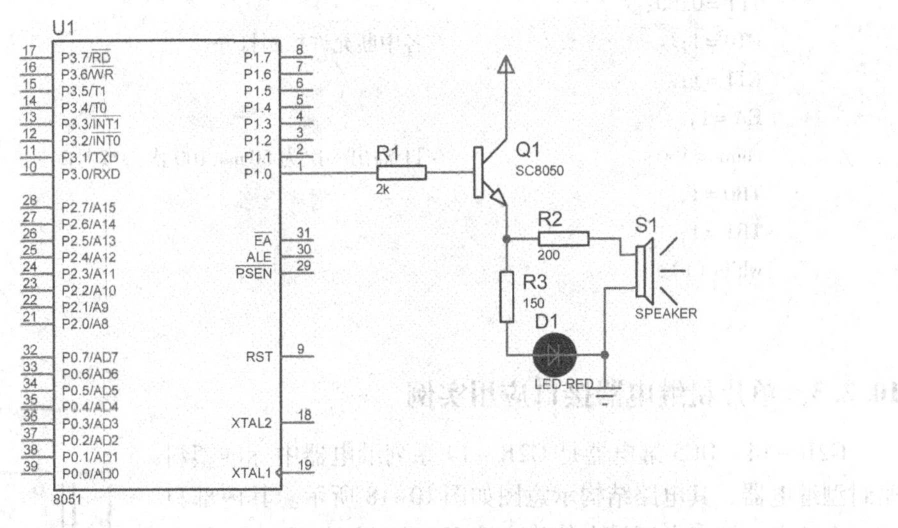

图10-17 单片机声光报警电路图

```
#include <reg51.h>                //包含单片机寄存器的头文件
#include <intrins.h>              //包含_nop_()函数定义的头文件
sbit alarm = P1^0;                //定义报警控制采用P1.0
unsignedint count;
void t0() interrupt 1             //T0定时器中断子程序
{   alarm = ! alarm;              //交替变换,实现频率控制
    TH0 = 0xfd;                   //控制闪烁频率
    TL0 = 0xB0;
```

```
  }
void t1( ) interrupt 3                    //using 0//T1 定时器中断子程序
{ if (count >0)                            //控制次数来设置报警持续时间
   { count - - ;
     TH1 = 0x3c;
     TL1 = 0xB0;
   }
  else                                     //报警时间到,关闭两个定时器和报警输出
   {  TR0 = 0;
     TR1 = 0;
     alarm = 0;
   }
}
main( )
{ TMOD = 0x11;
  TH0 = 0x8c;                              //利用 T0 控制闪烁频率,可以修改,直至合适为止
  TL0 = 0xB0;
  TH1 = 0x3c;                              //利用 T1 控制报警时间
  TL1 = 0xB0;
  ET0 = 1;                                 //各中断允许控制打开
  ET1 = 1;
  EA = 1;
  count = 100;                             //T1 溢出一次为 50 ms,100 次持续时间为 5 s
  TR0 = 1;
  TR1 = 1;
  while (1);
}
```

10.2.3 单片机继电器接口应用实例

G2R－14－DC5 继电器是 G2R－14 系列继电器中标准塑料密封型继电器，其电路结构示意图如图 10–18 所示。其内部只有一个接点，接点电压最大值为交流 380 V，直流 125 V，继电器线圈接点耐冲击电压安全设计为 10 000 V，接点额定通电电流能力为 10 A，线圈控制电压为直流 5 V。G2R－14－DC5 具体的性能参数如表 10–4 所示。

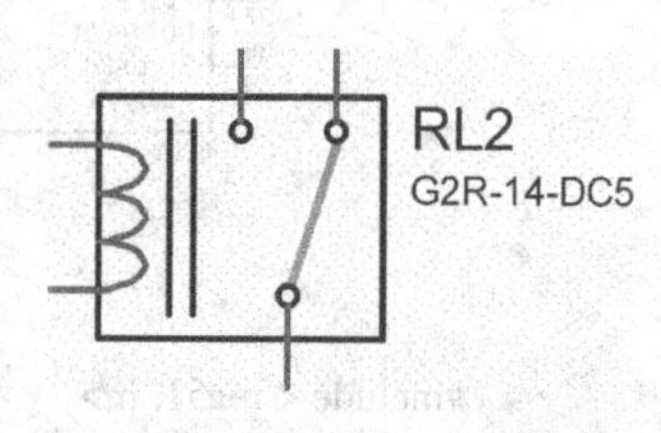

图 10–18 G2R－14－AC120 电路结构示意图

表 10–4 G2R－14－DC5 具体的性能参数

额定电压 DC/V	额定电流 /mA	线圈电阻 /Ω	动作电压	复位电压	最大允许电压	消耗功率 /W	接点电压最大值/V	通电电流 /A
5	106	47	70%以下	15%以上	170%	0.53	AC380 V DC125	10

由上表可知，继电器线圈要动作，必须保证其流过 106 mA 的电流，如果线圈一端接 5 V

直流电源，另外一端由单片机控制，那么单片机 I/O 口输出低电平时，电流往单片机中灌入，因为电流太大容易烧坏单片机。因此可以采用上面功率晶体管的方式来驱动继电器线圈，图 10-19 给出了单片机驱动 G2R－14－DC5 继电器的接口电路图。

当单片机 P1.1 引脚输出高电平时，晶体管 Q2 导通，继电器线圈上电，接点导通。二极管 D1 为续流二极管，用于泄放继电器线圈失电后产生的反向电动势，保证其他器件安全工作。

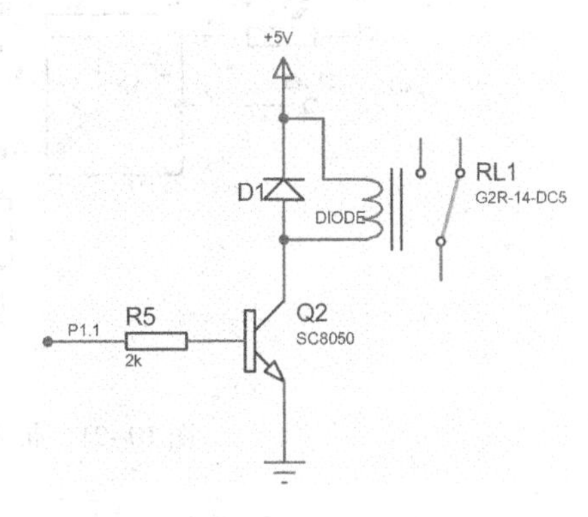

图 10-19　单片机驱动 G2R－14－DC5 继电器的接口电路图

上面介绍的 G2R－14－DC5 继电器控制电压为 5 V，即使晶体管击穿后 5 V 电压直接接至单片机的 I/O 端口，也不会对单片机造成不良后果。如果上面介绍的继电器控制电压较高，如 12 V，甚至 24 V 以上的话，那么就容易损坏单片机。因此通常在单片机和继电器控制电路中间进行一次隔离，采用较多的方法就是利用光电耦合器进行光电隔离。

光电耦合器是以光为媒介传输电信号的一种电－光－电转换器件，它由发光源和受光器两部分组成。把发光源和受光器组装在同一密闭的壳体内，彼此间用透明绝缘体隔离。常见的发光源为发光二极管，受光器为光敏二极管、光敏晶体管等。通常把晶体管输出型光电耦合器作为开关使用，当内部发光二极管没有导通（发光）时，内部光敏晶体管也处于截止状态。

当发光二极管通过电流脉冲时，二极管发光，发出的光线使得光敏晶体管导通，实现开关控制，采用电－光－电转换的方式实现信号的传递。如果控制信号中含有干扰信号，干扰信号会使光电二极管导通发光，由于干扰源内阻通常比较大，可以有效隔离干扰。因此在使用光电耦合器时，光耦两端的地信号一定不能直接相连，否则将无法实现干扰的隔离。

TIL117 是较为常见的 6 脚光电耦合器，其结构引脚如图 10-20 所示，1，2 为输入端；3 为空引脚；4，5 为输出控制端；6 为晶体管基极，可以悬空。

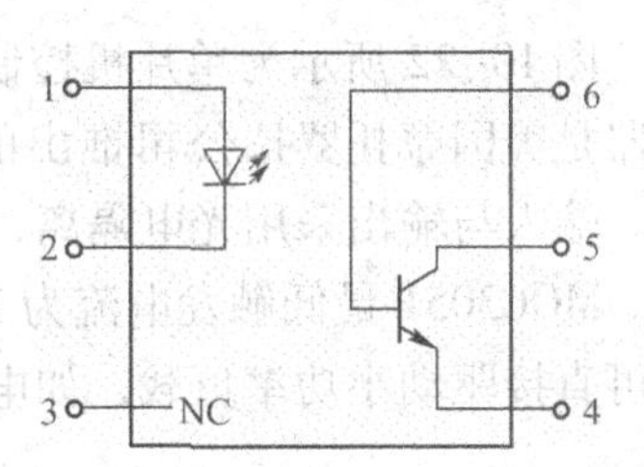

图 10-20　TTL117 结构引脚

1，2—输入端　3—空引脚

4，5—输出控制端　6—晶体管基极

图 10-21 给出了带光电隔离的继电器接口电路，当单片机的 P1.7 引脚输出低电平时，光耦 TIL117 内部二极管发光，内部光敏晶体管导通，晶体管的发射极输出高电平，之后晶体管 SC8050 导通，G2R－14－DC12 继电器线圈动作，接点切换至左侧。为了演示继电器动作后的效果，在继电器的输出端接有发光二极管进行指示，实际应用中通常接大电压或者大电流的设备。由于光电耦合器内部采用光进行信号传递，从而实现了电气的隔离，避免继电器电路端的高电压信号进入单片机系统，从而实现了单片机系统的电气保护。单片机端程序控制相对比较简单，只需要控制 P1.7 引脚高低电平变化，实现继电器接点的切换，在此就不给出实现功能的具体程序。

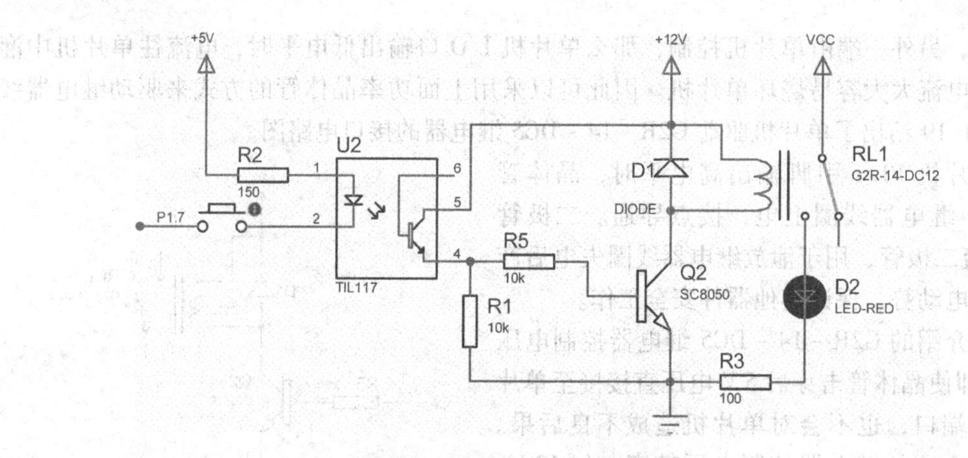

图 10-21　带光电隔离的继电器接口电路

10.2.4　单片机晶闸管接口应用实例

继电器只能实现开关控制，在很多场合还需要对输出量进行调节，比如对普通白炽灯的亮度进行调节，其本质是改变白炽灯两端的电压。为了实现调压功能，需要用到可控硅（晶闸管），通过控制可控硅的导通角来控制电压。

电子晶闸管亦称为可控硅，国外简称为 SCR 元器件，是硅整流装置中最主要的器件，在选择晶闸管时，也合理地选择相应参数，参数的选择直接影响着设备运动性能。在选择晶闸管时，通常需要考虑正反向电压、额定工作电流、门控参数、掣住电流等参数，Q4015L5 晶闸管主要性能参数如表 10-5 所示。

表 10-5　Q4015L5 晶闸管主要性能参数

I_T/A	V_{DRM}/V	I_{DRM}/mA	V_{TM}/V	I_H/mA	I_{TSM}/A	dV/dt (V/μs)	T_{gt}/μs	I^2t/A^{2}s	I_{GTM}/A	dI/dt (A/μs)
15	400	0.05	1.6	40	46	500	3	12.5	1.2	50

图 10-22 所示为单片机控制双向可控硅导通角接口电路，MOC3051 系列光电可控硅驱动器是美国摩托罗拉公司推出的器件。该系列器件的显著特点是大大加强了静态 dv/dt 能力。输入与输出采用光电隔离，绝缘电压可达 7500 V，用以可靠驱动可控硅并实现强弱电隔离。MOC3051 最低触发电流为 15 mA，可以用来驱动工作电压为 220 V 的交流双向可控硅，也可直接驱动小功率负载，如电磁阀、电磁铁、电机、温度继电器等。

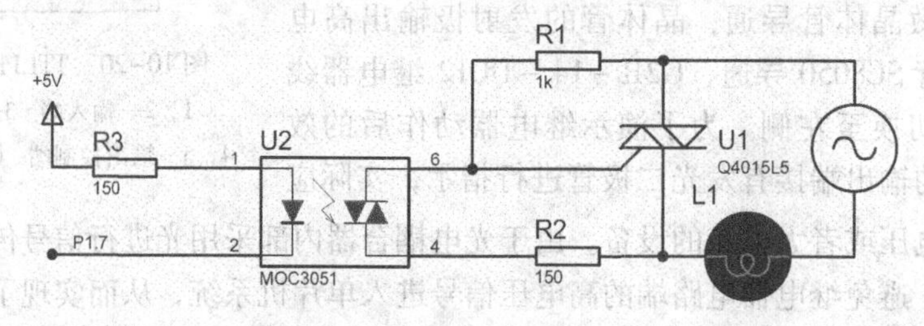

图 10-22　单片机控制双向可控硅导通角接口电路

Q4015L5 是双向可控硅，用于调节灯泡两端电压。单片机 P1.7 口负责驱动光耦，控制可控硅导通和关断，如果 P1.7 引脚输出占空比变化的矩形波（PWM 信号），即可控制可控硅导通角的变化，从而改变灯光亮度。

📖 为了精确控制可控硅的导通角，还需要设计过零检测电路，由于篇幅有限，在此不再赘述，读者可查阅相关资料自行设计。

10.3 思考题

1. 填空题

（1）单总线（1 - wire）是 DALLAS 公司的一项专有技术，其独特的（　　），使得单总线器件可以通过总线进行供电。

（2）在点对点的通信中，SPI 接口不需要进行（　　），且为全双工通信，简单高效，在多个从器件系统中，每个从器件需要独立的（　　）。

（3）（　　）实现了“电 - 光 - 电”信号的转换和传输，可以解决电气隔离问题。

（4）继电器属于（　　）元器件，线圈掉电时会产生反向电动势，通常需要反向连接一个（　　）来抑制。

2. 判断题

（1）为了防止发光二极管损坏，通常在回路中需要串接一个限流电阻。（　　）

（2）8051 的 I/O 口驱动能力很强，因此驱动一些中大功率的电动机是完全可以的。（　　）

（3）光电耦合器隔离不了干扰信号，因为干扰源内阻很小。（　　）

（4）单总线设备通过漏极开路形式连接到单总线上，所以总线需要外接上拉电阻。（　　）

（5）续流二极管可以较好地抑制感性元器件产生的反向电动势。（　　）

（6）DS1302 时钟芯片掉电后需要重新初始化才能和单片机进行通信。（　　）

（7）8051 单片机的灌电流能力要大于拉电流能力。（　　）

3. 简答题

（1）简要说明单总线和 SPI 总线的主要特点。

（2）简要说明 DS18B20 数字温度传感器的主要优点。

（3）何谓单片机功率接口？光电隔离的主要优点是什么？

（4）继电器、电动机等大电感量的感性元器件或者设备掉电时，通常采用什么方法来抑制反电动势？

4. 综合题

（1）利用 DS18B20 实现 4 路温度采集功能，设计硬件接口电路，并编写控制程序。

（2）为 8051 单片机设计一套声光报警电路，报警条件触发后，电路进行声光报警提示，利用定时器 T0 控制报警持续时间为 10 s。

第 11 章　虚拟仿真综合设计实例

本章给出 4 个较为综合的设计应用实例，读者可根据实例的设计要求，参考给出的硬件电路原理图、芯片选型、程序设计思路、流程图和程序代码等内容，结合 Proteus 平台下的调试和仿真结果，进行单片机系统设计操作练习，目的在于进一步加深和巩固基础知识，同时提高单片机综合设计和应用能力。另外实例中选用的都为 AT89C 系列单片机，其和 8051 单片机的指令系统是一致的，因此可直接移植到 8051 单片机中。

11.1　单片机多功能秒表设计与仿真

本例借助 Proteus 仿真平台，设计一款基于 AT89C51 单片机的多功能秒表。设计要求该秒表具有正计时/倒计时选择，正计时可进行 0 ~ 99 循环计时，具有暂停/继续计时功能；倒计时从默认的初值开始倒计时，倒计时结束扬声器可进行报警提示，同时具有倒计时初值在线设定功能。

11.1.1　多功能秒表电路设计

本例的硬件电路主要包括控制电路、显示电路、按键电路和报警电路等部分。控制电路以 AT89C51 单片机为核心，外接复位电路和晶振电路。显示电路由 2 位 7 段 LED 数码管和 2 个串入并出芯片 74LS164 构成，通过 74LS164 级联方式将单片机串行发出的数据转成并行数据传输给 LED 数码管，采用静态显示方式。按键电路设置 4 个独立式按键 KEY1 ~ KEY4，实现系统的功能选择操作。报警电路由扬声器和 NPN 晶体管构成。主要元器件选型如表 11-1所示，根据要求设计的电路原理图如图 11-1 所示。

表 11-1　循环计时秒表主要元器件选型

元器件类型	型　号	作　用
单片机	AT89C51	主控芯片
串入并出芯片	74LS164	数据传送
数码管	共阴极	显示
NPN 晶体管	SC8050	驱动
扬声器	/	报警提示
按键	/	输入

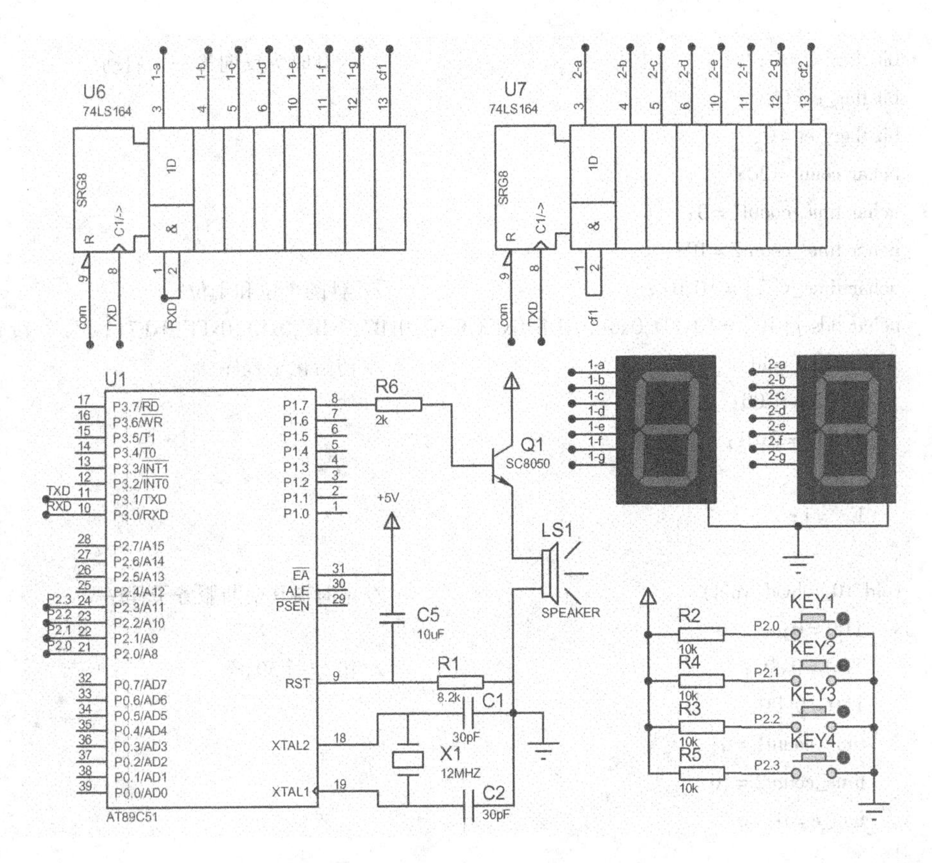

图 11-1　单片机多功能秒表电路原理图

11.1.2　多功能秒表程序设计

本例的程序设计主要包括主程序、显示子程序、延时子程序、键盘扫描子程序、T0 中断服务程序和初始化子程序等，可以实现如下功能。

1）上电启动后，显示器不显示，等待用户按键选择计时方式。

2）用户若按 KEY1 键，选择正向计时，进入 00 ~ 99 循环计时，之后按下 KEY1 键可交互实现暂停计时/继续计时功能。

3）若按 KEY2 键，选择倒计时，显示器显示默认初值 10，若用户需要调整计时初值时，按 KEY3/KEY4 键对初值进行加 5/减 5 循环调整。初值确认后，按 KEY2 进入倒计时方式，计时结束，扬声器发声 1 s 进行提示。

主程序清单和注释如下。

```
#include <reg51.h>
#define uchar unsigned char
#define uint unsigned int
sbit bell = P1^7;
bit flag_r = 0;                    //为 0 时为正向计时,为 1 时为反向计时
bit flag_s1 = 0;                   //为 0 时为正向第一次启动
```

```
bit flag_s2 = 0;                                    //为 0 时为反向第一次启动
bit flag_e = 0;
bit flag_set = 0;
uchar count = 20;
uchar time_count1 = 0;
uchar time_count2 = 10;
uchar time_v[2] = {0,0};                            // 秒的个位和十位
uchar ddseg[10] = {0xFD,0x61,0xDB,0xF3,0x67,0xB7,0xBF,0xE1,0xFF,0xF7};     //段码表
void initial(void)                                  //初始化子程序
{   SCON = 0x00;
    TMOD = 0x01;
    ET0 = 1;
    EA = 1;
}
void T0_reload(void)                                //定时器 0 中断服务子程序
{   TR0 = 0;
    TH0 = 0x3C;                                     //T0 定时 50 ms
    TL0 = 0xB0;
    time_count1 = 0;
    time_count2 = 10;
    flag_e = 0;
}
void display(uchar *p1,uchar k)
{   uchar i,j;
    for(i = 0;i < k;i ++ )
    {   j = *p1;
        SBUF = ddseg[j];
        p1 ++;
        while(! TI) { ; }
        TI = 0;
    }
}
void Delay(uchar Count)                             //延时
{
    while( --Count);
}
void Key_Idle(void)                                 //键盘松开
{
    while((P2 & 0x0f)! = 0x0f);
}
uchar Key_Scan()                                    //按键扫描
{   if((P2 & 0x0f)! = 0x0f)                         //判断按键
```

```
    { Delay(4);                                        //消除抖动
      if((P2 & 0x0f)! =0x0f)
      {  switch(P2 & 0x0f)                             //转换成键值
         {  case 0x0e:return 1; break;
            case 0x0d:return 2; break;
            case 0x0b:return 3; break;
            case 0x07:return 4; break;
            default : return 0;
         }
      }
    }
    return 0;
}
void T0_serv() interrupt 1
{  TH0 =0x3C;
   TL0 =0xB0;                                          //手动重赋初值,连续计数
   count --;
   if(flag_e ==1)
      bell = ~bell;                                    //倒计时结束,响 1 s 提示
   while(! count)
   {  count =20;                                       //重赋次数初值
      if(flag_r ==0)
      {  if(time_count1 <99)
            time_count1 ++;
         else
            time_count1 =0;
         time_v[1] =time_count1/10;
         time_v[0] =time_count1%10;
      }
      else
      {  if(time_count2 >0)
         {  time_count2 --;
            if(time_count2 ==0)
            {flag_e =1; }
         }
         else
         {  TR0 =0;
            flag_s2 =0;
         }
         time_v[1] =time_count2/10;
         time_v[0] =time_count2%10;
      }
```

```
            display(time_v,2);
        }
}
main()
{   initial();
    while(1)
    {   switch(Key_Scan())
        {   case 1:                                     //正向计时
            {   if(flag_s1 ==0)                         //第一次启动
                {Key_Idle();
                 flag_s1 =1;
                 flag_s2 =0;
                 flag_r =0;
                 flag_set =0;
                 T0_reload();
                 TR0 =1;
                 time_v[1] =0;
                 time_v[0] =0;
                 display(time_v,2);
                }
                else                                    //暂停/继续
                {   Key_Idle();
                    flag_set =0;
                    TR0 = ~TR0;
                    bell = ~bell;
                }
            }
            break;
            case 2:                                     //倒计时
            {   if(flag_s2 ==0)                         //反向第一次启动
                {   Key_Idle();
                    flag_s1 =0;
                    flag_s2 =1;
                    flag_r =1;
                    flag_set =1;
                    T0_reload();
                    time_v[1] =1;
                    time_v[0] =0;
                    display(time_v,2);
                }
                else                                    //反向以设定值开始计时
                {   Key_Idle();
```

```
                flag_set = 0;
                TR0 = 1;
            }
        }
        break;
        case 3:
        {   if(flag_set == 1)
            {   Key_Idle();
                if(time_count2 < 95)
                {   time_count2 = time_count2 + 5;
                }
                else
                {   time_count2 = 0;
                }
                time_v[1] = time_count2/10;
                time_v[0] = time_count2%10;
                display(time_v,2);
            }
        }
        break;
        case 4:
        {   if(flag_set == 1)
            {   Key_Idle();
                if(time_count2 > 0)
                {   time_count2 = time_count2 - 5; }
            else
            {   time_count2 = 95; }
            time_v[1] = time_count2/10;
            time_v[0] = time_count2%10;
            display(time_v,2);
            }
        }
      break;
      }
    }
  }
```

11.1.3 多功能秒表调试与仿真

在 Proteus 中将上述程序编译生成的目标代码加载至单片机，单击运行，仿真效果图如图 11-2 所示。

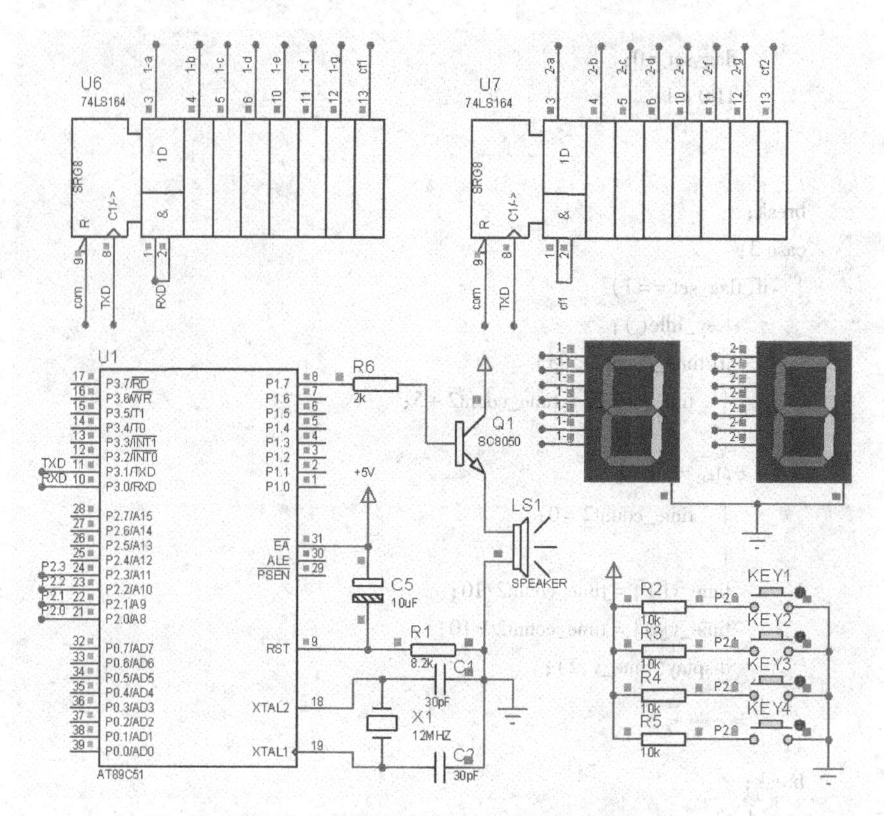

图 11-2　单片机多功能秒表仿真效果图

开始时秒表不显示，按 KEY1 键后，正向计时，秒表显示 00，每过 1 s 加一，直至 99，再加一回到 00，循环一次是 100 s。此正向计时过程中需要暂停/继续功能时，需再次按 KEY1 键实现。若需要倒计时，按 KEY2 键，秒表显示 10，此为倒计时初值，调整该初值可通过 KEY3 键或 KEY4 键实现，按一次初值 +5 或 -5。初值调整为循环调整，即初值到 95 后再按一次 KEY3 键，+5 会回到 0；初值到 0 时，再按一次 KEY4 键，-5 会回到 95。调整好初值后，再次按 KEY2 键就开始倒计时，计时结束，扬声器会响 1 s 进行报警提示。

11.2　单片机直流电动机调速系统设计与仿真

单片机常用于工业控制领域进行电能和机械能的转换，机械部件的驱动大多要采用各种型号的电动机来完成。本例采用 AT89C51 单片机设计一款直流电动机调速系统，设计要求单片机能对直流电动机的正向/反向转动进行控制，还能够实现电动机转动速度的调节。下面详细给出本实例的硬件电路设计、源程序设计和在 Proteus 中的仿真结果。

11.2.1　直流电动机调速系统电路设计

本例采用单片机 AT89C51 来控制直流电动机的转向和速度调节。直流电动机是将直流电能转换成机械能的旋转电动机，主要考虑的是直流电动机的驱动问题，可采用芯片 L298N 来实现电动机驱动。参照 L298N 数据手册，它可同时控制两台电动机，本例只使用一台电动机即可。L298N 的信号端 IN1 和 IN2 分别接单片机 P2.0 和 P2.1 引脚，高低电平设置可控制电动机转向。L298N 真值表如表 11-2 所示，其中高低指引脚所接的高低电平。

表 11-2　L298N 真值表

电动机状态	控制端 IN1	控制端 IN2
正转	高	低
反转	低	高
停止	低	低

L298N 的信号端 ENA 接单片机 P2.4 引脚，通过两个定时器 T0 和 T1 的定时可产生 PWM 信号，使电动机按一定速度转动。若要调节电动机转速时，可通过给 ENA 引脚接不同占空比的 PWM 信号来实现。

本例中输入功能由 3 个按键完成：按 KEY1 键实现正向转动功能，按 KEY2 键实现反向转动功能，按 KEY3 键实现转动速度调节功能，同时利用 LED 发光二极管进行工作状态指示，具体的调速系统电路原理图如图 11-3 所示。

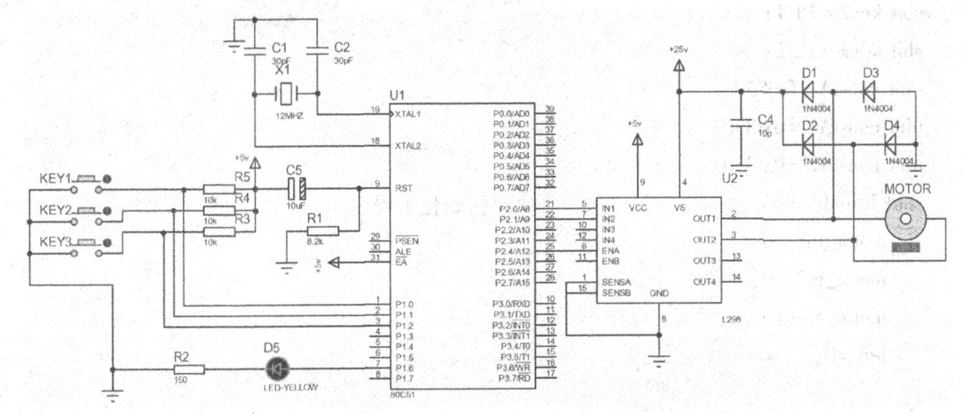

图 11-3　直流电动机调速系统电路原理图

本例中所选用的主要元器件选型可参考表 11-3。

表 11-3　单片机直流电动机调速系统主要元器件选型

元器件类型	型　号	作　用
单片机	AT89C51	主控芯片
驱动芯片	L298N	电动机驱动
电动机	MOTOR - DC	直流电动机
二极管桥	IN4004	电动机保护
发光二极管	LED	状态指示灯

11.2.2　直流电动机调速系统程序设计

本实例的程序设计主要包括主程序、键盘扫描子程序、中断服务程序和初始化子程序。程序要能够实现如下功能。

1）上电启动后，电动机不工作，等待按键输入。

2）启动后若按 KEY1 键，电动机按设定最大速度正向转动；若按 KEY2 键，电动机按设定最大速度反向转动；若按 KEY3 键无反应。

3）在正向/反向最大速度转动的情况下，若想调速，按一次 KEY3 键，调小一档速度。

4）LED 灯用来指示转动的情况，当电动机转动时，灯亮；当电动机停止时，灯灭；当调速时，灯闪动。

主程序清单和注释如下。

```
#include "reg51.h"
typedef unsigned char uchar;
typedef unsigned int uint;
bit flag_t = 0;                        //为 0 时 motor 正常工作,为 1 时调速
bit flag_m = 0;                        //为 0 时 motor 正转,为 1 时反转
bit flag_led = 0;                      //为 0 时 led 不闪烁,为 1 时闪烁
sbit motor_in1 = P2^0;
sbit motor_in2 = P2^1;
sbit motor_enA = P2^4;
sbit led = P1^6;
sbit key1 = P1^0;
sbit key2 = P1^1;
sbit key3 = P1^2;
uint constA = 0xf830;
uint constA1 = 0xf830;
uint constA2 = 0xf830;
void Initial(void)                     //初始化子程序
{   motor_in1 = 0;
    motor_in2 = 0;
    motor_enA = 0;
    led = 0;
}
void Initial_timer(void)               //定时器初始化子程序
{   EA = 1;
    ET0 = 1;
    ET1 = 1;
    TMOD = 0x11 ;
    TH0 = 0xf0;
    TL0 = 0x60;                        //定时 4 ms
    TH1 = 0xf8;
    TL1 = 0x30;                        //定时 2 ms
    TR0 = 1;                           //开定时器 0
    TR1 = 1;                           //开定时器 0
}
void Delay(uchar Count)                //延时
{
    while( --Count);
}
void Key_Idle()                        //键盘松开
{
    while((P1 & 0x0f) != 0x0f);
```

```
}
uchar Key_Scan()                                               //按键扫描
{   if((P1 & 0x07) != 0x07)                                    //判断按键
    {   Delay(4);
        if((P1 & 0x07) != 0x07)
        {   switch(P1 & 0x07)                                  //转换成键值
            {   case  0x06:  return  1; break;
                case  0x05:  return  2; break;
                case  0x03:  return  3; break;
                default :    return  0;
            }
        }
    }
    return 0;
}
void Timer0_Service() interrupt 1
{   uint temp;
    motor_enA = 1;
    TH0 = 0xf0;
    TL0 = 0x60;
    if(flag_t == 0)
    {   if(flag_m == 0)
            constA = constA1;
        else
            constA = constA2;
    }
    else
    {   flag_t = 0;
        if(flag_m == 0)
        {   temp = constA1 + 100;
            constA = temp;
            constA1 = temp;
        }
        else
        {   temp = constA2 + 100;
            constA = temp;
            constA2 = temp;
        }
    }
    TH1 = constA/256;
    TL1 = constA - TH1 * 256;
    TR1 = 1;
```

```
        if(flag_led == 1)
        {   led = ! led;
        }
    }
void Timer1_Service( ) interrupt 3
{   motor_enA = 0;
    TR1 = 0;
}
void main( void)
{   Initial( );
    Initial_timer( );
    while(1)
    {   switch(Key_Scan( ))
        {   case 1:                             //正转
            {   flag_m = 0;
                flag_t = 0;
                motor_in1 = 1;
                motor_in2 = 0;
                led = 1;
                flag_led = 0;
                Key_Idle( );
            }
            break;
            case 2:                             //反转
            {   flag_m = 1;
                flag_t = 0;
                motor_in1 = 0;
                motor_in2 = 1;
                led = 1;
                flag_led = 0;
                Key_Idle( );
            }
            break;
            case 3:                             //调速
            {   flag_t = 1;
                flag_led = 1;
                Key_Idle( );
            }
            break;
        }
    }
}
```

11.2.3 直流电动机调速系统调试与仿真

将上述程序编译生成的目标代码加载至 Proteus 中的单片机，单击运行，此时为上电初始状态，电机不转，指示灯不亮，等待用户操作。

用户操作时若选择正转，按 KEY1 键，电动机开始正向转动，速度为设定的固定值，指示灯亮指示电动机工作状态，电动机正转仿真效果图如图 11-4 所示。

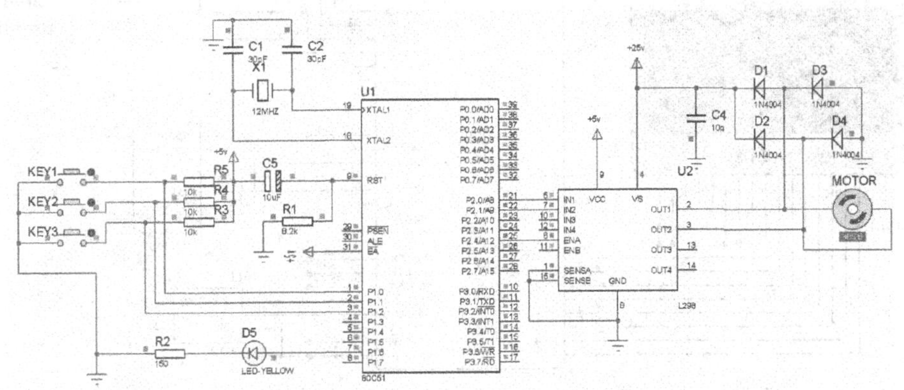

图 11-4 电动机正转仿真效果图

若要电动机反转，按 KEY2 键即可，指示灯亮，电动机以设定速度反方向转动。

11.3 单片机多功能电子日历设计与仿真

本例中采用单片机 AT89C52 作为控制核心，搭配合理的外围电路，设计一款功能完备、计时精确、信息显示详尽的电子日历。本例设计难度较大，读者可根据范例进行学习，在 Proteus 仿真平台上多加练习，设计出功能多样的电子日历。

11.3.1 多功能电子日历电路设计

本例的硬件电路主要包括以下几部分：主控电路、LCD 显示电路、DS1302 时钟电路、数据存储电路和报警电路。主要元器件选型如表 11-4 所示。电路原理如图 11-5 所示。

表 11-4 多功能电子日历主要元器件选型

元器件类型	型　号	作　用
单片机	AT89C52	主控芯片
LCD	LGM1264	显示
时钟芯片	DS1302	提供实时时钟/日历信息
存储芯片	24C02C	参数设定数据存储

主控电路主要包括单片机和按键电路，单片机选用可与 AT89C51 兼容但存储容量更大的 AT89C52，其自带的 8 KB 容量存储器可满足本例设计需要。按键采用独立式键盘接口电路，仅使用了 4 个功能键，包括“向上”“向下”“清除”“确认”键，分别接单片机的 P0.0 ~ P0.3 引脚，即可实现日期、时间以及闹钟的调整及设定。

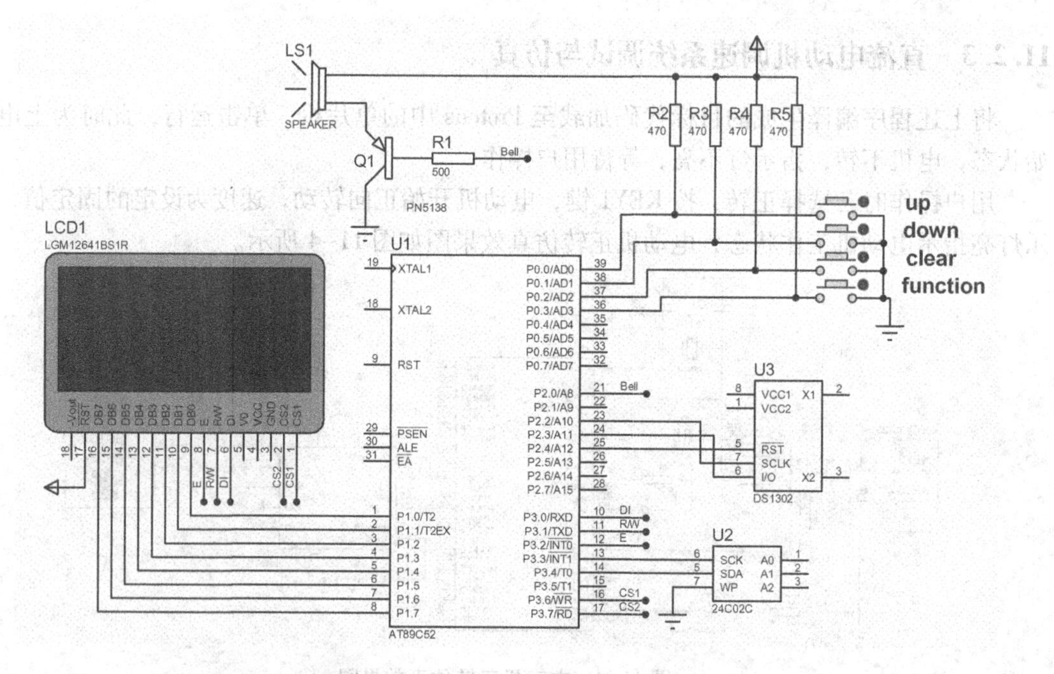

图 11-5　多功能电子日历电路原理图

本例中采用 128 × 64 点阵型液晶显示模块 LGM1264，显示如下内容：公历时间（年、月、日）、农历时间（农历年、月、日）、星期、当前时间（时、分、秒）和设定的闹钟时间。接口简单，数据总线接单片机的 P1 端口，控制线中片选线 CS1、CS2 分别接单片机的 P3. 6、P3. 7 引脚，数据/指令选择线 DI 接单片机的 P3. 0 引脚，读/写选择线 R/W 接单片机的 P3. 1 引脚，读写使能线 E 接单片机的 P3. 2 引脚。

时钟电路采用了 DALLAS 公司推出的时钟芯片 DS1302，它内含有一个实现时钟/日历和 31 字节静态 RAM，通过简单的串行接口与单片机进行通信，实现时钟/日历电路提供秒、分、时、星期、月、年的信息，每月的天数和闰年的天数可自动调整，时钟操作可通过 AM/PM 指示决定采用 24 或 12 小时格式。与单片机通信采用同步串行方式，其复位引脚 RST 接单片机的 P2. 4 引脚，数据线 I/O 接单片机的 P2. 3 引脚，串行时钟 SCLK 接单片机的 P2. 2 引脚。

数据存储芯片采用 24C02 是串行 E2PROM，数据掉电不丢失，可存储日期、时间的设定参数。符合 I^2C 总线协议的二线串行接口引脚 SCK、SDA 分别与单片机的 P3. 3、P3. 4 引脚相连，接口电路简单。

报警电路主要由单片机 P2. 0 引脚驱动，当输出高电平时晶体管导通，扬声器响。

11. 3. 2　多功能电子日历程序设计

本实例的程序设计可以实现如下功能：从 DS1302 芯片中实时读取阳历的日期（年、月、日）和时间（时、分、秒），阳历到农历和星期的转换，LCD 信息显示，时间参数设定和存储，还有闹钟和整点报时等。本例程序包含一个主程序和几个头文件。

主程序“main. c”实现 LCD、时钟和中断的初始化，键盘扫描、获取键值并进行相关操作，时间刷新、显示和农历转换，整点报时扬声器响 3 声和定时时间到闹铃响 10 声等功能，主程序流程图如图 11-6 所示。

"clock. h" 头文件中包含对时钟芯片 DS1302 的相关操作，如时钟芯片的字节读出/写入、时间写入/读出、初始化和时间更新等。"lcd. h" 头文件中包含对液晶 LGM12641BS1R 的相关操作，如初始化、清屏、XY 坐标设置、显示开/关、写数据/命令、字母/文字显示、日期显示、时钟显示、农历显示、星期显示、时间和闹钟调整等。"calendar. h" 头文件中包含农历日期的相关操作，如农历大/小月读取、阳历到阴历的数据转换和星期转换等。"key. h" 头文件中包含键盘的相关操作，如键盘扫描、键盘设定时间、键盘设定闹钟和按键识别等。"character. h" 头文件中包含汉字库。

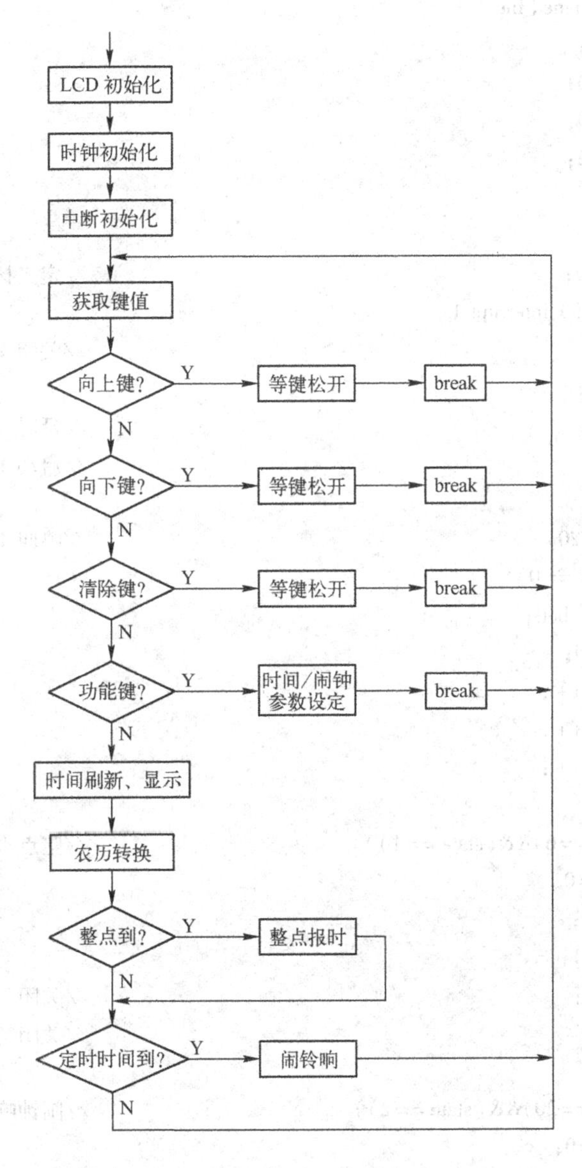

图 11-6　多功能电子日历主程序 main. c 流程图

下面给出主程序清单和注释。

```
#include < reg52.h >
#include < character.h >
#include < lcd.h >
#include < clock.h >
#include < calendar.h >
#include < key.h >
#define uchar unsigned char
#define uint unsigned int
uchar count = 0;
uchar count1 = 0;
uchar count2 = 0;
uchar count3 = 0;
uchar state = 0;
uchar state1 = 0;
sbit bell = P2 ^ 0;                                     //定义扬声器端口
void T0_Service( ) interrupt 1
{   TR0 = 0;                                            //关闭 Timer0
    TH0 = 0x3c;
    TL0 = 0xb0;                                         //延时 50 ms
    TR0 = 1 ;                                           //启动 Timer0
    count ++;
    if( count == 20)                                    //鸣叫 1 s
    {   if( state1 == 0)
        bell = ~ bell;
        count = 0;
        count1 ++;
        count2 ++;
        count3 ++;
    }
    if( ( count1 == 6) && ( state == 1) )               //整点报时响 3 下
    {   count1 = 0;
        state = 0;
        state1 = 1;
        TR0 = 0;                                        //关闭 Timer0
        bell = 0;                                       //关闭扬声器
    }
    if( ( count2 == 20) && ( state == 2) )              //闹钟响铃 10 下
    {   count2 = 0;
        state = 0;
        state1 = 1;
        TR0 = 0;                                        //关闭 Timer0
        bell = 0;                                       //关闭扬声器
```

```
        }
        if((count3 ==60)&&(state ==0))                                      //1 min 不再重复响铃
        {   count3 =0;
            state1 =0;
        }
    }
void main(void)
{   uchar clock_time[7] = { 0x00, 0x00, 0x11, 0x01, 0x08, 0x13 }; //定义时间变量
    uchar alarm_time[2] = { 0, 0};                                      //闹钟设置
    Lcd_Initial();                                                      //LCD 初始化
    Clock_Initial(clock_time);                                          //时钟初试化
    bell =0;
    EA =1;
    ET0 =1;
    ET1 =1;
    TMOD =0x01 ;
    TH0 =0x3c;
    TL0 =0xb0;                                                          //Timer0 延时 50 ms
    while(1)
    {   switch(Key_Scan())
        {   case up_array:          Key_Idle();break;
            case down_array:        Key_Idle();break;
            case clear_array:       Key_Idle(); break;
            case function_array:    Key_Function(clock_time, alarm_time);break;
            case null:
            {   Clock_Fresh(clock_time);                                //时间刷新
                Lcd_Clock(clock_time);                                  //时间显示
                Calendar_Convert(0 , clock_time);
                Week_Convert(0, clock_time);
                if((*clock_time ==0x59) &&(*(clock_time + 1) ==0x59))   //整点报时
                {   TR0 =1;                                             //启动 Timer0
                    state =1;
                }
            if((*alarm_time == *(clock_time +1))&&(*(alarm_time+1) == *(clock_time
            +2)))
            {   TR0 =1;                                                 //启动 Timer0
                state =2;
            }
            }
        break;
        }
    }
}
```

11.3.3 多功能电子日历调试与仿真

在 Proteus 仿真平台下将上述程序编译生成的目标代码加载至单片机，单击运行。仿真结果如图 11-7 所示，LCD 可以实时显示阳历日期、时间、阴历日期及星期。

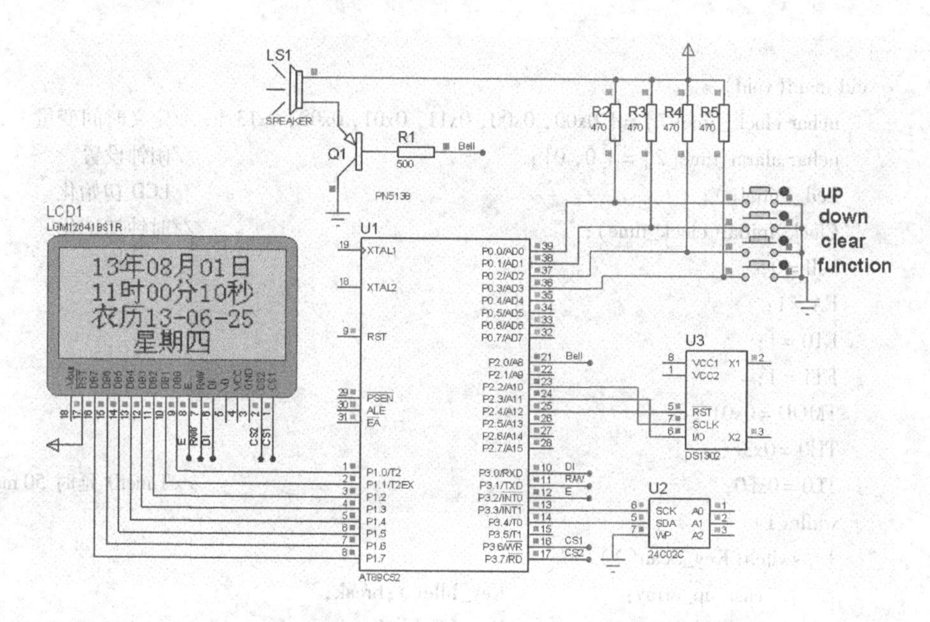

图 11-7　多功能电子日历 Proteus 仿真图

按电路中〈function〉键，此时按其他键没响应，LCD 可显示如图 11-8 所示的时间/闹钟设置界面，再按〈up〉键或〈down〉键进行选择。

如果选择时间设置时，再按一下〈function〉键，LCD 可显示如图 11-9 所示的时间参数设置界面，可进行时间的分钟、小时、日、月、年的依次设置。按〈up〉键或〈down〉键进行数值选择，按〈function〉键进行切换。

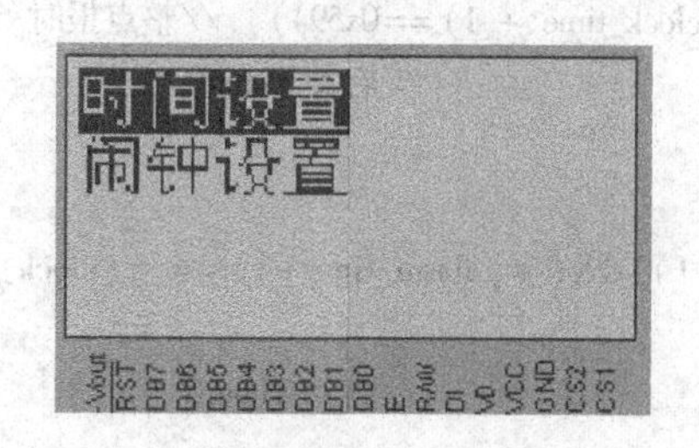

图 11-8　LCD 显示时间/闹钟设置界面

图 11-9　LCD 显示时间参数设置界面

如果选择闹钟设置时，再按一下〈function〉键，LCD 可显示如图 11-10 所示的闹钟参数设置界面，可进行闹钟的分钟、小时的依次设置。按〈up〉键或〈down〉键进行数值选择，按〈function〉键进行切换。

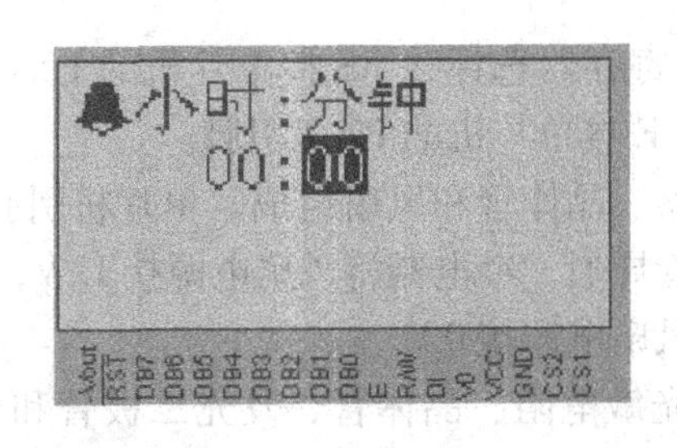

图 11-10　LCD 显示闹钟参数设置界面

设置好参数后，系统可按要求运行，当整点时，开始报时，扬声器响 3 次，每次响 1 s，停 1 s；如果定时时间到，闹铃会响 10 次，每次响 1 s 停 1 s。

11.4　单片机自动抽油烟机设计与仿真

本例中采用单片机 AT89C51 作为控制核心，设计一款自动抽油烟机系统。设计思路是采用温度传感器 DS18B20 实时检测温度，经单片机处理，输出控制信号给继电器电路，实现对抽油烟机风扇的自动化控制。

11.4.1　自动抽油烟机电路设计

硬件电路主要包括以下几部分：主控电路、模式选择电路、温度采集电路、LCD 显示电路、继电器电路和光控照明灯电路。主要元器件选型如表 11-5 所示。

表 11-5　自动抽油烟机主要元器件选型

元器件类型	型　号	作　用
单片机	AT89C51	主控芯片
温度传感器	DS18B20	温度采集
LCD	LM016L	显示
电动机	MOTOR - DC	油烟机风扇
继电器	RELAY	抽油烟机开关电路
光敏电阻	LDR	光控电路感光元器件

主控电路主要包括单片机 AT89C51、上电复位电路和晶振电路，此部分电路前面已经介绍，不再详述。模式选择电路由两个独立开关和上拉电阻构成，可实现系统手动/自动模式选择和强风/弱风模式选择。当“手动/自动”开关闭合时为手动工作模式；断开时为自动工作模式。手动模式下，再进行强风/弱风模式选择，闭合“强/弱”开关则工作在强风状态下，此时两风扇同时转；断开“强/弱”开关则工作在弱风状态下，风扇 2 旋转，风扇 1 不转。自动模式下，单片机通过判断温度实现对风扇的自动控制，当温度超过 40℃时，两风扇同时旋转；当温度在 30℃ ~40℃时只有风扇 1 旋转；当温度在 30℃以下时两风扇都不旋转。

温度采集电路由 DS18B20 芯片和上拉电阻构成，温度信号输出端 DQ 接单片机的 P1.0 引脚，实现温度值的串行传输，并通过液晶 LM016L 进行显示，LM016L 的数据总线和单片机的 P3 端口相连，控制线中寄存器选择线 RS 接单片机的 P2.0 引脚，读写信号线 R/W 接单片机的 P2.1 引脚，使能线 E 接单片机的 P2.2 引脚。

继电器电路主要由继电器、晶体管和风扇组成。单片机引脚 P1.6、P1.7 接驱动继电器电路，当输出高电平时晶体管导通，继电器将风扇电源接 12 V，风扇开始运转；当输出低电平时晶体管截止，继电器将风扇电源接 0 V。

光控照明灯电路主要由光敏电阻、晶体管、发光二极管和光控开关组成。当开关打开时，电路断电；当开关闭合时，光敏电阻做感光器件，由日光强度控制发光二极管状态。若光线较强时灯灭；若光线较暗时灯亮。

本例设计的电路原理如图 11-11 所示。

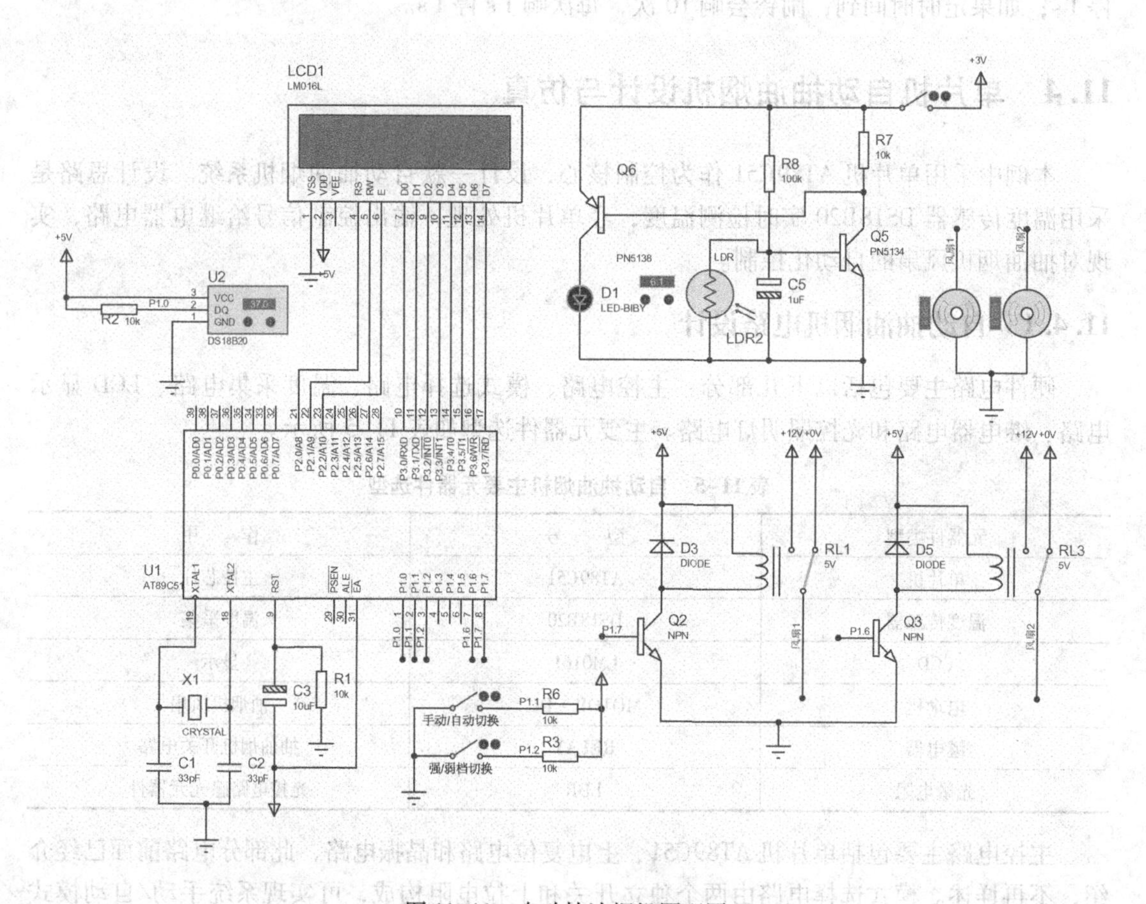

图 11-11　自动抽油烟机原理图

11.4.2　自动抽油烟机程序设计

本实例的程序设计为一个主程序“main.c”和两个头文件“DS18B20.h”和“LCD.h”。

主程序“main.c”实现 LCD 初始化、温度采集和显示、手动/自动模式检测、强弱风模式检测、继电器电路驱动和光控电路驱动等功能，主程序流程图如图 11-12 所示。

“DS18B20.h”头文件中包含对温度传感器芯片 DS18B20 的相关操作，如初始化、读写字节、温度值采集和转换等子程序。

"LCD. h"头文件中包含对液晶 LM016L 的相关操作，如初始化子程序、写数据、写命令和字符串显示等子程序。

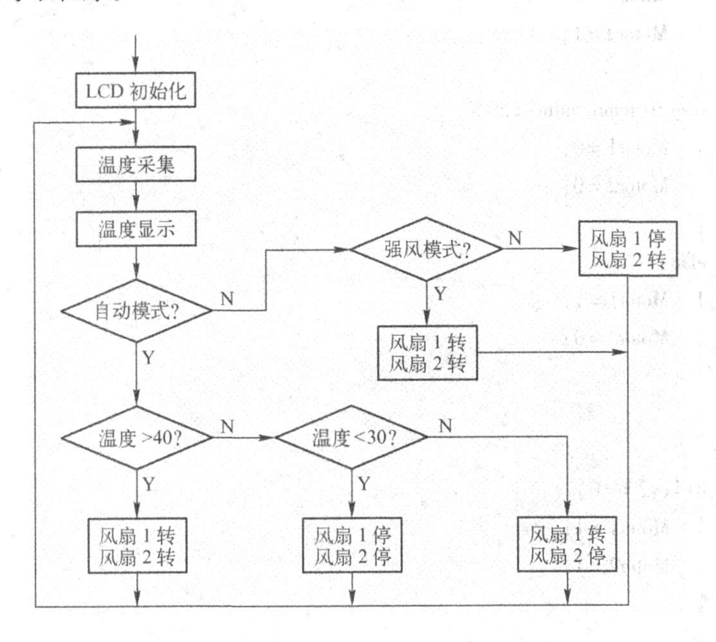

图 11-12　自动抽油烟机主程序流程图

1）主要源程序清单和注释如下。

```
#include <reg51. h>
#define uchar unsigned char
#define uint unsigned int
sbit Motor1 = P1^7;
sbit Motor2 = P1^6;
sbit key1 = P1^1;
sbit key2 = P1^2;
sbit DQ = P1^0;                                    //温度传送数据 I/O 口
uchar temp_value;                                  //温度值
uchar TempBuffer[5];
#include"DS18B20. h"
#include"LCD. h"
void main()
{   LCD_init();                                    //LCD 初始化
    LCD_str(0, 0, "temperature");
    while(1)
    {   ReadTemp();
        temp_to_str();
        LCD_str(1,5,TempBuffer);
        if(key1 ==1)
```

```
        {   if(temp_value >40)
            {   Motor1 =1;
                Motor2 =1;
            }
            else if(temp_value <30)
            {   Motor1 =0;
                Motor2 =0;
            }
            else
            {   Motor1 =1;
                Motor2 =0;
            }
        }
        else
        {   if(key2 ==0)
            {   Motor1 =1;
                Motor2 =1;
            }
            else
            {   Motor1 =0;
                Motor2 =1;
            }
        }
    }
}
```

2）C51 语言头文件 DS18B20. h。

```
void delay(uint i)
{
    while(i--);
}
void Init_DS18B20(void)                    //DS18B20 初始化函数
{   uchar x =0;
    DQ =1;                                 //DQ 复位
    delay(8);                              //稍做延时
    DQ =0;                                 //单片机将 DQ 拉低
    delay(80);                             //精确延时大于 480 μs
    DQ =1;                                 //拉高总线
    delay(14);
    x = DQ;                                //如果 x =0 则初始化成功,x =1 则初始化失败
    delay(20);
```

```
    }
    uchar ReadOneCharl(void)
    {   uchar i =0;
        uchar dat =0;
        for(i =8;i >0;i -- )
        {   DQ =0;                                        //给脉冲信号
            dat >> =1;
            DQ =1;                                        //给脉冲信号
            if(DQ)
            dat| =0x80;
            delay(4);
        }
    return(dat);
}
void WriteOneChar(uchar dat)
{   uchar i =0;
    for(i =8; i >0; i -- )
    {   DQ =0;
        DQ = dat&0x01;
        delay(5);
        DQ =1;
        dat >> =1;
    }
}
void ReadTemp(void)
{   uchar a =0;
    uchar b =0;
    uchar t =0;
    Init_DS18B20();
    WriteOneChar(0xCC);                               //跳过读序号列号的操作
    WriteOneChar(0x44);                               //启动温度转换
    delay(100);
    Init_DS18B20();
    WriteOneChar(0xCC);                               //跳过读序号列号的操作
    WriteOneChar(0xBE);                               //读取温度寄存器
    delay(100);
    a = ReadOneChar();                                //读取温度值低位
    b = ReadOneChar();                                //读取温度值高位
    temp_value = b <<4;
    temp_value + = (a&0xf0) >>4;
}
void temp_to_str()                                    //温度数据转换成液晶字符显示
```

```
    {   TempBuffer[0] = temp_value/10 +'0';                          //十位
        TempBuffer[1] = temp_value%10 +'0';                          //个位
        TempBuffer[2] = 0xdf;                                        //温度符号
        TempBuffer[3] ='C';
        TempBuffer[4] ='\0';
    }
```

3）C51 语言头文件 LCD. h。

```
sbit LCD_RS = P2^0;
sbit LCD_RW = P2^1;
sbit LCD_E   = P2^2;
#define LCD_Data P3
void Delay5Ms(void)
{   uint i = 5000;
    while(i--);
}
void LCD_dat(uint dat)
{   Delay5Ms();
    LCD_E = 0;
    LCD_Data = dat;
    LCD_RS = 1;
    LCD_RW = 0;
    LCD_E = 1;
    LCD_E = 0;
}
void LCD_cmd(uint cmd)
{   Delay5Ms();
    LCD_E = 0;
    LCD_Data = cmd;
    LCD_RS = 0;
    LCD_RW = 0;
    LCD_E = 1;
    LCD_E = 0;
}
void LCD_str(uchar row,uchar column, uchar *p)
{   uint addr = 0x80;
    if(row == 1) addr += 0x40;
    addr += column;
    LCD_cmd(addr);
    while(*p != '\0')
    {   LCD_dat(*p++); }
```

```
}
void LCD_init(void)
{  LCD_cmd(0x38);                                    //16*2 显示,5*7 点阵,8 位数据接口
   LCD_cmd(0x0C);                                    //显示器开、光标开、光标允许闪烁
   LCD_cmd(0x06);                                    //文字不动,光标自动右移
   LCD_cmd(0x01);                                    //清屏
}
```

11.4.3 自动抽油烟机调试与仿真

在 Proteus 仿真平台下将上述程序编译生成的目标代码加载至单片机，单击运行。按下“手动/自动”开关选择手动模式，断开该开关为自动模式。

当手动模式时，按下“强/弱”开关，选择强风模式即两风扇同时高速旋转；断开则为弱风模式即风扇 1 停、风扇 2 转，如图 11-13 所示为手动弱风工作模式下抽油烟机系统仿真图。

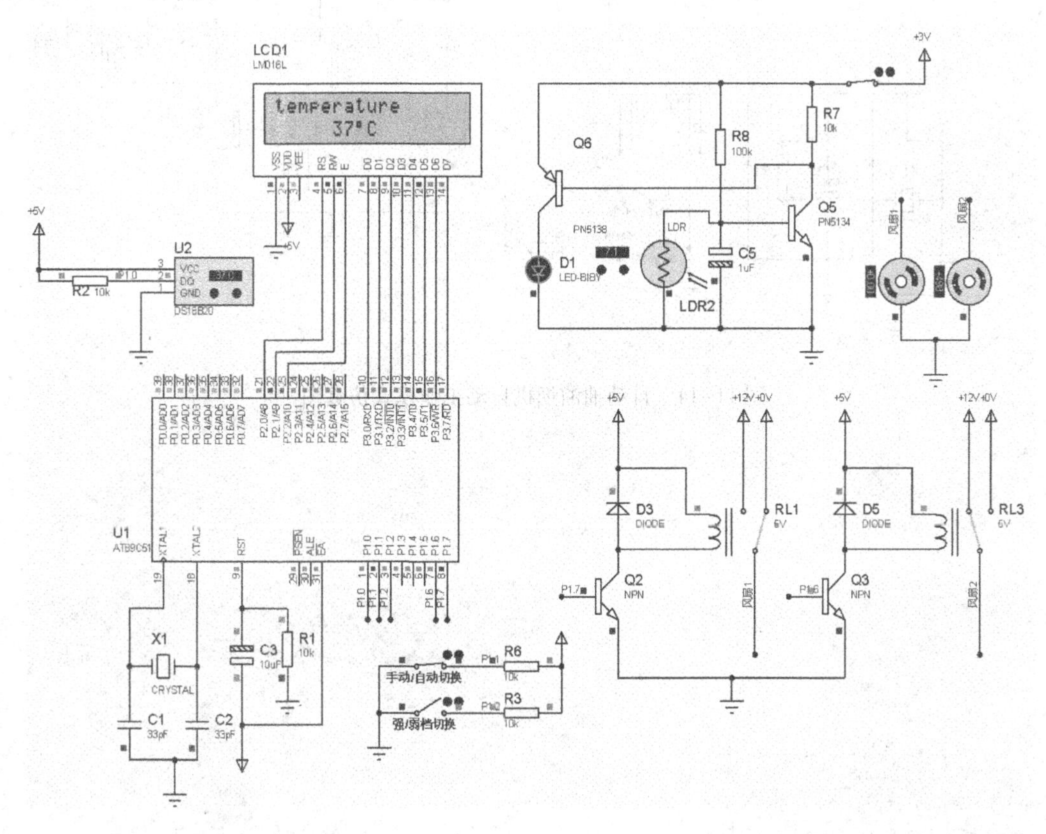

图 11-13　自动抽油烟机手动弱风工作模式下抽油烟机系统仿真图

当自动模式时，由温度自动控制风扇 1、2 的启停。单击 DS18B20 上升箭头，使其温度从 30℃以下逐渐上升到 40℃以上，可以看到温度值不断刷新在液晶屏上，开始时两风扇都不旋转，当温度上升到 30 ~ 40℃时，风扇 1 开始旋转，当温度上升到 40℃以上时两风扇都

旋转。如图 11-14 所示为自动工作模式下抽油烟机系统仿真图。

系统还有光控电路，闭合光控开关，单击光敏电阻下降箭头，当下降到 6.1 时黄色二极管发光，模拟出光控灯工作状态，可对比图 11-13 和图 11-14 观察光控灯的状态变化。

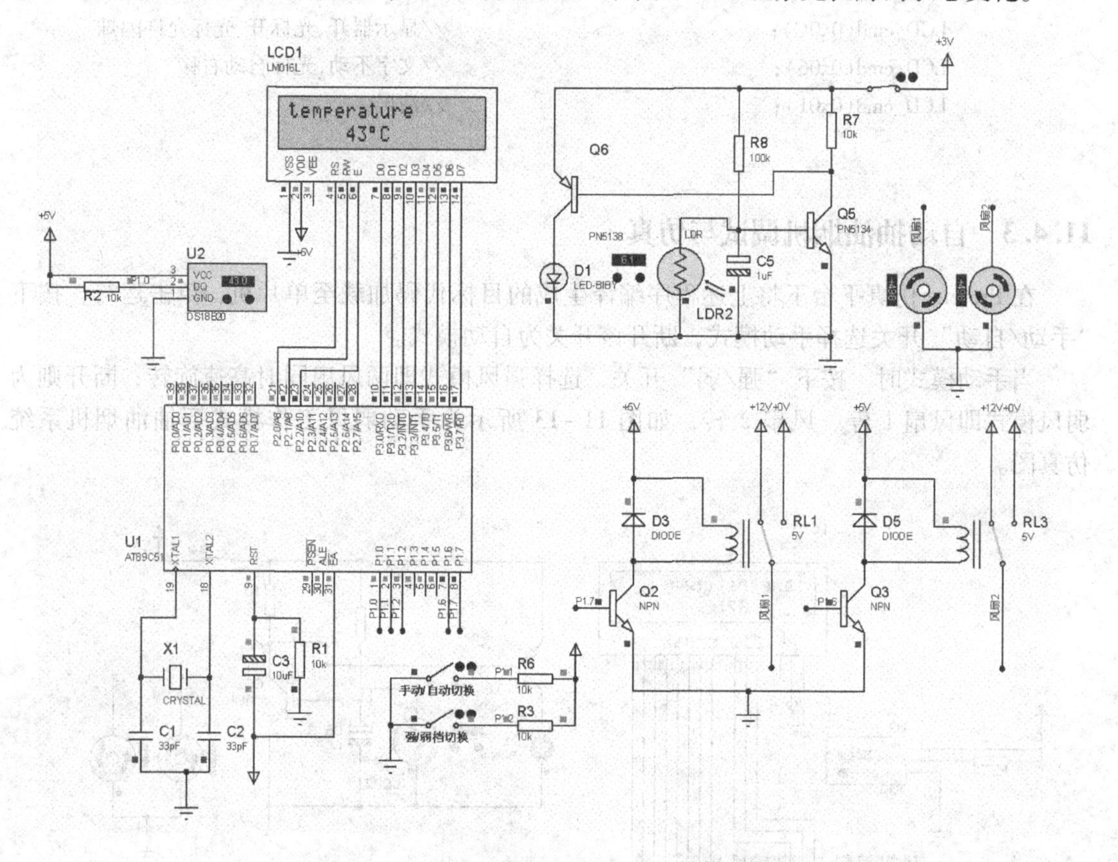

图 11-14　自动抽油烟机自动工作模式仿真图

附　　录

附录 A　常用字符与 ASCII 码对照表

ASCII 值	字符	控制字符	ASCII 值	字符	ASCII 值	字符	ASCII 值	字符
000	null	NUL	032	(space)	064	@	096	’
001	☺	SOH	033	!	065	A	097	a
002	☻	STX	034	"	066	B	098	b
003	♥	ETX	035	#	067	C	099	c
004	♦	EOT	036	$	068	D	100	d
005	♣	END	037	%	069	E	101	e
006	♠	ACK	038	&	070	F	102	f
007	beep	BEL	039	′	071	G	103	g
008	Backspace	BS	040	(	072	H	104	h
009	Tab	HT	041	)	073	I	105	i
010	换行	LF	042	*	074	J	106	j
011	♂	VT	043	+	075	K	107	k
012	♀	FF	044	,	076	L	108	l
013	回车	CR	045	-	077	M	109	m
014	♫	SO	046	.	078	N	110	n
015	☼	SI	047	/	079	O	111	o
016	►	DLE	048	0	080	P	112	p
017	◄	DC1	049	1	081	Q	113	q
018	↕	DC2	050	2	082	R	114	r
019	‼	DC3	051	3	083	S	115	s
020	¶	DC4	052	4	084	T	116	t
021	§	NAK	053	5	085	U	117	u
022	▬	SYN	054	6	086	V	118	v
023	↨	ETB	055	7	087	W	119	w
024	↑	CAN	056	8	088	X	120	x
025	↓	EM	057	9	089	Y	121	y
026	→	SUB	058	:	090	Z	122	z
027	←	ESC	059	;	091	[	123	{
028	∟	FS	060	<	092	\	124	¦
029	↔	GS	061	=	093	]	125	}
030	▲	RS	062	>	094	^	126	~
031	▼	US	063	?	095	_	127	⌂

附录 B　MCS－51 系列单片机指令表

表 B-1　数据传送类指令

助记符		指令说明	字节数	周期数	机器码
MOV	A, Rn	寄存器传送到累加器	1	1	E8H～EFH
MOV	A, direct	直接地址传送到累加器	2	1	E5H, direct
MOV	A, @Ri	间接 RAM 传送到累加器	1	1	E6H～E7H
MOV	A, #data	立即数传送到累加器	2	1	74H, data
MOV	Rn, A	累加器传送到寄存器	1	1	F8H～FFH
MOV	Rn, direct	直接地址传送到寄存器	2	2	A8H～AFH, direct
MOV	Rn, #data	立即数传送到寄存器	2	1	78H～7FH, data
MOV	direct, A	累加器传送到直接地址	2	1	F5H, direct
MOV	direct, Rn	寄存器传送到直接地址	2	2	88H～8FH, direct
MOV	direct1, direct2	直接地址 2 传送到直接地址 1	3	2	85H, direct2, direct1
MOV	direct, @Ri	间接 RAM 传送到直接地址	2	2	86H～87H, direct
MOV	direct, #data	立即数传送到直接地址	3	2	75H, direct, data
MOV	@Ri, A	累加器传送到间接 RAM	1	1	F6H～F7H
MOV	@Ri, direct	直接地址传送到间接 RAM	2	2	A6H～A7H, direct
MOV	@Ri, #data	立即数传送到间接 RAM	2	1	76H～77H, data
MOV	DPTR, #data16	16 位常数加载到数据指针	3	2	90H, dataH, dataL
MOVX	A, @Ri	外部 RAM（8 位地址）传送到累加器	1	2	E2H～E3H
MOVX	A, @DPTR	外部 RAM（16 位地址）传送到累加器	1	2	E0H
MOVX	@Ri, A	累加器传送到外部 RAM（8 位地址）	1	2	F2H～F3H
MOVX	@DPTR, A	累加器传送到外部 RAM（16 位地址）	1	2	F0H
MOVC	A, @A＋DPTR	程序存储器代码字节传送到累加器	1	2	93H
MOVC	A, @A＋PC	程序存储器代码字节传送到累加器	1	2	83H
XCH	A, direct	直接地址和累加器交换	2	1	C5H, direct
XCH	A, Rn	寄存器和累加器交换	1	1	C8H～CFH
XCH	A, @Ri	间接 RAM 和累加器交换	1	1	C6H～C7H
XCHD	A, @Ri	间接 RAM 和累加器交换低半字节	1	1	D6H～D7H
SWAP	A	累加器高、低 4 位交换	1	1	C4H
PUSH	direct	直接地址压入堆栈	2	2	C0H, direct
POP	direct	栈顶弹到直接地址	2	2	D0H, direct

表 B-2 算术运算类指令

助记符		指令说明	字节数	周期数	机器码
ADD	A, Rn	寄存器与累加器求和	1	1	28H ~ 2FH
ADD	A, direct	直接地址与累加器求和	2	1	25H, direct
ADD	A, @Ri	间接 RAM 与累加器求和	1	1	26H ~ 27H
ADD	A, #data	立即数与累加器求和	2	1	24H, data
ADDC	A, Rn	寄存器与累加器求和（带进位）	1	1	38H ~ 3FH
ADDC	A, direct	直接地址与累加器求和（带进位）	2	1	35H, direct
ADDC	A, @Ri	间接 RAM 与累加器求和（带进位）	1	1	36H ~ 37H
ADDC	A, #data	立即数与累加器求和（带进位）	2	1	34H, data
INC	A	累加器加 1	1	1	04H
INC	Rn	寄存器加 1	1	1	08H ~ 0FH
INC	direct	直接地址加 1	2	1	05H, direct
INC	@Ri	间接 RAM 加 1	1	1	06H ~ 07H
INC	DPTR	数据指针加 1	1	2	A3H
SUBB	A, Rn	累加器减去寄存器（带借位）	1	1	98H ~ 9FH
SUBB	A, direct	累加器减去直接地址（带借位）	2	1	95H, direct
SUBB	A, @Ri	累加器减去间接 RAM（带借位）	1	1	96H ~ 97H
SUBB	A, #data	累加器减去立即数（带借位）	2	1	94H, data
DEC	A	累加器减 1	1	1	14H
DEC	Rn	寄存器减 1	1	1	18H ~ 1FH
DEC	direct	直接地址减 1	2	1	15H, direct
DEC	@Ri	间接 RAM 减 1	1	1	16H ~ 17H
MUL	AB	累加器和 B 寄存器相乘	1	4	A4H
DIV	AB	累加器除以 B 寄存器	1	4	84H
DA	A	累加器十进制调整	1	1	D4H

表 B-3 逻辑操作类指令

助记符		指令说明	字节数	周期数	机器码
ANL	A, Rn	寄存器逻辑与累加器	1	1	58H ~ 5FH
ANL	A, direct	直接地址逻辑与累加器	2	1	55H, direct
ANL	A, @Ri	间接 RAM 逻辑与累加器	1	1	56H ~ 57H
ANL	A, #data	立即数逻辑与累加器	2	1	54H, data
ANL	direct, A	累加器逻辑与直接地址	2	1	52H, direct
ANL	direct, #data	立即数逻辑与直接地址	3	2	53H, direct, data
ORL	A, Rn	寄存器逻辑或累加器	1	1	48H ~ 4FH
ORL	A, direct	直接地址逻辑或累加器	2	1	45H, direct
ORL	A, @Ri	间接 RAM 逻辑或累加器	1	1	46H ~ 47H

(续)

助记符		指令说明	字节数	周期数	机器码
ORL	A, #data	立即数逻辑或累加器	2	1	44H, data
ORL	direct, A	累加器逻辑或直接地址	2	1	42H, direct
ORL	direct, #data	立即数逻辑或直接地址	3	2	43H, direct, data
XRL	A, Rn	寄存器逻辑异或累加器	1	1	68H ~ 6FH
XRL	A, direct	直接地址逻辑异或累加器	2	1	65H, direct
XRL	A, @Ri	间接 RAM 逻辑异或累加器	1	1	66H ~ 67H
XRL	A, #data	立即数逻辑异或累加器	2	1	64H, data
XRL	direct, A	累加器逻辑异或直接地址	2	1	62H, direct
XRL	direct, #data	立即数逻辑异或直接地址	3	2	63H, direct, data
CLR	A	累加器清0	1	1	E4H
CPL	A	累加器求反	1	1	F4H
RL	A	累加器循环左移	1	1	23H
RR	A	累加器循环右移	1	1	03H
RLC	A	带进位累加器循环左移	1	1	33H
RRC	A	带进位累加器循环右移	1	1	13H

表 B-4　控制转移类指令

助记符		指令说明	字节数	周期数	机器码
LJMP	add16	长转移	3	2	02H, addr15 ~ addr8, addr7 ~ addr0
AJMP	add11	绝对转移	2	2	a10a9a800001, addr (7 ~ 0)
SJMP	rel	相对转移	2	2	80H, rel
JMP	@A + DPTR	相对 DPTR 的间接转移	1	2	73H
JZ	rel	累加器为0, 则转移	2	2	60H, rel
JNZ	rel	累加器为1, 则转移	2	2	70H, rel
CJNE	A, direct, rel	比较直接地址和累加器, 不相等则转移	3	2	B5H, direct, rel
CJNE	A, #data, rel	比较立即数和累加器, 不相等则转移	3	2	B4H, data, rel
CJNE	Rn, #data, rel	比较寄存器和立即数, 不相等则转移	3	2	B8 ~ BFH, data, rel
CJNE	@Ri, #data, rel	比较立即数和间接 RAM, 不相等则转移	3	2	B6 ~ B7H, data, rel
DJNZ	Rn, rel	寄存器减1, 不为0则转移	2	2	D8H ~ DFH, rel
DJNZ	direct, rel	直接地址减1, 不为0则转移	3	2	D5H, direct, rel
LCALL	add16	长调用子程序	3	2	12H, addr (15 ~ 8), addr (7 ~ 0)
ACALL	add11	绝对调用子程序	2	2	a10a9a810001, addr (7 ~ 0)
RET		子程序返回	1	2	22H
RETI		中断服务子程序返回	1	2	32H
NOP		空操作	1	1	00H

表 B-5 位操作类指令

助记符		指令说明	字节数	周期数	机器码
MOV	C, bit	直接寻址位传送到进位位	2	1	A2H, bit
MOV	bit, C	进位位传送到直接寻址位	2	2	92H, bit
CLR	C	进位位清0	1	1	C3H
CLR	bit	直接寻址位清0	2	1	C2H, bit
SETB	C	进位位置1	1	1	D3H
SETB	bit	直接寻址位置1	2	1	D2H, bit
CPL	C	进位位取反	1	1	B3H
CPL	bit	直接寻址位取反	2	1	B2H, bit
ANL	C, bit	直接寻址位逻辑与进位位	2	2	82H, bit
ANL	C, /bit	直接寻址位的反码逻辑与进位位	2	2	B0H, bit
ORL	C, bit	直接寻址位逻辑或进位位	2	2	72H, bit
ORL	C, /bit	直接寻址位的反码逻辑或进位位	2	2	A0H, bit
JC	rel	如果进位位为1，则转移	2	2	40H, rel
JNC	rel	如果进位位为0，则转移	2	2	50H, rel
JB	bit, rel	如果直接寻址位为1，则转移	3	2	20H, bit, rel
JNB	bit, rel	如果直接寻址位为0，则转移	3	2	30H, bit, rel
JBC	bit, rel	直接寻址位为1，则转移并清除该位	3	2	10H, bit, rel

参 考 文 献

[1] MCS ® 51 Microcontroller Family User's Manual [OL]. Intel. 1994.

[2] NMOS SINGLE - CHIP 8 - BIT MICROCONTROLLERS [OL]. Intel. 1995.

[3] Fred Cowan, David Calcutt, Hassan Parchizadeh. 8051 Microcontrollers: An Applications Based Introduction [M]. Burlington: Newnes, 2004.

[4] 王幸之，等 . 8051/8098 单片机原理及接口设计 [M]. 北京：兵器工业出版社，1998.

[5] 蔡振江，马跃进，韩庆瑶 . 单片机原理及应用 [M]. 北京：电子工业出版社，2007.

[6] 李伯成 . 基于 MCS - 51 单片机的嵌入式系统设计 [M]. 北京：电子工业出版社，2004.

[7] 谭浩强 . C 程序设计 [M]. 3 版 . 北京：清华大学出版社，2005.

[8] 唐颖 . 单片机技术及 C51 程序设计 [M]. 北京：电子工业出版社，2012.

[9] 陈涛 . 单片机 C51 程序设计实践与实例 [M]. 北京：机械工业出版社，2010.

[10] 朱清慧，张凤蕊，翟天嵩 . Proteus 教程 - 电子线路设计、制版与仿真 [M]. 2 版 . 北京：清华大学出版社，2011.

[11] 林志琦，郎建军，李会杰，等 . 基于 Proteus 的单片机可视化软硬件仿真 [M]. 北京：北京航空航天大学出版社，2006.

[12] 张毅刚，彭喜元，彭宇 . 单片机原理及应用 [M]. 2 版 . 北京：高等教育出版社，2010.

[13] 王懿华，时军，等 . 单片机原理及其接口技术 [M]. 北京：中国电力出版社，2009.

[14] 戴佳，戴卫恒 . 51 单片机 C 语言应用程序设计实例精讲 [M]. 北京：电子工业出版社，2006.